化学史

［英］ 托马斯·汤姆森 著

刘 辉 池亚芳 陈 琳 译

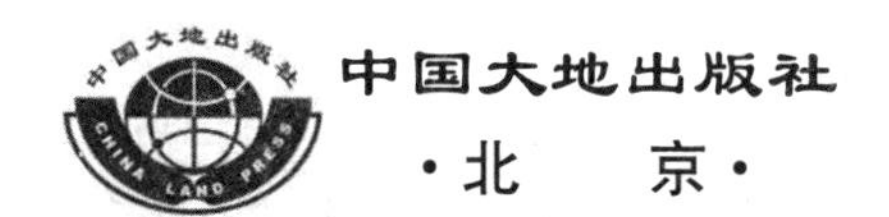

内容简介

作为一个真实的历史定格，本书全面反映了截至19世纪上半叶的欧洲化学和阿拉伯化学的源起和发展状态。全书取材翔实、结构严谨、叙事生动、史论结合，观点客观、公正，为化学史提供了不可多得的简明而权威的综述。

图书在版编目(CIP)数据

化学史/(英)托马斯・汤姆森著；刘辉，池亚芳，陈琳译.
--北京：中国大地出版社，2016.3(2021.4 重印)
ISBN 978-7-80246-795-8

Ⅰ.①化… Ⅱ.①汤…②刘…③池…④陈… Ⅲ.
①化学史－世界Ⅳ.①O6－091

中国版本图书馆CIP数据核字(2015)第249581号

HuaXueShi

责任编辑：孙晓敏
出版发行：中国大地出版社
社址邮编：北京海淀区学院路31号，100083
购书热线：(010) 66554518
网　　址：http：//www.gph.com.cn
传　　真：(010) 66554518
印　　刷：北京财经印刷厂
开　　本：787mm×1092mm　1/16
印　　张：22.75
字　　数：342千字
版　　次：2016年3月北京第1版
印　　次：2021年4月北京第5次印刷
定　　价：65.00元
书　　号：ISBN 978-7-80246-795-8

序 言

首先，于此简要说明一下，作者在写作后续《化学史》时所想到的对象，或许是适宜的。作为化学科学的源头，炼金术或曰制造金的技艺构成了人类知识的非常令人称奇和离经叛道的部分，以致对此不能略去不谈。炼金术士的著作卷帙浩繁、神秘莫测，需要一个大部头著作才可以备述。但是，较之我实际所写的，我避免扩展这部分话题使其更长，这是考虑到，可从狂热信徒的迷思中收集到的信息并不多，我认为，概述一下他们追求的本质就够了。但是，为了能够使得这部分对于那些致力这方面考察的人有用，在我熟悉的所及范围，我给出了最杰出炼金术士的名录以及其著述的清单。这个名录本应大大加长，因为再加几百个名字也能做到。但我认为，我所引述的那些著述的数目已较几乎任何理智的人所认为值得求索的数目更多，并且经验告诉我，如此精读获致的信息并不能回报其带来的麻烦。

记录古人所熟知的化学技艺自然会不完整，因为所有的技艺和行业都被以极大的轻蔑掌握在这样一些人手中，他们并不认为自己需要熟悉技艺。我的主要指导来自普林尼，但是他的许多描述令人费解，显然这是由于他对所要描述的技艺无知所致。在如此情形下，我认为简短比浪费大量纸张用于假设和猜测上(如有些人所做的那样)要好。

关于阿拉伯化学的记录几乎限于贾格的著作，我认为这是关于化学的第一本书籍，并且从各方面来看都是一项非同寻常的工作。我非常惊异他熟悉那么多事实，而这些事实一般被认为是在他之后很久才被发现的。因此，对于这段历史，我只能勉为其难地向读者传达贾格的一些想法的主旨，但我并不确定是否成功做到了这一点。我一般都是尽量在文字上给出他的原话，并且只要能够达意，都是采用1678年版的英语译本。

帕拉塞尔苏斯为医学以及其相关的科学带来了一场伟大的革命，但这与医学史的联系更为密切，而不是化学史，虽然它对化学的进步无疑也有贡献。但是，这种促进并不是通过医药化学家们的意见或者心理，而是通过他们的同时代人或者继承者自身致力于发现化学药物带来的。

在毕彻和斯特尔引入一种燃烧理论之后，化学的历史变得益发重要。这时化学已摆脱炼金术的束缚，并敢于在物理的诸学科中寻求一席之地。我发现有必要将18世纪的化学进展做相当简要的处理，如此做的原因是为了易于理解。但这样也就要略去许多值得称道的名字，他们做出的贡献对于科学的促进是持久和从不间断的。我自己限于注意那些最为杰出的人物，即化学的发现者们。我只能这样计划，并无其他选择，否则这个著述的篇幅将会加倍，而这对普通读者而言只会带来不快和失落。

对于已经过去的19世纪的那部分化学史而言，存在一些令人犯难的问题。有许多个人依然活跃于工厂的经营，我也曾有机会与他们的工人交谈；其他一些人也就刚刚离开舞台，他们的朋友和亲属依旧在夸赞他们的功绩。在处理科学的这一部分（也是迄今最为重要的部分）时，我遵循了前人的经验。我发现需要略去许多名称，这些名称无疑应在一个大部头著述中有一席之地，但在我自己限定的有限范围内，他们自然就被略去了。我谨守不伤害任何人的人格，同时坚守我所熟知的真理。如果在后续的篇幅中我的任何评论不幸伤害到任何个体的感情，我将追悔莫及，而唯一可宽慰的是，在我的意识中不存在任何恶意的企图。令所有人满意或许是不可企及之事，但我可以说，以真理之名，以我有限的知识和最大的能力而言，我的著述公正地对待了所有人的功绩。

目　录

上卷

下卷

上 卷

第一章　炼金术

化学(χημεια,chemeia)一词最早出自希腊作者苏达斯。人们认为,他生活在11世纪,并且在亚历克斯·康尼努斯统治时期编著了他的词典[①]。在这本词典中"化学"这一词条下,有下面一段注释:"化学就是金和银的制备技艺。戴克里先考虑到埃及人反对他的那些新的图谋,于是搜出了关于化学的书籍并将这些书焚毁。当戴克里先搜出并焚毁这些古代人写的关于金和银的化学书籍时,他对待这些书的手段毫不留情。戴克里先之所以这么做,是为了防止埃及人会因掌握了这门技艺的知识而变得富有,并因财产的富足而变得大胆,以致反抗罗马人。"[②]

在这本词典中,"金羊毛"(Δερας)一词下有这样一段注释:"金羊毛连同克尔克斯(Ætes)国王的女儿美狄亚是由詹森和阿尔戈号的船员在其由黑海到科尔奇斯的航行后掠得。但是在诗人们的笔下,事情并非如此。"金羊毛"是一篇写于羊皮上的论文,它教授人们如何通过化学方法制出金子。或许也正是因为如此,生活在那时的人们才称它为金的,以说明它非常重要。"[③]

从以上两段文字我们可以确信,11世纪的希腊人知道"化学"一词,当时,化学意指制取金和银的技艺。并且,在苏达斯看来,这一技艺在戴克里先时期就已为埃及人所知,而戴克里先也深知这一事实,为了消灭它,还搜罗并焚毁了在埃及发现的所有化学著述。不仅如此,苏达斯还断言,在阿尔戈号时期确实有一本描述制取金子的书,詹森和他同伙的目的就是拥有这本珍贵的、被诗人掩饰在"金羊毛"名称下的著作。

---

① "化学"一词在一些更为早期的希腊手稿中曾出现过。但是我一直都没有机会拜读这些手稿,因此我不能对这一事实妄下判断。炼金术的历史中充斥着太多的虚构,有太多的古人名称被以别有图谋的方式加以利用,以至在没有足够的论据时,我们需要持怀疑态度。

② 此处作者引述了希腊原文——译者注。

③ 此处作者引述了希腊原文——译者注。

因此，化学的最初含义就是制取金子的技艺。按苏达斯的观点，这一技艺至少在公元前1225年就为人掌握了，因为这个时期正是纪年学者公认的阿尔戈号探险的时期。

尽管苏达斯的词典是第一本印行的出现“化学”一词的书，但是人们认为在更早的小册子，以及随后的手稿中也可以发现该词。因此，塞林格说他曾细读过一份潘诺波利斯的佐西默斯的希腊文手稿，这份手稿写于5世纪，如今保存于法国国王博物馆。欧劳斯·波瑞切斯曾提及这份手稿，但看其言辞，对欧劳斯·波瑞切斯本人是否亲自读过这份手稿我们不得而知，尽管他曾暗示自己读过[①]。据说这份手稿的名称叫作《关于制取金银这一神圣技艺的可信描述》，作者为潘诺波利斯的佐西默斯[②]，在这个手稿中，佐西默斯将这一技术称为“化学”。

根据赛林格和欧劳斯·波瑞切斯所引用的手稿的片段可知，佐西默斯所掌握的制取金和银这一古老的技艺比苏达斯尝试过的高超得多。这个神奇的片段的译文如下：

“《圣经》告诉我们，鬼族是一个利用女人的种族。赫尔墨斯曾在他的《物理学》中提及这一背景，几乎所有的著述，无论神圣或是杜撰，都说过这件事情。古老而神圣的《圣经》告诉我们，曾被女人俘虏的天使教给了她们操控自然的方法。天使因此受责，一直被放逐于天堂之外，因为天使教给了人类所有罪恶的行为以及不利于人类灵魂的事情。《圣经》还告诉我们，巨人首先从这一切中挣脱出来。切玛(Chema)是他们传统技艺中的第一技艺，他们的书的名字就叫《切玛》，因此这一技艺就被称为切玛阿(Chemia)[③]。”

佐西默斯不是论述化学的唯一希腊作家。欧劳斯·波瑞切斯曾提供过一张有38部著述的清单，他说这些著述保存于罗马、威尼斯和巴黎的图书馆，肖博士将这清单中的个数增加到了89个[④]。但是在这些著述中，我们发现了赫尔墨斯、伊西斯、何璐思、德谟克利特、克里欧佩特拉、波菲力和柏拉图等名字。毋庸置疑，这些作家的名字经常会被附会到一些较为近代的、不著名的作家的著述上，但正如波瑞切斯告诉我们的，这些作家的风格粗俗。他们主要来自教会，生活在5世纪到12世纪。在这些小册子中，炼金术有时被称为“化学”，有时被称为“化学技艺”(χημευτικα)，

---

① 《化学的起源与发展》，第12页。

② 此处作者引述了希腊原文——译者注。

③ 《论伊西斯和欧西里斯》，第5章。

④ 《布尔哈夫化学》的肖译本，第1卷，第20页。

或者“神圣的技艺”和“哲人石”。

由此可见，介于5世纪到15世纪君士坦丁堡沦陷的时期，希腊人相信可以凭技艺制取金和银，并且，他们将声称可传授这类方法的技艺称为“化学”。

约在9世纪初，这些观点从希腊人传到了当时处于阿巴斯哈里发家族统治下的阿拉伯人那里，他们也由此开始关注科学。同时，这也点燃了非洲法蒂玛、西班牙奥米耶人的热情，并促进了科学的教化。从西班牙开始，这些观点逐渐流布到欧洲的其他基督王国。从第6世纪到17世纪，制取金和银的技艺在德国、意大利、法国和英国日渐发展。炼金术的培训者被称为炼金术士，这一名称显然源于希腊语的化学一词，但阿拉伯人采用的稍有不同。这期间人们写了许多炼金术小册子。拉扎吕斯·泽兹纳曾搜集了大量这样的小册子，并在1602年于斯特拉斯堡出版了名为《化学剧场》：特别精选的作者的化学与哲人石论文，它们来自上古、真理、法则、完美以及不断地为了化学和医药化学而进行的勤奋实践（以收获富有成效的治疗），并被收集整理为四卷的书。该书收入了105本炼金术小册子。

1610年，在巴兹尔有另外一本炼金术小册子选集出版，它收入了85本炼金术小册子，书名为《被称为炼金而非化学的技艺的三大支柱》。

1702年，曼戈图斯在日内瓦出版了对开本、两卷版的大部头著作，名为《化学珍籍汇编》，亦即来自炼金术的完备的宝库，其中不只写下了炼金的技艺，还回顾了珍贵的历史；来自于推理和无数实验并最终证明的哲人石的真理；对晦涩术语的解释；对造假者以及通用酊剂的困难和注意事项的公开解密：这里提供井井有条和无价的评论，这也是所有人的伟大约定，告诉人们谁还在花时间为灵丹妙药而劳苦，谁已经接近了伟大的赫尔墨斯·特利斯墨吉斯忒斯，这一巨作中收入了120本炼金术论文，其中许多是鸿篇巨制。

后来，《化学剧场》又出版了另外的两卷版，但是我一直没有机会拜读。

这些选集相当全面地展示了炼金术士著述中的想法，从中可以大体清晰地看出他们的观点。但是在尝试阐明指导炼金术士的理论和观点之前，我们最好先叙述那些逐步得到认可的关于炼金术起源的观点，以及如何让这些观点得到支持的办法。

在前面引用的材料中，潘诺波利斯的佐西默斯告诉我们，制取金和银的技艺不是人类的发明创造，而是人类与天使或恶魔交流所得。他说，那些天使爱上了女人，并被她们的魅力所引诱从而放弃了天堂，定居在了地球。这些灵异除了与其情人交流其他信息之外，他们还教会了他们的情人高贵的化学技艺，或者说炼金术。

显然这是对《创世记》第6章的误读，因此反驳这一离谱的观点是完全没有必要的。“时间流逝，人类在地球上繁殖，他们的女儿诞生了，上帝的儿子看到了人类的女儿，她们美艳动人。上帝的儿子娶她们为妻并愿接受一切惩处。在那段时间，人间是有巨人的，在那之后上帝的儿子来到他们妻子的身边，并生了孩子。衰老的人类变得强壮并有威名。”

这里并没有提及天使的什么事情，也没有提到他们与人类沟通的任何科学信息。

同样，也没有必要提及经一些人鼓吹并得到欧劳斯·波瑞切斯支持的观点，即认为炼金术的发明者是同伏尔甘一样受人尊敬的土八该隐。我们所共同认可的关于土八该隐的信息是，土八该隐是铜铁匠的祖师①，这里没有任何关于金的暗示。在这世界的初期，没有人工制取金子的任何可能，对此我们有可信的权威证据。在《创世纪》第2章中，关于伊甸园的描述，曾这样说道：“从伊甸园的一条河里引出水来浇灌花园，从那里开始河水被分成了四股。其中第一股名为皮松，它整个环绕着富含金子的哈维拉，那里的金子很好，也有红玉和玛瑙。”

但是普遍为人们所认同的观点是，炼金术起源于埃及，而炼金术发明者的荣誉称号被大家一致授予赫尔墨斯·特里斯墨吉斯忒斯。他被认为是和汉姆之子查安同等重要的人物，查安之子密支拉姆是第一个占据并居住在埃及的人。普鲁塔克告诉我们，埃及有时也被称为切玛阿，据说这一名称就起源于查安，查安被认为是炼金术的真正祖师，因此以他的名称命名了埃及。希腊的赫尔墨斯是否同查安或他的儿子密支拉姆是同一个人，对于历史如此久远的问题我们不可能进行判定，但行内几乎一致公认赫尔墨斯确实是炼金术士的祖师。

艾尔伯图斯·麦格努斯告诉我们：“亚历山大大帝在一次旅行中发现了赫尔墨斯的遗体安置处，那里充满了各种金子的而不是金属的财宝，这些财宝记录在zatadi（有人称翠玉）牌上。”这段文字出自艾尔伯图斯的小册子《论化学的奥秘》，但该书被认为是一本迷信读物。这段文字的出处和包含的信息在小册子中没有任何说明，倒是从科里格斯曼的一些引证中可以推断，阿维森纳和其他阿拉伯作家曾间接提到存在这个翠玉牌。他们说翠玉牌是一位名叫莎拉的妇女在大洪水后的许多年后，在希伯伦附近的一个山洞里从赫尔墨斯遗体的手中拿到的。翠玉上的铭文是

① 《创世纪》，第4章，第22节。

腓尼基语。下面是从科里格斯曼的拉丁语文本翻译过来的这段著名铭文[1]的译文[2]：

(1)真实不虚，永不说谎，必然带来真实。

(2)下如同上，上如同下；依此成全太一的奇迹。

(3)万物本是太一，借由分化从太一创造出来。

(4)太阳为父，月亮为母，从风孕育，从地养护。

(5)世间一切完美之源就在此处；其能力在地上最为完全。

(6)分土于火，萃精于糙，谨慎行之。

(7)从地升天，又从天而降，获得其上、其下之能力。

(8)如此可得世界的荣耀，远离黑暗蒙昧。

(9)此为万力之力，摧坚拔韧。

(10)世界即如此创造。

(11)依此可达奇迹。

(12)我被称为三重伟大的赫尔墨斯，因我拥有世界三部分的智慧。

(13)这就是我所说的伟大工作。

翠玉牌上这段著名的关于赫尔墨斯的铭文的译文就是如此。它晦涩至极，足以让解读者在其上附会他们所选择的任何解释。科里格斯曼和杰亚德·道努斯两人为阐明《翠玉录》奉献终生，他们的解读可以在《曼格图斯的化学珍籍文库》的第一卷中看到。他们都认为《翠玉录》涉及万能药。大约在帕拉塞尔苏斯及稍早的时期，万能药开始得到普及。

上述说法在有些人看来是较为可靠的，但它与这段著名铭文撰写的真实时间相悖。设若如阿维森纳确认的那样，翠玉牌是萨拉从赫尔墨斯尸体的手中拿到(显然是要送给亚伯拉罕之妻使用的)，那么希罗多德及其他古人(无论是基督教徒还是异教徒)就不可能完全忽视它。再者说，阿维森纳又是如何得知距翠玉牌被发现时间最近的那些人都不知道的事情的呢？如果《翠玉录》是在埃及被亚历山大大帝所发现的，那么亚里士多德以及亚历山大大帝学校培养出的众多作家又怎么会不知道并且没有人做出最起码的暗示呢？总而言之，翠玉牌具有15世纪伪造物的所有特征。甚至归在艾尔伯图斯·麦格努斯名下的小册子，虽其提到《翠玉录》及其被

① 这些铭文有两种拉丁文译本。因为既无腓尼基语也无希腊语原文，无从判断哪一种为原文。以下给出了这两种译文(此处略去了这两种拉丁文原文——译者注)。

②《翠玉录》的汉译文取自百度百科网页。——译者注。

发现的事，本身也可能是伪造的。无疑，正是编造翠玉牌的这个人，利用这个托名小册子刻意渲染氛围并使所有人相信那故事是真的。他的意图在一定程度上实现了，因为科里格斯曼及后来的欧劳斯·波瑞切斯都投入巨大的热情支持它的真实性。

人们对赫尔墨斯·特里斯墨吉斯忒斯的另一篇名为《金道》的小册子同样细加注释。这个小册子声称可教授哲人石的制作技艺，同时暗示说哲人石可用作万能药。但它同样可能是与翠玉牌同一时期的伪造物。想从《金道》中摘取出一些有价值的信息是徒劳无益的，但是，不妨给出一个片段，以便读者能够对其写作风格有个了解：

"取水分一盎司[①]半，南欧红（太阳的灵魂）四分之一份也即半盎司，赛尔橘同样半盎司，雌黄半盎司，三者合为三盎司。智者的藤蔓取自三中，最终的美酒成于三十。"[②]

如果经赫尔墨斯·特里斯墨吉斯忒斯发明后金和银可人工制取，或者这门技艺曾在古埃及盛行一时，那么希罗多德肯定对此会或明或暗地提到，因为他曾长期居住于埃及，并且在各科学门类方面受到过埃及教士的指导。设若"化学"是一个科学术语，无论其真实还是荒谬，它早在阿尔戈号探险时期就已存在，并有许多论述它的文献，并且如苏达斯断言的那样，它在戴克里先统治之前就已在埃及存在，那么，这一切不会不引起普林尼的注意，因为普林尼在他的研究中充满好奇且坚持不懈，并且通过收藏自然史，对于古代所有实践科学的各门类知识都有透彻的了解。事实上，"化学"一词从未在苏达斯之前出现在任一希腊或者罗马作者笔下。苏达斯记录"化学"一词是在11世纪。这就推翻了所有关于那样一门科学存在于古代的说法，尽管欧劳斯·波瑞切斯极力表明化学是在更早的时期出现的。

从"制取金和银的技艺"这一术语看，我倾向于相信，化学或者炼金术源于阿拉伯人。因为在哈里发统治之前，阿拉伯人就开始将注意力转移到药物上。抑或，如潘诺波利斯的佐西默斯的著述使我们设想的那样，是希腊人掌握炼金术在先，阿拉伯人获得了它并将其简化成固定的形式和次序。如果贾柏的著述是真实的，那么关于这一点就可以确定无疑了。贾柏被认为是一位医师，在17世纪从事写作。他承认金属是汞和硫的化合物，并将此作为第一原理。

---

① 盎司，英制重量单位。1盎司约等于31.1035克。——译者著。

② "从液体中取1.5盎司，再从南方红，也就是生命盐中取四分之一份即半盎司，再从赛尔橘中同样取半盎司，再取半盎司的雌黄，这样一共3盎司。"

他说起过哲人石(lapis philosopho rum),教给人们哲人石的制作方法,还教授过当时所知的将不同原料转化成药物的方法。人们对他的贡献从不吝啬溢美的言辞。因此,他采用的原理虽非直接但正是炼金术的基本方法。除贾柏之外,我无从发现别的人工制金的方法。贾柏的化学完全致力于药物的改进。他也从未公开承认炼金术士后来将贱金属转化为金的主张。由此我开始怀疑,炼金术理论发明于贾柏之后或至少在17世纪之后,如此任一炼金术士才胆敢声称他自己拥有这一秘密,并满心欢喜地用人工方法制金。原因在于,在可以人工制金这种观点和确实有办法将贱金属转化为金这种确信之间有着不小的距离。前者可在看似有理和完全诚实的态度下得到采信,但后者所需要的技艺水平,确要远远超过当时化学的科学崇拜者的水平。

炼金术士认为,所有金属都是化合物。较贱金属和金子有着相同的组成,只是较贱金属受到了污染并包含了各种杂质。如果这些杂质可以被去除或者改善,那么较贱金属就会具有和金子一样的特征和特性。炼金术士将具有这种神奇能力的物质命名为哲人石。他们将其描述为一种有着特殊气味的红色粉末。个别炼金术士身后留下著作,夸口说他们拥有哲人石。帕拉塞尔苏斯确实说过,他熟知制作哲人石的方法,并给出了几个过程,但是这些都令人难以理解。许多人都宣称自己见过哲人石,在其个人物品中有点儿这东西,还曾见过几种较贱金属(特别是铅和汞)通过这种方法被转变成了金子。许多这类故事都有记录,看上去如此可信,以致我们不必惊讶它们曾经得到过广泛的认可。如果我们举出出现在最不寻常情境中的一两个人物的例子,就足以说明这个问题。下面这段关系的描述出自麦格努斯,并经日内瓦牧师格劳斯许可。格劳斯为人无可挑剔,他同时也是一名技艺超群的医师和专业化学家。

大约在1650年,一个不知名的意大利人来到日内瓦,住在一个有绿十字会标志的地方。待了一两天后,他向房东德鲁克提出要找一位熟悉意大利语的人,以便陪他在镇上转转,并指点些需要细看的事物。德鲁克同格劳斯很熟悉,当时格劳斯只有二十岁左右,就读于日内瓦。德鲁克深知格劳斯精通意大利语,就要求他去做那个陌生的意大利人的陪同。格劳斯爽快地答应了,他在两个星期的时间内陪着意大利人走遍了每个角落。然后意大利人开始抱怨说缺钱了,这使得格劳斯吃惊不小(因为他当时非常贫穷)。从与意大利人的对话中他猜测意大利人是打算向他借钱,但是意大利人并没有这么做,而是问格劳斯是否有认识的哪个金匠可以允许他使用风箱和其他器皿,并愿意向他提供他想要进行的一个特殊过程所必不可少的东西。格劳斯联系到了比格尤,意大利人也马上就去了比格尤那里。比格尤提供了坩埚、纯锡、汞以及其他意大利人所需要的东西。金匠离开他的作坊时,担心意大利人可能会应付不了,就留下格劳斯和一个作坊的工人给意大利人做帮手。意大利人在一个坩埚里加入了一份锡,另一个坩埚里加入了等量的汞。在火上加热后,锡在坩埚里熔化,汞升温。他将汞加入到熔化了的锡中,同时将一种蜡封的红色粉末投入汞齐。搅拌后,大量的烟从坩埚中冒出并马上平息下来。他将内容物倒出后,形成六个密度很大的铸块,散发着金子的光泽。意大利人将金匠请了回来,让他仔细检查了其中最小的一个铸块。金匠不满足于用试金石和王水,他直接将制得的金属与试金石用灰皿中的铅放在一起,然后和锑一起熔化,其间金属未见损失。金匠还发现金属具有延展性,并具有金子所特有的重量感。金匠满是羡慕地惊叫道,他还从没制作出过纯度如此高的金子呢。意大利人将最小那一块金属馈赠给了金匠作为酬谢。之后,在格劳斯的陪伴下,他们又去了造币厂。在造币厂,他从厂长比格尤那里拿到一些西班牙金币,其量和他带来的金属块等量。意大利人给了格劳斯二十块金币作为礼物,以答谢格劳斯为他所花费的心思。在结算清旅馆的花费之后,他又向旅馆付了十五块金币,用来让格劳斯和比格尤在此娱乐数日;与此同时,他点了晚餐,并承诺如果他日重来,还会再次款待两位绅士。意大利人随后出去了,再没有回来,留下格劳斯和比格尤后悔不迭而又赞叹有加。格劳斯和比格尤两人继续在旅馆里消遣了几日,直到意大利人留下的十五块金币全部用完。①

麦格努斯还讲过下面这样一个故事(经主教本人认可)。这个故事是他在1685年和一个英国主教交流时听到的,英国主教还送给了他半盎司由炼金术士制得的金属。

一个衣衫褴褛的陌生人来找波义耳先生,在和波义耳交流了一段时间化学技艺之后提出,能否给他提供一些锑和其他常见的金属性物质,恰好这些东西在波义耳实验室里都有。他把这些金属放到坩埚里,然后在熔炉上加热。当这些金属全部熔化之后,他拿出一些粉末状物质给助手看,然后将其投入到坩埚中并转身离开。在离开之前他叮嘱仆人,坩埚要一直在熔炉上加热直至熔炉的火熄灭为止,并承诺几个小时后就会回来。但是陌生人一去不回,波义耳吩咐旁人将坩埚的封盖取下,发现坩埚里有黄色的金属,这些金属具有金子的所有特征,只是略轻于原初放进坩埚里的所有金属的重量。

---

①《曼格图斯的化学珍籍文库:前言》。

另一个奇怪的故事和爱尔维修有关。爱尔维修是奥伦治亲王的医师，在他的《金牛犊》中写道：爱尔维修不是个相信哲人石的人，他也不相信万能药，甚至把肯奈姆·迪格比爵士的交感粉当笑料看。1666年12月27日，一个陌生人拜访了他。在和他探讨了一会儿万能药之后，陌生人拿给他一种黄色的粉末，并称这就是哲人石；与此同时，又拿出由这粉末制得的五个金子大盘。爱尔维修诚挚地恳求陌生人留下些哲人石，能让他试一下哲人石的作用。陌生人拒绝了，但是承诺六个星期后会回来。六个星期后他如约而至，在爱尔维修再三恳求下留下了一小片只有油菜籽大小的哲人石。当爱尔维修怀疑这么小的哲人石能否把四粒铅转化成金子时，这个内行人掰下了一半，告诉他剩下的就足以转化四个铅粒了。在第一次同陌生人会面时，爱尔维修就在指甲里藏了一点哲人石。爱尔维修把哲人石加入到熔化的铅中，但是几乎所有的铅都化成了一缕青烟，只剩下一些玻璃状的固体。当爱尔维修向陌生人说出这个现象时，陌生人告诉他，在将哲人石加入到熔化的铅中之前必须蜡封，防止哲人石被蒸发的铅带走。陌生人承诺第二天会来教爱尔维修整个操作过程，但是他没有露面。在妻子和儿子面前，爱尔维修在坩埚中加入了6德拉克马的铅，在铅被加热到熔化时立即向其中投入了蜡封的哲人石碎片。坩埚加盖后在火上加热15分钟，最后爱尔维修发现铅被完全转化成了金子。坩埚中的物质开始是深绿色，倒入锥形容器后变为血红色，冷却后就成了浅金色。金匠检查后确认，坩埚中的固体是纯金子。爱尔维修请来掌管荷兰造币厂的波留斯检验其真假。他将两德拉克马的固体分成四份，发现它经王水处理后增重了2英分[①]。无疑，这个增重应该归因于杂质银的存在，因为在王水的作用下银被包裹在了金中。为了将金中的银彻底分离出来，将金在7倍于其重量的锑中熔化并做了常规处理，其后金的重量并没有变化。[②]

我们可以轻而易举地说出许多相关的故事来，但就我所知和所认定，上述三个事例是最为真实的。读者会注意到，上述故事都不是故事中的主人公自己记录的，而是与主人公相关并且取得授权的其他人所叙述。他们中的一些人（例如英国主教）或许对化学过程并不熟悉，所以容易遗漏或者误解某些细节。因此，即使这是我们可以得到的最有力的证据，它们也并不足以表明这些精彩故事的真实性。叙述者的潜在的小虚荣会使他们忽略或更改某些细节，然而，也正是这些细节原本可以脱去那些故事中的所有华而不实，使我们一窥炼金术士夸口说的他们创造的炼

---

① 英分，药衡制质量（重量）单位，1英分为1.296克，缩写为scr——译者注。

② 伯格曼，《研究》，第4卷，第121页。

金术的秘密。读过帕拉塞尔苏斯关于哲人石的知识的说法的人,或者检查过他制造哲人石的配方的人,不论是谁都会发现他的哲人石是用于药物而非点石成金,也不难看出帕拉塞尔苏斯并不掌握炼金的真知识。[①]

但是为了尽可能精确的传达关于炼金的这些观点,我们还是需要解释一下炼金术士是如何说服他们自己相信,他们拥有将贱金属转化为金的方法的。

1694年,一位年迈的绅士拜访了当时伦敦的化学家威尔逊先生,并告诉他,在经历了四十年的研究之后,他遭遇的困难和付出的努力最终得到了巨大的回报。来者赌咒发誓说这事儿是真的,但是考虑到自己的年龄和身体的虚弱,他无法再承受这个过程的疲劳了。他说:"这里有一块我四年前从银制得的金子,我只相信你能保守这个稀有的秘密。我们平摊支出的费用和所得的收入,这些钱将足以让我们征服世界。"老者告诉了威尔逊先生整个过程,威尔逊认为他所说是合常理的,而自己也没有什么谋取私利的想法。因此,他将老者的所说的过程转述如下:

(1)将20盎司的日本铜拍成薄片,在薄片上层层堆叠地覆盖3盎司的硫华,置于坩埚中。将坩埚放在熔炉上慢火加热,直至硫的火焰停息。冷却后,将铜硫化物研成粉末,并令其再次分层。将这一步骤重复五次。威尔逊先生没有说是否每次加热前都需要向粉末中加硫华,但肯定会是如此,否则铜硫化物会被转化为金属铜,然后融成铜水。经过该步骤后,会形成含有等重量铜和硫的铜的二硫化物。

(2)将6磅铁丝放入一个大的玻璃容器中,然后加入12磅的盐酸。缓慢加热6天,直至盐酸被铁饱和。将溶液倒出并过滤,再在未溶解的铁丝中加入6磅新盐酸,经过足够长的时间后将盐酸倒出并过滤。两次的滤液合并倒入一个人的曲颈瓶中,然后将曲颈瓶在沙浴中加热蒸馏。当蒸馏趋于终点、蒸出的液滴呈黄色时,换另一个接收容器,并将曲颈瓶放在大火上继续加热四到六个小时。待液体冷却完全后,将接收容器取下,在曲颈瓶的瓶颈部位有大量的花瓣状物质形成,如彩虹般姹紫嫣红。接收容器中的黄色液体有10盎司半,花瓣状物质即铁氯化物,它有2盎司3打兰。将黄色液体和铁氯化物都放于干净的瓶中。

(3)在曲颈瓶中加入0.5磅苛性钾硫酸盐和1.5磅硝酸,待苛性钾硫酸盐完全溶于硝酸后加入10盎司汞(此前经生石灰和塔塔粉盐蒸馏)。将曲颈瓶中的物质热馏至没有水分,此时有大量黄色产物(汞的过硝酸盐)在瓶底生成。将馏出液倒回曲颈瓶,并加入0.5盎司硝酸,再次蒸馏。重复蒸馏三次后,将最终馏出物在大火上

① 我指的是他的《哲人石制药手册》,见:《帕拉塞尔苏斯全集》,第2卷,第133页,对开本,日内瓦,1658年。

加热。冷却完全后，瓶底有大量五彩缤纷的物质生成，显然这些物质是由苛性钾硫酸盐、汞过硝酸盐以及某种汞氧化物构成。

(4)将4盎司细银粉溶解在1磅王水中，在溶液中加入4盎司铜的二硫化物，1.5盎司步骤3中得到的混合物，2.5盎司的铁的过氯化物溶液。溶液置于曲颈瓶中静置24小时后倒出，在瓶底少量不溶物中加入4盎司硝酸。静置一夜后得到沉淀物。将这些沉淀物倒入一个曲颈瓶中，热馏蒸干，之前的熔液也一并倒回并重复蒸馏三次。最后一次蒸馏结束后将曲颈瓶中的物质加热至没有烟冒出，也无液滴落下。

(5)将曲颈瓶中的剩余物转移到坩埚中，小心地蒸去腐蚀性烟雾后，用一种熔性粉将残渣熔化。

这一过程预期可以生成5盎司的纯金，但是检查后发现，除去损失的0.5便士外，银的重量和被王水溶解之前等重，在矿粒中确实有一些像是金的渣粒，这些渣粒不能溶于王水。无疑，这些渣粒为含铁的过氧化物或者铁的过硫化物。[①]

威尔逊先生的炼金术士朋友对于这第一次失败并不满意，在方法上做了一些改变，并在配方中加入了一定量的金之后固执地重做了实验。整个过程再次进行完后，不用说，并没有得到金子，或者说，配方中2打兰[②]的金至少增加了1.296克30格令[③]，但此增加的部分无疑来源于没有分离出去的银。[④]

现在我将给出一种哲人石的制作方法。该法曾得到麦格努斯的极大赞同，也正是出于此，在他的《化学珍籍文库》的前言中他就提到了这个方法。

(1)准备一定量的烈性酒，其无水程度达到完全易燃且易挥发(即在酒滴坠落之前就完全挥发)，这是第一种溶剂。

(2)取一定质量的纯汞，纯汞由朱砂还原得来。将纯汞、食盐及蒸馏后的醋一起加入到玻璃容器中。剧烈摇动，至醋变为黑色时将其倒出，加入新醋，再次摇动。重复摇动和加新醋过程，直至醋不再因吸收汞而变黑。这时汞纯度很高并有光泽。

(3)取4份上述过程中的纯汞，8份自制的经升华的汞[⑤]，用木杵将其在木臼里

① 《威尔逊化学》，第375页。

② 打兰，英国古制质量单位。1打兰约等于1.7718克。——译者注。

③ 格令，英国历史上使用过的质量单位。1格令等于0.0648克。——译者注。

④ 《威尔逊化学》，第379页。

⑤ 升华物可能会有腐蚀性。

研磨在一起,直至滚动的汞珠都消失不见。这一过程极其冗长且很难做。

(4)将制备好的混合物放入梨形容器或沙浴中,加热令其升华,温度逐渐升高直到所有容物都升华。收集升华产物,再次放入梨形容器中升华。这一过程需反复五次,如此可得晶莹剔透的升华产物,这其中包含哲人盐的成分,并具有极好的性质。①

(5)将步骤4中得到的升华物在木臼里研磨成粉,倒入玻璃的曲颈瓶中,再加入步骤1中用到的烈酒,直至酒没过粉末三指高。用炼金术方法密封曲颈瓶,缓慢加热74小时并每天摇动数次。然后缓慢加热,令酒精逐渐挥发,并带出汞中的精华成分。将溶液保存于密封良好的容器中,防止其挥发。在残留的固体中继续加入烈酒,待溶解后如同先前一样再次蒸馏。这一过程需反复进行直至固体完全溶解,并保持在烈酒中蒸馏。到目前为止,工作完成的一直都很出色。现在要用某种方法令汞挥发,其间它会逐渐变得适宜于吸收金和银的酊剂。现在又要祈祷上帝了,迄今为止他一直保佑你的工作圆满完成。现在这项伟大的工作并不处于西米里族人的黑暗之中,而是处于太阳的万丈光芒之下,尽管前辈作家一直拿寓言、象形文字、传说和谜一样的事物来对我们施加影响。

(6)将包含魔法成分的汞精华倒入曲颈瓶中。曲颈瓶的接受容器必须细加密封,汞的精华成分在小火上缓慢加热蒸馏,少量精华成分在瓶底仍有存在。这些残留的精华部分需在大火上通过快速加热曲颈瓶而升华,正如许多哲人自己描述的那样:“使固体溶解,再让溶解了的挥发,又令蒸发的凝固,这将使你生活健康。”这是我们的月亮之神,我们的灵魂源泉,国王和王后或许沐浴其中。将这些易挥发的珍贵的汞精华密封保存在容器中待用。

(7)现在我们继续进行普通金子的冶炼。我们的讨论应该是明晰无疑的,而非离题晦涩的。我们可以从普通金子中得到哲人金,就像在之前的过程中我们从普通汞得到哲人汞一样。

以上帝之名,我们取一些普通金子,用常规方法通过锑将其纯化并转变成小颗粒,这些颗粒需用盐和醋淋洗至非常高的纯度。取一份这种金并向其上倒入三份汞的精华成分(正如哲人估算时的数目是7到10,我们也如法炮制,开始估算的数目为3和1),使两者像丈夫与妻子结婚并生出他们的孩子一样结合,你会看到普通金子下沉并显然是被溶解了。现在,正如夫妻圆房一样,金和汞也融为一体,哲人硫就制作完成了。这就像哲学家所说,硫溶解,哲人石就唾手可得。以上帝之名,

① 可能是甘汞。

正如皇帝和皇后在寝宫中相拥一样,利用哲学容器使二者融合,当水转化成土时将其从容器中倒出。这时在水和火之间形成了一种和谐的关系,二者之间没有相对立的元素。因为当元素被转化为土时,他们相互之间不再有冲突,土中的各种元素都沉寂了。因此哲学家说:"当你观察到水自身凝结时,你就可以认为你的知识是真的,你的做法是哲学化的。"这时,普通的金子就不再普通,而是已经成为哲人金了。这都归因于我们的过程:开始是沉寂,之后是大升华,然后复归沉寂,其中的科学全都依赖于元素的改变。金子开始为金属,现在已经成为硫,并具有转化其他所有金属为硫自身的能力。现在我们的酊剂已经被完全转化为硫,它具有治愈一切疾病的能力,它就是可以对抗几乎所有人体可悲疾病的万能药。感谢赐予我们一切美好的全能的上帝。

(8)在我们这项伟大的工作中,发酵和注入这两个模式是必不可少的,否则那些缺乏经验的人就不容易重复我们的流程。发酵模式是这样的:取上一步骤中的硫一份,注入在熔炉里熔化的三份极纯的金子之上,片刻后你会看到,在硫的作用下,金子变成了红色的硫,后者的品质劣于之前的硫。取一份红色的硫,注入三份熔化的金子之上,二者会再形成一种硫或者说易碎的物质。将一份这种易碎物质与三份金子混合,会得到一种有韧性和延展性的金属。如果你观察到了这个现象,那就代表成功了;如果没有,再加入硫之后,还是会得到转化的硫。此时,硫已充分发酵,或者说所得药物有了金属的特性。

(9)注入的模式如下:取一份发酵后的硫,向其上注入十份汞并在坩埚中加热,你会得到一种完美的金属。如其颜色不够深,可以再次熔化并加入更多的发酵后的硫,则金属的颜色就会加深。如果金属易碎,就加入足量的汞,金属就会变得完美。

至此,朋友们,您就掌握了制作万能药的方法,它不仅可以消除疾病和延年益寿,还能将所有金属转化成金子。因此,感谢万能的上帝,他怜悯不幸的人类,向人类开示这无价的宝藏,并使之造福于人类。[①]

这就是卡罗勒斯·姆赛特努斯给出的哲人石的配方(略有删节)。相对于大多数炼金术士的方法,这一配方看上去足够清楚。其中没有提到所谓的升华汞,从所述的过程来看,我们会认为那是一种腐蚀性的升华物。假设如此,在第5步中形成的哲人盐就可能是甘汞。唯一可以推翻该假设的证据就是第5步描述的过程,因为甘汞不溶于酒精。经过这个详尽的过程制得的哲人石绝非它物,只能是金和汞

①《曼格图斯的化学珍籍文库:序言》

形成的汞齐。哲人石中不可能含有金的氯化物,因为这一过程不是以制药的方式进行,它只能制得剧毒的产物。无疑,设若金汞齐注入了熔化的铅和锑并在其后进行灰吹,定会留下一部分金,这当然是金汞齐中原已存在的那部分金。可能的情形是,一些骗子借此就哄骗无知者,说那东西就是哲人石,但是,制备金汞齐的炼金术士不会无知到不知道它含有金。

在《曼格图斯的化学珍籍文库》中还给出过一个相当不同的方法,这个方法过于冗长,且其难以理解,因此无法给出具体说明,这里不再赘述。①

从以上描述中,读者可以对炼金术士的追求的主旨有一定的了解:他们唯一的目标就是制作他们口中所谓的哲人石,它具有双重性质:将贱金属转化成金,以及包治百病和延年益寿。通过威尔逊的实验和前述姆赛特努斯的配方,读者也可以大概了解炼金术士采用什么方法尝试制作哲人石这一无价瑰宝。由于对物质的性质以及物质间相互作用的无知,炼金术士的方法并没有科学类比的指导,并且这类方法中的此一部分几乎常与另一部分彼此相互抵触,因此,即使小心从事可能会获得成功,试图分析他们数目众多的制作方法也会是浪费时间。在多数情形下,由于他们写作中的术语莫名难解,因此不可能从他们致力制作哲人石的方法中猜出,到底那些方法是些什么方法,或者到底他们得到了什么物质。②

由于普遍存在金子可由人工制得这种观点,因此就有一批骗子冒出来,佯装他们拥有哲人石,许诺可以传授制作秘籍以图回报。令人惊奇的是,居然有人轻信并成为这些骗子的上当者。就这些骗子希图回报这一点,就足以表明他们并不知道那些他们佯装公开的秘密:一个以掌握制金方法为乐的人如何可能存有图谋回报的动机?对于这样的人而言,钱唾手可得,不需要专意图谋。但奇怪的是,就是有不少上当者轻信骗子的巧言,向他们提供金钱,以便他们可以完成那些应许的过程。这些骗子的目标或者是将提供的钱卷走,或者是利用这些钱购买各类物质,用以提取各种油、酸等并将其出售牟利。为了稳住那些向他们提供完成这些过程的条件的上当者,并使他们安心,有时候炼金术士也会以各种方式展示一下从贱金属转化得来的少量金子。若弗鲁瓦就有机会目睹过许多这类表演,并记述了炼金术士的许多花招。在此有必要引述若干事例加以说明如下。

---

① 如果读者中有谁需要了解炼金术士制备哲人石方法的更多细节,可以在书中找到关于这一主题的大量信息。

② 科切尔在其《地下世界》一书中有一篇关于哲人石的文章。其中,他考察了炼金术士的方法,指出了其中的晦涩之处,并且雄辩地证实从来没有人得到过这类物质。对于炼金术方法感兴趣的人可以参看该文章。

有时，炼金术士使用装有假底的坩埚，而在真的坩埚底部加入一定量的金和银的氧化物，然后覆盖一层坩埚破碎后形成的粉末，并将这些粉末用胶水或蜡黏结。待将所用物质加入到这个坩埚中并加热后，假底消失，金和银的氧化物被还原。在这个过程的最后，金和银出现在坩埚的底部，并被当做这个过程的产物。

有时，他们在一片木炭上钻个孔，在孔中填入金和银的氧化物，并用一小块蜡封住孔口；或者将木炭浸入这类氧化物的溶液中；抑或，用包含金和银的氧化物并在底部做了蜡封的中空棒搅拌坩埚中的混合物。通过这些方法，他们将金和银引入过程中，并将其当做这个过程的产物。

有时，他们利用银的硝酸溶液或者金的王水溶液，或者是金汞齐或银汞齐，机巧地加入到过程中以提供要求的金属量。最常见的演示就是将钉子浸入液体中，当把钉子取出时，钉子的一半都被转化成金子了。其实有一半金子是精心焊接在铁钉上的，并在金子表面涂上一些东西以掩盖其本色，经溶液浸泡后这些颜色就会被洗去。有时，他们取用一半是金一半是银的材料，将两者焊接在一起，并将金的那一部分用汞遮盖成白色；待浸入用以转化的溶液并加热后，汞升华，金的本色就露了出来。[①]

炼金术士都是勤劳的工匠，当他们将自己所熟知的各种金属、盐类等通过各种方式混合在一起，并将这些混合物置于密闭容器中加热时，这种劳动有时会有的回报是发现新物质。这些新物质拥有比他们所熟知的任何物质更高的活性。通过这种方式他们发现了硫酸、硝酸和盐酸。一经发现后，它们就被用到了金属上，如此又得到金属的溶液，继而人们获得了关于各种金属盐以及其制备方法的知识，并卓有成效地用于药学。因此，在炼金术士荒诞的追求中，人们也逐渐积累了事实，最终建立起化学这门科学。在此我们需要注意，在欧洲的黑暗时期，炼金术士功成名就的原因，既是因为他们作为医师的技术，也是因为他们作为化学家的声望。[②]

第一位值得人们注意的炼金术士是德国人艾尔伯图斯·麦格努斯。据说艾尔伯图斯1193年生于德国巴伐利亚，死于1282年[③]。艾尔伯图斯小时候出名地愚钝，以至于成为熟人取笑的对象。他在帕多瓦学习了科学，之后任教于科隆，最后在巴黎教书。他周游了多明我会治下的各个省份，去过罗马并被任命为拉蒂斯邦的主

---

①《巴黎科学院学术论文集》，1722年，第61页。

② 记述炼金术士的作者都要因循的那个第一作者是欧劳斯·波瑞切丝，他著有《著名化学著述评述》，但他并未告诉我们信息的来源。

③《斯普林格尔药学史》，第4卷，第368页。

教。但是他对科学的热情使他放弃了主教的地位，并重新回到科隆的一个修道院，直至去世。

艾尔伯图斯熟知他那个时代所有的科学门类。艾尔伯图斯是一个神学家、医师和洞明世事的人，既是天文学家以及炼金术士，甚至也还精通魔法和巫术。他一生有大量著述问世。这些著述由彼得·杰瑞米整理，并于1651年在莱顿出版，是对开本，共21卷。他在炼金术方面的主要小册子如下：

(1)《论冶金和矿物》；

(2)《论炼金术》；

(3)《秘笈》；

(4)《简明金属矿物起源论》；

(5)《石头的一致本性》；

(6)《合成物综论》；

(7)《论哲人石的前八卷》。

这些小册子大多被《化学珍籍文库》所收录。这些册子大体上是直白和可理解的。例如，在《论炼金术》一文中，他对他那个时期所知道的物质给出了清晰的记录，并给出了得到这些物质的方法。他还提到后来的化学家用到过的仪器，以及后来的化学家偶尔用到的各种方法。以下是我在翻阅他的论文时注意到的一些最为重要的事实和观点。

艾尔伯图斯认为，所有的金属都由硫和汞组成。他所致力要做的，是分划金属的繁多种类，方法是基于它们在纯度上的差异，或是基于它们所含硫和汞的比例的不同。他认为水同样是构成金属的一部分。

艾尔伯图斯熟悉水浴，并将其用于蒸馏瓶中的蒸馏以及梨形器中的升华。他还习惯于使用各种封泥，并对封泥的成分做了描述。

他还提及过矾和苛性碱，似乎也知道塔塔粉末状沉淀是碱性物质。他熟知利用铅或者金通过粘性物质纯化稀有金属的方法。他还知道纯化金的方法，以及区别纯金和不纯金的方法。

他还提及过红铅、金属性砷和硫华。他还熟知绿色的硫酸盐和黄铁矿。他还知道砷可以使铜变白，硫可以腐蚀除了金之外的任何金属。

据说艾尔伯图斯还精通火药，但是在任何一篇他的文章中都没有相关记载表明这个情况属实，否则我就有机会拜读一下了。①

① 令人奇怪的是，欧劳斯·波瑞切斯没有将埃尔伯图斯·麦格努斯列入炼金术士名册。

据说艾尔伯图斯在巴黎任教期间有个学生，这就是大名鼎鼎的托马斯·阿奎纳。托马斯·阿奎纳是多明我会信徒，曾就读于博洛尼亚、罗马和那不勒斯。他更多将自己看作是一个神学家和经院哲学家，而非炼金术士。他的著述如下：

(1)《炼金奥秘典藏》；

(2)《伟大的炼金秘密》；

(3)《论金属的实体与本质》。

他或许还有我还没有看到的其他著述。

虽然我仔细读过这些著述，但它们还是十分晦涩的，其中有很多地方是难懂的。在托马斯·阿奎纳著述中，首次出现的一些术语，现代化学家仍在使用。例如汞齐一词——它表示汞和另一种金属的混合物——就出现在这些著述中，但是我在更早的作者的著述中没有见到过该词。

继艾尔伯图斯之后，罗杰·培根独领风骚，成为所有炼金术士中最为杰出、最为博学同时也是最有哲学思想的人。罗杰·培根1214年生于索墨塞特郡，在牛津大学学成之后到了巴黎，成为一名科迪亚修士。培根为哲学研究奉献了终生。尽管他极力隐瞒自己的发现，但这还是引起了轩然大波。他被控使用妖术，被他的同胞送入了监狱。据说他死于1284年，但斯普伦格乐确定他死于1285年。

考虑到培根写作的年代，是黑暗年代中最为黑暗的时期，他的著述所展示出的知识深度和思想广度是难以置信的。在他的小论文《论技艺与自然的伟力》中，他开始便指出，当时人们所广泛信奉的魔法、巫术、妖术和其他一些类似的想法是荒诞无稽的。他还揭露了人类受骗子、口技表演者等的迷惑而陷于蒙昧的各种方式，以及医师如何利用自己的优势，通过符咒、护身符以及万灵医术的方式蛊惑病人。他断言，人们认为这些事情是超自然现象的原因是他们对自然哲学不熟悉。为了表明这个观点，他列举了大量人们原本认为是奇迹的自然现象，并且，用他自己的秘密得出结论说，这些只是对大多数异常自然现象的高明模仿而已。他在叙说这些的时候，行文是那个时代的莫测高深的风格。他自己说，之所以受此影响，部分是由于受其他哲学家的行为的影响，部分是由于事物的特性使然，另一部分是由于说得过于直白会有风险。

在熟读了培根已经印行的著述之后，我深感培根堪称一名出色的语言学家，他精通拉丁语、希腊语、希伯来语以及阿拉伯语，他几乎精读过在他那个时期用这几种语言写出的所有重要著述。他还是一位文法家，对于一些观点的理论和实践方面他都了如指掌。他还了解如何使用凹面镜和凸面镜，以及凹面镜和凸面镜的制作技艺。他同样也知道真空照相机、点火镜和望远镜的功能。他精通地理学和天文学。他还知道罗马儒略历的重大错误,并指出了产生错误的原因,提出了纠正措施。他精通年代学,也是一名熟练的医师、出色的数学家、逻辑学家、形而上学学者和神学家。但最能引起我们注意的是他的化学家身份。下面就是格梅林整理出的培根在化学方面的著作,我一直都没有机会将它们全部看完。[1]

(1)《炼金鉴》;

(2)《关于神秘的技艺与自然,以及不存在的魔法的通信》;

(3)《论技艺与自然的伟力》;

(4)《炼金术的精髓》;

(5)《论化学技艺》;

(6)《简明炼金术》;

(7)《炼金术教程》;

(8)《论炼金术的技巧》;

(9)《论神秘》;

(10)《论金属物质》;

(11)《论石头的雕刻》;

(12)《论哲人石》;

(13)《大作,或大炼金术》;

(14)《简论神赐》;

(15)《关于年轻狮子的简述》;

(16)《奥秘之秘》;

(17)《三篇论文》;

(18)《神秘观察》。

这些著述中的一大部分被搜集起来,并于1603年在法兰克福出版,名为《英国罗杰·培根关于化学技艺的作品》,其开本为小十二开。

《大作,或大炼金术》于1733年在伦敦由吉波博士出版,开本为对开。牛津大学的哈利父子收集其文稿和柏德林图书馆中仍存有培根的几个小册子的手稿。他认为金属是汞和硫的混合物。格梅林认为培根熟知锰的特殊性质,也知道铋。但在细读完整部《炼金鉴》——其中的第三章包含了格梅林得出这一观点的事实——

① 这段文字和下一段都相当的长,它们出现在《曼格图斯的化学珍籍文库》,第1卷,第613页。

之后，我也没有发现任何明确提及锰和铋的文字。该章中确实出现了镁氧，但是没有说到它的特性；而且，铋在帕尔赛苏斯之后的很长时间之后仍被认为是一种不纯的铅。但对于培根熟知火药的成分和性质这一事实是确定无疑的。在他的书信集《关于自然与技艺进步的奥秘，以及不存在的魔法》第六章中有以下文字：

“空中惊雷之轰鸣，闪电之光耀，比起这些自然现象，人工造物可以更为骇人。一点儿适当合成的物质，比拇指还小，造出来就能发出惊人的噪声和闪光。方法多种多样，效果足以毁灭一个城市或一个军队，就像吉恩和他的士兵打破他们的大水灌并点起他们的灯，伴随着巨大轰鸣，火焰喷发，摧毁麦尔蒂尼提斯无数的士兵。”在书信集的十一章中有下面的文字：“如果知道以怎样的比例将硝石、Luru vopo vir con utriet以及硫混合在一起，你就可以制造雷鸣和闪电。”此处，除了木炭，火药的其他成分都被提到了，显然，木炭是隐含在了不规范术语Luru vopo vir con utriet中。

但是，尽管培根对火药如此熟悉，我们还没有证据表明培根是火药的发明者。如此多的著述中都曾提到的希腊之火是多久前与火药联系在一起的，这几乎不可能说清楚，但是，现在有明确的证据表明，在公元前中国就了解并应用火药了。培根爵士认为，马其顿人所描述的在奥克赛卓特被亚历山大大帝围困期间发现的雷声、闪电以及魔法就是火药。现在，既然有充足的证据表明至少早在1343年火药就被摩尔人传入西班牙了，既然罗杰·培根对阿拉伯语十分精通，他不可能在细读了一些我们现已不太熟悉的阿拉伯作家的著述之后，仍不知道火药的组成成分和及其非同寻常的性质。生活在布鲁斯的巴科尔告诉我们，英国在1327年爆发的沃沃特战役中第一次用到了火枪，而这时培根已经去世40年了。

那天他们看到两个新奇的东西，
在苏格兰的佛如斯是夏威夷雁，
唯一为赫尔墨斯提供的是木材，
之后他们认为这是如此美丽，
依然念念在兹。
战争中的另一样是枪，
他们从没见过这东西。

在这本书的另一部分，我们看到了“gynnys for craky”这一词组，说明“craky”一词用来描述手枪或步枪之类的东西。让人或多或少有些惊奇的是，英国是第一个将火药用于战争的欧洲国家。火药用于1346年爆发的克雷西战争，它为那场战争取得光荣的胜利做出了极大贡献,而那时法国仍不知这种东西的存在。

雷蒙德·吕利是一位学者,也是罗杰·培根的挚友。他同样是一名非常高产的作家,同其他炼金术士一样有着很高的名声。据穆蒂乌斯说,吕利1235年生于马略卡岛。他的父亲给阿拉贡王国的国王詹姆斯一世做管家。在他年轻的时候曾参过军,但是之后在王国的宫廷中谋得高位。他因为全身心投入科学之中,很快就完全掌握了拉丁语和阿拉伯语。在巴黎学习期间,他获得了博士学位。他加入小兄弟会之后,曾促使詹姆斯国王为小兄弟教会修建了一座修道院。后来,他周游了意大利、德国、英国、葡萄牙、塞浦路斯、阿米尼亚以及巴勒斯坦。据穆蒂乌斯说,雷蒙德·吕利在1315年就已死去,并埋葬在马略卡岛。下面一段碑文是欧劳斯·波瑞切斯给出的刻在他墓碑上的墓志铭:

"躺在这块大理石下安息的,是不对任何教条虔诚的雷蒙德·吕利,一位不受欢迎的人。MCCP"

这段文字中MCC表示1300,而P是字母表中的第十五个字母,所有如果这段墓志铭是真的的话,吕利就真的是死于1315年。

我们几乎不必在意如下这个故事:雷蒙德·吕利曾送给英格兰国王爱德华六百万金币,以资助他向萨拉森人发起战争。这笔钱相当于该王朝在其对法国战争时的费用(当然这与这位赞助人的初衷相悖)。这个故事不可能发生在爱德华三世时期,因为在1315年吕利去世的时候其王朝才确立三年;也不可能发生在1305年登上王位的爱德华二世时期,因为那时爱德华二世正全力忙于对付他的王后的阴谋和反叛的臣民,并彻底失败,不可能发起不论是对萨拉森人或是法国人的战争。爱德华一世曾发起对萨拉森的战争和法国的战争,并且和吕利生活的年代同时期,但是和萨拉森人的战争在他登上王位之前就结束了,他在位期间把所有精力都放在征服苏格兰上,并没有把精力花费在任一次对法国的战争上。因此,这个故事不可能发生在三个爱德华期间,它是假的。据说,吕利是1315年在非洲进行基督教布道时被石头砸死的。也有人说,他在1332年仍活在英格兰,那时已经97岁了。

下表列出了吕利的主要著作,大部分都收录在《化学剧院》《炼金术》和《化学珍籍文库》等书籍中:

(1)《通用秘术实技》;

(2)《密钥》;

(3)《理论与实践》;

(4)《简述变化的灵魂:冶金技艺》;

(5)《最后的遗嘱》:此书有英译本,它宣称要给出炼金术的所有秘笈;

(6)《明确的证言》;

(7)《赫尔墨斯的神力》;

(8)《简述神奇的技艺:石头的组成》;

(9)《论哲人橄榄和哲人石》;

(10)《饮用金的方法》;

(11)《简述炼金术和自然哲学》;

(12)《石论》;

(13)《水银之光》;

(14)《实验》;

(15)《技艺的简述与指导》;

(16)《详论石头》。

除了上述著述之外,他的其他几个小册子都由格梅林命名,但我都没有见过。我曾多次尝试阅读吕利的著述,尤其是在他的著述中最重要的《最后的遗嘱》。但是,他的著述都非常晦涩难懂,并包含有许多难以理解的专业术语,以至于我几乎不能理解。在这方面,他的著述和艾尔伯图斯·麦格努斯以及罗杰·培根的著述形成了鲜明的对比,后两人的著述平白易懂。因此,就吕利所熟悉并记述的化学物质而言,我倾向于相信格梅林,尽管我对其精确性并不太认可。

和他的前辈一样,吕利也认为所有金属都是硫和汞的混合物。他好像是第一个将象形文字和符号引入化学的人,这些象形文字和符号大量出现在他的《最后的遗嘱》英文译本中,借此他无疑是要说明自己的看法。这些文字和符号是用来使读者认为作者的观点具有寓言性质,还是有其他什么目的,这很难推测。或许它们是有意设计的,用来向同时代的人灌输并渲染某种非常深刻和难解的东西,因为只要浏览一下吕利的著述,就会发现他是一个好吹牛的人。

吕利熟知经蒸馏并燃烧残渣得到的塔塔粉,并发现碱性物质暴露在空气中会液化。他也熟知硝酸,该酸得自蒸馏硝石和绿矾的混合物。他还提到了这种混合物对汞和其他金属的溶解能力。他还知道通过向硝酸中加卤砂或者普通盐可以制得王水,并且知道王水具有溶解金子的特性。

吕利还熟知烈性酒,并将其称为燃烧的生命水和活性水银,以示区别。他知道混入干的苛性钾碳酸盐,能够使酒变得更加烈性,以及利用通过相同的方法来制备植物酊剂。他提到过来自罗卡的明矾、白铁矿以及红色和白色的汞沉淀物。他还知道挥发性碱,并且知道通过酒精可以使其凝结。他还熟知灰吹银,并且通过将迷迭香在水中蒸馏得到了迷迭香精油。他采用将一种粉状物质和蛋白的混合物涂抹在亚麻布上的方式,黏结破裂的玻璃容器,并提出用其他封泥也能达到相同效果。[①]

维伦纽夫的阿诺德于1240年生于普罗旺斯附近的一个名为维伦纽夫的村庄里。欧劳斯·波瑞切斯确信,在他那个时期,他的子孙后代都生活在阿维尼翁。波瑞切斯跟他们很熟悉,他们的化学知识并不匮乏。据说,维伦纽夫的阿诺德在巴塞罗那就读,是著名的医药学教授约翰·卡萨米拉的门徒。因为预言阿拉贡的皮特的死亡,他被迫离开了这个地方。之后他去了巴黎,并周游了意大利。后来他在蒙特利埃大学教学。作为一位医师,他的名声很大,以至于一些国王甚至教皇自己在遇到危险的情况下都要请他来。他精通他那个时期的所有科学门类,并且精通希腊语、希伯来语和阿拉伯语。在巴黎期间,他学习了占星术,计算了世界的年龄,并预言世界末日将在1335年到来。巴黎的神学者极力声讨这个预言,以及他的其他说法,并且谴责这位占星术士为异教徒,这使得他被迫离开法国,但是教皇出面保护了他。在1313年,他死在了去探望在阿维尼昂卧病在床的教皇克莱门特五世的路上。下表列出了他的大部分著作:

(1)《治疗法》;

(2)《论酒》;

(3)《论泻药》;

(4)《哲学蔷薇园》;

(5)《新光》;

(6)《论小雕像》;

(7)《众花之花》;

(8)《那不勒斯国王的炼金通信》;

(9)《完美的统治之书》;

(10)《多汁的诗歌》;

(11)《金属转化技艺释疑》;

(12)《证言》;

(13)《众光之光》;

(14)《实践》;

---

① 《格梅林化学史》,第1卷,第74页。

(15)《炼金术观察》;

(16)《歌诗》;

(17)《好运的问题》;

(18)《众径之径》;

(19)《论哲人石》;

(20)《论人类的血液》;

(21)《论烈酒、锑酒和芽酒》。

或许这些著述中,最令人惊奇的是《蔷薇园》。该书试图对他那个时期所有的炼金术做一个完整的概括。《蔷薇园》的第一部分是关于炼金术理论的,内容平实易懂。第二部分是关于实践的,分为23章,宣称教授制作哲人石的方法,但对我而言这其中有许多部分令人难以理解。

同他的前辈一样,他也认为汞是金属的组成部分。他掌握哲人石的制作方法,也乐于增进这方面的知识。在他看来,金和金水是药物中最为珍贵的。他将汞用作药物。他似乎将铋命名为白铁矿。他有提取松节油、迷迭香油和迷迭香精华的习惯,之后这些精油变得出名,被称为匈牙利水。这类蒸馏是在上釉的陶瓷容器中进行的,容器上有盔样的玻璃顶盖。

1505年,他的著述在威尼斯以单卷、对开本出版,之后又有七版,最后一版于1613年在斯特拉斯堡问世。

约翰·艾萨克·荷兰都斯以及与他同名的同村人可能是兄弟俩也可能是父子俩,这不得而知。关于这两个勤劳的、值得称赞的人的情况,后人知之寥寥。他们二人生于13世纪荷兰的一个名为斯托克的小村庄。可以确定的是,他们生于维兰纽夫的阿诺德之后,因为他们在著述中提到了后者。他们编写了许多关于化学的论文,考虑到他们著述的年代,这些论文还是很值得人注意的。这些论文逻辑清晰,描述精确,甚至给出了他们所用设备的图形,因此容易理解,并且值得注意的是,他们所知并描述的各种过程都是更为现代的。他们的论文一部分使用拉丁语,一部分使用德语。下表给出了他们大多数著述的名录:

(1)《论生命和必要的智能》;

(2)《论矿物和哲人石,两卷》;

(3)《关于哲人石的论文》;

(3)《化学片段》;

(5)《关于第三点金水和哲人石》;

(6)《关于盐和金属橄榄的论文》;

(7)《哲学片段》;

(8)《秘不示人的化学操作》;

(9)《土星的运行》;

(10)《尿之精华》;

(11)《哲人之手》。

欧劳斯·波瑞切斯抱怨说,他们的《论矿物和哲人石》里包含有太多的过程,而且这些过程使人难以理解。即使付出大量的劳动,一个人也不能从中得到任何可靠的东西,因此只能是以讹传讹。在读了这些精心写就的著述后,我自己准备站在不同的立场,得出不同的结论。确实,那些声称能制备哲人石的过程是靠不住的,它们并不能制出作者期许的金子。但是,当炼金术过程以这样易于理解的语言传达时,你对其中采用的物质就会知道许多。这就使得我们可以轻易看到各种情况下的结果,并且可以知道,在制作哲人石的徒劳探求中会得到什么新化合物。设若其他炼金术士也能用平白的语言记录,那么他们研究的晦暗之处就能被早日发现,那些无用的或者有害的研究就能被早日终止。

据说巴希尔·瓦伦泰恩大约生于1394年。除了帕拉切尔苏斯之外,他可能是所有炼金术士中最为著名的一个。他是位于萨克森埃尔福德的巴内狄克亭的修道士。如果我们相信欧劳斯·波瑞切斯的话,巴希尔·瓦伦泰恩的著述封藏于埃尔福特一座教堂的墙壁里,直到他去世后在一次雷电击倒墙壁后才被发现。这个故事的真实性不详,但绝不可能。他一生中的大部分时间都在制备化学药物。他是第一个将锑引入医药的人。据说但也不大确定的是,他是第一个在修道士身上实验含锑药物效果的人,结果药物的反应剧烈,因此瓦伦泰恩将提取这种药物的矿石加以区分并将其命名为锑(antimoine,意思是修道士的克星)。这个故事的不可能之处在于,巴希尔·瓦伦泰恩的著作尤其是《锑凯旋战车》是以德语写成。在现在的德语中,锑的名称不是antimoine而是speissglass。科尔科荣格斯在1641年翻译并在阿姆斯特丹出版了《锑凯旋战车》,他为这本书加入了大量精辟的注释。

在巴希尔·瓦伦泰恩的著作中,他对那个时期的医师带有敌意,就像后来帕拉塞尔苏斯一样。关于巴希尔·瓦伦泰恩的生平,没有什么特别的事迹流传下来,所以我只要将他的著述列出目录,并说明他熟知的那些最惊人的化学物质也就够了。

以巴希尔·瓦伦泰恩的名义出版的书籍很多,但是有多少是出自巴希尔·瓦伦泰恩之手,而又有多少是人们谣传的,这还是很令人怀疑的。以下是其主要著述:

(1)《玄奥哲学》;

(2)《关于自然和超自然事物以及金属制剂的性质和灵性的论文》;

(3)《关于老式钟表的大宝石》;

(4)《关于维森宝石的四篇小论文》;

(5)《有关老式钟表的大宝石的简短附件和清楚的复述》;

(6)《论哲人石的原物质》;

(7)《哲人石的原初金属(汞)或隐匿的哲人石物质家族》;

(8)《化学解奥》;

(9)《哲学的十二把钥匙》;

(10)《实践》;

(11)《述自养子证言的著名工作》;

(12)《最后的遗言》;

(13)《论微宇宙》;

(14)《关于世界无穷尽的秘密及其医学》;

(15)《关于七大行星的学说》;

(16)《暗箱操作的公开》;

(17)《结束语》;

(18)《通向真理的唯一道路》。

这些著述中,我仔细阅读过的,只有科尔科荣格斯翻译并评注的《锑凯旋战车》。这是一部杰作,写得清晰准确,包含了19世纪之前已知的与锑有关的一切信息。我不知道这其中有多少要归功于克尔昆格斯,因为我从没读过巴希尔·瓦伦泰恩著作的德语原版。

和约翰·艾萨克·荷兰都斯一样,巴希尔·瓦伦泰恩也认为金属是盐、硫和汞的化合物,哲人石含有相同的组成成分。他断言,在纯化金子和治愈人类疾病之间必定有着极大的相似之处,而锑就是满足两者的最好答案。他熟知砷,知道砷的许多性质,并提起过砷和硫可以形成一种红色的化合物。他也知道锌和铋,它们各有专名并被统称为白铁矿。他知道锰可以使玻璃变得无色。他提到过汞硝酸盐,说到过这是一种腐蚀性的升华物,似乎也知道汞的红色氧化物。没有必要详细说明他所熟悉的那些锑的制备方法,因为几乎没有哪个是他不熟悉的。即使现在,这些方法在《欧洲药典》也可见到。他还熟悉多种铅制剂,知道铅和醋混合会产生一种甜味物质。他知道铅糖、铅的黄色氧化物和白色的铅碳酸盐,还提起过,在他那个时期，人们在制作铅碳酸盐制剂的过程中常常掺假。他还知道绿矾、铁的二氯化物以及氨的制备方法。他还知道在含铁溶液中加苛性钾会有铁沉淀产生，且铁具有还原铜的性质。他还知道锡中有时会含铁，并将匈牙利铁的脆性归因于其中的铜。他知道铜氧化物可以使玻璃呈现绿色。他还知道匈牙利银中含金，并且知道加入汞可使金从王水溶液中以汞合金的形式沉淀。他还提到过雷爆金。在他的著述中含有如此多重要的事实，既然我们还不能确定这些著述的真实性，所以也几乎没有必要再一一列举。

关于炼金术的史实，我写到了帕拉塞尔苏斯之前的时期，在他之后化学有了更为重要的新变化。因此，与其追溯更多关于炼金术的历史，还不如开启真正化学的历史，也即，首先描述在帕拉塞尔苏斯之前古人所了解的关于化学的知识，以及截至帕拉塞尔苏斯之前这门科学自身发展的状况。

第二章　古代人掌握的化学知识

不论欧劳斯·波瑞切斯以及追随他的那些作家是如何一边倒地做出何种断言，可以明确的是，古人身后没有留下任何关于化学的著述，也没有任何证据表明古人懂得化学科学。相反，化学科学起源于对化学现象的整理和对比，通过对只能由化学方法完成的制备的各分支的不断实践和提高，它才为人了解。矿石的熔化，及含于其中金属的还原，是化学过程。因为若要实现该过程，需要将矿石中以化学方式与金属结合的存在物分离出来。除非使用或者混入一种新的物质，这个过程是不能完成的。新加入的物质应与金属物质有亲和力，因此就具有将金属从中分离出来的能力，金属就得到了纯化。制造玻璃、肥皂和皮毛都是化学技艺，因为它们总包含有若干过程。通过这些过程，相互间具有亲和力的物质以化学的方式结合起来。在这一章中，我将指出一些古人知道的主要化学制备过程。据此，我们就可以知道古人为这门科学奠定了什么基础。在这一章中，相关信息的主要来源是希腊人和罗马人的著述。不幸的是，古人对化学技艺和制备的态度与当代极其不同。古代的手工技艺者和制造者主要是奴隶。古希腊人和罗马人都崇尚于政治和战争。他们专注于学习最为时尚和重要的演讲术，或者是历史和诗歌。他们所致力的仅有的科学是政治、伦理学和数学。除在阿基米德那里属例外之外，虽然在现代科学中举足轻重的物理学和机械论哲学这些学科分支众多，但几乎没有任何分支受到古人的关注。

因为古人对于所有机械制造者的轻视，所以，我们试图从他们的著述中找到任何关于他们制作过程的精确细节，只能是徒劳。在这种对于技艺和贸易的普遍轻视下，只有一个例外，那就是大普林尼。在他的自然史研究中只有一个宗旨，那就是记录他生活年代的任何事情。他的著述表明，他阅读广泛、博学多识。主要是因为他，我们现在才能知道古人所实践的化学技艺的知识。然而，从普林尼常常表现出的对于信息的热切渴求中，从他所记录的相关工艺中的大量说法中，我们明显可以看出他对于这些技艺的轻视。即使如此，从这位勤奋的自然史家搜集并流传下来的史料中，我们还是可以得到大量的信息。

1.古人所熟悉的七种金属有金、银、汞、铜、铁、锡和铅

他们知道并运用了许多制备锌、锑和砷的方法,尽管没有证据表明他们是否将这些物质理解为金属态。

1.1《圣经》的第二章说到金子,它在洪水之前就已经存在并为人所熟知了。

"第一条河流叫作皮松,它环绕着整个哈里发大陆,那里满是金子。那里的金子特性优良,遍地都是宝石和玛瑙。"犹太语中金的名称为　　,该符号意为清晰闪耀。无疑,这是指称这种金属的光辉。金一词频繁出现于摩西的著述中。在这位立法者引领以色列的子孙出埃及时,金子在埃及就一定已普遍使用了。[①]金在自然界中往往以原生状态存在。无疑,较之现在,在人类社会早期,金在地表面及河床里的含量要高得多。这从普林尼对亚洲、希腊以及埃及等多个发现金子的地方的记述中可以看出,在这些地方发现金子都发生在他那个时代。

因此,金子不可能不吸引地球上最开始的居住者。它的美丽,它的可塑性,它的不可摧毁,都赋予其价值。人们很快就会偶然地发现,金在加热情况下可以熔化,因此就可以将土地表面发现的金粒或者小金片熔化成一大块金子,继而方便地将其制作成各种各样的首饰或者器皿,并逐渐在生活中广泛应用。当哥伦布发现新大陆时,这种现象也发生在美洲。位于热带地区这块广阔大地上的居住者十分熟悉金子。金子在墨西哥和秘鲁产量极大。事实上,这两个国家的原住民似乎除了金子就不了解其他金属了,至少除了银之外,其他金属没有如此广泛地被应用。但在秘鲁,实际上仍然是银比金用得更普遍。

金或许是人类熟悉的第一种金属。相关的知识肯定早于史前,因为它是《圣经》中记载的一种普通和熟知的物质,而《圣经》是现存的最古老的书籍,我们有足够的证据能表明其真实性。摩西引领以色列的子孙走出埃及的时间,是在公元前1648年。年代如此之早使我们确信,不只是金,其他六种古人知道的金属,都在很早之前就被埃及人熟悉了。希腊人将金的发现归功于他们的英雄中的第一个人。但是普林尼认为是腓尼基人德摩斯在潘盖翁山发现了金子,然而,德摩斯到希腊的航海和以色列人被逐出埃及几乎是同一时期,从摩西那里我们知道,那个时期金子已经在埃及广泛应用了。这就意味着德摩斯首先在希腊发现了金子,但他不是最早使人类熟悉金子的人。也有人说是托阿斯和爱克里斯(或苏尔,俄刻阿诺斯之子)在帕奇米亚首先发现金子的。托阿斯是特洛伊战争英雄的同时代人,至少是阿

① 《出埃及记》,第11章,第2节;第25章,第11,12,13,17,18,24,25,26节;第25章,第8节;第32章,第2节,等等。

尔戈号船员的后代，因此他远在摩西以及以色列子孙被逐出埃及之后。

1.2 在摩西时代，银在埃及同样不只是为人所知而已。

据《圣经》记载，在公元前1872年，约瑟受法老指派接管埃及之前，银就被制成银币作为钱来流通了，这个时间比以色列子孙被逐出埃及早224年。

“约瑟收集了埃及和迦南所有的钱币，并全部购买成玉米，约瑟将这些钱币带到了法老那里。”[①]犹太语中的כסף(kemep)，译意为钱，指称银，也因其白色的光而如此称呼。银还出现在摩西著述的许多其他片段中。[②]希腊人告诉我们，雅典的厄里克托尼俄斯或者斯克斯是发现银的人。但是以上两人都是远在约瑟之后才出现的。

和金一样，银常以金属态存在。无疑，在更早时期，银更多地以金属态存在。因此，和金一样，银也在很早之前就引起人类注意了。银易延展，非常美丽，比金更容易熔化，因此银比金更容易成块，更容易被制作成不同形状的器皿和饰品。在自然中存在的银矿很重，因此即使是粗心的人也会注意到。银大多以金属态出现，只要加以足够长时间的熔化银就可以被纯化。因此我们发现，在秘鲁人被西班牙人统治之前，秘鲁人掌握了开采国内银矿并将其熔化的方法，他们最常用的器皿是银制的。

跟现代相比，古代金和银的价值相差较小：一盎司成色好的金可以兑换十到十二盎司成色好的银，这一比例随两种金属的供应量的随机变化而变化。但是自从发现美洲大陆之后，在美洲大陆尤其是在墨西哥，银的探明量跟金相比是相当大的，银也就相应变得十分便宜，1盎司成色好的金等价于14.5盎司成色好的银。当然，这一相对比例会随银供应量的富余程度有小的波动。尽管西班牙美洲殖民地的革命很大程度上降低了当地银的供应，但是这一缺额以其他方式得到了补充，因此金和银的兑换比例几乎保持不变。

1.3 有充足的证据表明，铜在人类社会早期就为人们所熟悉。

铜在自然界极为常见，它的颜色、重量和可延展性一定会吸引人们的注意力。即使是在最原始的年代，熔化铜也不是件难事。由于它具有极好的可塑性和延展性，在被熔化成块之后，人们不需要太多的技巧就能将它制造成实用美观的器皿。希伯来语中נחש ת的译意为黄铜，它显然指铜。按照《圣经》的权威记载，在大洪水之前人们就已经知道铜了，这或许和人们知道金和银一样早。

① 《创世记》，第47章，第14节。

② 例如《出埃及记》，第11章，第2节；第26章，第19,21节；第27章，第10,11节；等等。

“希拉，土八该隐之母，人们制造(黄)铜器和铁器的导师。”[①]

摩西著述的多个片段中都曾出现过“铜”。[②]从下文可知，由希伯来语翻译来的“黄铜”一定是指铜：“从山中可以开采出(黄)铜。”[③]摩西可能认为，自然界中没有黄铜或者黄铜矿，黄铜只能人工制得。它实际上是铜或者铜矿。

铜早在铁或钢被广泛应用之前，就被发现并用于日常生活了。荷马将特洛伊战争中的英雄表现为以铜剑作为武器。铜本身过于柔软，不能制成刃具，但是在铜中加入少量锡之后，它就能获得需要的硬度。现在我们由克拉普罗特的分析知道，古铜剑的硬度是通过加入锡增加的。[④]

在罗马帝国早期，铜就已经是一种广泛应用的金属了。罗穆卢斯自己将铜制成铜币，努马建立了一所培养铜匠(铸币工匠)的学院。[⑤]

拉丁语中的œ8有时指黄铜有时指铜。从普林尼的有关叙述可清楚看出，他并不清楚铜和黄铜之间的区别。他说在塞浦路斯发现了一个œ8矿，被人称为chalcitis，这是人们发现的第一个œ8矿。这里的œ8明显就是铜的意思。在另一处他说，在一个矿山中发现了œ8，称之菱锌矿(cadmia)。基于普林尼和迪奥斯科里季斯对菱锌矿的描述，无疑，这种矿石就是现代人所说的炉甘石，通过炉甘石可以提取出铜。炉甘石有时是锌硅酸盐，有时是锌碳酸盐，它们被统称为菱锌矿，都可以被用来制取铜。

索利努斯说，œ8矿首次在优卑亚岛的卡尔基斯镇被发现。因此希腊语中的铜为χαλκos(chalkos)。

黄铜是铜和锌的合金，其名应为aurichalcum，或者金色的铜或黄色的铜。普林尼说，在他那个年代更早之前，黄铜矿就已经开采殆尽了，从此这种美丽的合金再也没有出现过。由此，我们是否就可以得出结论说，曾有一种由炉甘石和铜矿石混合掺杂在一起的矿石呢？在黄铜矿耗尽后，salustianum曾如昙花一现般出现，但很快就被livianum取代。Livianum是一座位于高卢的铜矿，因奥古斯都之妻利威亚而得名。这些铜矿在普林尼时期都已枯竭。在普林尼时期，马里乌斯铜或科尔多瓦

① 《创世记》，第4章，第22节。

② 例如《出埃及记》，第27章，第2,3,4,6,10,11,17,18,19节；第30章，第18节；等等。《民数记》，第21章，第9节。

③ 《申命记》，第8章，第9节。

④ 《文集》，第6章，第81节。

⑤ 《普林尼自然史》，第34章，第1节。

铜最为著名。普林尼说，这最后一种œ8矿含有大量菱锌矿的成分，与黄铜有着很大的相似之处。由此我们可以得出结论，普林尼时期黄铜是人工制得的，其冶炼技艺一直沿用至今。

普林尼告诉我们，古时最为著名的铜合金是科林斯铜。它是608年穆米乌斯烧毁科林斯时偶然形成的，此时已是罗马城建立之后，或公元纪年前145年。科林斯铜矿有四种，下面是普林尼对其的描述，但不是那么明白易解：

(1)白铜。这种铜矿和银的光泽极为相像，该铜矿中银含量比铜多。

(2)红铜。该铜矿中金的含量大于铜。

(3)第三种铜中，金、银和铜以等比例混合。

(4)第四种铜称为hepatizon(其词义为肝)，因其呈肝的颜色而得名，因而也更具价值。[①]

古时铜的用法和现代的用法几乎完全相同。铜的一个巨大消耗源是铜雕塑。这是在罗马征服小亚细亚之后才传入的，在这之前罗马的雕塑都是由木材或者石头雕刻而成。普林尼给出了许多制作铜雕塑的配方，其中的用料是不少的。

(1)将新铜和旧铜以3:1的比例混合。每100磅如此的混合物中加入12.5磅的锡[②]，并将它们熔化在一起。

(2)另一种青铜雕塑的配方为如下比例的熔化混合物：

铜，100磅

铅，10磅

锡，5磅

(3)使用100磅铜与3或4磅的锡一同熔化可制得铜锅。

那四匹著名的铜马是狄奥多锡二世统治时期从基奥转运到君士坦丁堡的。1204年君士坦丁堡被十字军和威尼斯人袭掠时，这四匹铜马被马丁·森诺弄走，并由威尼斯总督彼得·西亚尼立在了圣马可广场的大门处。1798年这四匹铜马又被法国人运到了巴黎。最终，在1815年拿破仑被推翻、波旁王朝恢复统治后，这四匹马复归威尼斯，并被放回原来的基座上。克拉普罗特检验了这些马的成分，发现其组成为

---

① 《普林尼自然史》，第34卷，第2页。

② 普林尼的原文为银铅(plumbum argentorium)，但是所加入的物质是锡，所以plumbum argentorium意思就是锡，克拉普罗特曾对一些青铜雕塑有过研究，我们从他那里得到证实，青铜雕塑的原料为铜、铅和锡。

铜,993

锡,7

共1000[①]

克拉普罗特还检验了德国一个密室内的古青铜雕塑,发现它的组成为:

铜,916

锡,75

铅,9

共1000[②]

克拉普罗特还分析过几件在德国出土的年代极其久远的古黄铜和古青铜物件。分析结果如下:

克罗多祭坛上的物件的金属成分为:

铜,69

锌,18

铅,13

共100[③]

皇帝的座椅:这一座椅在11世纪时从哈尔茨堡转运到了戈斯拉尔,至今仍保存于此。它的组成为:

铜92.5

锡,5

铅,2.5

共100[④]

另外一个是封藏在一个德国教堂高高祭坛内的金属碎片,它的组成为:

铜,75

锡,12.5

铅,12.5

共100[⑤]

---

① 《文集》,第6卷,第89页。

② 《文集》,第6卷,第118页。这个雕塑在松德斯豪斯被称为"普斯崔奇斯雕像"。

③ 《文集》,第6卷,第127页。

④ 《文集》,第6卷,第132页。

⑤ 《文集》,第6卷,第134页。

尽管这些分析没有一个和普林尼给出的比例完全相同，但是它们都印证了普林尼的一般观点：古代青铜雕塑的材料为铜、铅和锡的合金。

在古人铸造出的青铜雕塑中不乏一些大尺寸的器件，这些青铜器充分地展现了古时金属铸造技艺的精湛。在铜中加入铅和锡，不仅大大增加了合金的硬度，而且可以使合金更容易被熔化。普林尼时期放在丘比特神殿的阿波罗青铜塑像，高45英尺，耗费500塔兰同（约合现在的50000英镑）。它是卢库勒斯从彭托斯的阿波罗尼亚运来的。在罗兹岛上著名的太阳铜雕，出自利西波斯的学生卡瑞尔之手。它高90英尺，花费12年制作完成，耗资300塔兰同（约合30000英镑）。它是由德米特里厄斯围攻罗兹岛的战争后留下的机械制成。它在罗兹岛屹立56年之后，在一场地震之中倒下，废弃在地上900年。直到萨拉森的皇帝毛维阿（Mauvia）将其卖给了一个商人，商人用了900匹骆驼才将这些碎片运完。

在人类社会早期，铜就被用于医药之中。普林尼和迪奥斯科里季斯记录了许多种以铜制药的方法，其中有很多高明的方法依然值得我们留意。普林尼提到了一个名为赛普拉西亚的公共机构，其目的就是制备病人用药，因此，这就类似于现在的药店。普林尼谴责他那个时期掌管赛普拉西亚的人的行为，因为他们向药物中掺假十分严重，以至于从这些药物得不到什么好的或真的疗效。①

古人也知道铜的各种氧化物，只是不能将它们精确的区分开来。古人将它们命名为flos œris、scoria œris或者squamu œris。他们将铜棒加热至红热，然后在空气中冷却，就得到这类东西。在冷却过程中自然落下的是flos（花），需要被捶打击落的是squamu（铜刻）或者scoria œris（铜渣）。明显地，这几种物质几乎具有相同的性质，实际上它们都是红色和黑色铜氧化物的混合物。

Stomoma也是铜的一种氧化物，它是在熔融态的金属表面处缓慢形成的。

这些铜的氧化物可以外用以治疗鼻息肉，或者肛门、耳朵或口腔等处的疾病，类似于生焦痂剂。

Ærugo（铜锈）是铜的次醋酸盐。无疑，铜锈中通常混有锌的次醋酸盐，因为铜和青铜都可以用来制备铜锈。制备这一物质的方法至今依然沿用。铜锈是否被古人用做颜料不得而知，因为普林尼没有提到过这一用途。

乔坎图姆也称鞋匠的黑墨水，很有可能是铜硫酸盐和铁硫酸盐的混合物。普林尼对其制备方法的记述过于含混，以至于我们难以确切了解其制备过程。能够知道的是，它是在绳上结晶的，绳子是伸展在溶液中的。它是蓝色的，像玻璃一样

---

①《普林尼自然史》，第34卷，第11页。

透明。这个方法也可以用来制备铜硫酸盐。但是,铜硫酸盐用于使皮毛变得黑亮,并因此被称做鞋匠的黑墨水,所以其中显然还含有铁硫酸盐。

乔塞梯斯是一种铜矿的名称。普林尼所记述的这种铜矿与黄铁矿最为相合(现在知道,这是一种硫酸盐),它是1分子的铜硫酸盐(酸)结合1分子的铁硫酸盐(碱)所组成。普林尼告诉我们,这种矿石是铜、锑和硫酸黑土的混合物,具有蜂蜜的颜色。他说,经长时间后它会转变为硫酸黑土。我认为,普林尼所谓的天然硫酸黑土,最有可能是铜的硫化物和人造的硫酸盐。据说,天然的硫酸黑土是在黄铁矿中形成黑色的脉络。普林尼对于锑的描述最接近于黄铜矿。据迪奥斯科里季斯的描述,它的硬度和颜色与金子类同,光泽如星星般闪耀。[1]这都与黄铜矿十分接近。

斯考莱卡因形似一种虫子而得名。将磨碎的白矾、苏打碳酸盐和白醋混合直至溶液呈现绿色,就制成了斯考莱卡。它很有可能是苏打硫酸盐、苏打醋酸盐、铝醋酸盐和铜醋酸盐的混合物,另外可能还或多或少的含铜氧化物等物质,这取决于配制时所用成分的比例。

这就是古人所采用的制备铜的方法。古人将它们外用,有时作为腐蚀剂,有时用在溃疡面上以促进其愈合。没有关于古人内服铜治疗疾病的记载。

1.4 尽管古人并不知道金属态的锌,但是古人知道锌矿,用锌入药,习惯将锌和铜制成合金继而转化成黄铜,所以我们需要将古人所知道的与锌相关的东西陈述一下。

普林尼没有告诉我们使铜转化为黄铜的方法,或许他自己也不知道这个方法。但是通过他偶然说到的一些其他事例可明显看出,其中的方法和现今黄铜匠使用的方法相似:将铜粒和一定量的菱锌矿和木炭混合,然后将其置于一个有盖的坩埚中,在适当温度下加热一段时间,则菱锌矿被还原为金属态并被吸收在铜粒中。当铜被转化为黄铜之后,迅速将所有容物加热至足够高的温度以使其熔化,然后将其倒出并铸造成板或块。

古人入药时选用的菱锌矿不是炉甘矿,而是锌的氧化物。将开口容器中的熔融态黄铜升华即可制得锌的氧化物。有许多名称用来区分锌的氧化物。较轻的称为capnitis。在烟囱内部的称为botryitis,因其形似成串的葡萄而得名。botryitis通常有两种颜色:灰色和红色。红色的被认为是最好的,这种红色或许是因铜的掺杂,但更可能是因铁杂质,因为少量铁的氧化物就足以使氧化锌呈极美的红色。在火炉内壁上收集到的称为好东西(placitis),它带有硬壳,按照颜色,人们用不同的

① 《全集》,第95卷,第117页。

名称对其加以区分。外表呈蓝色、内部有斑点的称为onychitis。外壳呈黑色并且看上去脏乎乎的称为拟宝石(ostrasitis),被视作治愈伤口的良药。在普林尼的年代,最好的菱锌矿是塞浦路斯岛的炉窑烧制的。它可外用以治疗溃疡、炎症和出疹等疾病,和现在的医药学用途十分相似。古人并不知道锌硫酸盐和锌醋酸盐,也没有做过将锌作为内服药物的尝试。

pompholyx是氧化锌的一种,是燃烧黄铜使其中的锌升华得来。spodos或许是铜氧化物和锌氧化物的混合物,它们有不同的名称用以区分不同的变种。[①]

1.5 铁很少以金属态在自然界存在,最常见的是铁氧化物。较之从相应的矿石中还原金、银和铜,将金属态铁从铁矿中提取出来是一个相当复杂的过程,需要非常高的技艺。因此可以推测,和以上三种金属相比,发现铁是个相对漫长的过程。但据《圣经》,和铜、金一样,铁早在大洪水之前就已经为人所熟知了,土八该隐就是名铜铁匠[②]。在犹太语中铁为ברזל,据说取自光明בר和熔化נזל之意。这就使人怀疑,犹太语中的铁不是锻造铁而是铸铁。很有可能在很早以前,自然态铁是与自然态金、银和铜是共存的,所以土八该隐就发现了铁的存在和性质。摩西学到了埃及人的所有智慧,在他那个时代,铁在埃及已经被广泛应用,因为他说到了制铁用的熔炉[③]、提取铁的铁矿[④]、铁制的剑[⑤]、刀[⑥]、斧[⑦]以及劈石头的工具[⑧]。现在纯金属态铁已经太软而不能用作以上用途了。因此很明显,在摩西那个年代,不仅是铁,还有钢都已经在埃及广泛应用了。由此我们可以看出,埃及人制造这种最重要金属的知识远比希腊人先进,因为在摩西时代几个世纪之后的特洛伊战争中,荷马将他的英雄表现为佩戴着加锡硬化过的铜剑,就像他们从未使用过铁制武器似的。同样的情形是,阿基里斯在庆祝他在帕特洛克的胜出时,将一个铁球视作他至高无上的奖杯。[⑨]

---

①《普林尼自然史》,第34卷,第13页。

②《圣经》,第4章,第22节。

③《申命记》,第4章,第20节。

④《申命记》,第8章,第9节。

⑤《民数记》,第35章,第16节。

⑥《利未记》,第1章,第17节。

⑦《申命记》,第18章,第5节。

⑧《申命记》,第27章,第5节。

⑨《伊利亚特》,第23卷,第826行。

"勇士将其抛下,雷鸣般落地,
那个大铁块,那个巨大的圆球,
它的重量,它的大小,让所有希腊人赞美,
它也曾在炉窑中磨炼,在烈焰中成形。
如此巨大,连埃提翁环都托不起,
却随他臂膀的旋转消失在空中;
屹立的是阿基里斯,那巨物如灰飞,
虽其在所有战利品中最为值得纪念。
他向那些恐惧的匠人挑战,
令碟片的声音响彻天际。
他站起,勇武足以投掷这巨球;
他能把这巨球投得最远,并以它为奖章:
如果他富拥这无垠的大地,
就让这大地羊群遍布、谷物茂密,
这都仰赖他惠予的铁块,
令他的庄稼人和乡里人整年富足,
从此再也不需要向邻近的城邦求助,
无论是犁铧,车轮,还是乡间的贸易。"

这块铁大到足以提供一个牧羊人或者一个耕者五年的用铁量。这一背景足以表明在荷马时期铁的用量之大。如果一位现代诗人描绘他的英雄时以他拥有大块的铁作为奖章,且以国王和王子的身份对其求之不得,那就要贻笑大方了。

赫西奥德告诉我们,达克堤利将有关于铁的知识从佛里吉亚带到了希腊。他在公元前1431年麦诺思一世时期定居于克里特岛,这是距以色列子孙出埃及前60年的时候。因此不大可能的是,在500年后的荷马时期,炼铁术会得到大大的提高,使得生产铁的量足以应用于人们的日常生活中,就像这之前很久埃及人就已经做到的那样。古人普遍认为,是卡律倍斯人完善了熔化铁块的技术,卡律倍斯是靠近黑海的一个小国[①],而卡律倍斯有时用来表示钢铁,也正是出于这个原因。

普林尼告诉我们,铁矿广泛分布于各个地方:厄尔巴岛有铁;坎塔布里亚地区的一座山由铁矿构成;在卡帕多西亚,只要用一条特定河流的水浇灌土地就会转变

① 色诺芬,《远征记》,第5卷,第5页。

为铁[1]。普林尼没有记述熔化铁矿的具体方法，或许他自己也不知道这些方法，因为他曾说过，从铁矿中冶炼出铁的方法和从铜矿中冶炼铜的方法几乎是完全相同的。但是现在我们知道，冶炼铁和冶炼铜方法完全不同，采用的原理也不同。普林尼还说，在他那个时期，有许多种铁矿存在，统称为铁(stricturœ)，即拉丁语尖锐(stringenda acie)。

从各方面可以看出，在普林尼时期，铁已经广为人知并广泛应用于人们的日常生活。但是，普林尼或许不大清楚是什么使铁和钢有区别，或者怎样才能使铁转变为钢。他认为这与水的性质有关，当将铁加热至红热状态，这时将铁投入某种水中就能得到钢。西班牙比尔比利斯和图瑞瑟的水以及意大利科姆的水都具有这一特殊功能。在普林尼时期，最好的钢来源于中国，品质次之的来自帕提亚。

在诺里库姆，有可能钢是直接由铁矿冶炼而来的。这一过程十分可行，甚至于到了现在，在特定情况下依然能行得通。

从普林尼著述第34部的第14章中我们可以看到，古人们熟知将铁而非钢磁化的方法。磁铁的名称为活性铁。

根据普林尼所说，用铅和醋涂抹铁的表面之后，铁就会呈现铜的光泽。白铅、石膏和液态树脂可以防止铁生锈。普林尼说，曾经有一个可以防止铁生锈的方法，但在他那个时期之前就已失传。在普林尼时期，幼发拉底河一座古老的桥上的铁链仍没有生锈，但是为修补腐蚀的部分而新加上的铁链已经锈迹斑斑了。

普林尼认为，古人通常会使用一些东西作为药引。因为他说过，将伤人匕首的刺口段就近贴着，可以减轻伤口的痛楚。淬过红热铁的水可以用来治疗痢疾。普林尼告诉我们，用红热的铁块对伤口做烙术，可以防止被疯狗咬之后的人得狂犬病。

古人还将铁锈和剥落的铁片用做止血剂。

1.6 锡肯定是摩西时期人们常用的金属之一，因为作为一种常见金属，人们提到它时惯常到不加置评的程度。[2]根据以赛亚和以西结言说它的方式，明显地，它的价值被认为是比金和银差得多。现如今，尽管出现锡矿的地方锡矿藏量可说丰富，但它是一种稀缺金属，也就是说，地球上已知的锡矿仅有少量几个。欧洲只有西班牙加利西亚的康沃尔山区，以及隔在萨克森和波西米亚间的山区富含锡。发现这其中的最后一个地区时间相隔五个世纪。古时用锡只来自西班牙和不列颠。

① 《普林尼自然史》，第34卷，第14页。

② 《民数记》，第31章，第22节。

在非洲和除印度东部外的亚洲地区，没有锡矿存在，或者是不知道有锡矿存在。腓尼基人是第一个做大宗海上贸易的国家。有证据表明，在很早之前他们就和西班牙和不列颠有贸易，并从这些地区获得锡。无疑，腓尼基人为埃及提供了金属锡。他们有根深蒂固的垄断意识，为了维护整个锡贸易，他们小心地隐藏了他们的锡的来源。因此，毫无疑问，从腓尼基人获得信息的希腊地理学家认为锡岛是西班牙北海岸的群岛。我们知道，事实上，在早年间锡利群岛是出产锡的，尽管大部分锡还是从邻省康沃尔运来。或许正是因为这些群岛，锡在希腊语中名为 *κασσιτερος* 。甚至普林尼也说，在他那个时期，锡产于锡岛、鲁西塔尼亚和加利西亚。他说，锡以小颗粒存在于冲积土壤中，经冲洗可以分离出来。锡是黑色的小颗粒，其金属态只有通过较重的质感才能被辨认出来。这是对砂锡最贴切的描述。我们知道，砂锡是在康沃尔加工的锡矿中唯一存在的组分。他还告诉我们，锡矿中常伴生金粒，需要与金粒一同冲洗，才能从土壤中将其分离出来，然后再单独熔化。

普林尼没有记录从锡矿还原出金属锡的详细过程，或许他对这个过程也不尽了解。

在拉丁语中，锡为plumbum album。普林尼称锡为stannum，但为何他如此称呼锡则不得而知。他说，有种矿石是银与铅相结合的合金，当这种矿石熔化时，熔出的第一种金属是stannum，之后是银，炉中残留的是铅渣，将其熔化后得到的是铅。即使我们承认存在一种矿石是铅和银合金，那么通过简单熔化它也是不可能得到这类产物的。

荷马提到过锡石或锡。通过荷马对锡的用途的描述，可知锡在那个时期价值不菲，比锡现在的价值要高得多。荷马在描述阿伽门农的护胸甲时说，它包含有10道钢，12道金以及12道锡（ *κυσσιτεροιο* ）。[①]在《伊利亚特》第23卷第561行，阿基里斯描述了一个铜的护胸甲外包覆着闪闪发亮的锡（ *φαεινον κασσιτεροιο* ）。普林尼告诉我们，在他那个时期，人们通过添加约三分之一的白铜以向锡中掺假。那时，1磅锡约合10古罗马便士。如果根据阿巴斯诺特博士的说法，我们认为1古罗马便士值7先令2便士，则1罗马磅的锡约合6磅5先令2便士。而1罗马磅仅等于四分之三常衡磅，如此则显然，在普林尼时期，1常衡磅的锡约合8磅7先令4便士，这几乎是现在锡价格的七倍。

在普林尼时期，锡用来覆盖铜器皿的内部，这与其如今的用途相同。无疑，现代人所沿用的过程和古时锡配铜的过程如出一辙。普林尼惊讶地评论到，当铜器

① 《伊利亚特》，第11卷，第25行。

的内表面经锡处理后，其重量并没有增加。现在，巴扬指出，一个直径9英寸、深3英寸3英分的铜锅经锡处理后，其重量只会增加21格令。这些单位都是法制单位，将其转化为英制单位后，该铜锅直径9.59英寸，深3.46英寸，经锡处理后增重17.23金衡制格令。经锡处理的铜锅内表面积为174.468平方英尺，因此，1平方英寸的铜经锡处理后只增重0.097格令。增重如此之小，加之粗略的罗马衡量制，以至于我们可以替普林尼开脱说，他可能根本就没有观察到的重量增加确实就是如此。

古人用锡来制作镜子，但它渐渐被银镜取代。在普林尼时期锡镜十分流行，连女仆或者女奴都用锡镜。

普林尼所知道的锡的性质是十分有限的，且有失准确。对此的一个明证是，他断言锡的易熔性不如银。[①]古人确实没有衡量热的程度的测度，但是锡熔化时需要加热至红热状态，而银在加热至亮红色时就已熔化了。只要做个对比实验就可看出哪个易熔。显然，普林尼从来没有做过这个实验。

古人似乎并不知道制作锡铁合金的方法。至少普林尼没有提到过锡盘，其他古代作家也没人提过，因此我也无从知晓。

据普林尼我们可知，在早期，铜和黄铜都曾被高卢人用锡处理过。经锡处理的黄铜称为烧干的铜，其亮丽甚至胜过银。银镀层（或者说用银片覆盖金属）逐渐取代了锡镀层，镀金最终又取代了镀银。马鞍和二轮战车就是如此装饰的。普林尼对镀银没有描述，但是无疑，它与现在的镀银技术相差无几。镀金是通过在铜或黄铜表面贴上一层金汞齐，这与现在的做法相同。

1.7　铅同样在摩西时期的埃及就已经广泛应用了。[②]罗马人将铅命名为黑铅。在普林尼时期，铅矿主要分布于西班牙和不列颠。不列颠的铅矿如此丰富，以至于对年开采量都设有限制。铅矿分布于地表。德比郡的铅矿主要由罗马人冶炼。罗马人好像并不知道分布于英格兰北部的高品位铅矿。

普林尼认为，一个铅矿采尽后，关闭一段时间后，它就会再生。

在普林尼时期，铅管普遍被用于导水。有一种俗见认为，古人不知道水在管中可以上升的高度和水源头的高度相同，正是这个无知才有了导水管的问世，这自然是没有根据的。因此，这一重要事实在普林尼时期是广为人知的，否则就无法理解普林尼的著述。

铅板在普林尼时期也已广泛应用，其用途和现在的用途相同。但是古时的铅

①《全集》，第66卷，第17页。

②《民数记》，第31章，第22节。

价格远超现在铅的价格。普林尼告诉我们,铅的价格是锡的7到10倍。因此每磅铅约合6磅1/4便士。现在每磅铅的价格不超过3磅1/2便士。现在铅的价格只是普林尼时期铅价格的1/48。这种差别归因于现代人对铅矿磨制和熔化技术的改进。

在普林尼时期,锡主要用作铅的焊接剂。锡作为焊接剂极为合适,因为较之铅它极易熔化。但是当普林尼说铅同样也可用作锡的焊接剂时,他的意思就不那么清楚了。或许他的意思是,铅和锡的合金的熔点低于锡,因而适合用于焊接锡。在铅中加入铋能够极大地降低铅的熔点,但是古人并不知道铋这种金属。

铅和锡等比例混合而得的合金称银媒,铅和锡以2:1的比例混合的合金称为第三媒剂,它是一种焊接剂。

正如普林尼和迪奥斯科里季斯所述,古人常将铅制剂入药。这类铅制剂的主要成分是铅的低价氧化物以及铅粉,需与水混合后在研钵中研碎以使之部分氧化。经查明,这种药剂常外用以治疗溃疡。

钼矿也常入药。普林尼称它和方铅矿是同一种物质,但从普林尼对它的描述中我们可知,这明显是铅黄,因为它是鳞状物,颜色与金越接近则价值越高。人们常把它制成膏药,现在依旧如此。普林尼给我们提供了罗马医生所采用的制作膏药的配方。将如下物质加热并熔化在一起:

3磅钼矿或铅黄

1磅蜡

1.5品脱橄榄油

这与现时药师制备粘性药膏的方法极为接近。

我们所说的白铅又称白铅(psimmythium)或者铅(cerussa)。将铅板放置在醋酸雾中即可得到白铅。尽管普林尼的记述不尽明了,但是我们依然可以推测出,古人习惯于用醋处理铅,如此得到不纯净的铅醋酸盐。

白铅被用作药物,也是一种常见白色染料的成分。普林尼说,有人曾发现过自然态的白铅,但是在他那个年代,白铅都是人工合成的。

燃烧的铅或许极接近我们所说的红铅。红铅呈深紫色,它是在比雷埃夫斯城着火时由白铅偶然形成的。罗马人模仿此过程,将喷泉的硅土进行燃烧,产物可能就是现在种类繁多的赭石之类。

1.8 除了上述金属外,古人同样也很熟悉汞。汞首次被发现的细节我们不得而知,尽管它的发现明显是在公元前。我在摩西的著述中没有看到这个词,因此没有证据表明早期埃及人知道汞。我在希罗多德的著述中也没有发现任何有关于此的说明。但这并不足为怪，因为这些作者自己主要限于讨论与历史相关的事情。迪奥斯科里季斯和普林尼都将其当作他们那个时期的普通东西。迪奥斯科里季斯给出了一种制备汞的方法，即将辰砂升华。此事意义重大，因为它是第一个引入蒸馏这一过程的事例。[①]

泰奥弗拉斯托斯也曾对辰砂进行过描述。铅丹一词也曾被用来指称辰砂，直到因为在辰砂中掺入红铅造假后，铅丹才被专门用来指称铅制剂。泰奥弗拉斯托斯描述了一种来自上以弗所的人工辰砂。它是一种闪耀着红色光泽的沙子，经在石器中敲打后，收集起来就得到一种细粉。这种粉末的成分我们不得而知。天然辰砂出产于西班牙，主要被用作颜料。迪奥斯科里季斯用铅丹一词称呼我们现在所说的辰砂或者朱砂。他说的辰砂是一种来自于非洲的红色颜料，其产量极低，以至于画家往往求之不得。

按普林尼的描述，汞以天然态存在于西班牙的矿石中。迪奥斯科里季斯给出了从辰砂中提取汞的方法。汞被用于镀金，方法与现代如出一辙。普林尼知道它的比重大，用它可以快速溶解金。将金汞齐从皮毛中挤出，可以分离大部分的汞。当固态汞齐一直保持在加热状态，汞就会被分离出来，留下来的是纯金。

从迪奥斯科里季斯所说的话中可以明确看出，他对汞的性质不甚了了。他说，汞宜盛放在玻璃、铅、锡或者银容器中[②]。现在我们都知道，汞可以快速地溶解铅、锡和银，如果用这些金属容器盛放汞，容器很快就会被毁坏。普林尼对汞的记述相当模糊。我怀疑他是否清楚自然态活性银（argentum vivum）和从辰砂中提取出来的汞是同一种东西。

辰砂偶尔会被用作一种外用药。但是普林尼不赞同这一用法，他提醒读者，汞及其所有制剂都是剧毒的。除了辰砂和汞齐，古人或许不知道其他汞制剂。[③]

1.9 古人并不熟悉的金属是我们现在所说的锑，但是他们并不是完全不知道一些锑矿石以及锑矿的产物。从迪奥斯科里季斯[④]和普林尼所做的关于锑（stimmi和stibium）的记述看，我们几乎可以确定这两个名称就是我们现在所说的锑硫化物

① 迪奥斯科里季斯，《全集》，第95卷，第110页。

② 《全集》，第95卷，第110页。

③ 古人习惯于通过一种不完善的过程从辰砂中提取汞。他们称天然的汞为活性银，从辰砂中提取出来的为汞，见：《普林尼自然史》，第33卷，第8页。

④ 《全集》，第95卷，第99页。

矿或粗锑矿。普林尼说，这种锑矿常见于银矿中，它包括雄性和雌性两种，其中雌性更有价值。

锑矿这种颜料很早之前就为人所知了，亚洲女性用它来把睫毛或眼线搽成黑色。因此就有人说，当耶户到达耶斯列之后，耶洗别为自己化了妆，原文为“她在眼睛上搽了锑硫化物”。[①]在《以西结》中有类似的描述，“洗尔之面，着尔之妆”，反言之就是在眼睛上搽了锑硫化物。[②]用锑化黑眼妆的传统从亚洲传到了希腊，在摩尔人占据了西班牙之后又传给了西班牙女性。令人好奇的是，酒精现在意为酒的精华，而最开始酒精用来指称锑硫化物粉末。[③]古人习惯将锑硫化物烘烤，使之转化为不纯的氧化物。这种氧化物被称为锑。它可以用作外用药，其功效主要是一种止血剂。迪奥斯科里季斯描述了其制备方法。从普林尼对锑的记述中我们可以看出，他对锑硫化物和锑氧化物不加区别。[④]

1.10 古人还熟知一些砷的化合物，但这些化合物既不是这种物质的金属态也不是其氧化物。砷化合物的毒性之烈众所周知，所以普林尼和迪奥斯科里季斯是不会将这种物质忽略的。

σανδαραχη(sandarache，雄黄)一词出现在亚里士多德的著述中，αρρενιχον(arrenichon，雄性)出现在泰奥弗拉斯托斯的著述中 。迪奥斯科里季斯采用了亚里士多德著述中用到的名称，以其指称一种深红色的天然矿石，我们现在称之为雄黄。雄黄一种是砷和硫的化合物。按照迪奥斯科里季斯的建议，雄黄作为药物即可外用又可内服，对于习惯性咳嗽疗效极佳。

自然界中存在的黄色硫化砷称为auripigmentum和arsenicum。它们的用法相同，并且迪奥斯科里季斯和普林尼认为，自然界中的砷硫化物和雄黄有相同的性质和作用。但是，即使如此，我们也不能推测说古人知道这两者的组成，更不能说他们对于我们现在所谓的砷这种金属的存在有任何怀疑。

以上是对古人所了解的金属情况的一个概述。他们知道六种可塑金属，其用途和我们今天的大体一样。关于古人如何从矿石中还原金属的信息几乎没有留存下来。但是，除非古代金属矿石的性质比如今矿石的性质简单(对此我们没有任何证据)，否则，如果没有关于矿物中不同金属间相互结合的知识，关于这些异物如何

---

① 《列王记下》，第9章，第30节。

② 第23章，第40节。《拉丁文圣经》称其为“粉饰眼目，佩戴妆饰。”

③ 《哈特曼的化学实践》，第598页

④ 《普林尼自然史》，第33卷，第6页。

被分离出去的知识，以及如何把金属从杂质中分离出来的知识，那些古人所熟知的熔化过程就几乎没有可能构想出来。因此可以确信，一些被传承到现代，并构成现代化学科学基础的化学知识，是逐步建立起来的。同时也要承认，这个基础很薄弱，本身就难有作为。这些金属形成的氧化物、硫化物等，以及几乎所有的盐都不被古人所知。

除了这类与金属有关的工作之外，古人还有其他工业分支。这些分支与化学联系如此紧密，以至于我们不能将其忽略。其中最重要者如下。

2.画家所使用的颜料

众所周知，古希腊艺术家将绘画艺术提升到了一个极其完美的境界，他们的绘画吸引了最杰出、最有成就收藏者的崇尚和追求。普林尼给出了一个目录，其中包括了大量的一流绘画作品，并对众多著名的古代画家做了记述。普林尼说，在他那个时期，绘画艺术已经失去了其重要地位，取而代之的是雕塑和碑刻。

古人所使用的颜色分为两种：绚丽的和质朴的。普林尼所列举的绚丽的颜色有红石、杏色石、龙血石、金胶石、紫石和靛紫石。

普林尼用红石指称红铅，而迪奥斯科里季斯认为其意为汞或者辰砂。

杏色石显然是一种赭石，或许呈黄色或者橙色。

龙血石是汞，其色鲜红。迪奥斯科里季斯用它指称一种植物的红色，或许就类似于我们今天所说的名为龙血的树脂。

金胶石是一种绿色染料。根据普林尼对它的记述，金胶石很有可能是铜碳酸盐或者孔雀石。

按照普林尼记述的信息，显然可以看出，紫矿是一种胭脂红。关于它的颜色来源并未说明，但是从其用词我们确信，它是一种得自贝类的液体，正是这种贝类提供了提尔人著名的紫色染料。

靛紫石或许是一种靛蓝染料，这可从普林尼给出的记述推断而知。

古代画家用到的质朴的颜色分为两种：天然的和人工合成的。天然的有西努矿、红矿、帕拉托白矿、蜜矿、艾雷特里亚矿、雌黄。人工合成的有赭色、红铅、柏树脂、朱红色石、木槿色石、墨色石。

西努矿是一种红色物质，现在人们称其为赭土，用于做标记，因此有时也称为红粉笔。它出产于蓬托斯、巴莱尔群岛以及埃及。每磅赭土的价格为3古罗马便士，或者1先令11.25便士。最著名的赭土出产于利姆诺斯岛，这里的赭土都是经过密封并加封印后卖出的，因此而得名碧石。碧石用于向红铅中掺假。碧石可入药，主要功效为消炎和解毒。

在密封容器中加热西努矿便可得到赭色石。加热温度越高，赭色石的特性越好。

便携无色染料是一种混合物，其成分为：

6磅蓬托斯产赭土

10磅希里斯矿

2磅蜜矿

三者混合在一起研磨30天即可。它主要用于向木头镀金。

从名称上看，红矿很有可能是一种红色赭石。

帕拉托白矿是一种白色物质，得名是因为它首次发现于埃及的一个地方。它同样出产于克里特岛和古利奈。据说，它是海水泡沫和泥的混合物。它的主要成分或许为碳酸钠。6磅帕拉托矿才值1古罗马便士。

蜜矿同样是一种白色粉末，发现于米洛斯和萨默斯的岩脉中。它很有可能是一种石灰碳酸盐。

艾雷特里亚矿因在雷特里亚发现而得名。普林尼描述了其药性，却没有告诉我们它的颜色。它的成分我们也无从得知了。

雌黄是黄色的砷硫化物。它很有可能是一种颜料，但是很少为古人所用。

红铅就是现在的红铅。

柏树脂是红色的砷硫化物。每磅柏树脂约值5古罗马阿斯。人们常用红铅仿制柏树脂。柏树脂和赭色石都出产于红海的托帕桑斯岛。

朱红色石是由等量的柏树脂和西努矿烘烤而得。它的价格为柏树脂的一半。维吉尔误把这种颜料当作了一种植物，这可从下面这行文字看出：

“用山迪克斯喂养羔羊，彰显自己的绯红。”[1]

木槿色石是朱红色石和西努矿的混合物。

墨色石明显是出自普林尼关于松烟的记载。他说象牙墨是阿佩里斯的发明，他称之为象石。天然的墨色石有硫的光泽，经人工加工后呈现黑色。它呈现黑色不太可能是因为铁硫化物的存在，而是掺入了某种收敛剂所致。

古代的墨水是松烟与水的混合物，其中还溶解了树胶或胶水。靛墨就是我们说的中国墨汁。

紫石是一种昂贵的颜料，得自将一种白色粘土与大锅中的用于深紫色染料的

① 《牧歌集》，第4卷，第45行。

配料相混，这种白色粘土吸收了紫色染料后就形成了紫石。放入紫色染料中的一部分白垩土所形成的紫石特性最好，价格也最贵。之后白垩土加入得越多，制备出的紫石特性就越差，价格也就越低。从这段描述中我们可知，紫石和我们现代的胭脂虫红极为类似。[①]

明显地，靛紫石是一种靛蓝，源于普林尼的如下说法：向靛紫石中加入炙热的煤时，这种颜料会发出绚丽的紫色火焰。这也是靛蓝具有的特点。在普林尼时期，靛紫石的价格为10古罗马便士，或者每罗马磅合6先令 $5\frac{1}{2}$ 便士，这相当于每常衡盎司8先令 $7\frac{1}{3}$ 便士。

尽管很少甚至没有古代的绘画保留至今，但是古人所使用的颜料的样本依然保留在罗马或者赫库兰尼姆废墟之中。在提图斯的浴室中也有一些壁画留存下来。因为这些作品是为一位罗马皇帝而作，所以我们可以在这些作品中找到最为华丽、最有价值的颜色。汉弗莱·戴维爵士1813年在罗马时，曾对这些壁画及其他一些作品做过检验。从他的研究中我们得到了许多与希腊和罗马画家所使用的颜色相关的精确信息。

2.1　红颜料。在1811年打开提图斯浴室时，人们在其中一个房间里发现了三种不同的红色，即亮橙红、暗红和棕红。亮橙红的是铅丹或者红铅。其他两种红色只是两种不同铁赭石的颜色。在墙壁上还发现了一种更为鲜艳的红色，经检验它是朱砂或者辰砂。

2.2　黄颜料。经戴维检验，所有的黄色都出自铁赭石，有时还混有部分红铅。从普林尼的相关记载中我们明显可以看出，人们还使用了雌黄，但是戴维所检验的黄色中没有发现有雌黄的痕迹。在塞斯提伍斯纪念碑旁边的废墟里，有一块灰泥上覆盖着颜色鲜黄、接近于橙色的东西，经检验其成分为铅一氧化物（铅黄）和红铅的混合物。在阿尔多布兰迪尼的画作中，黄色全部出自赭石。庞贝城室内墙上的壁画也是如此。

2.3　蓝颜料。提图斯的不同浴室中，用到了各种不同色调，或深或浅的蓝色，原因在于其中或多或少都含有画家在蓝色颜料中混入的石灰碳酸盐。经检验，这种蓝色颜料为苛性碱和硅土的玻璃体熔料，其内经融合掺入了一定量的铜氧化物。这种颜色希腊人称之为χνανοs（chuanos，深蓝），罗马人称海天石。维特鲁威给出了制备这种蓝色颜料的方法，即将沙子、苏打碳酸盐和铜锉屑强烈加热，使其

①《普林尼自然史》，第35卷，第6页。

融合。戴维发现,15份无水苏打碳酸盐、20份不透明燧石粉末及3份铜锉屑,经强烈加热两个小时后,产生的蓝色颜料与古人所用的极为类似,将产物研成粉末后,就会发出纯正的深蓝色。这种海天石的优点在于,即使画作暴露在空气中和太阳下,它也可以长期保持不变色。

从维特鲁威和普林尼的叙述中,我们有理由怀疑,玻璃呈现蓝色是因为古人所用的蓝色颜料中用了钴的缘故。在戴维检验的所有样本中,呈现的玻璃样的淡蓝色都是因为加入了铜,没有发现有任何钴的存在。

2.4 绿颜料。戴维的检验表明,所有的绿颜料都是铜碳酸盐和或多或少的石灰碳酸盐的混合物。我提到过,古人已经知道铜锈了。无疑,古人也将其用作颜料,尽管醋酸能耐受几千年环境的侵蚀是不可能的。

2.5 紫颜料。戴维确定,古代人所用发紫色光的物质是一种易燃品。它燃烧时散发出的气味并不是氨气的味道,或至少人们察觉不出氨气的味道。无疑,它就是古代的紫石,或者说,是着了紫色的粘土。叙利亚人通过使用蛾螺科动物制成这种著名的紫色颜料。

2.6 黑色和棕色颜料。黑色来自于松烟,棕色一部分来自于赭石,一部分来自于锰氧化物。

2.7 白色。经戴维检验表明,古代的白色颜料都是石灰碳酸盐。[①]据普林尼我们知道,古人也用白铅作为颜料,但是,长期暴露于大气中它可能会变质。

3.玻璃

有人认为,在英文《圣经》中被翻译成晶体的词指的是玻璃,这见于关于约伯的一段文字:“金子和水晶都不能与其媲美。”[②]尽管现在不能确定约伯撰写的具体时间,但是它是公认的《旧约全书》中最为古老的书籍之一。我们有足够的理由相信,它在摩西时代之前就已经存在了。有人甚至确信,在摩西的著述中就间接提到了约伯。如果情况属实,在《约伯记》之前,玻璃就为人所知了,那么这个发现明显是在公元前。但是,即使约伯的用词并不意指玻璃,也可以确定人们在很早之前就知道玻璃了。因为玻璃珠常常出现在埃及的木乃伊身上,人们在很早之前就知道它可以用于尸体防腐了。第一位用到玻璃(ναλos,hyalos)一词的希腊作家是阿里斯多芬尼斯。在他的喜剧《云朵》第二幕的第一个场景中,苏格拉底和斯瑞西阿德间有一段滑稽的对话。斯瑞西阿德提出了一个偿还债务的方法,他说:“你知道的,有

① 普林尼,《哲学论集》,1814, 第97页。

② 《约伯记》,第28章,第17节。

一种可以点燃火焰的晶莹剔透的石头。”“你说的是燃烧的玻璃(τον Üαλον , ton hyalon)吗?”苏格拉底问道。“是的。”斯瑞西阿德答道,之后他描述了一下如何能够通过这种方式毁约并欺骗他的债主。这部喜剧在公元前423年就已经上演了。一个广为人知的由普林尼给出的故事,就与这种美丽和重要物质的发现有关。一些腓尼基商人从埃及满载苏打碳酸盐乘船而来,在拜卢什河岸抛锚上岸后,因为烹调食物的罐子没法支撑,他们就用块状的苏打碳酸盐来充当支架;燃起的火焰十分旺盛,足以将苏打碳酸盐和拜卢什河的沙子熔化在一起,结果就生成了玻璃。[①]不论这个故事可信与否,可以确定的是,玻璃的发明就是源起于这类偶然事件。和对其他物质的制备过程的记述一样,普林尼对玻璃制作的记述也不完整,但是我们从中可以看出,在他那时期人们习惯于制作带色玻璃,无色玻璃的价值最高。和现在一样,如果要使玻璃无色,需在其中加入一定量的锰氧化物。在普林尼时期无色玻璃价格极高。他说,尼禄皇帝为买两个现在来说普通大小的酒杯支付了6000色斯特斯,这相当于25磅。

普林尼讲过这样一个故事:一个人进贡给提比略皇帝一个可塑玻璃的杯子,又将杯子狠狠地摔在地板上,之后用一把锤子将杯子恢复为原来的样子。作为对这一重要发明的奖赏,提比略皇帝将这位技师处死了,他说这么做是为了防止金和银变得无用。虽然普林尼讲了这个故事,但他不能保证这故事足以令人相信。其实这个故事没有可信度:我们不清楚为什么可塑性物质可能透明,而迄今所知的可塑性物质都是不透明的。银氯化物、铅氯化物和铁也都无一例外不具有可塑性(尽管经过一定的处理它们可延展),并且透明性很差。

许多古制有色玻璃的样本都被保存了下来,尤其是木乃伊身上装饰的玻璃珠。克拉普罗特和哈契特等人已经用化学方法对这当中的一些做过检测,以确定哪些物质的加入使玻璃着色。下面是已经确定的一些事实。

3.1　红色玻璃

这种玻璃是不透明的,呈生动的铜红色。很有可能普林尼将这种红色玻璃命名为血玻璃(hæmatinon)。克拉普罗特分析了每100格令玻璃中所含物质的量如下:

硅土	71
铅氧化物	10
铁氧化物	1

① 《普林尼自然史》,第26卷,第26页。

氧化铜	7.5
铅氧化物	2.5
石灰	1.5
	共93.5[①]

无疑,缺失的那一部分归因于某种碱的存在,从分析中我们可以看出,这种玻璃的颜色出自红色的铜氧化物。

3.2 绿色玻璃

这种玻璃呈浅铜绿色,同前一个一样也不透明。每100格令所含的物质有:

硅土	65
黑色铜氧化物	10
铅氧化物	7.5
铁氧化物	3.5
石灰物	6.5
铝氧化物	5.5
	共98[②]

因此红色玻璃和绿色玻璃所含物质种类相同,只是各物质所占比例不同。它们的颜色都来自于铜。红色玻璃的颜色来自于红色铜氧化物,绿色玻璃的颜色来自于黑色铜氧化物,它和多种酸尤其是碳酸和硅酸结合产生绿色的化合物。

3.3 蓝色玻璃

克拉普罗特分析了一种带有宝石蓝的玻璃,它只在边缘处半透明。每100格令玻璃所含的物质有:

硅土	81.5
铁氧化物	9.5
铝氧化物	1.5
铜氧化物	0.5
石灰	0.25
	共93.25[③]

从上述分析中我们可以看出,这种玻璃的颜色来自于铁氧化物。因此其性质

① 《文集》,第6卷,第140页。

② 《文集》,第6卷,第142页。

③ 《文集》,第6卷,第144页。

就类似于天然的青金石或者天青石。

我们之前提到的戴维发现了另一种蓝色玻璃或者说蓝色熔块，其颜色出自铜。他指出，古人用到的蓝色颜料就是这种蓝色玻璃研成的粉末。

克拉普罗特在他所检验的蓝色玻璃中没有发现有钴存在，但是戴维发现，透明的蓝色容器和大希腊墓中的蓝色花瓶中含有钴，他同时也发现，米林根先生提供给他的古代蓝色透明玻璃含有钴。只需将这些玻璃同碱共同熔化，用盐酸将产物溶解，就足以制作出称心如意的墨水。①有时出现在埃及木乃伊身上的蓝色透明玻璃珠饰物也经过检验，且其颜色也出自钴。不透明玻璃珠中都掺有铜氧化物。由此我们可以认为，古代蓝色透明玻璃的颜色都来自于钴，但是我们发现没有古代作家提到过钴。泰奥弗拉斯托斯说使用铜（χαλκos,chalcos）可以使玻璃光彩夺目。但会不会是这样：古人将所使用的不纯的（或拿来就用的）钴氧化物与铜弄混淆了？

4.大理石纹玻璃

罗马人将从东方尤其是埃及那里得到的容器，命名为大理石纹玻璃，并且对它们非常珍视。这些容器的容量从没有超出36到40立方英尺。在普林尼时期，最大的一个尺寸约为7000升，实际上尼禄交换过一个3000升的。在共和国后期，这类容器逐渐为罗马众人所知。最初见于罗马的六个是庞贝从米特里达梯皇帝的宝藏中运回的，并被安置在罗马主神殿的朱庇特神庙之中。在亚克兴角战役之后，奥古斯都从埃及运回了一个并祭献给了上帝。在尼禄时期，这种容器就开始为私人所拥有，人们对其趋之若鹜，甚至独裁者尼禄要处彼得罗纽斯以死刑：彼得罗纽斯料到尼禄想要得到他所拥有的一个这种容器，他会因此惹祸，就将这个容器摔碎来防止尼禄得到他的东西。

曾有过两种大理石纹玻璃，一种来自于亚洲，一种来自于埃及。正如马提亚尔和普罗培提乌斯的多处篇章中所说，埃及的要普通得多，价格也低得多。

现代人进行了许多尝试和研究来确定这些著名容器的性质。但进行这类尝试的那些人对于化学和自然史一般都所知不多，因而不具备探究如此复杂课题的能力。有人认为它由某种胶水构成，有人认为它是由玻璃制成，还有人认为它是一种特殊的贝壳。卡丹和塞林格确信这些容器是瓷器，惠特克以他惯有的武断和傲慢支持这一观点。许多人推断，这些容器是由珍贵的石头制作而成的，有人认为是由黑曜石制成的，维斯尔姆爵士认为是由中国寿山石制成的，哈格博士认为是中国的玉石。布鲁克曼认为这些容器的原料是缠丝玛瑙，温克尔曼神父也持相同的观点。

① 《哲学论集》，1815年，第108页。

普林尼告诉我们，这些大理石纹玻璃是由地下采出的石头制成的，这种石头分布于帕提亚，尤其是卡里马尼亚和其他一些鲜为人知的地区。[①]在尼禄时期的罗马，大理石产量一定十分富足，因为普林尼说有一位领事级别的人因收集大理石容器而闻名遐迩。在他死后，尼禄从他孩子手中强夺了这些容器。这些容器数量庞大，足足放满了一个剧院，而这个剧院是尼禄打算在其中公开演唱时可以坐满罗马人的。

可以明确的是，这些容器的价值取决于它的尺寸，小容器价值低微，而大容器价格昂贵。这告诉我们，要得到一块可以雕刻成大容器的石料一定是十分困难的。

这类容器的硬度很小，以至于用牙齿就可以咬出印记。普林尼曾讲过一个故事，[②]说一个领事十分迷恋一个大理石酒杯，情不自禁地从杯沿上咬下了一小块，奇怪的是在领事咬过之后这个酒杯居然升值了。由这个故事我们可知，这个容器的原材料既不可能是水晶和玛瑙，也不可能是任何其他的珍贵石头，因为这些东西的硬度太大，人牙是不可能在上面咬出印记的。

人造大理石呈玻璃光泽，埃及人称之为穆尔玻璃。

这种人造大理石的光泽并不十分华丽，因为普林尼观察到："这种光彩缺乏力量，与其说华丽不如说是闪亮。"

这些容器颜色的深浅和丰富程度是决定它们的价值和受欢迎程度的重要标志。理想的颜色为紫色和白色，分布为起伏的条带，一般两种条带又被第三种条带间隔，其颜色为两侧颜色的混合色，色如光焰。[③]

大理石完全透明被认为是缺点，它只是半透明。不仅普林尼的记述中有此说，从马夏尔的警句也可看出："我们用玻璃杯，而你，庞提库斯，用默勒石杯子。为什么呢？因为这样一来你用两种不同酒就不会被揭穿。"

有些非常珍贵的样本呈现彩虹般的颜色，普林尼认为它们之中一般都分布有"盐，以及不明显但各处都有的瑕疵"。无疑，这是指杂质，如黄铁矿、锑或者方铅矿等物质的颗粒，这些物质常散布于制作这些容器的原料中。

上述就是在古人的记载中找到的关于大理石纹玻璃的所有事实，这些事实适用于萤石而不是什么别的东西。这种用法上的确定无疑也说明实际制作的就是萤

---

① 《普林尼自然史》，第37卷，第2页。

② 《普林尼自然史》，第37卷，第2页。

③ 此处作者以引文方式给出了拉丁原文，故略去以免重复。——译者注。

石容器，这和现代德比郡制造萤石容器的过程类似。[①]

在埃及，底比斯人造的大理石纹玻璃无疑就是玻璃，只是尽量模仿萤石着了颜色而已，但它的半透明状也令其有别于萤石矿物。由于古人对于萤石的模仿不尽完美，罗马人对这些仿制容器既不大喜欢也不大追捧。它们在阿拉伯和埃塞俄比亚相当流行，那里的玻璃来自埃及。

普林尼将水晶石和大理石纹玻璃原料进行了对比，他认为前者遇冷凝结，而后者遇热凝结。正如我们看到的，尽管古人十分熟悉为玻璃着色的技艺，但是他们视无色玻璃为上品，因其与水晶石类似。在普林尼时期，水晶石的杯子已经替代金和银制品，尼禄为一个水晶石杯曾花费150000色斯特斯，或者625磅。

5.染色和染布技艺

关于古人的染色工艺，流传下来的记载非常少。普林尼认为，古人熟悉人造茜草染料，铁制剂用于黑色染料。所有染料中最为著名的紫色是提尔人在约公元前15世纪发现的。这种颜色来自于栖居在地中海的各种各样的贝类。普林尼将它们分为两类：第一类个头较小，因之他称其为小军号螺，也因其状似猎角；第二类总称为紫螺，费边·克拉姆认为这一类也别称为骨螺。

这些贝类分泌出不同色调和颜色的液体，将这些液体按不同的比例混合可调制出独特的色调。将位于贝类咽喉处的小储囊部位割开，从每个只能提取出一滴或最多两滴这种液体。为避免这种麻烦，人们通常将较小的贝类整个放在臼中磨碎，也常常这样处理大的贝类，尽管贝类的其他体液会在一定程度上破坏这种颜色。经提取后，人们在这种液体中加大量的盐以免其腐烂。之后加5到6倍的水将这种液体稀释，然后在铅或锡容器中保持中火加热8到10天，在这期间要不断撇出液体以分离出杂质。此后，将预先用水洗净的待染色的毛织品浸入染液中浸泡5个小时，拿出后冷却，再次浸入，直至液体中所有的颜色都浸入织品中。[②]

为产生特殊的色调，常常还要向其中加入苏打碳酸盐、尿液和一种名为墨角藻的海洋植物，这些颜色中有一种是深紫罗兰色或“暗淡的深玫瑰色”。[③]但是最为尊贵的，也是提尔人所热衷的，是一种类似于凝结的血液的东西。“人们最热衷的是这

---

① 这一观点出自巴伦·伯恩，出自他的《M.E.拉比所藏矿物的目录》，第一卷，第356页。但是M.罗齐埃用智慧和暴力为其提供了证据，见于《矿物杂志》，第36卷，第193页。

② 《普林尼自然史》，第9卷，第38页。

③ 《普林尼自然史》，第9卷，第36页。

种凝血的颜色,因为它暗深的外表也在高贵地闪耀。”[1]

普林尼说,提尔人首先将织物浸入紫色液体中,之后浸入一种峨螺动物液中。据摩西可知,在他那个时期,埃塞俄比亚人已经知道了这种紫色。[2]织物经过这种双效提尔染料处理后十分昂贵,在奥古斯都时期,其售价约为每磅36先令[3]。为了防止普通人使用这种织物,因而妨碍具有高贵身份的高等人使用这种织物,还制订了相应的法律,以对胆敢以皇帝做派穿戴这种织物的人加以惩罚,甚至处以死刑。这种染色技艺长期被少数几个人所掌握,他们受皇帝委派。但在约12世纪初,这种技艺中断了,所有的知识都已经失传,许多年来人们还在感怀这种出色的染色技艺,对其不可挽回的丧失无限惋惜。[4]至于这种染色技艺后来是如何复苏,并通过布里斯托尔的科尔先生、朱西厄、列奥弥尔和迪阿梅尔为人所知,这大大超出了我们的讨论范围,但是对这种染色技艺感兴趣的人可以在班克罗夫特的《永久性染色》中找到更多的历史细节。

我们有理由怀疑,为什么在犹太语译词中将“细麻衣”这种埃及著名的特产为棉花而不是亚麻布。从普林尼著述的一个有趣的章节中,我们有理由相信,在他那个时期甚或很久之前,埃及人就已经熟知染布技艺了,这种技艺至今依然在印度和东方国家使用。下面就是那段有趣章节的译文:

“在埃及有一种奇怪的染色方法,它不是用染料为白色织物的各处染色,而是用具有吸附(固化)色彩性质的东西,涂覆的地方不会在织物上显露出来,但是当把涂覆的地方浸入染料的热锅中并抽出之后,涂覆过的地方马上就会被染上色。这里出奇的是,尽管染缸中只有一种染料,但是织物上却五颜六色,颜色也不会再脱落。”[5]

显然,这里涂覆的是不同的媒染剂,以使颜料固定在织物上。这些媒染剂的性质也不明,因为普林尼也不知其特殊之处。现在的媒染剂为铝溶液,混有锡氧化物、铁氧化物和铅氧化物等。毋庸置疑,古人所采用的也就是或者说与此类同的东西。紫色染色剂不需要媒染剂,它可以通过自身具有的对织物的化学亲和力固定

① 《普林尼自然史》,第9卷,第38页。

② 《出埃及记》,第25章,第4节。

③ 先令,英国的旧辅币单位。1971年英国货币改革时废除。1英镑=20先令。——译者注。

④ 见:班克罗夫特的《永久性染色》,第1卷,第79页。

⑤ 《普林尼自然史》,第35卷,第11页。

在布上。古人是否把靛蓝作为染布的颜料我们不得而知,但是至少可以确定,在很早之前印度人就已经知道靛蓝的用途了。

从这些虽然不多的事实可以确定,染色和染布方法曾在古代取得巨大的进展,这就需要具备关于着色物质的知识以及固定颜色用的媒染剂的知识。这些事实可能被古人部分地认识,但不足以成为使古人具备化学知识的途径。

6.肥皂

肥皂是现代社会民用经济中具有举足轻重和不可替代地位的用品,但是古代的亚洲人甚至希腊人对于肥皂却不甚了解。在《旧约圣经》中没有提到过肥皂。在荷马史诗中,我们发现阿尔喀诺俄斯国王的女儿瑙茜卡洗她的婚纱时只使用了清水:

“她们找到了费阿刻斯美人的水塘,
在清澈的溪流中洗涤美丽的衣裳;
小溪从高处流下又聚拢在那里,
透明的细波布满了宽敞的大盆。
松开了轭架的骡子在边上走来走去,
啃食着地上的葱茏牧草。
然后,她们把衣服都浸到了清波之下,
开始争相清洗那些皇家衣袍。”

——荷马史诗《奥德赛》,第6卷,第99行

我们可以从一些喜剧诗人那里发现,希腊人习惯向水中添加草木灰以增加其去污能力。草木灰中含有一定量的苛性钾碳酸盐,它可以用作去垢剂。但是,苛性钾碳酸盐具有腐蚀性,可能会对浣洗女的手造成伤害。没有证据表明古人曾将苏打碳酸盐(即他们说的天然碱)用作去垢剂。这出人意料,因为我们从普林尼那里得知,古人将天然碱用于染色过程,我们无从知道为什么一个染匠在用这种溶液染色时没有发现其强去污能力。

肥皂一词首次出现在普林尼的著述中。普林尼告诉我们,这是高卢人的一项发明,用来使他们的头发变得光彩动人。这是一种草木灰和动物油的混合物,分为硬性和软性两种,特性最好的是山毛榉的灰烬和山羊油脂的混合物。在德国人中,男性使用者比女性多。[1]奇怪的是,普林尼从未说起过肥皂可用作去垢剂。我们是

① 《普林尼自然史》,第27卷,第12页。(以下作者给出了几乎相同的拉丁原文,此处略——译者注)

否可以得出结论，古人一直都不知道肥皂这个最为重要的用途呢？

古人将肥皂用作润发油。在皇帝统治早期，肥皂由德国传到了罗马，年轻的罗马花花公子将它用作润发油。贝克曼认为，拉丁语中的sapo（肥皂）来自于古德语中的sepe，普通苏格兰人现在依然使用这一词。[①]

众所周知，肥皂的质量取决于制作它时所采用的碱。苏打存在于硬性肥皂中，苛性钾碳酸盐存在于软性肥皂中。古人不知道两种碱的区别，他们制取肥皂时用的是草木灰，因此制得弱性肥皂。在煮沸的皂水中加入普通食盐，可以将软性肥皂转化为硬性肥皂。普林尼告诉我们，古人知道软、硬性肥皂的区别，他们也一定采用过上述转化过程。

7.淀粉

古人知道淀粉的制作过程。普林尼告诉我们，淀粉是由小麦和siligo（可能是小麦的变种或子类）制作而成。普林尼认为，淀粉是基奥岛的居民发明的。在他那个时期，最好的淀粉依旧出自基奥岛。普林尼对古人制作淀粉过程的描述称得上准确。较基奥岛淀粉为次的是克里特岛的淀粉，埃塞俄比亚的淀粉继之。淀粉质量的衡量标准是其密度，密度最小的被认为是最好的。

8.啤酒

不用说，古人精通制酒。酒的知识几乎和社会同时起源。在《创世纪》中，诺亚在大洪水之后种植了一座葡萄园，并自己酿造葡萄酒，在饮用了自己酿造出的液体之后沉醉不醒。[②]啤酒酿造的历史同样悠久。希罗多德时期啤酒在埃及就已经普及，他告诉我们，他们饮用的是一种由大麦酿成的酒，因为埃及不种植葡萄。[③]塔西佗告诉我们，在他那个时期，啤酒是德国人的一种饮品。[④]普林尼告诉我们，啤酒是由高卢人和一些其他国家的人酿造的。他将啤酒命名为啤酒汤（cetevisia或者cervisia），这明显是指啤酒的原料。

但是，尽管古人十分熟悉啤酒和葡萄酒，但没有证据表明他们曾将这类液体蒸馏并收集产物。倘若此，他们就会得到烈酒或酒精，因此我们有充足理由相信古人不知道这一点。事实上，迪奥斯科里季斯从辰砂中得到汞时所用的方法充分表明，

---

① 《发明史》，第3卷，第239页。

② 《创世记》，第9章，第20节。

③ “他们用大麦酿酒，因为在他们的土地上没有葡萄。”《欧忒耳珀》，第77章。

④ 塔西佗，《日耳曼尼亚志》，第23章。“我们可以用类似于葡萄发酵的一种方法来从大麦或者小麦中获取饮料。”

古人并不知道真正的蒸馏过程。他将辰砂和铁屑混合后置于锅中，加石头盖子后泥封，然后加热锅，过程接近结束时汞会附着在锅盖上。如果他们知道蒸馏汞矿并用接收器的方法，就不会采用上述这种只能从辰砂中收集一小部分汞的方法。另外，不论是在古希腊诗人、历史学家、自然学家的著述中还是药师的著述中，未见片言只语提到过烈酒；不仅对未知的烈酒没有记载，即使对已知的酒的用量也只有现在的十分之一。

9.粗陶器

在人类社会早期，人们就知道粗陶器的烧制方法。在《旧约圣经》中常常提到陶艺者的转轮，表明犹太国家已经十分熟悉制陶。中国瓷器历史十分悠久。我们不能怀疑古代的烧瓷技艺和现在的类似，但是我从没有在任何古代作家的著述中见到过精确一些的记载。

古人用巴黎石膏模具精准地铸型，与现在一样。[①]

和现在一样，罗马人将波若里的沙子在水中硬化成型，制成臼。

普林尼告诉了我们一些关于罗马砖的信息，罗马砖以其特性优异而闻名。下面是罗马砖的三种型号：

9.1　吕底亚砖，长1.5英尺，宽1英尺[②]。

9.2　四多伦(doron)砖，边长为16英寸[③]的正方形。

9.3　五多伦砖，边长为20英寸的正方形。

Doron表示手掌的长度，相当于4英寸。

10.珍奇的宝石和矿石

普林尼详细描述了古人的珍奇宝石。但是要确定他描述的是哪种矿石并不容易。

10.1　他关于钻石的描述算得上准确。钻石发现于埃塞俄比亚、印度、阿拉伯以及马其顿。但是马其顿的钻石和塞浦路斯的金刚石和方解石一样，显然都不属钻石，只是软的石头而已。

10.2　古人的绿宝石多种多样。它颜色翠绿、透明、质硬。古人用颜色作为区分和分类的标准，显然，即使都叫绿宝石，很不相同的矿石也会被混淆在一起。蓝宝石、绿宝石、确定无疑的绿色萤石、甚至蛇纹石和软玉以及一些铜矿石都有可能

① 《普林尼自然史》，第35卷，第12页。

② 英尺，英语国家的长度计量单位。约为30.48厘米。——译者注。

③ 英寸，英语国家的长度计量单位。约为2.547厘米。——译者注。

被称做是同样的东西。没有理由相信,在发现美洲之前现代的绿宝石就为人所知,至少只在现代的美洲发现过它的踪迹。据普林尼所述,有一些绿宝石长期置于太阳下会褪色,这无疑就是萤石。许多年前,在达拉莫县沃若戴尔矿拥有的一座矿中曾出现过一种萤石,其色翠绿欲滴。古代的绿宝石大到13.5英尺,足以切割成一个柱子,以至于我们认为它只是块石头,不见得特殊。

10.3 古代的黄玉呈绿色,这与现代大不相同。黄玉发现于红海的托帕齐奥岛。[①]它一度被认为是现代的贵橄榄石。但是普林尼提到过一尊黄玉雕塑有13英尺高。现代从没有出现过如此大的贵橄榄石。布鲁斯提到过一种出自红海绿宝石岛的绿色物质,硬度较玻璃低。莫非这就是古代的绿宝石?

10.4 加来石很有可能如人们所推测的那样,是波斯的绿松石。

10.5 普林尼所说的堇云石和绿玉髓是否现在还沿用,我们不得而知。人们普遍认为现在依然如此称呼,我们也没有证据表明不是这样。

10.6 普林尼所谓的贵橄榄石很有可能就是我们说的黄玉,但是除杜特姆先生这样认为外,并无其他证据。

10.7 索绪尔认为,普林尼所谓的星彩宝石是我们说的蓝宝石。普林尼所描述的这种宝石的颜色也印证了这一事实。据说这种石头硬度很大、无色。

10.8 蛋白石或许就是我们说的猫眼石。普林尼说,很多人因其美丽的外表而称之为珍贵石。印度人称其为红蛋白石。

10.9 黑曜石因其矿石而得名,因为是一位名叫奥比斯丹努斯的罗马人第一个在埃及发现了这种宝石。我有一块黑曜石,是已故的索尔特先生从普林尼所说的那个地方拿到后送给我的,这块纯度非常高的黑曜石具有其所有的特点。

10.10 玛瑙又称sarda,之所以这么称呼是因为它首次发现于萨迪斯。Sardonyx是玛瑙的另一个称呼。

10.11 昂耶克斯有时是指一种叫gypsum的石头,有时是指一种浅颜色的玉髓。拉丁文中玉髓为carchedonius,之所以这么称呼是因为它首次出售是在迦太基。希腊语中的玉髓为Καρχηδων。

10.12 石榴子石又称carbunculus和anthrax,是石榴子石矿的一个品种。

10.13 普林尼所说的东方紫水晶很有可能是一种蓝宝石。他所描述的第四种紫水晶,好像是我们现在所说的紫水晶。普林尼的amethyst是用希腊词α(a)和μνθη(methe,葡萄酒)拼出的,因为它的颜色和葡萄酒不是十分接近。但是其更一

① 据普林尼说,Topazo为史前穴居人的用语,意为“寻找”。

般的来历是α和μνθηw(沉醉),因为石榴子石被用作护身符,以防止醉酒。

10.14 普林尼说,蓝宝石一般不透明,且不适宜用来雕刻,但它具体是什么我们也不得而知。

10.15 普林尼所说的红锆石为何物也不得而知,从其名称来看它呈蓝色。我们所谓的红锆石颜色呈红褐色,硬度很大,光彩夺目。

10.16 普林尼所说的cyanus,可能是我们现在的蓝晶石。

10.17 就普林尼的记述看,astrios与长石中的冰长石品种符合。

10.18 白里可洛斯或许是现在的猫眼石。

10.19 里奇尼斯是一种紫罗兰色的石头,加热后可带电。除非它是蓝色的电气石,否则我就不知道它会是什么了。

10.20 古代的碧玉好像和现在的无异。

10.21 莫罗奇或许就是我们说的孔雀石。这个名称来源于希腊语μολοχη(锦葵),英文为mallow或者marshmallow。

10.22 普林尼认为琥珀是树脂凝结成的固体形式。他所见过的最大一块琥珀重13磅,相当于罗马单位的9.75磅。普林尼所说的印第安琥珀或许就是珂巴脂,或者是某种透明的树脂。他还说,它可用植牛舌草和小孩脂肪进行染色。

10.23 青金石是石灰的硫酸盐或者是亚硒酸盐薄片。

10.24 至少在黄铁矿或者铁的二硫化物范围内,古代的黄铁矿和现代的黄铁矿有相同含义。普林尼描述了两种黄铁矿,即白色黄铁矿(含砷)和黄色黄铁矿(含铁)。人们用黄铁矿击打钢后产生的火花点燃火绒,因此黄铁矿又名火石。

10.25 普林尼记录的煤玉明显就是沥青煤或者黑玉。

10.26 古代的大理石和现代的大理石有相同含义。古人用来自埃塞俄比亚和纳克索斯岛的沙子将大理石锯成厚板。明显地,这种沙子是刚玉的粉末或者金刚砂。

10.27 古人所说的白垩不仅指我们现在的白垩,还指白色的泥土。

10.28 墨里诺姆是一种铁氧化物。

普林尼按照字顺给出过一份包含有151种石头的表,其中的矿石很少有能够人工合成的。普林尼还列出过一份包含有52种石头的表,有趣的是,这些石头都因形似动物的某个部位而得名。这些石头也几乎没有能够人工合成的。

11.其他

古人或许一直忽略了空气和其他所有气体的性质。普林尼对空气的记述只有一句话:“空气在云中凝结,爆发后形成暴风雨。”他对水的描述也不多,其中只包含这样几句话:“水落下为雨,凝固为雹,膨胀为浪,冲击如注。”[①]在第二卷的第38章中,普林尼说是描述空气,但是整章中只有关于气象现象的描述,并没有讨论空气的性质。

普林尼和古代的哲学家都承认世上存在四种元素,即火、气、水、土。尽管他在第一卷的第50章中列举了这些元素,但并没有尝试阐明这些元素的本质或者性质。在古代,土有两层含义:我们所生存的地球和植物所生长的土地。这两种含义仍用在现时的大众语言中。之后,化学家口中的土在普林尼时期并不存在,至少是他所不知道的。有充足的证据可以表明,在普林尼时期,化学作为一门科学几乎没有什么进展。这是因为,关于这四种设定元素的性质和成分的概念构成了化学这门科学的基础。

在现代,酸是一个大类。但古人除了醋酸,对其他的酸一无所知。即使是醋酸,其纯态也不为古人所知。古人只知道石灰、苏打和草木灰这几种含碱金属的碱,但知之不多。当然,对盐这一大类古人也知之甚少,他们只知道地球上天然形成的不多的几个,或者是将醋作用于铅和铜而制得的盐。因此,由酸和碱结合形成了化学的最广泛、最重要的分支,这个化学科学赖以建立其上的分支,对于古人而言是未知领域。

硫在自然界大量存在,它因非常易燃且燃烧时发出刺激性气味,在很早之前就为人类所知了。普林尼描述了四种各不相同的硫,其间的差异或许只在纯度上。它们是:

11.1 硫华采挖自土壤,无疑它是纯态或者接近于此。它可以单独入药。

11.2 产孢组织只被漂洗工使用。

11.3 埃古拉也只被漂洗工使用。普林尼说埃古拉可以使织物变得色白质软。由此我们可以推断出,古人知道用硫熏的方法可以使法兰绒漂白,这和现代的做法相同。

11.4 第四种只用来做硫火柴。

在普林尼时期,天然硫出产于埃奥利群岛以及坎帕尼亚。奇怪的是,他从没提及过现代生产用硫的主要产地西西里岛。

作为药物,古人一般将硫外用。硫被认为是治疗出疹的良药,它同样用于消毒。

---

①《普林尼自然史》,第2卷,第63页。

Alume一词我们翻译为铝，它频繁出现于普林尼的记载中，且与希腊人所称的στυπτηρια（明矾）是同一种物质。对于铝，迪奥斯科里季斯和普林尼的描述均十分详尽。古代的铝是一种天然产物，采挖自土中，因此和我们现代的铝截然不同，当然古人也不知道现代的铝。迪奥斯科里季斯说埃及富产铝且有多个种类，其中石板状的铝最好。他还提到其他一些出产地。他说，作为药用铝，所有种类中最好的是石板状铝、圆形铝和液态铝。石板状铝呈白色，味道十分苦涩，有浓重气味，可以去除结石，会逐渐开裂并从裂缝中释放出长长的毛细晶须（记载中称为毛晶）。这种描述明显是在说一种板状粘土，它是黄铁矿和分解后的毛细晶须的混合物。这种毛晶或许就类似于现在地质学家所说的发盐。当煤层长期暴露于空气中时，煤层页岩就会产生大量的发盐。不同发盐的性质差别极大。卡拉普鲁斯经分析后证实，出产于爱得利亚汞矿中的发盐是镁硫化物和少量铁硫化物的混合物[①]；出产于格拉斯哥附近煤矿的发盐是一种复盐，由铝硫化物和铁硫化物以确定的比例结合而成，其组成为：

1原子的铁硫化物

1.5原子的铝硫化物

15原子的水

我十分怀疑迪奥斯科里季斯所说的出产于铝板岩中的发盐性质会与上述发盐相同。

从普林尼对铝的用途的记述中，我们可以轻易看出，铝的性质有了多种变化。黑铝用于制造出一种黑色，因此其中必定含有铁。无疑，这是一种不纯的铁硫化物，类似于现今在世界各地天然出产的有着相同性质的东西，但是已不被人使用。这些天然产物被人工合成的盐所替代，因为后者的性质更加稳定，因此用途也更加清晰，同时更便宜，产量也更大。

染匠将铝用作媒染剂，这种铝肯定是多少算是纯的铝硫化物，至少其中完全不含铁硫化物，因为这会影响布匹的颜色，并使得染匠无法完成染布工作。[②]

我们难以推测圆形铝究竟是什么。迪奥斯科里季斯说圆形铝有时可以人工合成，但是人工合成的价值不高。他说，最好的是充满气泡、洁白且味道极其苦涩者。圆形铝呈板状，出产于埃及或者米洛斯岛。

---

①《文集》，第3卷，第104页。

②《普林尼自然史》，第35卷，第15页："白色铝液用于给羊毛染上亮色，这是主要的部分；而黑色的则用于加上一缕昏黑。"

液态铝透明,呈牛奶状且颜色也类似,不能固结成坚硬的固体,凝固后会呈现绚丽色调。[①]在自然状态下液态铝形似铝百合,因此,至少其主要成分为铝硫化物。

古人知道沥青和石脑油,用它们代替油取光,外敷治疗一些疾病,并认为它们与硫有相同功效。据说,在《新约圣经》中盐一词的译名出自"这是地球上的盐,但若其失味,又何以称之为盐。既无用途,则弃之足下,任人践踏。"[②]据说,这段文字中的盐指的就是沥青或者石脑油,它被用于犹太人的祭祀中并被称为盐。但是我没能够找到令人满意的证据证实这种说法。但是从那段文字中可以明显看出,被翻译成盐的东西不可能指犹太人所说的东西,因为盐从来都不可能失去其本来的味道。液态石脑油有浓重的味道,当暴露于空气中时,随其越来越接近于固态,味道也逐渐消失。

沥青同样是希腊圣火的重要成分。阿尔巴尼亚仍有富产沥青的矿床,源源不断向希腊供给这种物质。考虑到希腊圣火的性质,有许多夸张甚至编造的说法刊行于世。希腊人这么做的意图,或许是要让他们的敌人尽可能敬畏这项发明。硝石无疑是其中最为重要的组分,尽管硝石是由什么制作而成的我们无从得知。我们也不知道现在的硝石即苛性钾硝酸盐是什么时候为欧洲人所知道的。硝石发现于东方,并且无疑在公元前就已经为中国人和印度人所知。硝石是燃烧的必要物质,这个性质不会在这种盐类被发现之后长期不被人所知,第一个将其投到炙热的煤块上的人就会观察到。故此,虽然我们发现,在很早之前中国人和印度人就知道硝石做的焰火,但是只是在罗杰·培根之后,欧洲才发现其以巨大且带有毁灭性速度驱动子弹的无比威力。

古人们用硝石(דחנ)一词指称出产于埃及的苏打碳酸盐,那里的人现在仍然在亚历山大附近的湿地中从海水中制取苏打碳酸盐,但具体过程不详。这一证据不止出现在迪奥斯科里季斯和普林尼的记述中,还出现在《旧约圣经》的如下片段中:"他在寒冷的天气里脱去了外套,就像醋浇在了硝石上一样:那时的他对着一颗沉重的心歌吟。"[③],这表明硝石在犹太语中具有相同的含义。把醋浇到硝石上时不会有什么可察觉现象产生,但浇到苏打碳酸盐上会有气泡产生。当硝石进口到欧洲时,人们自然会赋予它和苏打碳酸盐一样的名称,因为两者的味道和外表都有些

① 迪奥斯科里季斯,《全集》,第95卷,第123页。《普林尼自然史》,第35卷,第18页。

② 《马太福音》,第5章,第13节:"你们是世上的盐。盐若失了味,怎能叫它再咸呢?以后无用,不过丢在外面,被人践踏了。"

③ 《箴言篇》,第25章,第20节。

相似。硝石具有比纯碱更突出的性质，也吸引了人们更多注意力，逐渐钠硝石成为硝石的专属名称。这个术语的变化发生在何时并不显然，但会在罗杰·培根之前的时期，因为培根常常用钠硝石指称我们说的苛性钾硝酸而不是苏打硝酸盐。

在前述关于古人所知化学现象的史实中，我还没提到过一则关于克利欧佩特拉的著名故事。这位高贵而放荡的女王曾向安东尼夸口说，她自己一顿晚饭就花费一百万色斯特斯。安东尼对于她的说法加以嘲笑，并怀疑她这么做的可能性。第二天晚上，克利欧佩特拉举行了一场盛大的宴会，安东尼和平常一样出席了宴会，在宴会上安东尼提出，即使宴会如此盛大，它的消费也远低于女王所说的金额。女王要求他推迟到上完甜点后再算账。这时一个盛满醋的容器被端奉到她面前，她向其中投入了两颗世界上最珍贵的珍珠，每颗价值一亿色斯特斯。珍珠在醋中溶解后，[1]她马上饮下了醋。如此，女王兑现了她的夸口，但也毁掉了世上两颗最珍贵的珍珠。[2]如果这个故事是真实的，它可以说明克利欧佩特拉知道醋具有溶解珍珠的性质，但这并不表明她知道这些美丽的天然产物的性质。我们现在知道，珍珠的主要成分为石灰碳酸盐，它的美丽源于那些组成它的同心薄层。

至此我也没有提及过古人非常熟悉的石灰。古代石灰的大部分用途和现代的用途相同。罗马研钵的基体由石灰构成，具有出色的特性。和现在一样，古人将其用作向土地施用的肥料。古人知道石灰内服的时候有腐蚀性，常将其外用，以各种方式涂覆以治疗溃疡。他们是否知道石灰溶于水并没有记录，但是既然古人用石灰制作研钵，那么他们应该会注意到这一点。这些史实虽然非常十分重要，但并不足以构建起一个化学框架，因为古人并没有酸作用于石灰或者是它可生成多种多样的盐的概念。直到酸的发现使得实验者可以将其用于和石灰石和生石灰反应，这些现象才为人所知。关于石灰石和生石灰的不同，在我所调查的古代著述中即使是一个推测都没有出现过。两者区别之大肯定会引起古人的注意的，但是看上去从没有人尝试将它们的不同记录下来。虽然普林尼没有记述烧制或煅烧石灰的方法，但古人肯定知道这些方法。

至此我也还没有提到过皮革以及皮革的鞣制方法。古代诗人和历史学家对皮革以及其用途所述甚多，因此古人对此熟悉也是确定无疑的。但是就我所知，没有任何古代作家描述过鞣制皮革的方法。

---

① “它的尖锐和力量足以融化珍珠。”

② 《普林尼自然史》，第9卷，第35页。

第三章　阿拉伯人的化学

迄今为止，我已经谈到了炼金术和古代化学制造，但是化学成为科学应归功于阿拉伯人。这不仅是因为阿拉伯人自己在实践科学的化学，而且还是第一批尝试制备化学药物的人。他们通过将各种不同的物质混合起来，并以不同的方式加热混合物，因而发现了一些矿物质酸，继而他们将这些酸作用于金属等物质上，并阐明了对这类最为重要的物质作用后所产生的效果。正是阿拉伯人开始进行的这些研究促成了化学科学的出现。因此，我们必须着力去说明归功于阿拉伯人的那些化学现象。

穆罕默德开始将他的教条传授给那些乡下人时，他们并非都是野蛮人。他们的语言词汇丰富、富有表达力，他们居住在气候炎热的地方，但想象力丰富、激情饱满。他们创作的诗歌和小说意气风发、成就斐然，但是在科学和归纳哲学方面很少或者几乎没有任何进步。广为人知的是，他们很快就征服了亚洲、非洲甚至欧洲的一部分。在那个时期，希腊人的文明遗存奄奄待毙，西方世界陷入了极端的野蛮状态，人们悲哀地从曾光耀古典时代的希腊先哲退化为斯文扫地的凡夫。他们屈服于最为残暴和混乱的独裁专制之下，丧失了尊严，他们坠入无尽的玄想和晦涩之中，固守迷信，蒙蔽了知性。所有心智的能力，所有发明的力量，所有勤劳和天才，这些他们的祖先曾有的荣耀，现在都灰飞烟灭。作家对新鲜或伟大的事物不再关注，而是沉迷于重复他们的祖先已确定的科学现象。科学的明灯在风雨中飘摇，就要失去最后的光亮。

在这样的社会中，我们不能期待有什么好事或者伟大的事情发生。因此普罗维登斯明智地主张，伊斯兰征服者应该统治地球，扫除那些卑鄙的统治者，将那些不幸的人们从独裁和迷信的束缚中解救出来。在伊斯兰教徒完成他们的征服之后，哈里发彻底登上了那前所未有的强大的王位。大约在8世纪中期，阿尔曼索尔建立了巴格达城并奠定了永久的和平和繁荣，这个时期伊斯兰教徒所表现出的能量和活力在历史上少有能及。伴随这样的社会状态，艺术和科学开始萌芽。

哈里发在巴格达建立了一个大学，它吸引了许多名人，地位逐步提升，并超过了在哈里发领土内所有的大学。那里还建立了一所医药大学,它有权对那些立志献身医药职业的人进行考试,因此许多教授和学生都从世界各地慕名而来,有一个时期学校的总人数不少于六千人。为方便研究疾病,并使学生掌握制备药物的方法,还建立了公共医院和实验室。正是这类由那些哈里发所建立的机构成为化学科学的发源地。

在13世纪,哈里发蒙斯坦瑟重建了巴格达的大学和医药大学,因为这之前它们都衰落了,被无数的犹太教大学代替。蒙斯坦瑟给予教授们丰厚的薪水,为图书馆收集了大量的图书,并建立了一所新的制药学校。他自己也常常出席公共讲座。

蒙斯坦瑟的继任者是哈里发哈伦·拉希德,这是阿拉伯传说中永久的英雄。他对科学不仅拥有比前任们更多的热忱,而且以宽容和宽广的胸怀对待宗教观点。他身边聚集着一些叙利亚的基督徒,他翻译希腊古代典籍,随意地给他们赏赐,并指派他们作为那些伊斯兰教臣民的导师,特别是在医药学和制药方面。他保护了迪斯科迪赛伯的基督教学校,该校是由基督教派教徒在穆罕默德时期之前建立的且长盛不衰;他时常与那里的文学家围坐在一起,参与他们的辩论,并且常常败下阵来,以他的名位而论这是难以想象的事情。

艾尔玛蒙是所有哈里发中最为开明的,他因对科学的推进而名垂青史。正是在他统治时期,阿拉伯的学校开始系统地掌握希腊科学。在他的关怀下,大量重要著作被翻译。艾尔玛蒙从各地购买古代典籍,并特意要求他的使者在希腊皇帝的宫廷上征得允许后再如此行事。他对哲学家利奥许以最优厚的待遇,以使利奥能到巴格达来,但这位哲学家没有接受他的邀请。在这位开明的君主赞助下,人们进行了那个著名的通过测量子午线的长度来推测地球大小的尝试。有关这个尝试的结果此处不赘述。

艾尔玛蒙的继任者是艾尔蒙塔瑟和蒙特瓦科尔,他们效法艾尔玛蒙,热衷于科学,并保护基督徒中信奉科学的人。蒙特瓦科尔重建了那所著名的大学和亚历山大图书馆,但是较他的前任,他对待基督徒更为严苛,以免他们滥用他们所享受的宽容政策。

其他先知的牧师,与蒙特瓦科尔持有不同观点,他们承袭了艾尔玛蒙所树立的良好典范。在第8世纪,莫格瑞博王国和非洲西部的一些省市就已经表现出了他们对科学的热情。其中有一位名为阿布德尔·艾本·艾巴德查布,他在突尼斯经营的贸易和工厂十分繁荣昌盛。他自己创作诗歌,同时把他的思想传播给许多艺术家和信奉科学的人。在非斯和摩洛哥,科学一时兴起,尤其是在埃卓斯提斯时期,耶西亚的最后一位君主是个智慧、可爱、善良的人。他将他的法庭改成了学校，并且关注那些在科学知识方面杰出的人才。

在伊斯兰教思想影响下的各个国家中，西班牙是最幸运的，它在贸易、工业、人口和财富上都达到了很高的水平，但是它却不是一个守信的国家。在8 世纪到10世纪，有三位阿布德尔瑞曼斯和阿尔汗克姆来到了西班牙，在科尔多瓦法老的统治下西班牙达到了最为显赫的时期。他们崇尚科学，以怀柔的政策治理国家，或许在任何基督教君主的统治下西班牙人都没有享受过如此幸福的生活。在科尔多瓦法老时期，阿尔汗克姆创建了一所学校，该学校在之后的几年中一直闻名世界。所有西欧的基督教徒都来到这所学校搜索信息。在10世纪，这所学校建成了一座图书馆，图书馆存书28万册，类别不少于44种。塞维利亚、托莱多和穆尔西亚模仿这所学校建立了他们的科学院和图书馆，这些学校在摩西统治时期一直闻名遐迩。到12世纪，属于伊斯兰教的公共图书馆已经多达70所。科尔多瓦统治时期一共产生了150位作家，其中阿梅利亚有52位，穆尔西亚有63位。

伊斯兰教统治下的东方国家同样支持科学。一位名为阿达-埃尔-道拉的伊拉克埃米尔在10世纪末以保护信仰科学的人而闻名。在他的保护下，几乎当时所有的哲学家都为他工作。另一位伊拉克埃米尔——塞夫·艾德·杜拉——在库法和巴士拉建立了一些学校，这些学校很快就获得了很高的名声。阿布-蒙瑟-巴瑞汉姆在库尔德斯坦的弗瑞扎达德建立了一座图书馆，在最一开始，这所图书馆藏书就有7000册。13世纪大马士革建立了一座医药大学。麦乐科-埃德尔法老向这所学校捐赠了许多钱，并且经常可以在讲座上看到他腋下夹着一本书出席。

如果说阿拉伯的科学进步与致力培育科学的人数呈正比的话，我们或许应该把萨拉森人作为基督教黑暗统治时期文学的救世主。但遗憾的是，我们必须认识到，尽管哈里发具有启蒙的观点，尽管建立的学校和图书馆为数众多，尽管涌现的作家的数量惊人，但是阿拉伯人对科学发展的推动作用有限。我们在阿拉伯作家的著述中鲜少发现哲学观念，成功的研究，新的事实，或者是新的、重大的真理性认识。化学在这里有了重大进步[①]。这些进步需要向读者大力介绍。天文学和炼金术都起源于希腊，这两个学科和阿拉伯世界的取向并不相悖，虽然伊斯兰教禁止魔法和所有与占卜有关的技艺，但它们都没有受到伊斯兰教教条的谴责。炼金术中用到的化学工艺被阿拉伯人用于制药，因此这成为研究的一个新的、最丰富的

① 若想了解阿拉伯化学发展史的更多内容，读者可以参考莫图克拉的《数学史》，第1卷，第351页；斯普伦格尔的《医药史》，第2卷，第246页。

源泉。

我有机会细读的阿拉伯化学著作出自贾柏和阿维森纳之手。因为我不懂这些著作的阿拉伯原文，因此读到的是拉丁文译本。

贾柏真名为阿布·蒙瑟·贾比尔·伊本哈扬，他是美索不达米亚哈来地方的塞巴人，在世期间为8世纪。关于贾柏的历史人们所知甚少，但他是大家公认的化学的创始人。格留斯是莱顿大学东方语言学的教授，他曾向公共图书馆捐赠过贾柏著述的手稿。他将贾柏的著述翻译成了拉丁文，并以《哲人石》为名在莱顿出版，先是对开本，之后是四开本。[①]1678年，理查德·拉塞尔将其翻译成了英语，名为《最为著名的阿拉伯王子和哲学家贾柏的著作》。[②]无论是拉丁语还是英语版本，贾柏的著作包括四册：第一册名为《完美的研究和探索》，第二册名为《完美的总和或完美的权威汇集》，第三册名为《真理或者完美的发明》，第四册为《作者用熔炉等所做实验的概要》。

贾柏著述的主要目的在于教人以制作哲人石的方法，他通常称哲人石为"第三类别的药物"。一般而言，贾柏的这部著述语言平直，使得我们可以理解他所用物质的性质、遵循的过程以及所制的众多的产物。因此，这是一本重要的书，因为它是现存的最为古老的化学专著[③]，而且它使我们知道了阿拉伯人所采用的化学过程以及他们在化学研究上的进步。因此，我需要将贾柏著述中所涵盖的最重要的事实介绍给各位读者。

(1)他认为所有的金属都是硫和汞的化合物，但这一观点不是他提出的。从他的言语中我们可以找到证据表明，他的前辈(他称他们为古人)已经用过相同的概念。

(2)他所熟悉的金属有金、银、铜、铁、锡和铅。贾柏称它们为太阳、月亮、金星、火星、木星和土星。我不知道是贾柏用了这些行星的名称命名金属，还是翻译他著述的译者这样做的，但是炼金术士常常引用这些名称，他们在指称金属时没有使用过其他名称。

---

① 《波尔哈夫化学》的肖译本，第1卷，第26页，脚注。

② 但是古留斯(Golius)不是第一位翻译贾柏著述的人，贾柏著述中最长也是最重要的拉丁文译本1529年在斯特拉斯出现。另一个译本出自梵蒂冈，在意大利出版。或许还有其他的译本在世。我曾经比较过四本贾柏著述的副本，发现几处不太重要的不同之处。我最常采用的是拉塞尔的英文译本，这在我拜读过的译本中是最为精确的。

③ 当然，我忽略了希腊牧师所提及的更早时期的化学著述，因为那些著述依然是手抄版本，而且其中的内容我也略过不提。

(3)贾柏认为金和银是完美金属，其他四种是不完美金属。他认为这些金属的区别部分在于它们之中硫和汞的比例不同，部分取决于金属成分中硫和汞的纯度。

据贾柏，金得自一种最微妙的汞、一种最清澈的固定物(fixture)以及少量纯净鲜红的硫；它先是凝固，继而光亮，然后自身的性质发生改变。因为其中硫的颜色是多变的，所以金的黄色也必定有多种。[①]贾柏认为汞是金的主要成分，这是因为汞可以十分轻易地溶解金。贾柏认为，汞不能溶解那些和它性质不同的物质。金的辉耀光泽也证明其主要成分为汞。他认为显然的是，金是一种凝固体，其中不包含可燃的硫，因为只要将其在火中一试便知金既不减少也不燃烧。他的其他理由就不这么易于理解了。[②]

和金一样，银也是由大量的汞和少量的硫混合而成的。但是金中的硫呈红色，而形成银的硫为白色。银中的硫也是纯洁、有光华的凝固体。银在纯度上不如金，浓缩的程度也低。证据是，银有不够充分凝结的部分，也不如金密实，而且在火上燃烧时会有部分损失，而金不会如此。[③]

铁是土质的汞和土质的硫的混合物，它高度凝固，至今为止产量最大。硫起凝结作用，它比汞更能使铁不易液化。这就是为什么铁和其他金属一样不易熔化的原因。[④]

硫固化金属时不如汞迅速，但是固化的硫能够抗熔化。较之含有可燃硫的金属，含有固化硫多的金属熔化更缓慢，而含可燃硫的金属更易液化，而且较容易也较快地流动。[⑤]

铜由不纯净的硫和密实的汞组成，前者大部分是密实固化的，但少部分呈未固化的红色和青紫色，这与铜整体的成色有关。[⑥]

当铜被点燃时，你会观察到一缕含硫的烟雾从铜中冒出，这表明铜中含有未固化的硫。多次燃烧铜因而其重量降低说明其中含有固化的硫。这部分固化的硫越多，铜熔化越缓慢，硬度越大。贾柏认为，铜是由红色、不纯净的硫和不纯洁的汞结

---

① 贾柏，《完美的总和》，第2卷，第一部分第5章。

② 出处同上。

③ 贾柏，《完美的总和》，第2卷，第一部分第6章

④ 出处同上，第7章。

⑤ 贾柏，《完美的总和》，第2卷，第一部分第5章。

⑥ 出处同上，第8章。

合而成,从铜的多变性质中就可以看出这一点。[①]

锡由固化程度较低的硫以及部分固化和部分未固化的汞混合而成,前者呈不纯的白色,后者色白且含杂质。[②]贾柏认为,锡之所以如此构成显然是因为:锡被烧时会释放出硫的恶臭,这表明硫未固化。而它不产生烟雾,也不是因为存在固化的硫,而是因为其中含有大量的汞。锡中含有两种硫,同样也含有两种汞。一种硫是不固化的,因其被烧时会释放出硫的恶臭,烧成之后锡中的硫就留存下来。他认为锡中含有两种汞是显然的,因为在被烧前锡弯曲时会发出破裂的声音,但是经过三次烧制后就觉察不到破裂的声音了。[③]贾柏说,如果用汞来洗铅,将洗过的铅在火上加热而不使其熔化,此时一部分汞仍与铅结合,铅就会发出破裂的声音且具有铅的所有特性。另一方面,你可以将锡转化成铅。通过多次烧制并控制烧制还原的火候,如此锡就可转化为铅。[④]

贾柏认为,铅和锡的区别仅仅在于,铅中所含的硫和汞更为密实,它是这两种更不纯净的物质的共混物。铅中的硫可燃,而且和其中的汞结合更为紧密;铅中含有的固化硫比锡中多。[⑤]

上述即贾柏对金属构成所持的观点。即使他的观点并不十分正确,我也刻意尽量依照贾柏的原话来叙述,并给出贾柏解释它们当时用到的依据。因为我认为,这才是最有可能将这位炼金术之父的观念精确传达给读者的方式,这些观念是建立在关于金属转化的全部信条的基础上的。贾柏认为,所有的不完美金属都可以转化为金和银,转化的方式有:改变构成金属的硫和汞的比例,以及改变不完美金属中硫和汞的性质,使之与金和银中硫和汞的性质相同。具有这种重要的转化能力的物质,他有时称之为哲人石,但通常称之为药物。他给出了制备这种重要药物(他称之为媒介)的方法。但是他给出的过程不值得在此详述,因为他故意遗漏了若干细节,以免一些愚人从他的著述中获益,同时也防止一些足够聪明的读者通过研读他的著述的不同部分,推测出他遗漏的部分,并从他的研究和解释中获益。但是,他的过程最为重要的部分还是值得我们关注,因为从那里,我们可以判断他那个时期化学的状态。

---

① 出处同上。

② 出处同上,第9章。

③ 出处同上。

④ 出处同上。

⑤ 出处同上,第10章。

(4) 在贾柏关于窑炉的著述中,他描述了一种适合于烧制金属的窑炉。从《完美的总和》一书的第一卷第四部的第十四章显然可以看出,贾柏掌握烧制或者氧化铁、铜、锡、铅、汞和砷的方法。

贾柏还描述了一种用于蒸馏的窑炉,并详细介绍了用于蒸馏过程的玻璃的、瓷的或者金属的梨形器和蒸馏器。贾柏习惯于蒸馏时用热灰将蒸馏器围上,以防其开裂。他还熟知水浴。他很熟悉这类过程。他的著述中描述了许多物质的蒸馏,但是没有证据表明他知道烈性酒精。烈酒倒是频繁出现在他的著述中,但是这用于一般地指称挥发性物质,尤其是硫和白砷,他认为这两者的性质非常类似。他认为汞也是烈酒的一种。

贾柏还熟知锌冶炼中蒸馏沉积液(per descensum)的方法,他描述了一套适合该用途的装置,并且还给出了使用这种蒸馏方法的几个例子。

贾柏还描述了一种用于熔化金属的熔炉,并提到了熔化金属所需要的器皿。他熟知坩埚,甚至描述了制作灰皿的方法,这和现在采用的方法类似。他详细、精确地给出了用铅纯化金和银的方法,他称之为凝灰法(cineritium),至少他的著述的拉丁文译者用的是这个词。

贾柏习惯用水和醋酸溶解各种盐,甚至用不同的溶剂溶解金属。贾柏根本没有记录这些溶剂。但是通过我们了解的关于不同金属性质的知识,以及贾柏提到的一些过程,我们不难推测出他用到的溶剂是什么,这也就是他所知道的矿物质酸,这在我先前所拜读的其他作者的任何著述中都没有被提到过。贾柏是否就是这些酸的发现者,我们不得而知,因为他从未如此宣称,事实上,他一直在极力回避这些酸,如此一来,对这些酸的存在或者至少是其突出的性质就不会被没有经验的人怀疑。正是这种对于秘密和谜团的伪饰使得早期的化学家失去了他们本该享有的荣誉和声名,倘若他们的发现是以明白易解的形式为大众所知就不会如此。

贾柏知道通过过滤纯化液体的方法,以及通过同样的方法,可将沉淀物从液体中分离出来。贾柏称这一过程为通过过滤器蒸馏。

贾柏熟悉大量的化学过程,例如那些在18世纪末还广泛使用的过程。如果将贾柏的著述与赫尔迪奥斯科里季斯和普林尼的著述比较,我们就可以感知到,化学或者毋宁说药学取得伟大进步。这些进步的取得在很大程度上归功于阿拉伯的医师,或者至少是那些受到哈里发保护的、在医药学校里做校长的医师们。因为我们知道的希腊或者罗马作者没有任何关于这些工艺的描述,我们只在阿拉伯作家的著述中找到了相关的详细描述,我们只能承认这些工艺起源于东方。

现在,我要给出贾柏所知道的化学物质或者制剂,或者他在著作中描述的制备方法。

1.普通盐。土壤中富含这种物质,它是食物必不可少的调味料,从很早之前就为人类所知了。但是贾柏描述了他将其提纯的方法,也即将不纯净的盐在红热的火上加热,用水溶解,过滤,蒸发结晶,再将结晶放在红热的火上加热,然后置于密闭容器中待用。没有关于贾柏是否知道天然盐(sal-gem)和普通盐的区别的线索。或许他根本就不知道,因为他单独介绍每种盐的提纯细节。

2.贾柏记录过两种固体碱,即苛性钾和苏打,并且给出了制备方法,也即在坩埚中燃烧塔塔粉精华,将残渣用水溶解后过滤,再蒸发至干。这一方法可以生产出纯净的苛性钾。贾柏将苏打碳酸盐称为sagimen vitri和苏打盐。他提到了燃烧后可制得这种盐的植物,并指出了其纯化方法,甚至描述了用生石灰使其具有苛性的方法。①

3.贾柏知道硝石或曰苛性钾硝酸盐,他还是我们发现的第一位记载这种盐的作者。没有关于这种盐来源的记录,但是无疑,这来自于印度。印度出产硝石,并且印度人熟悉这种盐比欧洲人早很多年。或许这就是为何阿拉伯人的化学知识领先于欧洲人的化学知识的最大原因,因为硝石可以用于制备硝酸。阿拉伯人用硝酸溶解当时他们知道的所有金属,因此获得了许多重要盐化合物的知识,这些知识非常重要。

在贾柏著述的拉丁文译本中,有一个人工制备硝石的方法,尽管这在英文版本中没有出现。该法为,将苏打碳酸盐溶于王水,过滤,再蒸发结晶。②如果这一过程是真实的,那么贾柏肯定已经熟知苏打硝酸盐。但是我怀疑这段文字的真实性,因为其中出现了王水一词。贾柏的其他著述中再没有出现过王水一词,即使是在描述制备硝酸的过程时,他也只是说到了"水"。但是显然这种"水"有许多作用,只有拥有足够才智的人才能将其作为一种宝物正确使用。

4.贾柏还知道卤砂,而且,卤砂在他那个时期似乎已相当常见。没有证据表明希腊人或者罗马人在那时知道它,迪奥斯科里季斯和普林尼也没有提到过。在旧时的书中,有时称卤砂为sal armoniac,有时称之为sal ammoniac。据说,卤砂首次被发现于阿蒙神朱庇特庙的附近,但如果是这样,如果卤砂以自然态被发现,那么罗马人就几乎不可能不知道卤砂,因为非洲的那部分地区当时处于罗马的统治

① 《完美的研究和探索》,第3章。

② 《完美的研究和探索》,第4章。

下。在炼金术士的著述中,卤砂以下列古怪的名称出现:

看得见的空气

来自姐姐的两兄弟之水

鹰

鹰之石

螃蟹

通灵石

石盐

Alocoph盐

贾柏不仅知道卤砂,并且清楚其挥发性。他给出了多种卤砂升华工艺,并且经常将其用于加快其他物质的升华,例如铁氧化物和铜氧化物。贾柏给出了从尿液中获得卤砂的方法。我们知道,当尿液腐败后可以产生大量卤砂。贾柏在各种过程中频繁使用卤砂将低等金属转化为完美的状态。贾柏向王水中加入卤砂或者普通盐,这时的王水就具有溶解金的能力,这在迪奥斯科里季斯或者普林尼时期是绝对做不到的。确实,贾柏在描述溶解金的工艺时有意做了隐瞒,但是有心的读者不难拾遗补阙,从而掌握整个过程。

5.贾柏所熟知的明矾和现代的明矾完全相同,他屡屡将其用于工艺过程中。确实,提尔人有时也用明矾作为染色的媒染剂,但是没有证据表明他们在现代意义上使用明矾一词。除非我们承认提尔染色匠已经知道制备明矾的方法(但他们对此守口如瓶),除非我们不怀疑希腊人或者罗马人也因此而知晓了明矾的存在,那么,明矾制备法的发现应介于普林尼撰写《自然史》和贾柏著述的8世纪之间的时期。

贾柏提到了他常用的三种明矾,即冰状明矾或者罗卡明矾、加买尼明矾以及羽状明矾。人们认为,叙利亚的罗卡或者埃德萨是建立首个生产明矾工厂的地方,但工厂是在什么时候、由谁建立的都不得而知,我们只知道是在公元后、贾柏著述的8世纪之前的时期。在贾柏时期,在加买尼一定存在另一座生产明矾的工厂。毋庸置疑,羽状明矾是一种不纯的天然明矾,已为希腊人和罗马人所知。贾柏习惯在强火加热下蒸馏明矾,并收集蒸馏出的水,将其作为一种贵重的溶剂。如果将明矾置于玻璃容器中在红热的火上加热,它会释放出硫酸,因此贾柏蒸馏明矾得到的水应该是稀硫酸,无疑这种液体可以作为铁和碱性碳酸盐的强力溶剂。贾柏很有可能就是这样使用这种液体的。

6.贾柏将铁硫酸盐或铜硫酸盐称为cuperosa，贾柏对其很熟悉。这是一种结晶盐，而且或许在他那个时期就已经有生产。

7.贾柏提到了硼砂(baurach)，但是他对此没有任何说明，因而这是否和现代的硼砂相同我们不得而知，但很有可能如此。贾柏在将金属还原为金属态时常用到玻璃和硼砂。

8.贾柏通过蒸馏来纯化醋，醋在他的工艺中常被用作溶剂。

9.贾柏知道硝酸并称其为溶解用水。他制取硝酸的方法为：在蒸馏器中加入1磅塞浦路斯铁硫酸盐、0.5磅硝石、0.25磅加买尼明矾，将此混合物蒸馏，直至所有液体被蒸出。贾柏提到，在此过程中，蒸馏器中会出现红色火焰。[①]尽管这一方法算不上经济，但它确实可以生产出酒精。同样值得注意的是，正是在此处我们第一次发现关于化学家对这种极其重要的酸的记录，没有它许多至关重要的过程根本无法进行。

10.贾柏依照前述方法制备这种酸并用它溶解银，所得溶液经浓缩，直至得到结晶态的银硝酸盐。贾柏是这样描述这一过程的："和之前一样，将银溶解于溶解用水(硝酸)中，待银完全溶解后将溶液转移到一个长颈瓶中加热一天，瓶口不可密封，待瓶中的水消耗三分之一时为止。加热完成后，将溶液转移到另一个容器中冷却，溶液就会凝结成可熔化的石头，类似于结晶。[②]"

11.贾柏同样惯于将卤砂溶解在这种硝酸中，制得古代化学家所谓的"王水"，并用其溶解金。[③]他告诉我们，这种王水同样可以溶解硫和银。其中能溶解银的说法不对，但是硫在这种王水的作用下，确实易于转化为硫酸，此时硫理所当然地会消失或者说溶解。

12.贾柏非常清晰地描述了一种制备腐蚀性升汞的方法。他的制备方法为："取汞1磅、干的铁硫酸盐2磅、煅烧过的明矾1磅、普通盐0.5磅、硝石0.25磅，通过研磨和升华作用使其混合为一体，然后收集容器壁上会出现的白色、密实且显得厚重的东西。如果你发现第一次升华的产物是乌涂的或不纯净的(可能是由于你的疏忽造成的)，那就将其熔化后再次升华。"[④]在他的著述中的其他部分还有更为详细的指导说明，甚至有一些关于腐蚀性升汞性质的不太完整的记述。

---

①《真理或者完美的发明》，第23章。

②《真理或者完美的发明》，第21章。

③ 出处同上，第23章。

④ 出处同上，第8章。

13.腐蚀性升汞不是贾柏提及的唯一可以用汞制备的产物。他还告诉我们，当汞和硫结合时会呈红色并转化为辰砂。[①]贾柏还描述了汞对其他金属的亲和性质。它容易与铅、锡、金三种金属结合，其中，与银结合能力较差，与铜次之，除非使用一些巧妙的方法，汞才能与铁结合。[②]这些关于汞的记述算得上准确。他说，汞是自然中除金外最重的物质，金是在汞中唯一会下沉的金属。[③]我们现在知道，贾柏在世时期，金确实是唯一比汞重的物质。

贾柏还记述了通过加热制备汞的过氧化物的方法，他用自然的红色沉淀物(red precipitati perse)这一名称将汞过氧化物从众多的加热产物中区分出来。他说："经长时间加热后，汞也可以在长颈圆腹瓶中凝结。瓶口需保持开放，如此水分才会消失。"[④]贾柏还给出了另外一种制备这种氧化物的方法，这种方法或许需要十分小心地控制火候。他说："取汞1磅，硫酸盐矾(vitriol)2磅，硝石1磅。将汞和上述物质混合，之后从等量的明矾石和硝石中即可升华得到汞过氧化物。"[⑤]

贾柏还熟知几种金属的硫化物。他评述到，当金属和硫一起熔化后，金属的重量就会增加。[⑥]铜和硫结合后颜色会变为黄色，和汞结合后会变为红色。[⑦]他知道如何将硫溶于苛性钾，并加入酸使其再次沉积，具体过程为："将纯净、胶黏性硫研磨成非常细的粉，然后在碱液中与三色堇灰烬和生石灰形成一同煮沸，去除沸腾液体表面的油性易燃物，直至去除干净。此过程完成后，用棍棒搅拌，小心撇除液体表面浮物，尽可能使厚实的部分留在瓶底。将撇出物稍微冷却，加入用量为其四分之一的挥发性醋，则溶液瞬间冷凝如牛奶。尽可能清除干净溶液，用小火处理剩余物质，留下待用。"[⑧]

14.从贾柏著述的许多片段中可以看出，他对于金属态砷十分熟悉。他时常提到砷的易燃性，并认为它与硫的作用相当。在贾柏的《炉窑》一书第25章(或某些版本的第28章)中，他提到了一种制备金属态砷(arsenicum metallinum)的方法，虽

① 《完美总和》，第1卷，第3部，第4章。

② 出处同上，第6章。

③ 出处同上。

④ 《完美的总和》，第1卷，第4部，第16章。

⑤ 《真理或者完美的发明》，第10章。

⑥ 《完美的总和》，第1卷，第3部，第4章。

⑦ 出处同上。

⑧ 《真理或者完美的发明》，第1卷，第6章。

该法不易为人理解，但他认为它非常重要。贾柏明显还熟知白色的砷氧化物或者砷酸。他给出了多种通过升华制得这种物质的方法。[①]他在《完美总和》第1卷第4部分第1章中讨论了升华："砷在升华前是有害的，具有易燃性，经升华后，金属砷不具有易燃性，但是只有残余的砷不易燃。"

贾柏描述了这样一种现象，即砷和铜共同加热后金属变为白色。[②]他还给出了一种制备白色的铁砷酸盐的方法："将1磅铁屑和0.5磅升华所得砷酸研磨成粉末，将混合物粉末溶解于硝石和盐碱（salt-alkali）的水液中，重复溶解该过程三次。在猛火上加热溶液使其对流，如此就能制得白色的铁。重复加热过程使溶液对流，直至其被彻底漂白。"[③]

15.贾柏提到了氧化铜，并称其为火焰铜（ustum），将红色铁氧化物称为铁之鸢尾（crocus of iron）。他还提到了铅黄和红铅。[④]但是由于这些物质已经为希腊人和罗马人所知，因此我们不需要再深入讨论有关这些物质的细节。

16.我不能确定贾柏用白铁矿一词指称何种物质。这种物质产量一定很大，且被广泛应用，因为贾柏经常提到它，并且经常用在他的过程中，但是没有说它是什么。我怀疑这就是硫化锑，在贾柏之前的很长一个时期，它就在亚洲广泛应用。但是贾柏用antimonium指称锑，或至少是将他的著述翻译为拉丁文的译者如此称呼。当将金属和硫共同加热而使金属还原时，贾柏说道："我们已经有适当的经验表明，锡还原后转化为了锑，但是铅还原后生成了深红色的锑。"[⑤]要推测文中"锑"一词要传达的意思不太容易。在另一段文字中，贾柏说："锑经煅烧、溶解、净化、凝固并研磨成粉末后制得。"[⑥]

考虑到贾柏所处的时期，他关于金属的描述称得上准确。我可以举出他记述金的例子。"金是一种金属态物质，呈黄色，密实，声哑，有光泽，分布在地下深处，并经过土壤内部矿物质水长时间冲洗；在敲击后可延展，可熔化，可耐受试金用灰皿和固结物的作用。"[⑦]他给出了一个将铜转化为金的例子。他说："在铜矿中，我们可

①《真理或者完美的发明》，第1卷，第7章。

②《完美的总和》，第2卷，第2部，第11章。

③《真理或者完美的发明》，第1卷，第14章。

④《真理或者完美的发明》，第1卷，第4和12章。

⑤《完美的总和》，第2卷，第2部，第10章。

⑥《真理或者完美的发明》，第1卷，第4章。

⑦《完美的总和》，第1卷，第3部，第8章。

以看到有某种水流出，水中含有细铜屑，这些铜屑是持续、长时间冲洗和净化的产物。但是当水流停止，经过三年的日晒加热，我们发现这些铜屑和干燥的沙子混在一起，其中含有最为纯净的金。因此我们断定，这些铜屑不止受惠于水的净化，同样也吸收了太阳的热量以及沙子的干燥，并因此而达到等同。”[1]现在我们看到一个从不充分的前提进行模糊推理的例子。无疑，金粒之前就已经存在于沙子中，铜屑经过三年的日晒后可能会被氧化，因此就不见了或者至少是失去了其金属光泽。

上述就是我所整理出的贾柏著述中最为突出的化学事实。这些化学现象数量众多且意义重大，这使得贾柏在某种程度上配享化学之父和化学奠基人的称号。除了罗马人和希腊人所熟悉的金属、硫和盐之外，他还知道制备硫酸、硝酸和王水的方法。他还知道用这些酸溶解金属的方法，并且制备出了银硝酸盐和腐蚀性升汞。他还熟知苛性钾和苏打，这两者均为碳酸盐和苛性碱。他知道这些碱可以溶解硫，并可借此过程获得纯净的硫。

尽管贾柏在实验上功绩显赫，但是他的哲学精神比他的阿拉伯同胞高不了多少。他沉迷于记述现象并给以玄秘的解释，这种做法与真正的科学进步是不相称的。关于这一点，从贾柏试图解释炼金药或者哲人石性质的片段中可见一斑：“就让他去探究炼金药的性质以及其成分的作用吧。我们正在努力制备一种物质，它由许多种物质组成，它能长期保持稳定，以至于将其放在火上，火也不能损其毫厘。它可以和金属一起混合、熔流如注，与金属中不可进入的物质结伴同行，和其中的预混合物质共同酵化，与其中的可凝固物质一同凝固，与其中的可稳定物质一同稳定，不被那些除金或银外什么都能烧的物质所燃烧。当一切烧尽，唯其永固、毫厘不失。”[2]

以下，我要介绍的另一位阿拉伯化学家，他名为安·哈瑟恩·阿布·安利·本·阿布德尔·拉和伊本·西纳，姓斯扎克·雷耶斯(或曰医师之王)，俗称阿维森纳。他的名声仅次于亚里士多德和伽林，他是所有药学实践者中最伟大的一位。他君临一切，或者说，他至少是享此殊荣，直到帕拉塞尔苏斯有力地撼动了他的王者地位。

阿维森纳于978年生于布哈拉，他的父亲在布哈拉退休，时值哈里发努哈(著名的艾曼索的儿子)任酋长期间。阿维森纳的父亲阿里一直居住在科瑞尔赞的布尔科，直到阿维森纳出生后，他搬迁到了布彻利亚的阿森彻纳，并在此一直生活到阿维森纳15岁。由于他如此出色的才能，阿维森纳接受教育既不需要付出劳动也

---

① 出处同上。

②《完美的研究和探索》，第11章。

不需要支付金钱，人们都说他在十岁的时候就可以完全默诵《古兰经》。阿里为阿维森纳请到了阿布·阿布达拉·安纳索里为师，他教授阿维森纳语法、辩证法、欧几里得几何学以及托勒密天文学。但是阿维森纳还是退学了，因为这位老师无法解答阿维森纳的一个逻辑问题。他自己与一位商人交往，商人教他算术，并使他掌握了我们现在的计数法的前身——印度数字。之后阿维森纳去了巴格达，于此他在老买苏的弟子：帕提论学者(peripatician)阿布·纳瑟·阿尔发瑞彼门下学习哲学，同时他还在聂斯托里教士阿布·塞黑尔-马斯奇指导下学习医学。他告诉我们，他以极大的热情投入到了这些科学的学习中。他为了防止晚上睡着，习惯于在夜间饮大量水。他常在梦中解决醒着的时候无法解决的难题。当他面对难以克服的大难题的时候，他会向神祈祷以求赐予他灵感，他告诉我们这些祈祷往往都能应验。亚里士多德的形而上学是他唯一无法理解的书籍，在读过这本书超过40遍之后他非常愤怒地将它扔到了一边。

16岁时，阿维森纳就已经是一位杰出的医师了。18岁时，他妙手回春般地治愈了哈里发努哈的疾病，并因此有幸得到了科瑞尔赞的哈里发穆罕默德的邀请，去往那里的宫殿。但是阿维森纳还是愿意定居在迪斯克尔德斯坎，在那里他治好了哈里发坎布斯的侄子的疾病。

之后，阿维森纳去往了雷，在那他被任命为马格德·奥德拉亲王的医师。在那里他还编撰了一本他所学科学的词典。此后不久，他就被提升为哈姆丹的维齐尔，但是很快又因涉及暴动而被剥夺了职位并因此入狱。在监狱期间，他写出了许多关于医药和哲学的著作。之后阿维森纳得到了释放，并重新恢复了名位。但是在他的保护者斯坎姆斯·奥德拉去世之后，因害怕再次被剥夺自由，他长期隐姓埋名避难于一位药剂师家中，专心从事写作工作。最终他还是被发现了，并被囚禁在伯德瓦城堡中长达4个月之久。也就在这时，一个幸运的机会使他得以在一位僧侣的掩护下逃脱。阿维森纳去了伊斯法罕，并生活在哈里发勒拉-奥德拉的宫廷中，备受恩宠。因他过度放纵自己，沉迷于酒色而伤了身体，所以没有长寿。因受疝气的痛苦折磨，阿维森纳从长胡椒中提取出八种药剂，供他一天之内注射之用。刺激性药物的过度使用引起了肠内壁的薄膜脱落，他因此得了癫痫。在一次陪同哈里发努哈去哈姆丹的旅行中，他的仆人在他使用的解毒剂中加入了过量的鸦片，这更促使他过早地结束了自己的生命，还没有到达哈姆丹，阿维森纳就去世了，享年58岁。

阿维森纳撰写了以《医典》为名的一本大部头著作，它被翻译成拉丁文，在之后的5个世纪之内都被奉为伟大的标准、确实可靠的指南和医药界的信条。《医典》中包括所有的药学知识，从事药学的人都认为，凡是其中没有涵盖到的内容就是不重要的。当我们阅读这本书，并把它与先前的希腊著述甚至阿拉伯著述相比较时，我们感到难以置信的是，为何他所掌握的医药学知识领域是如此博大，他的权威地位持续得如此久长。

但是我们必须牢记，阿维森纳的时期正是人类历史上最为黑暗沉闷的年代。人类陷入沉睡之中，精神处于完全麻木的状态。人们顺从宗教信仰，盲目臣服教会发出的绝对可靠的决定，完全依照教会灌输的方式思考，他们自然会寻求一种解决困扰他们的医药问题的方法，幸运的是，他们在阿维森纳的《医典》中找到了答案。在他们看来，《医典》中的教条和圣父一样可靠，同样需要他们绝对服从。整个医药科学因此就简化为对于阿维森纳《医典》的研读，对于他的原则和指令的绝对服从。

当我们把这部名作同希腊人的医药著述甚至阿维森纳的前辈、阿拉伯人的著述相比较时，我们会惊讶地发现，这部著作中含有很少或者没有什么原创性的内容。这本书整个都在借鉴伽林、埃蒂乌斯和拉奇兹的著作，阿维森纳几乎从不敢相信自己的能力，而是寄望于希腊以及阿拉伯前辈们的智慧。伽林是他的伟大向导，或者说，即使他有什么时候背离了伽林，那也是他自己走向了亚里士多德所指引的方向。

《医典》收集整理了古代希腊医师著述中大部分最有价值的信息，并将其非常清晰地加以梳理。拉奇兹的《哈维》已几近完美，它所追求的条理清晰也正是《医典》达到的高度。我认为，阿维森纳获得的崇高声望是由于他精心的梳理工作。无疑，阿维森纳是个有才能的人，但是他绝不是一个发明型的天才，因为在《医典》中几乎没有什么原创内容。但是在西方的医师们中，阿维森纳被奉若神明。这是因为，这些医师们不懂拉丁文，只能读阿拉伯版错误百出的译文，故无法查阅伽林或者埃蒂乌斯的著述，因此没有机会判断这位圣贤的原创性。

但是我在这里提到阿维森纳，并不是因为他在医药学上的成就。和所有的阿拉伯医师一样，他也是一位化学家。他的化学著述被翻译成了拉丁文，并在西欧出版，因此我们可以评判这些著述的价值，并估计它们在化学进步中所发挥的作用。1572年，阿维森纳化学著述的拉丁文译本首次在巴塞尔出版，它包括两本单独的书。第一本名为《元素入门》，由一个老师和他的学生的对话组成，讨论的是炼金术的神秘之处。他记述了火、气、水、土四种元素，并赋予它们干、湿、热、冷四种常见性质。之后他探讨了气，他认为气是火的食物，还探讨了水和土，以及这四种元素的相互转化关系。他还探讨了牛奶和奶酪,以及水和火的混合物,并阐述了所有事物都是由这四种元素构成。在这本小册子中,没有任何新奇之处,他只是重述了希腊哲学家的观点。

另一本名为《词汇集》,其篇幅较前一本长得多。该书宣称要教授炼金术的全部技艺,共分为十部分。第一部分对哲人石做了一般性介绍;第二部分介绍了将轻物质转化为重物质、将硬的物质转化为软的物质的方法,元素间的相互转化,以及其他一些不容易理解的细节;第三部分介绍了炼金药的制作;第四部分延续了前一主题;第五部分是全书最为重要的一部分。较先前的部分,该部分大体上更容易理解。它分为28章。第1章介绍了铜。他说铜可以分为三种,即波曼诺铜、天然铜以及纳瓦拉铜。他对这三种铜没有给出任何进一步的细节。尽管他大篇幅地详述了铜的特性,但也只是涉及铜的药用功能,而不是它的性质。他说,铜既热又干,但是铜的金属灰具有湿性。关于铜的成分的记述与贾柏相同。

第2章介绍了铅,第3章介绍了锡,在接下来的章节中他相继介绍了黄铜、铁、金、银、白铁矿、锑硫化物(阿维森纳称之为酒精)以及苏打,他认为苏打是一种名为索萨(Sosa)的植物的汁液。他还给出了一种不太容易理解的从这种植物中提取苏打的方法,但是只字未提苏打燃烧的事(在该过程中苏打肯定曾被置于火上)。

在第12章中,阿维森纳提到了硝石。他说硝石产于西西里岛、印度、埃及和埃米尼亚。阿维森纳提到了硝石的几个种类,但是没有提到它在燃烧的煤炭上可以迅速燃烧的性质。接下来他描述了普通盐、精炼盐、硫酸盐、硫、雌黄以及卤砂,他认为卤砂产于埃及、印度和弗波米亚。在第19章和第20章,他介绍了活性金(aurum vivum)、头发、尿液、鸡蛋、血液、玻璃、白色亚麻、马粪以及醋。

第六部分包括33章,其中介绍了金属的煅烧、升华以及其他几种处理金属的方法。我认为此处无须赘述这些方法,因为我从其中看不出有什么贾柏在这之前没有介绍过的东西。

第七部分介绍了血液和蛋的制备方法,以及将它们分成四种元素的方法。这部分还探讨了由银制成的万能药和由金制成的万能药。但是这部分中不包含任何重要的化学事实。

第八部分探讨了制备金和银所使用的酵素的制备方法。

第九部分介绍了他的精巧制剂,以及太阳和月亮(即金和银)的姻缘关系。

第十部分介绍了重量。

阿维森纳关于化学的著作几乎没有什么价值,他只不过是把化学用到了不同物质的药用特性上,而非用来促进科学进步。阿维森纳所掌握的所有化学知识明显来源于贾柏。因此,或许贾柏才应该被视为唯一一位促进真正的进步、增加新的事实的阿拉伯化学家。确实,阿拉伯医师在很大程度上改进了希腊药学,也将许多宝贵的药物引入普遍应用中,而这些药物在他们之前是不为人所知的。只要提到腐蚀性升汞、吗啡、鸦片和阿魏树脂(asa fœtida)就足以说明这一点。要制备阿拉伯化学家所使用的许多植物提取物着实困难,因为他们用特殊的、难以分辨的名称命名这些植物。在那个时期,植物学进展缓慢,以至于没有一种描述植物的方法能够使得这些植物为其他人所知。

第四章　帕拉塞尔苏斯及其弟子对化学进步的贡献

迄今为止，我们只关注了化学开端的原始或萌芽状态，但化学研究是从帕拉塞尔苏斯时期才开始其真正的纪元。这并不是因为帕拉塞尔苏斯和他的门徒们懂得科学的本质或者研究的任何规律和成功要素，而是因为帕拉塞尔苏斯从根基上动摇了伽林和阿维森纳在药学上的统治地位，唤醒了长期处于麻痹状态下的人类心智的潜能。他将从事药学的人从束缚中解放出来，并结束了长达5个世纪的独裁统治。他向医师们指出了化学药学和化学研究的重要性，这使得许多勤劳的人将注意力转移到这些课题。例如，被认为可能是有效药物的诸如汞和锑之类的金属，就被用于与无数的试剂发生相互作用，因而得到了大量的新产物并被引入药物之中。较之先前使用的制剂，这些物质的加入，有的使药物的效果更好，有的更糟，但是无论好坏都使得化学知识的库存增加并迅速积累。因此，基于帕拉塞尔苏斯的著述，重点记述他的生活和观点是必要的，因为尽管他自己不是一位科学的化学家，但他应该被视作是促成化学知识积累的第一人，之后，毕彻和斯特尔凭借自己的才华将这些知识熔铸成为一种科学的形式。

菲利普斯·奥里欧勒斯·德奥弗拉斯特·博姆巴斯茨·冯·霍恩海姆（他自己如此命名）出生在距苏黎世两德里的爱因斯德尔。他的父亲名为威廉姆·博姆巴斯茨·范·霍恩海姆。他还是乔治·博姆巴斯茨·范·霍恩海姆的近亲，后者后来成为铀铜矾社团的一代宗师。威廉姆·博姆巴斯茨·范·霍恩海姆曾在爱因斯德尔行医。[①]在出生地接受初级教育之后，按当时贫困学者的惯例，他成了一位流浪学者。他游学于各省之间，通过星星的位置和手上的掌纹预测未来，演示从创设者和炼金术士那里学来的所有化学实验。他在炼金术、天文学和药学上的启蒙，应归功他的父亲，他的父亲对这三门学科非常热衷。帕拉塞尔苏斯还提到了几位给予他化学知识的牧师，其中有西班赫姆的男修道院院长特塞缪斯，斯坦特班克的主教夏伊，拉文特尔的主教艾哈特，希波尔的主教尼古拉斯，以及马太·沙赫特主教。帕拉塞尔苏斯

①《帕拉塞尔苏斯的遗嘱》。

或许还做过几年的军队外科医生，因为他提到了许多他在低地国家、教堂、那不勒斯王国以及在对抗威尼斯、丹麦、荷兰的战役中使用的医疗方法。

帕拉塞尔苏斯是否和那个时期的所有医师一样，也接受过正规的大学教育，这并不确定。他的医学对手指责他从没有进入过大学，他自己承认这一点。但是他始终确信，一位医师的所有知识应该来源于上帝而非人类。但是，如果我们相信他的说法，无疑他获得过正规的医学学位，也就是说他接受过正规大学教育。在他的《外科大典》一书的前言中，他告诉我们他去过德国、法国、意大利的大学，他使读者确信他是曾就读过的学校的骄傲。他甚至说出了在被授予医学学位时许下的誓言。但是他在哪里就读、何时取得了医学学位，他本人、他的门徒以及他的传记作者都没有给出过答案。如果他曾上过大学，那么他在学习上也未必用功，否则，正如他自己承认的，就不会不知道最普通知识中的那些第一原理。即使帕拉塞尔苏斯在大学里不用功，他还是付出了长时间的辛勤努力，向西吉斯蒙德·福格劳斯·施瓦兹学习过制备哲人石的那些秘不外传之法。

帕拉塞尔苏斯详细记录了他的多次游历经历。和当时的炼金术士一样，他去过波西米亚山，去过东方国家，去过瑞典。在这些地方，他考察矿石，熟悉东方术士的秘技，探索自然的神奇，拜访著名的钻石山(不幸的是他忘了记录这个地方的具体位置)。

在他的《外科大典》一书的前言中，他告诉我们他到过西班牙、葡萄牙、英国、普鲁士、波兰和特兰西瓦尼亚，在这些地方，他不仅从他认识的药师身上得到许多信息，还从老妇人、流浪汉、巫师以及化学家身上获益匪浅。[①]帕拉塞尔苏斯曾在匈牙利度过几年光阴，他告诉我们，在维森布尔戈、克罗地亚以及斯德哥尔摩，有几位老妇人教给他制作一种能治愈溃疡的饮料。他说自己还曾航海去过埃及甚至鞑靼，并陪伴鞑靼可汗的儿子去了君士坦丁堡，目的是向特斯摩根学习制备哲人石的秘法。如此大量的活动以及频繁出入各地的游历，读书对他简直是奢侈，也正如他自己说的那样，在十年的时间里他从未打开过任何书籍，他的所有藏书仅只六本。在他死后，人们查验的他的财产清单也验证了这一点，他的书房中只有《圣经》《圣经索引》《新约圣经》以及圣杰罗米对于《福音书》的评注。

对于帕拉塞尔苏斯回到德国的时间我们不得而知。但是在他33岁时，他所完成的大量幸运的治疗就使他成为人们夸赞的对象，也使得他的医师对手们对他满

① 此处作者以引文方式给出了出现在《帕拉塞尔苏斯全集》第3卷中《外科大典：前言》一文中的拉丁原文，此处略去以免重复——译者注。

怀嫉妒。他告诉我们,他治愈了十八位公主的疾病,而导致这些病情加重的是伽林体系的实践者。在众多的治疗中,他还治愈了巴登总督菲利普的痢疾。菲利普承诺要给予他丰厚的回报,但是并没有兑现承诺,甚至不大待见他。这次治疗及其他相似的案例使得他名声大噪。为使自己的名声达到巅峰,他向公众承诺,他可以治好迄今为止所有被认为是没有办法治愈的疾病。他还发明了一种万能药,这种药可以使人长命百岁。按照该国一直以来沿用的成功做法,他也开始将药物无偿的分配给穷人,为的是促使富人在他们疾病缠身时来他这里求助。

在1526年,帕拉塞尔苏斯被任命为巴塞尔大学医药学和外科医学的教授。据说他的这个任命是约翰内斯·厄科兰帕迪乌斯举荐的。他将用国语进行讲座的传统引入了大学,这已为现在讲座的普遍做法。但是在帕拉塞尔苏斯时期以及其之后的很长一段时期,所有讲座还是用拉丁文。他在解释医学技艺的理论和实践时采用了新方法,他说过许多幸运的医案,以此证明他的治疗方法有效,他强调自己拥有延年益寿的秘诀、包治百病,而且更多地以所有人能听得懂的国语进行讲座,所有这些都在贝尔吸引了一大批游手好闲、充满激情和盲从的听众。

帕拉塞尔苏斯关于实践医学的讲座稿依然存世,它们以德语和口语式的拉丁语混杂写成,行文中充满了强烈的自信,但读来令人难解,其中除了经验治疗方法杂谈外别无它法。他的讲座不像是一位大学教授冷静的讲座,倒更像是庸医的广告汇集。1526年11月,他曾写信给苏黎世医师克里斯多夫·克洛赛,后者无可争论是德国最为杰出的医师。这正如希波克拉底是希腊的第一医师,阿维森纳是阿拉伯的第一医师,伽林是珀加蒙的第一医师,马西略是意大利的第一医师。每个国家都有自己杰出的医师,他们的医学可以适应各自生活的国家的气候,但是在其他国家并不适用。希波拉克底的治疗方法在希腊病人身上有很好的效果,但是却不能适用于德国。因此,在每个国家都必然会有天才的医师脱颖而出,克里斯多夫·克洛赛注定是那个教授德国人治疗所有疾病的人。[①]

帕拉塞尔苏斯的职业生涯始于公开地在课堂上、在学生面前焚毁伽林和阿维森纳的书籍,他向听众保证说,他鞋带上的知识都比两位著名的医师多,所有学校加起来的知识都不如他胡须上的知识多,他脖子上的汗毛也比此前所有作家加起来要见多识广。为了向读者传达帕拉塞尔苏斯的傲慢与荒唐,我现在翻译他著述

① 出自他的专题论文《论自然化合物的组成》的题词,见:《帕拉塞尔苏斯全集》,第2卷,第144页。 我通常引述1658年由德托奈斯先生在日内瓦出版的三卷本、对开版的帕拉塞尔苏斯作品集,这也正好是我手头有的一个版本。

前言中的几句话，来展示他惯有的大言不惭的程度。他在标题“奇迹医粮(Paragranum)”之下说：“我，一个你们值得追随的人，是你们的阿维森纳，你们的伽林，你们的拉齐斯，你们的蒙塔尼亚纳，你们的莫苏。不是我跟从你们，是你们要跟从我。听我命令，无论你来自巴黎，还是来自蒙彼利埃，或者苏尔维，或者米斯尼亚斯，还是来自科隆，或者维也纳，或者你来自莱茵河以及多瑙河畔，或者你来自于一个海岛；无论你是意大利人，或达尔马提亚人，或雅典人，或希腊人，或阿拉伯人，或以色列人——我都不会跟随你，但是你要跟从我。没有人会躲在人迹罕至的黑暗角落听凭狗的愚弄。我将会是君主，王朝会是我的王朝。如果我统治并拴上你们的腰，我还会是你们乐见的那个恶人菲利普斯吗？这堆臭屎你必须吃下去。”

“如果你的恶人菲利普斯被任命为君主，你会有怎样的想法？如果我让你挣脱我的哲学的束缚，你看到泰奥弗拉斯托斯教派走向神圣的胜利，会有怎样的想法？如果我将波菲力、艾尔伯图斯并连同他们国家所有的人一块纳入我的必需品之中，你会把普林尼叫做恶人普林尼，把亚里士多德叫做恶人亚里士多德吗？”之后的内容粗俗不堪，以至于我不能再继续翻译下去了。上述内容已经足够展示他的极端傲慢与荒唐了。

这种鲁莽与粗野会不会损害他的重要性呢？我们从莫斯和阿斯提瑟斯那里确信，非但不会如此，相反这会增加他的重要性！帕拉塞尔苏斯语言的粗俗，刚好迎合了那个时代的粗俗，他的傲慢与自夸当时被认为是出众的表现。他治愈弗罗贝尼乌斯的事情吸引了伊拉兹马斯的注意，伊拉兹马斯向他咨询了使自己饱受折磨的病痛，两者之间的通信现在仍留存于世。帕拉塞尔苏斯的书信简短、哑谜一般难解，而伊拉兹马斯的书信却如他著述特有的那样清晰和优雅。[①]弗罗贝尼乌斯于1527年10月去世，帕拉塞尔苏斯的对手(或许是公正地)将他的死因归结为，他的体质本是受了痛风的损害，而帕拉塞尔苏斯却对其实施了虎狼之医式的治疗手段。

弗罗贝尼乌斯的死给帕拉塞尔苏斯的光辉蒙上了不小的阴影，但是，对他伤害最大的是酗酒无度以及他的行事粗俗。他在喝得半醉前几乎没有进过教室进行过讲座，在因过度饮酒而丧失理智之前，也不会给秘书任何指示。如果有人叫他去看病，他肯定是醉醺醺前去的。在小酒馆与乡下人为伴消磨一夜是常有的事，清晨时分他已醉得不省人事。有一次，一夜放荡之后，他被叫去为一位病人看病。一进屋他就问病人是否吃了什么，病人说：“没有，除了圣餐别无它物。”帕拉塞尔苏斯说；“既然你已经有了另外一位医师，我也就不必待在这里了。”说完转身离开了房间。

---

①《帕拉塞尔苏斯全集》，第1卷，第485页。

当波兰国王的医师艾尔伯图斯·巴萨来巴塞尔拜访他时，他带他去看一个奄奄一息的病人，后者认为已经无力回天了。可是帕拉塞尔苏斯想要炫耀一下自己的医术，给病人喂服了三滴他的鸦片酒，并邀请病人次日一同就餐。[①]病人接受了邀请并在次日就能和他的医师一同用餐了。

1527年年底，帕拉塞尔苏斯卷入了一场丢尽颜面的辩论，此事一下子终结了他的教授生涯。利希腾菲尔斯县的科尼利厄斯教士长期受痛风的折磨，于是聘请帕拉塞尔苏斯做他的医师，并承诺如果可以治愈就给他100弗罗林。帕拉塞尔苏斯给他服用了三片鸦片酊，为他解除了病痛。但是当帕拉塞尔苏斯向其要求支付100弗罗林时，科尼利厄斯教士拒绝了。帕拉塞尔苏斯将教士告上了法庭，巴塞尔的地方法官判定教士只需支付正常的医药费用就可以了。受到这个决定的刺激，这位醉醺醺的教授对地方法官进行了非常激烈的辱骂，地方法官因此威胁要对他令人不可容忍的行为加以惩罚。他的朋友建议他逃走以求自保，帕拉塞尔苏斯听取了他朋友的建议，放弃了他的教授职位。但在同时，作为教师他也因他的愚蠢和不道德行为而名声扫地，失去了所有的听众。但在这种情形下，他从巴塞尔逃走的事情倒也没有在学校引起轩然大波。

帕拉塞尔苏斯先是随身带着他的所有化学器械到了阿尔萨斯，并找到了他的忠实追随者——书商奥皮瑞纳斯。1528年他到了科尔马，在那里他像年轻时一样，重新过起了见神论者式的流浪生活；并把一本关于梅毒（当时名为Morbus Gallius）的书题献给了首席地方法官希罗尼姆斯。[②]1531年，帕拉塞尔苏斯在圣加伦，1535年在皮菲佛尔斯巴德，1536年在奥格斯堡，在这里他将他的《外科大典》题献给了麦尔豪森。在波西米亚执行官约翰·德·勒帕的邀请下，他去往摩拉维亚旅行。这位贵族听说他精通快速治疗痛风的方法，急切地想请他为自己治病。帕拉塞尔苏斯在柯罗曼及其周边居住了很长时间。约翰·德·雷帕在服药后并没有减轻病痛，反而日益加重，最终病死。泽如婷女士遭受了相同的命运：她在帕拉塞尔苏斯的治疗下，一天之内癫痫症状至少犯了24次。帕拉塞尔苏斯或许是预感到在柯罗曼的人们要如何处置他，还没有等到人们因泽罗婷死亡对其进行铺天盖地的羞辱，他就宣称自己要去往维也纳了。

---

① 帕拉塞尔苏斯有两种鸦片酒：一种是红色氧化汞，另一种出自下面的句子：“锑氯化物，1盎司；肝色芦荟，1盎司；蔷薇水，半盎司；藏红花，3盎司；龙涎香，2打兰。将所有这些完全混合。”

②《帕拉塞尔苏斯全集》，第3卷，第101页。

据说帕拉塞尔苏斯从维也纳逃向了匈牙利，但是我们发现1538年他在维拉赫，在那里他将《卡林西亚州的源起与编年史》题献给了卡林西亚州。[①]他将《关于事物的性质》一书献给了温克尔斯坦，时间是1537年，同样也在维拉赫。[②]1540年他在明的尔海姆，1541年他在斯特拉斯堡并在圣史蒂芬医院去世，享年48岁。

要想总结这位异常杰出人士的观念，我们必须要了解他的习惯，以及他所处的环境。他有四处周游的习惯，他告诉我们他无法长时间待在同一个地方。他通常有大量的追随者簇拥左右，这些追随者既不会因为他酗酒，也不会因为他愚蠢和不道德的行为而放弃追随。其中最为著名的是巴塞尔书商奥皮瑞纳斯。帕拉塞尔苏斯在《论法国病》一书中对他大加称赞。但是奥皮瑞纳斯却对帕拉塞尔苏斯加以辱骂，因为帕拉塞尔苏斯曾承诺要教授奥皮瑞纳斯制备哲人石的秘诀却没有做到，这一做法激怒了奥皮瑞纳斯。因此，对奥皮瑞纳斯讲述的关于他的主人失信的故事，我们要小心采信。我们还知道帕拉塞尔苏斯的另外两位追随者。第一位是弗朗西斯，他告诉我们帕拉塞尔苏斯致力于金属的转化；第二位是乔治·维特尔，他认为帕拉塞尔苏斯是一个魔术师，这与奥皮瑞纳斯的观点相同。帕拉塞尔苏斯自己说起过科尼利厄斯，并称他为自己的秘书，他还针对科尼利厄斯写了几份诽谤书。其他的诽谤书指向彼得博士、爱德华博士、伍西博士、潘格拉斯硕士以及拉斐尔先生。在这种情形下，帕拉塞尔苏斯总是恨恨地抱怨说，他的助手们都背信弃义，他们从他那里偷到了一些他的秘密，并借此成名。他同样也指责他的理发师和搓澡师，对待他周游过的其他国家的医师他也同样苛刻。

当我们试图准确描述这位怪人的医学和哲学观点时，我们会感到困难重重。出现在不同片段中的言辞意义飘忽不定，发表的顺序杂乱无章、令人困惑，以至于我们不能确定他最终以及最成熟的观点是什么。他著述的风格令人生厌，充斥着他自己编造的充满神秘的新词，这或是用来鼓动无知者的赞美，或是出自他自己的轻信与盲从（就此而言，无疑他在很大程度上是自己骗术的上当者）。他一直声称他有哲人石，或一种能够无限延长人类寿命的药物，这些连他自己都不会相信。但是，由于长时间坚定地夸耀自己精湛的医术以及其药物的有效，无疑，最终他对这些也深信不疑了。他雇来誊写他著作的誊写员的粗心或许对他著述中一些相互矛盾的部分负有责任。但是，从一个醉醺醺口述其著述的几乎失去正常理智的人那里，我们如何才能梳理出正常的、系统的观点呢？

---

①《帕拉塞尔苏斯全集》，第1卷，第243页。

②《帕拉塞尔苏斯全集》，第2卷，第84页。

部分地，他的含糊不清是有意为之，明显是刻意要把自己知识渊博的名气再加提升。他在引入新的概念时采用常见词，但对含义的变化不给出任何说明。在他的著作中，解剖学的含义不是将死了之后的动物解剖以确定其内部结构，而是表示事物的性质、力量以及魔法名称。根据柏拉图理论和犹太神秘学理论，每个地球上的物体都是以天上的物体为摹本形成的，帕拉塞尔苏斯将所有物体创生所依据的摹本、理念或范式的知识称为解剖学。他将事物的基本力量称为星，将炼金术定义为从金属中获取星的技艺。星是所有知识的源泉。当我们吃东西时，我们就将星引入我们的身体中，之后将其转化吸收为营养。

或许，帕拉塞尔苏斯的含糊不清和令人费解的表述也出于他的无知。他使用pagonus一词而不是paganus（异教徒）。他用帕戈亚（pagoyœ）指称四种实体或曰（源于星的影响的）病因，这也指基本特性、神秘特性以及精神的影响，因为这些都是异教徒已经承认的。但是第五种实体或者说病因是非帕戈亚，它是上帝直接赐予非异教徒的。帕拉塞尔苏斯所谓的undimia即我们所说的oedema（水肿），只有他用该词表示各类水肿。我们发现，帕拉塞尔苏斯将拉丁词tonitru（雷声）的字尾做了改变，因此他说lapis tonitrui（雷石）。奥维德的著名诗句“医药难以治愈复杂的痛风。”被他歪解为“罗德斯（Roades）无法治愈地狱般的痛风。”。[①]他说，其中的罗德斯一词指用于马的药物；如果有人想看更优雅的诗句，他也能立马写就。[②]他还用了大量完全不沾边、无论怎么看也毫无意义的词语。

就像所有的盲信者一样，帕拉塞尔苏斯轻视所有由劳动和实践得来的知识，并夸口说自己的智慧是直接受赐于与全能的上帝的交流。一个能够受到神灵启示的见神论者不需要接受一个无可置疑的宗教，也不需要参加任何宗教仪式。因神灵指点从而人与神归一，如此可超越所有的世俗做法，也使受启示者上升到远高于外在崇拜仪式那种低贱的境地。因此，帕拉塞尔苏斯被指责藐视公众对神的崇拜。他对《圣经》的平实风格不满，用神秘的方式解读其中的词语和章节。他认为卢瑟的解释还做得不够，并说：“卢瑟都不配给我解鞋带。如果我进行改革，我会将教皇和宗教改革者们都送回学校。”他说，上帝是第一位也是最杰出的一位作家，《圣经》中的神圣的文句告诉我们全部真理，并且教导我们所有的事情，药学、哲学和天文学就是这其中的一部分。因此，当我们想知道什么是魔药时，我们必须求助于《启示录》。《圣经》及其释义是疾病学理论的钥匙。它赋予我们能力去理解圣约翰，圣

① 《帕拉塞尔苏斯全集》，第1卷，第328页。

② 此处作者注引了《帕拉塞尔苏斯全集》中的拉丁文原句，故略去——译者注。

约翰和丹尼尔、以西结和摩西一样是魔术师、秘术家和预言家。医师首要的任务就是学好希伯来教义，不懂希伯来教义的医师可能会在每时每刻都铸成大错。他说："无所不包的犹太神秘哲学技艺是值得学习的"，"人类没有任何发明，魔鬼没有任何发明，只有上帝为我们揭去面纱，使我们得见自然之光"，"上帝的荣耀是最早给盲目的异教徒以启示，如阿波罗、阿斯克勒庇俄斯、马卡翁、甫达利洛士以及希波克拉底，赐予他们药学方面的天赋，他们的后继者是诡辩哲学家。"看了上述篇章后，人们会认为帕拉塞尔苏斯研读过希波克拉底的著述，并且很尊重他。但是他在一些格言处留下的注解可以表明，他根本就没有阅读过希腊医师的著述。他说："上帝的慈悲是医学科学唯一的基础，它不是哪位大师的知识，也不是哪些人留下的希腊和拉丁文著述。"，"上帝以自然之光在梦中显现，并指给人类治疗疾病的方法。"，"这种知识使得所有不可见的变得可见；若这知识与信仰结伴，一个见神论者就没有什么是不能做到的，他可以将海洋移到埃特纳山山上，将奥林匹斯山移到红海之中。"帕拉塞尔苏斯预言在公元1590年，基督教见神论将会遍及世界各地，而伽林一派的学校将会土崩瓦解。

我们发现，帕拉塞尔苏斯信奉一些诺斯替教和阿里乌斯教的观点，他们认为基督是散播神性的第一人。他称这第一人为人的创造者(parens hominis)，他把所有精神都散播开来。他是灵薄狱(limbus)或最后一个生物，他吸纳了伟大的灵薄狱或者说所有生灵和无限存在的种子。所有科学、所有人类的技艺都来源于这伟大的灵薄狱。能够将自己融入灵薄狱者(例如亚当)，能够通过信仰和耶稣基督交流者，都可以焕发出所有的精神。从灵薄狱中获得科学的人是最得道者，从星中获得科学的人是最不得道者，从自然之光中获得科学的人处于以上两者之间。耶稣基督作为灵薄狱和散播神性的第一人，因而处于从属地位。这些观点向我们解释了为什么帕拉塞尔苏斯被看做是一个阿里乌斯教教徒，并且看上去不尊奉耶稣基督为上帝的原因。他认为信仰者只要单纯地信赖圣父而不是信奉基督，就可以创造奇迹，就可以掌握神奇的医术。但是他补充说，我们需要向耶稣祈祷，因为我们需要得到他的仲裁。

读者从上述对帕拉塞尔苏斯观点的解释中可以看出，他既是一个盲信者也是一个骗子，他的理论(如果说一个醉汉的空想也可以这样称呼的话)是医学和犹太神秘哲学教条的结合。为了更深入理解他的那些学说，我们需要做进一步的考察。

他认为，所有物质，尤其是人，都具有两面性，也即，既是物质实体又是精神实体。[①]精神又可称之为星之力(sideric),它源于上天的力量。当我们向精神之后回溯,则隐现出的是一个具有一切神奇力量的影像。若我们可以操控物质本身,我们也可以通过符号和魔咒操控精神的形式。[②]但是在另一章节中,他谴责了所有的魔术仪式,认为那是信仰的缺失。上天的智慧给予物质某种符号印记,这些符号是上天力量的显现。技艺的完美体现在理解这些符号的意义,并据此确定物质的特征、特性以及实质。亚当是第一个具有秘术学完美知识的人,他可以解读所有事物的名称。也正是因为如此,他可以赐予动物们最适合它们的名称。如果一个人放弃所有的欲望,盲目地顺从上帝的旨意,那么他就可以分享上天智慧所具有的能力,因此就可以得到哲人石。一个人无所求,那么天地间的所有造物就会顺从于他,他就可以治愈所有疾病并无限延长寿命,这是因为,他拥有亚当和那些祖先们在大洪水之前所使用的延长寿命的神药。[③]魔鬼的首领别西卜同样要服从这法力。一个见神论学者信奉这个魔鬼倒也不奇怪,但是帕拉塞尔苏斯需要小心,以防受到邪恶精神的指引。他说:"如果上帝不帮助我,魔鬼会帮我的。"

泛神论是秘术学的最主要教条,帕拉塞尔苏斯接受泛神论的所有庞杂的观点。他一直都认为,宇宙间万物都是有生命的,所有存在的事物都需要进食、进水以及排泄,即使是矿石和流体也需要进食,需要排泄吸收过程中产生的废物。[④]这一观点必然导致承认存在大量的精神实体,它们介于物质与非物质之间,存在于地球的每个角落——在水中、空气中、土壤中以及火焰中,它们和人一样吃饭、喝水、交谈以及生孩子。但是正是在这个过程中,它们趋向纯粹的精神,变得更为澄明,较其他所有动物体都大为敏捷。人类具有灵魂,其中缺乏纯粹的精神,因此我们看到,精神实体就是肉体和没有灵魂的精神。当它们死后(和人类一样,它们也面临死亡),没有灵魂留存。和人类一样,它们也会受到疾病侵袭。它们依靠自己所在的位置而得名。当它们存在于空气中时称为空气精灵(sylphs),在水中时为山林水

① 阿基多所鲁姆,《全集》,第1卷。《帕拉塞尔苏斯全集》,第2卷,第4页。

② 《论长生》,见:《帕拉塞尔苏斯全集》,第2卷,第46页。

③ 阿基多所鲁姆,《全集》,第8卷。《帕拉塞尔苏斯全集》,第2卷,第29页。在该书中,他给出了一种制备不老长寿药的方法。这似乎只不过是一种普通盐水溶液;而为了得到金子的精华,它被用来相混的东西也无疑是一种想象出来的物质。

④ 《论药学的极限》,见:《帕拉塞尔苏斯全集》,第1卷,第811页。

泽的仙女(nymphs),土中为小矮人(pigmies),火中为火怪(salamanders)。[1]在水中的也称为小波纹(undinœ),火中的也称为火山怪(vulcani)。空气精灵和我们的本性最为接近,因为它们和我们一样生活在空气之中。空气精灵、居于山林水泽的仙女以及小矮人,有时蒙上帝恩准会现身,它们和人类交谈,放纵肉欲之欢,并且繁衍后代。但是火怪和人类没有关系。这些精神存在只知道未来,并能向人类启示未来。它们通常以鬼火(ignes fatui)的形式显现。除此之外,我们还看到一段关于仙女和巨人的历史,并且被告知这些精神存在是秘密宝藏的卫兵,以及如何才能迷惑空气精灵、山林水泽的仙女、小矮人和火怪并获取他们的财宝。

把人类分为物质的和精神的,可见的和不可见的,这种分法在任何时期都被盲信者所接受,因为这使得他们可以解释鬼魂以及上千种类似偏见的历史。因此帕拉塞尔苏斯的追随者们对于历史久远的灵魂和精神的区分,以及下面三种和谐格外注意:

灵魂	精神	物质
汞	硫	盐
水	气	土

人类的意志和想象力主要通过精神表现出来,这就是巫术和魔法的理据。来自母亲的印记(nœvi materni)是那些邪恶的人的反应,帕拉塞尔苏斯称之为爆炸标记(cocomica signa)。星之力通过想象将所有环绕其周的事物像磁铁一样吸引到自身身边来,尤其是星星。这样一来,孕妇在每个月的排泄期内就具有病态的想象力,她呼吸的空气不仅可以伤害镜子,也会伤害子宫中的胎儿,甚至会伤害到月亮。帕拉塞尔苏斯在他的不同著述中都向读者宣传这种荒诞无稽的说法,对此我们没有必要再继续讨论。

帕拉塞尔苏斯的生理学(如果这个名称适用他的空想的话)无外乎就是应用秘术学的理论来解释人体的功能。他告诉我们,太阳和心脏、月亮和大脑、木星和肝脏、土星和脾脏、水星和肺、火星和胆、金星和肾脏之间有着紧密的联系。在他著作的另一部分中他告诉我们,太阳作用于肚脐和中腹部,月亮作用于脊椎,水星作用于肠,金星作用于生殖器官,火星作用于面部,木星作用于头部,土星作用于手足。脉搏无非是根据与行星有关的六个空间位置来检测体温。两个脚底的脉搏属土星

① 《论山林水泽的仙女,空气精灵,小矮人和火怪等各种精灵》,见:《帕拉塞尔苏斯全集》,第2卷,第388页。如果哪位读者能够读懂这部古怪的书,那他的洞察力比我要强得多。

和木星，两个肘部的属火星和金星，鬓角两端的属于月亮和水星。太阳的脉搏在心脏下。大宇宙也有七个脉搏，这就是七个行星的运转；这些脉搏的不规律性或者间歇性形成日蚀或月蚀。月亮和土星在大宇宙中负责使水黏稠也即使其凝结，同样，月亮在小宇宙中（即人脑中）主司血液凝结。因此忧郁的人（他称之为疯人）一般都会贫血。我们不要去说一个人有这样或者那样的面色，应该做的是说星星，医师们需要知道各行星在小宇宙、北极、南极、子午线、黄道带、东部、西部所掌管的部位，之后再尝试解释功能或者治疗疾病。[①]通过长期比较大宇宙和小宇宙就能获得这些知识。我们不禁要问：在帕拉塞尔苏斯著述时期，当如此观点的传播者被视为最伟大的改革家时，医学该是怎样的状态？

伽林体系的基础或教条是四元素说，即火、气、水和土。帕拉塞尔苏斯否定了这些元素，将疾病的实体大大扩充。严格说来，他承认有三种或四种元素，即星、根、元素和精子（他称之为真种子）。原初，所有这些元素都共存于混沌（yliados）中。星是一种赋予物质以形式的积极力量。星是理性存在，但沉迷于兽奸和通奸，这同其他造物一样。每一种星都各取所需地吸纳，从混沌中、植物中以及它所亲和的金属中，并且赋予它们的根以恒星形式。存在两类种子；精子是真种子的容器。这是通过沉思、想象以及星的力量造成的。神秘的、不可见的恒星体产生真种子，亚当那样的人只是创造了种子的包膜。腐败物不能产生新个体，种子必须是先已存在的，它凭借星的力量在腐败中发育。动物的繁殖需要无数从身体各个部分分离出来的种子。因此，从鼻子上分离出的种子形成鼻子，从眼睛上分离出的种子形成眼睛，以此类推。

就这些元素而言，帕拉塞尔苏斯有时也承认它们对于物体的功能及疾病理论有影响，但他推断元素具有的这类效应来自星。帕拉塞尔苏斯第一个动摇了恩培多克勒首先提出的四元素学说，引入了另一套元素。而炼金术士坚持认为事物的真正基本元素为盐、硫和汞。帕拉塞尔苏斯努力将这些化学元素和他的秘术学观点调和，并且更清楚地指明了它们在药学上的功用。他发明了一种恒星盐（sideric salt），这种盐只有高雅的见神学者的感官能够感知，并且它通过能克制粗俗肉欲的、纯洁而富有精神内涵的高人得到提升。这种盐可以保持物体的协调性，可以赋予他们从灰烬中重生的能力。

---

①《帕拉格拉尼·阿尔特依鲁斯》，小册子第二，见：《帕拉塞尔苏斯全集》，第1卷，第235页。如读者对这个小册子感兴趣的话，那他会在其中发现许多这类说法，但我觉得这些不值得在此译出。

帕拉塞尔苏斯还设想出一种恒星硫(sideric sulphur),其生命力来源于星,它使物体具有生长的能力和可燃性。他还设想出恒星汞(sideric mercury),它是流动性和挥发性的基础。三种物质混合而形成物体。他在他其他著述的片段中说,这些元素构成了三条原理。在植物学中,他称盐为balsam,称硫为resin,称汞为gotaronium。他在其他篇章中反对伽林学说认为火是干且热的,气是冷且湿的,土是干且冷的,水是湿且冷的。他说,这些元素的每一个都应该同时具有所有这些性质,因此现实世界中应该存在干的水、冷的火等物质。

此处不能不提到帕拉塞尔苏斯的另一引人注目的生理学观点,也即,在胃中存在一个叫做阿契厄斯的妖,他掌管在胃中发生的化学过程,将食物中的有毒物质从营养物质中分离出来,为食物提供酊,使得事物可以被消化吸收。这位可以将面包转化为血液的胃的统治者是医师的典范,医师对他要熟悉并给予他帮助。促使体液发生变化不应该成为一个好的医师的目标,他的所有努力都应该集中在胃以及胃的统治者上。阿契厄斯也叫做自然,它通过自己的力量促成所有的改变,也就只有它可以治愈疾病。它有头有手,无外乎就是生命的精神、人类的恒星体,除此之外身体中不再有其他精神。身体的每个部分都有各自独特的胃,其中产生着各自的分泌物。

帕拉塞尔苏斯告诉我们,病因可分为五种。第一种为天象病因(ens astrorum),这些星座并不直接引发疾病,而是改变和感染空气。准确地说,这就是星的实体。一些星座使大气硫化,其他的一些星座向大气传递砷、盐或者汞的特性。砷性的星的实体伤害血液,汞性伤头,盐性伤骨和血管。雄黄引发肿瘤和水肿诱发发烧。

第二种病因称为毒物病因(ens veneni),它生发于食物性,当阿契厄斯没有活力时,就发生腐败物位置不当(localiter)或者呼出不当(emuncturaliter)。腐败的发生是因为本应通过鼻子、肠子或者膀胱排泄出去的排泄物留在了体内。溶解的汞通过皮肤上的毛孔排出,白硫通过鼻子,砷通过耳朵;硫通过眼睛排出并被水稀释,盐在尿液中溶解和稀释,硫经肠变为液态。

第三种病因为自然病因(ens naturale),但是他认为一些学派习惯将天象病因归为自然病因的一种。精神病因(ens spirituale)是第四种病因,神性病因(ens deale)或者基督实体为第五种病因。基督实体包含神圣命运的所有直接后果。

我在这里讨论他在寻找病因时所使用的古怪方法可能显得离题,但是他关于塔塔粉的信条很重要,即使是出于偏听偏信也值得一提。无疑这是他所有创新中最有用的。按照他的说法,塔塔粉是因体液的黏稠、固体的硬性或者土性物质的积累所致的所有疾病的原质。他认为,石头一词不适合塔塔粉这种物质,因为它只指出了塔塔粉众多种类中的一种。通常,这个原质发端于黏液,因此黏液也是塔塔粉。他称该原质为塔塔粉(tartarus)是因为它燃烧时类似于地狱之火,可导致最可怕的疾病。塔塔粉容易沉积在酒桶底部,同理在活的生命体内,塔塔粉也容易积累在牙齿表面。当阿契厄斯过于活跃或者说活动不规律时,以及它从营养原质上汲取过多的活性时,塔塔粉就会在体内沉积。随后,盐的精华就会与之结合,凝结成土的原质,但土的原质常常以第一物质(materia prima)状态存在而非凝结态。

如此一来,第一物质状态的塔塔粉可从父亲传给儿子。但是,如果已经表现出痛风、肾结石或者肾功能障碍形式,则塔塔粉不会遗传和传染。盐的精华赋予塔塔粉以形式并致其凝结,但它很少是纯态,多为混合物并含有矾、硫酸盐或者普通盐,这种混合物有助于改善塔塔粉类疾病。根据塔塔粉是在血液自身中形成,还是积累在体液内的外界物质所形成,可对其加以分类。在身体各个部分以及梗阻部分存在的大量结石表明了上述病因的普遍性,它也是肝病的最主要起因。当塔塔粉性物质因食物摄取而增加,就会导致肾结石,就会诱发结石阵发,并伴有剧痛。它就像是催吐剂,当盐的精华变得有腐蚀性从而导致塔塔粉凝结并有刺激性时,它可能会致命。

因此,在许多情形下,塔塔粉是因消化活力过甚所致的排泄性物质。它可能会显现在身体的各个部位,而起因在于阿契厄斯的节律和活性过于活跃或过于不活跃,故引起相应部位的功能紊乱。帕拉塞尔苏斯列举了许多有关器官疾病,病因都可以用塔塔粉来解释,他还坚称,如果医师在解释病因前先致力发现塔塔粉所在的部位,则医学会更加有用。

帕拉赛苏斯还给出了检验尿液中是否含塔塔粉的方法。为此,不仅需要观察尿液,还需要对尿液进行化学分析。他激烈抨击和反对常规的检尿法。他将尿液分为内部和外部两种:内部尿液来自于血液,外部尿液来自于食物和进水。他称尿液中的沉淀物为阿克拉(alcola),其中包含有三种物质,即沉积物、分离物和沉淀物。第一种物质与胃有关,第二种物质与肝有关,第三种物质与肾有关,在这三种物质中塔塔粉都占主导。

帕拉塞尔苏斯的治疗学和药物学通常受秘术学的指引。因为地球上的所有生物在星界都有其影像,因为疾病受星的影响,故为治疗这些疾病,我们只能通过秘术学来发现星座间的和谐。金是治疗所有心脏疾病的专用药,因为从秘术学角度说金和这个脏器相协调。月液(liquor of moon)和水晶治疗脑部疾病,万能溶剂和桂竹香可以有效地对抗肝部疾病。当我们使用植物时,我们必须考虑到它们同星座间的和谐关系,以及它们与身体各部分和疾病的有魔力的和谐关系,因为每颗星都能通过一种魔力同它所亲和的植物产生关系,并且向其传输活力。故此,植物就是一种地球上的星星。要想发现植物的性质,就必须掌握植物的解剖学和手相术:叶子就是植物的手,植物上可见的经脉可以帮助我们发现它们的性质。因此我们通过对白屈菜的解剖发现它可以治疗黄疸。这些就是那个著名的印记法。利用它我们可发现植物的性质,并通过形式上的类比发现药物。和女人的情感一样,药物也是因其所感动的形式而为人所知。帕拉塞尔苏斯将这里所说的称为原理,并指责对神性的错误信仰,认为这种所谓的无限智慧,不过是在研究这些外部特征时,人类知性弱点的产物而已。小米草的花冠上有一个小黑点,因此我们就可以认定小米草可以治疗所有的眼部疾病;蜥蜴的颜色接近于恶性溃疡和痈的颜色,因此它具有治疗溃疡和痈的作用。

对盲信者而言,这种印记法非常实用,因为他们无需劳烦地研究而是先知先觉植物的药用性质。当帕拉塞尔苏斯将植物的药用作用归因于星,并且断言在使用那些药物之前必须观察相应的星座时,他也做了周详的考虑:“这些治疗方法受星的意志支配和指导;在写下处方前,你应得到上天的应允。”

帕拉萨尔苏斯认为植物的所有疗效都是特别的,但其用途是神秘的。这一观点解释了为他何痴迷使用长生药以及其他延年益寿的方法。他认为这些包含有原始物质的方法,可以清除人身体内原始物质不断生成的废物。他说,他熟知四种秘药,对此他用了神秘的名称,即生命之汞、哲人石等。春蓼是对抗所有魔法力量的可靠物质。具体的用法是将其敷于患处,然后烧了,再埋在土中。它可以像磁铁一样吸出身体中的恶性精灵,埋在土中是为了防止这些恶性精灵脱逃。

帕拉塞尔苏斯所作的改革,极大促成了人们把化学作为制备药物所必不可少的技艺。令人厌恶的煎药和毫无用途的糖浆被酊、精华和榨取液所替代。他特别说到,化学的真正用途是制备药物而不是炼金。他也借机声讨了厨师和旅馆掌柜将药物混合在汤中的做法,认为这样做破坏了药物的所有性能。他责备药师开草药制剂或混合制剂处方,坚信应该从每种物质中提取其精华,并花费篇幅描述了提取精华的方法,但对用于从中提取精华的物质却着墨不多。他说,野兔的心脏和骨骼,牡鹿的心脏和骨骼,母珠,珊瑚以及其他多种物质都可以不加区别地用于提取精华,并用来治愈所有最为痛苦的疾病。

帕拉塞尔苏斯投入特别大的精力对抗伽林的追随者所采用的治疗方法，后者只信奉主导性体液和基本性质。他指责他们试图通过添加一些没有用的成分来校正药性的做法。他坚信只有加热和化学途径才可以校正。他是第一个将锡用于治疗肠虫病的人，虽然他使用锡的方式并不算好。

我特别指出帕拉塞尔苏斯的哲学以及其医学观点，是因为它们产生了极其重大的影响，它们将医师从对伽林和阿维森纳教条的习惯和奴隶式的顺从中解脱了出来，他还将化学提升到前所未有的高度，使其成为所有医师必不可少的知识。他坚持认为，化学的重大意义不在于点石成金，而在于制备药物。这使得帕拉塞尔苏斯的时代成为化学史上非常重要的时代，在他之后，化学在医师的手中得到培育，成为他们受教育的必不可少部分，并且开始在大学和医药学校中讲授。化学的主旨不再是发现哲人石，而是制备药物，大量的新药物从矿物质和植物王国中或多或少地从化学实验室中如雨后春笋般出现。

虽然由于他的著述的风格，以及他极力保守最有价值的治疗秘密，我们很难指出他的治疗方法到底是什么，但无疑的是，许多化学制剂是他首次引入医学的，或至少是他首次公开用于处方中的。据说巴希尔·瓦伦泰恩曾经使用汞入药，但是帕拉塞尔苏斯是第一个公开使用汞治疗性病的人。并且，在大学开出的伽林派处方均无效之后，他依旧为汞的医学疗效大唱赞歌，并用汞开展治疗并取得了显赫的成功，因此他也是使汞受到大家注意的人。

帕拉塞尔苏斯阐明，当明矾与酸结合后生成的不是金属氧化物，而是一种土性物质。他提到了金属砷，但是有线索表明，贾柏和一些阿拉伯医师同样也知道这种金属。他还提到了锌以及铋，认为两者同样都不是真正的金属态，但是性质接近于金属，因为他认为可煅烧、可延展是金属的必要特性。[①]我不确定出现过其他任何一个化学现象像出现在帕拉塞尔苏斯身上一样，并且能够前无古人。帕拉塞尔苏斯熟知，用卤砂可使一些金属性生石灰升华，但是贾柏在那很早之前就曾解释过这个现象。很明显贾柏也知道王水，知道它可以用来溶解金。因此，帕拉塞尔苏斯作为化学家的名声不是因为他的任何发现，而是因为他赋予化学知识特殊的重要性，以及使化学成为医学教育中不可或缺的要件。

---

①“真正的金属都可以分成七种金属，自然而然地可煅烧、可延展；剩下的一部分留在阿瑞斯那里，对应前三个后裔。不为人知的锌，既是金属又不是金属。与铋和类似的有延展性并且可煅烧的物质相似，锌是铜和属于锡的铋的杂种。阿瑞斯中余下的那一部分正是这么来的。”

作为一种新的医学体系的创始人，帕拉塞尔苏斯使化学从原来晦涩、低等的状态中摆脱出来，担负起制备药物的重任，并使化学成为整个医疗技艺的核心内容，因此值得我们大书特书。因此，尽管在读者看来他的理论几近荒唐，但是我还是花费笔墨向读者介绍了他的一系列观点。对于帕拉塞尔苏斯的那些抱残守缺的盲从者，以及那些甚至比他们的主人更为极端的盲从者，我将不多做介绍。但是这其中也有一两个属于帕拉塞尔苏斯宗派的人是不容忽视的。

在帕拉塞尔苏斯的追随者中，最为著名的是莱昂哈德·泽尼瑟·扎姆·泽恩，他于1530年生于巴塞尔，父亲是当地的金匠。和他的宗师一样，他的人生也是大起大落。1560年，他被派往苏格兰去检验那里的铅矿。1558年，在因河河畔的塔瑞兹他开始研究开矿机和硫提取器并取得巨大成功，一鸣惊人。之后，他将注意力转向了基于帕拉塞尔苏斯体系的医学，在1568年，他因实施的几个重要治疗而声名鹊起。1570年他在明斯特发表了木刻版的《精华露》一书。之后他去往了法兰克福的奥得河河畔，并发表了关于水系、河流和喷泉的《皮松》一书。当时勃兰登堡的选帝侯约翰·乔治也在法兰克福，并得知泽尼瑟的文章中指出了勃兰登堡军队中一大批先前不为人知的有钱人。他的廷臣们急于建立他们自己的矿产，故联合向他举荐这篇文章的作者。于是他受邀给正疾病缠身的选帝侯夫人看病，在完成治疗后，他立即就被任命为这位君主的医师。

泽尼瑟非常善于打理和钻营。他向宫廷的女士们出售西班牙白以及其他化妆品。他不使用令人厌恶的伽林制剂，而是把帕拉塞尔苏斯的疗法冠以夸大其词的名称，如金酊、太阳之精剂、饮用金等。他依靠这些方法积累了大量财富，却没有把这些财富成功地保存下来。法兰克福的加斯帕德·霍夫曼教授是个博学且开明的人，他发表了一篇专题论文来揭露泽尼瑟的浮华自负和荒诞无知。这本书吸引了朝臣们的注意并改变了选帝侯的看法。泽尼瑟几乎名声扫地，他赖以向上爬的那些伎俩，此时也只能使人们对他更加瞧不起。他放弃了他掌控恶魔的说法。其实这个被他放在一个瓶子里随身携带的恶魔，就是一只存放在油中的蝎子。这是他耍弄的伎俩中的一个，伎俩一旦被拆穿，结果可想而知。他和妻子离婚了，这使得他失去了大部分财产。1584年他逃到了意大利，在那里他专心研究金属的转化，直到1595年在古龙去世。

泽尼瑟赞美帕拉塞尔苏斯是一位前无古人的真正的医师。他的《精华露》是一部韵文著述。在第一部《秘密》中出场的是一位讲述者。他被描绘成嘴上衔着一把挂锁，手上拿着一把钥匙，坐在一间窗户紧闭的小屋中的保险箱上。这个人物讲授道,所有事物或是由盐、硫和汞构成,或是由土、气和水构成;因此,火是不在诸元素之列的。我们必须先从《圣经》中寻找秘密,之后是星和精神。在第二部中,炼金术士是讲述者。他指出了炼金术的过程,并且说,欲将挥发性物质固定如同用木炭辨识墙上的白色字母一样困难。他排除了任何花费时间的工艺,因为上帝创世才花了6天时间。

值得一提的是他从病人的尿液判断疾病的方法。他将尿液蒸馏,并用一个带刻度的试管做接收器,试管上每个刻度都代表着身体的一个部位。通过观察尿液蒸馏的现象,他就可以推断出所有这些不同器官的状态。

我将博登施泰因、泰克希克斯以及多恩略去不谈,他们都认为自己属于帕拉塞尔苏斯一派。多恩的化学全都出自《创世记》的第一章,但对其从炼金术士的角度做了解读,尤其是如下文字:"上帝创造了苍天,将苍天之上的水和苍天之下的水划分开来。"在他看来这是大洪水的记录。赛维利努斯是罗斯凯尔德的教士和丹麦国王的医师,他同样也是帕拉塞尔苏斯的门徒,但是从他的著述中看不出与他获得的名望相匹配的知识或者想法,因此也没必要记述了。

在德国,属于帕拉塞尔苏斯一派的人寥寥无几。在法国,最著名的追随者是约瑟夫·德·奇斯纳德,人们更熟悉的名字是康坦纳斯,他曾是亨利四世的医师。他是加斯科尼人,因傲慢自大、盛气凌人而树立了许多敌人。他伪称自己熟知制备金的方法。他是彻头彻尾的帕拉塞尔苏斯派。他确信,疾病和植物一样生发于种子。根据他的说法,炼金术一词由 ἃλs(盐)和χημεια(化学)这两个希腊词构成,因为大秘密就藏在盐中。与上帝是由三种实体组成一样,所有的物质都是由三种本原组成的。这三种本原包含在硝酸盐、固态和挥发性的硫酸盐以及挥发性的汞盐中。持有复活盐(sal generalis)的人更容易制得哲人金,并且可以从自然界三王国中获取饮用金。为了表明这种转化的可能性,他引述了一个这以后被不断重复的实验,甚至一些神学家也用它来类比说明死人复活,或是植物具有从自身灰烬再造的能力。他的药物学是以植物印迹法为基础的,但他更进一步断言,雄性植物更适用男性,雌性植物更适用女性。他说硫酸具有磁力般的性质,故能治愈癫痫。他推荐人头骨精华(magisterium cranii humani)作为一种效果显著的良药,并且夸赞了锑的许多疗效。

德·奇斯纳德受到了瑞奥兰纳斯的反对,后者满怀恨意攻击他的化学疗法。巴黎医药学学会以极大的热情支持伽林理论,并禁止行业同仁以及职业医师使用不论是何种的化学药物。德·奇斯纳德不得不与奥贝特展开了一场关于金属起源和金属转化的旷日持久的争论。弗纳特也加入了并支持奥贝特,他认为金不具有任何药用性质;在控制间歇性发作时,“蟹之眼”是没有用途的;帕拉塞尔苏斯发明的鸦片酊(laudanum)没有任何疗效,反而对身体有害。

巴黎药学协会将锑归为毒品的这个行规,后来变成了巴黎议会的法令。该法令由老西蒙·皮特雷起草,他是一位极为博学广识且廉洁正直的人。假如这个法令被实际执行的话,那将会导致非常激烈的诉讼,因为化学疗法推广迅速,疗效显著,且应用日益广泛。1603年,著名的希欧多尔·蒂尔凯·德·马耶讷因无视法令销售锑制剂而被起诉。法官的判决清楚地显示出那个时代的偏执和不宽容。[①]但是这个判决似乎对希欧多尔并无大碍。他确实不再是化学教授了,但是依然和之前一样从事医学实践。药学协会的两名会员塞金和阿卡起亚给他写了道歉信。最后他去了英格兰并受邀在那里接受了一个荣誉职位。

有人认为帕拉塞尔苏斯的神秘教义源于蔷薇十字会,关于这一教派的记述颇多,但可采信度存疑。或许也有可能,关于这一教派的古代遗存、活动范围以及重要性的记述的绝大部分甚至是全部,都仅仅是虚构出来的,这一切都只不过是瓦伦汀·安德鲁编撰出来的一场闹剧。瓦伦汀·安德鲁是威腾伯格郡卡尔维地方的牧师,是一位博学、有才华和博爱的人。从他自己写的并保存在芬布特图书馆的生平中我们得知,1603年他写了著名的《基督徒罗森克鲁兹的化学婚礼》一文,以反击当时流行的炼金术和见神论教条。本来他只是把该文当做讽刺文学著述写作的,但当他看到这个“可笑的少年天才(ludibrium juvenilis ingenii)”被当作真实的历史时,他也觉得搞笑得过头了。据说,《蔷薇十字兄弟的名誉》也出自这位牧师之手,他出版这本书意在告诫当时的化学家和狂热者。他称自己为蔷薇十字骑士安德鲁,因为他曾在印章上雕刻了四朵蔷薇构成的十字。

确实,安德鲁在1620年创立了基督兄弟会(fraternitas christiana),但其创建宗旨并非人们认为的是受了蔷薇十字会的启发。他的目的是矫正当时的宗教观点,将基督神学从经院哲学的论战中分离出来,而在先前这些是混为一谈的。在他著作的不同章节中,他自己细致区分了蔷薇十字会和他所生活的社会,并取笑那些轻

① 原文如下:“巴黎科学院医学部受省委托,依法召集并宣布对蒂尔凯·马耶讷的辩护书的一致审定:如广为人知的诉状所言,所述尽是虚情假意的抗议和粗鄙的把戏,只要由人审视便知是粗鲁而疯狂的醉话。兹判定蒂尔凯的行医轻率、粗鲁且无视医学真理。规劝蒂尔凯使用所有人在所有地方使用的真正的药物,接受人们和报告的内容,坚持希波克拉底与伽林的教条。蒂尔凯的疗法应被避免;本人不得再进入医学学会;剥夺其学术特权与荣誉 。卢泰西亚,1603年12月5日。”

信的德国见神论者轻易就将他的虚构当成了真理。因此，蔷薇十字会这个神秘教派虽然被附会了辉煌的起源，但不过是一个出自威腾伯格牧师的玩笑。他本是想借此为见神论这头怪兽设定界限，但是却不幸地为这个荒唐的教派引来了更多的追随者。

一些狂热者发现，只是传播蔷薇十字会的教义还不够，要是联合起来成立教派岂不更好。瓦伦丁·魏盖尔是开姆尼斯附近特斯库珀的一位狂热的牧师，他死后有一大批没有记录姓名的追随者，这些追随者已经是蔷薇十字会的成员了。士瓦本的吉尔·古特曼也是蔷薇十字会的成员，他谴责所有的异教药物，声明他自己具有可以使人高贵的万灵药，可以治愈所有疾病，也可赋予人制金的能力。他说："想要在空中飞翔，想要转化金属，想要掌握所有的科学，只有靠信仰。"

海赛的奥斯瓦德·科林斯也一定是这个荣耀的兄弟会的狂热追随者。他是安哈尔特君主的医师，之后成了鲁道夫斯大帝二世的顾问。在他的《化学殿堂》的引言中，有一段摘要简短而准确地记述了帕拉塞尔苏斯的观点。因为他的观点和帕拉塞尔苏斯以及他的信仰者的观点一样晦涩难懂，此处没有必要再加介绍。但作为一名制药师，他是值得取信的，他所制的受欢迎的药物有汗锑以及苛性钾硫酸盐（当时称之为帕拉塞尔苏斯的特别净化药，specificum purgans Paracelsi）。他还熟知银的氯化物，并首次称其为luna cornea（月亮角膜）或horn silver（角状银）；他还知道雷爆金，并称其为aurum volatile（挥发金）。

接下来要提到的是爱德华·利巴菲乌斯，他是萨克森郡哈雷的一名医师，也是科堡高级中学的教授；他是帕拉塞尔苏斯学派最为强劲的对手，其著述有很大的可信度。作为一名化学家，他或许应该排名在他同时代的任何人之上。事实上，他坚信金属可以转化，并曾夸赞饮用金（aurum potable）的强大威力。但是他区分了理性炼金术和帕拉塞尔苏斯的精神炼金术。他非常仔细地将化学同见神论的空想区分开来，并以先锋者的姿态，以极大的成功反击了他那个时代甚嚣尘上的迷信和狂热。他的著述数量众多且范围很广，经收集整理后，以《医药化学著述全集》为名，于1615年在法兰克福以对开、三卷版出版。利巴菲乌斯于1616年去世。由于篇幅所限，此处只能简要概述他非常多面且多产的著述。以下是一些必要的评述：他至少写了五本不同的小册子来揭穿庸医乔治·阿维阿拉德的骗术。乔治曾夸口说自己拥有一种万能药，他可以用这种药治愈最难医治的疾病，并将其以高昂的价格卖给患者；但利巴菲乌斯证实这种所谓的万能药无外乎就是朱砂，它既没有阿维阿拉德所夸耀的疗效，也不值那么昂贵的价格。他同样加入了与科林斯的论战，揭露科林斯观点的狂热和荒谬。他还与班克贝的医师亨宁·朔伊内曼展开辩论。朔伊内曼是一个蔷薇十字会的成员，和其他成员一样，他不仅无视所有的科学，而且不懂文献学。朔伊内曼的表述含糊不清，我们从利巴菲乌斯那里得知，他的观点比从他自己的著述中得知的还要多。他将人体的内功能划分为七个不同层级，因此人体经历七个变化，即燃烧、升华、分解、腐败、蒸馏、凝固以及着色。他给出并记述了十种修正三种元素的方法，但是这十种方法都非常难以理解，故在此不赘述。在分析和展示这些荒谬的言论时，利巴菲乌斯倒是有耐心。

利巴菲乌斯的化学体系名为散落各处的好作者的炼金术，强有力的古今案例，最重要的、人们需要无数推理与实践才能获得的、要毕生精力才能获得的细致而全面的方法，以及一些物理化学方法的论文，该书1595—1597年间以对开版本和四开本在法兰克福出版。考虑到这本书的写作时间，这确实是一本十分出色的著作，值得任何对化学史有兴趣的人一读。我将记述出现在他著作中但我未见到这之前有人提到过的一些重要的化学事实，因为他才是这些事实的真正发现者，故这些事实不可能因为保密而受到当时的影响，从而不可能是用晦涩的词句泛泛记录下来的。

利巴菲乌斯发现，硫的烟雾具有使白铅变黑的特性。他习惯于使用砒霜和铅氧化物纯化朱砂。他知道用金或者金的氧化物可以使玻璃呈现红色，他还知道制备人工宝石的办法，即通过向玻璃中掺杂金属氧化物制得诸如红宝石、黄玉、红锆石、石榴子石以及红晶石等。他指出，王水可以用作溶解所有金属及其氧化物的溶剂。他还知道，金属和碱性物质一同熔化将会产生一部分炉渣，他一直试图通过加入铁屑将这些炉渣回收。他还知道通过硝酸将硫酸化的方法，也知道樟脑可溶于硝酸并形成一种油状物质。无疑，他是锡的高氯化物的发现者，因为在他之后这种物质一直以他的名字命名，即利巴菲乌斯的冒烟酒(fuming liquor of Libavius)。他知道酒精或烈酒可以通过蒸馏发酵过的许多种甜味水果果汁制得。他通过将钒和铁硫化物蒸馏制得了硫酸，这一方法和贾柏在很久之前的做法相同；但他更加用心确定硫酸的性质，并发现它与硫与硝石燃烧所得的产物相同。因此在某种程度上，当前制造商采用的硫酸制备法应该归功于利巴菲乌斯。

利巴菲乌斯在维琴察有一个后继者叫安杰勒斯·沙拉。沙拉是梅克伦堡·施魏因公爵的医师，他既具有开明的观念，也不倦地投身反对威胁并将席卷欧洲的宗教狂热大潮。沙拉甚至比利巴菲乌斯更沉迷于化学治疗，但是他发誓要革除帕拉塞尔苏斯学派所特有的那一套偏见。他放弃了饮用金，认为雷爆金才是值得医师写进药方的唯一的金制药物。他以轻蔑的态度看待存在万灵药这种观念。他非常精确地描述了金的硫化物以及锑玻璃。他建议把硫酸看做一种良药，而且他表明，无论是从硫、蓝硫酸盐或者是绿硫酸盐中蒸馏得到的硫酸没有不同。他还坚信，从植物中获取的精华盐的性质，与用以提取盐的植物的性质不同。他还表明，卤砂是盐酸和氨的混合物。因此，对氨的首次精确描述应该归功于他。确实，之前化学家不会不注意到氨，因为在蒸馏动物体时非常容易得到氨，但沙拉或许是第一个留心考察氨的人，继而认识到它的特殊性质，以及它在各种酸中的易溶解性。他指出，铁有从酸溶液中沉淀出铜的能力，同时还指出许多例子表明，一种金属可被另一种金属置换。他好像还熟知甘汞，并且知道它的一些药学性质。他说，雷爆金与等量的硫混合就会失去其雷爆性质，硫也会从中燃尽。在他的著作中还记述了其他一些稀奇古怪的化学现象，因其冗长此处不赘。他的著作经收集整理后，于1647年以四卷本在法兰克福出版，名为《现存医药化学著述集》。该书于1682年曾出版过另一个法兰克福版本，1650年出版了罗马版本。

第五章　范·海尔蒙特和医药化学

帕拉塞尔苏斯指明了化学是医师必备的知识,化学药物的疗效远比伽林主义者的制剂更好,因而第一次将化学提升到受人尊重的高度。利巴菲乌斯和安杰勒斯·沙拉细致地将化学从帕拉塞尔苏斯和蔷薇十字会的追随者的狂热教条中分离出来。但是化学并未就此停步不前。在那个时期,化学正历经一场革命,革命从根基上动摇了炼金术体系,使得化学取代了其他的原理并赋予药学全新的视角。在很大程度上,这场革命应归功于范·海尔蒙特。

约翰·巴普蒂斯特·范·海尔蒙特是布拉班特的一位绅士,是梅洛德、罗伊布克、奥尔斯霍特以及普林尼斯地方的领主。他于1577年生于布鲁塞尔,17岁时开始在卢万学习经院哲学。在学完人文学科(当时的用词)后,根据当地惯例他应该取得艺术类硕士学位。但是,在反思了这些仪式性事物的徒劳无益后,他决定永远不申请任何学术职位。之后,他给一个耶稣会信徒做助手,后者随后在卢万讲授哲学课并招致当地教授的极大不满。耶稣会信徒中最著名的马丁·德·里约甚至教给了海尔蒙特魔法。但是范·海尔蒙特对此感到失望:他所学到的只是咬文嚼字式的经院派辩证法,而不是他所追求的真智慧。他对斯多噶派的哲学信条也不满意,认为这只是教他如何认识自身的弱点和不幸。

最后,他接触到了托马斯·肯皮斯和约翰·塔勿勒鲁斯的著作。这些关于神秘主义的圣书吸引了他的注意。他认为,他所感知到的智慧是无上存在的赐予,这智慧必须通过祈祷才能得到,如果想要得到神的眷顾,我们必须放弃自己的欲望。从那时起,他开始效法耶稣基督的谦卑。他将所有的财产赠予于他的妹妹,将他出生就承继的特权放弃了,并将迄今在社会上所得的名位都丢在一边。很快,他就得到善报:他看到护佑他一生的神灵附身了。1633年,他看到自己的灵魂浮现在光辉的水晶之下。

他效法基督的每个行为的愿望表明,他认为制药是一项践行慈善和仁义的行为。根据当时的传统,他开始从古人的著述中学习治疗技艺。他贪婪地阅读希波克拉底和伽林的著作并深入领会他们的观点,以致所有医师都惊讶于他知识的渊博。但是,他对于神秘主义的求知欲是不知足的,很快他就厌恶了希腊人的著作,并且一个偶然事件使他彻底放弃了它们。在一次,由于带了一位患有疥疮的年轻姑娘的手套,他不幸也感染了这种疾病。他向伽林主义者问药,后者认为这是胆汁的燃烧,是盐形态的痰。他们为海尔蒙特开了一剂泻药,这使得他的身体大为虚弱,根本没有疗效。因此他对胆汁这一套说法感到厌恶,也坚定了他像帕拉塞尔苏斯那样改革医药学的决心。海尔蒙特专心读过这位改革家的著作,并从中燃起了他改革的热情,但他并不满足于此。因为他比帕拉塞尔苏斯更为博学多识,不免会轻视帕拉塞尔苏斯那种令人反感的自负,以及因狂热而可笑的无知。尽管他先前已经拒绝了牧师的职位,但是他仍拿到了医学博士的学位,并游历了法国和意大利的大部分地区。他告诉我们,在游历过程中他曾治好了许多人的疾病。在返程途中他和一位富有的布拉班特女士结了婚,并且和她有几个孩子。在这几个孩子中最有名的一个名叫弗朗西斯·默库里乌斯,他编纂了他父亲的著作,并且在见神论的各个分支上都比他父亲做得更为出色。范·海尔蒙特在维伏地的家中度过余生,期间几乎一直忙于他的实验室工作。他于1644年11月13日傍晚6点去世,享年67岁。

范·海尔蒙特的体系是以唯心论为基础的。他甚至将病因归结为恶鬼的影响、男巫师的作用以及术士的力量。帕拉塞尔苏斯的阿契厄斯是他的理论中的一个头等重要的概念,但较之帕拉塞尔苏斯,他赋予阿契厄斯归更为实体性的性质。阿契厄斯独立于元素存在,它没有形式,因为形式是生成和发生的目的。这些观点明显取自古人。亚里士多德的形式不是μορφη(形式),而是物质所不拥有的ενεργεια(行动的力量)。

借助发酵作用,阿契厄斯吸收所有事物的微粒。确切地说,事物的成因只有两个,一为外因,另一为内因;其中,第一个因为水。范·海尔蒙特认为水是一切存在事物的真正原质。他从动物学和植物学两个方面,给出了十分特殊的论证来支持自己的观点。读者可以在他的论文《元素的混合物的形成》中找到这些论证。[①]从我们现在所拥有的知识的角度看,他仅做过的一个看似十分可信的实验,如下:他取了一个大瓦盆,在其中放入200磅土壤,并将这些土壤用烤炉烘干,然后用雨水浇灌烘干的土壤,并在土壤中种植了一颗重5磅的柳树。5年之后他挖出了这棵柳

① 约翰·巴普蒂斯特·范·海尔蒙特,《全集》,第100页。我这里引用的这个版本是由约翰·宙斯图斯·尔色皮罗斯出资于1682年在法兰克福出版,它是一部非常厚的四开本著作。

树,发现它已经重达169磅3盎司。他在5年中只用雨水或者蒸馏水按时给瓦盆中的土壤浇灌。为了防止飞扬的尘土落入盆中,他用一块带孔的锡板将瓦盆盖上,以保持空气流通。每个秋天柳树飘落的叶子没有估算在这169磅3盎司中。他将瓦盆中的土壤再次烘干称重,发现土壤轻了2盎司。木头、树皮以及根等增加的164磅重量全部来自于水。[①]他通过这个实验和其他几个已经无需赘述的实验表明了自己的想法,即,所有的植物都由水生长而来。他承认鱼只有在水中才能存活(至少最终是这样的),但是鱼类几乎就是只能在水中存活的唯一一类动物了。因此他总结道,动物也是起源于纯水的。[②]他认为硫、玻璃、石头、金属等最终也需要溶解在水中,只是理由还不明确。

水可以生产出基础性土壤和纯石英,但是基础性土壤不能组成有机体。范·海尔蒙特从众多元素中总结出火,因为火不是物质,甚至不是物质存在的重要形式。火是一种混合物,它与光完全不同。三种化学本质:盐、硫和汞同样起源于水,但是不能说它们就是元素或者说是活跃的本质。我不清楚他是如何摆脱掉气体的,因为他说水可以从蒸汽中获得,因此正如大理石不是水一样,蒸汽也不是气体。

根据范·海尔蒙特的理论,对物质进行特殊的处理或者说特别的混合,对于形成个体是不必要的。阿契厄斯以一己之力,可以在酵素存在的情况下从水中得到一切物质。决定阿契厄斯行为的酵素不是一种正常存在形式,它既不能被称为物质,也不被称为偶然。酵素存在于它所要生成的物质的种子里,所生产的物质中含有第一种酵素,种子中含有第二种。酵素可以散发出一种气味,这种气味可以吸引阿契厄斯的生成灵魂的产生。这种灵魂组成了氤氲(aura vitalis),并且根据自己的想象创造了符合性质的个体。这是生命真实的基础,也是安排有序的个体所有功能的基础。这种灵魂只有在个体死亡的那一刻才会消失,然后又产生一个新的个体,这个个体会再次进入酵素中。之后,种子对于植物的繁衍生殖就不再是必不可少的了,只需要让阿契厄斯作用于合适的酵素就可以了。这样出生的动物和卵生的动物一样完美。

作为一种元素,水发酵之后形成蒸汽。范·海尔蒙特称此为“气体”并极力将其同“空气”区分开来。这种气体包含有个体的化学原质,它是在阿契厄斯的激励下从身体中以气态形式逃脱出来的。这种气体是介于灵魂和物质之间的实体,是生命活力和繁殖的基础,因为它的生发是活力精神激发迟钝酵素的第一个结果,就像

① 范·海尔蒙特,《全集》,第104页。

② 范·海尔蒙特,《全集》,第105页。

古人说的混沌一样。

现在的化学家普遍使用“气体”一词，并用于指称性质上与普通的空气不同的所有弹性流体。范·海尔蒙特首次用了该词，并且从他的著作的不同部分我们可以看出，他知道存在不同种类的气体。他所谓的西尔维斯特气(gas sylvestre)明显就是我们所说的碳酸气，因为他说到，这种气体是在红酒和啤酒发酵时释放的，当木炭燃烧时也会产生这种气体，在狗洞(Grotto del Cane)中也存在这种气体。他还知道这种气体可以使燃烧的蜡烛熄灭。但是他说，粪便散发出的以及大肠中形成的气体经过燃烧的蜡烛并燃烧时，会发出五颜六色、像彩虹一样的光。[1]他称这种易燃的气体为肥气(gas pingue)、干气(gas siccum)、乌烟(fuliginosum)或endimicum。

范·海尔蒙特说，将卤砂单独蒸馏不会产生危险，王水(aqua chrysulca)也然，但如将二者混合后蒸馏，就会产生大量的西尔维斯特气，除非在混合容器上留有一个排气口，否则再坚固的容器都会发生爆炸而成为碎片。[2]同样，塔塔粉乳液也不能在密闭的容器中蒸馏，否则容器也会破碎，除非在容器上留有排出大量产生的西尔维斯特气的出口。[3]他还说，石灰碳酸盐在蒸馏过的醋中溶解或者银在硝酸中溶解，也会产生大量的西尔维斯特气。由以上所述以及此处未引述的许多其他篇章显然可见，范·海尔蒙特知道，碳酸盐和金属溶解于酸时，以及将各类动物和植物蒸馏时，都会有气体释出。因此，他所进行的实验早于黑尔斯博士赢得巨大声誉的实验许多年。但是话说回来，为了避免过誉之嫌，应该说海尔蒙特并不确知如何区别他得到的不同气体的特性，或者说他根本就没有精确区分这些气体。从已有的引述以及此处未引述的见于论文《论风》的许多章节中显然可见，碳酸、氮的低氧化物、氮的次氧化物或许还有盐酸等都被他视为同一种气体。确实，当他不知道如何收集气体并判定它们的性质的时候，他又怎么能将各种气体区分开呢？范·海尔蒙特所做的这些观测虽使他赢得了巨大声望并表明他的化学知识远远超出了那个时代，但是这些观测并不具备18世纪后期那些杰出化学家的研究的优点或可信度，那些化学家也致力于这方面的化学研究，并且也面临巨大的困难，但他们的研究却是与这门科学随后的进步紧密相关的。

范·海尔蒙特还知道，当物体在空气中燃烧时空气会消失。他认为呼吸过程也

① 《德·菲拉缇布斯》，第49部。范·海尔蒙特，《全集》，第405页。

② 《德·菲拉缇布斯》，第49部。范·海尔蒙特，《全集》，第408页。

③ 《德·菲拉缇布斯》，第49部。范·海尔蒙特，《全集》，第409页。

必然如此:肺动脉和血管将空气吸入体内,之后引发生命活动所必不可少的发酵过程。

根据范·海尔蒙特,气对星的运动原质有亲和力,他称之为放射(blas)。他设想,放射对地球上的所有物体都有巨大影响。他仿效帕拉塞尔苏斯,在生发植物的酵素中引入一种称为织物(pessas)的实体,在金属酵素中的实体引入一种称为固物(bur)的实体。[①]

范·海尔蒙特的阿契厄斯和帕拉塞尔苏斯的阿契厄斯一样都寄居在胃里,都是一种有感情的灵魂。关于阿契厄斯的性质和寄居的观念都基于以下实验:他吞下了一定量的乌头属(aconitum),两小时后他感到胃里极其不适,他的感觉和知觉好像都集中在了胃部,因为不久他就失去了意识。这种感觉引导他将知觉集中在胃部,将意志集中在心脏,将记忆留在脑中。古人认为欲望归于肝,但是他将欲望归于脾。使他更加如此确信的是,大脑如果受到伤害生命还可以延续,但是他断言,如果胃受到了伤害则不能,这个事实表明胃是灵魂的居所。有感情的灵魂常常通过活力精神表现出来,这种精神有着华丽的特性,而神经只是起到润湿构成感觉的这些精神的作用。凭借着阿契厄斯,人距离精神领域和恶鬼之父更为接近,而不是离世界近。他认为帕拉塞尔苏斯将人类肉体和世界相比较的做法是荒唐的。范·海尔蒙特——至少是年轻时的范·海尔蒙特——磁学的信仰者,并用磁学来解释同情心的作用。

阿契厄斯最主要的作用是影响消化,它将胃和脾都掌控在它的监督之下。这两个器官在体内形成联合掌管,因为没有脾的帮助,胃无法单独工作。消化是通过一种酸液进行的,这种酸液可以在阿契厄斯的监督下溶解食物。范·海尔蒙特告诉我们,他曾尝过鸟胃中的这种酸液。严格说,加热对于消化是没有帮助的,因为我们可以观察到,即使在最热的温度下消化能力也没有增加。鱼类并不缺乏消化能力,虽然它们也需要哺乳类动物所必需的热量。有些鸟甚至还能消化玻璃碎片,显然这不是热量所能促成的。从某种程度上来说,幽门是主导消化的部位。它通过特殊的、非物质的放射起作用,而非肌肉。它按阿契厄斯的指令打开或闭合。因此,消化功能紊乱的病因需要在幽门处寻找。

前述胃和脾的共同掌管是自然休眠的原因,与寄居在胃中的灵魂无关。休眠是一种自然行为,是第一活力行为的一种。这就是胚芽为什么无休止休眠的原

① 在他的《万有》,第39部,第151页。此处他记述了地球上金属的起源,并且描述了固物(bur);如果有哪位读者对这位作者有关这个专题的观点感兴趣,可以参看这一部分。

因。无论如何不能说休眠是由于蒸汽上升到了大脑。在休眠过程中,灵魂自然就开始活动,这时人与神性最为贴近。因此范·海尔蒙特告诉我们,他曾在梦中因受到启示而获知一些秘密,这些是他在其他地方学不到的。

胃和脾共同掌管着第一消化作用(范·海尔蒙特列举了六种消化作用)。当用于消化的酸经过十二指肠时,它会被胆囊分泌的胆源汁(bile)所中和。这一过程构成第二消化作用。范·海尔蒙特称胆囊分泌的物质为胆囊汁(fel),他细心地将胆囊汁同血液中含有的胆源性物质区分开来,他将后者称为胆源汁。胆囊汁不会经粪便排出,它是生命必需的一种体液,一种真正的活力香液。范·海尔蒙特试图用各种各样的实验表明胆囊汁不是苦的。

第三消化作用发生在肠系膜的脉管中,因为此处接收了胆囊发送的消化液。第四消化作用发生于心脏,在这里红色的血液因加入了活力精神而颜色变黄,也更易挥发。这是因为,活力精神穿过了心脏隔膜上的气孔,从后心室到了前心室。与此同时,心跳就产生了,并且自身就产生了热量,但是它不以任何方式调控热量(古人宣称热量是受调控的)。第五消化作用存在于动脉血向活力精神转化的过程中,这一过程主要发生在脑部,但是也遍及全身。第六消化作用存在于营养原质在各个部位的分配中,在这一过程中,阿契厄斯借助活力精神为自身准备养分。因此,消化作用分为六种,第七种是自然选择的休眠状态。

从以上对范·海尔蒙特的生理学的简单介绍中显然可见,他很少甚至没有关注过身体各个部分结构所起到的功能。在他的病理学中,我们也发现他对唯心论的热情。确实,他承认解剖学对于病理学的重要作用,但是他也遗憾地感到,这门科学的病理学部分还远不成熟。因为阿契厄斯是所有生物和功能的基础,因此很明显,疾病既不是起因于四种胆汁性体液,也不是起源于相对立事物的生理特性或作用。最可能的病因应该在阿契厄斯的痛苦、愤怒、恐惧以及其他情绪中找寻,而这些情绪的原因可以看作是阿契厄斯的理想种子。他认为,疾病不是一种消极的状态或者是健康的缺失,而是和健康一样,是一件充实的和积极的事情。大多数侵害某个器官或者某个部位的疾病是阿契厄斯的错误所致,因为他把他所寄居在胃里的酵素传送到了其他部位。范·海尔蒙特不仅以这种方式解释癫痫和神经病,同样也解释痛风。后者不是由流通引发,也不是疼痛发作的某个肢体部位寄居着什么,而常常是由于活力精神内部发生了错误。确实,痛风的特点是作用于精液,但正是在精液中活力精神显现其作用,故此疾病就可因繁殖而传播。但是,在人的一生中,如果不是改变精液,而是将其传送至关节液体处,这就证明自然是谨慎的:她慷慨地保护所有物种,更喜欢改变关节处的体液而不是精子本身。痛风使得关节处的液体酸化,这些液体随后遇酸凝固。共同掌管是中风、头晕特别是一部分哮喘(他称之为肺下降)的原因;胸膜炎也是如此。当阿契厄斯出于愤怒状态时,就会向肺部输送辛辣的酸,这导致发炎症状。水肿同样是由于阿契厄斯的愤怒,这时他会阻止肾脏分泌物按正常方式流通。

对于范·海尔蒙特来说,在所有疾病中,发烧最符合他的阿契厄斯有无穷能力的观点。发烧最恰切的原因是阿契厄斯受到了触犯,而不是不同部位的结构或体液混合物发生了改变。低烧是由于阿契厄斯抛出的一种恐惧和惊愕状态,高烧是由于阿契厄斯的不规律运动。所有发烧的类型都在共同掌管中寄居一席之地。

一般说来,较之建立他自己的观点,范·海尔蒙特的成功更多地建立在他对那个时期规范医药学实践的经院派观点的批驳上。无论是对关于热病的伽林主义信条,还是对胆汁性体液对不同热病影响的说法,他的反驳论证都令人吃惊地有说服力。他异常激烈地反对当血液在血管中循环时会腐败的说法。或许他的反对会矫枉过正,但是他的观点对之后的医学理论的发展是有益的,医师们也从中有所学,很少用腐败一词了。体液混合物这一说法或许更加不易理解,但是它取代了腐败一词。

范·海尔蒙特的尿结石理论值得特别关注,因为相对于先前生理学家所尝试的解释,它是更加合理解释结石的开端。范·海尔蒙特知道,虽然帕拉塞尔苏斯将结石归因为塔塔粉并且形成了结石的概念,但是只要经过仔细的化学分析就可以证明这些是错误的。他确信,尿结石和普通石头完全不同,它并不存在于结石患者所食用的食物和饮用水中。他说塔塔粉从酒中沉淀得到,它不像土,而是结晶的盐。同样,尿中的正常盐沉淀自尿并导致结石。我们可以模仿这一自然过程,即在尿液的馏余物中添加经精馏的酒精,此时小白渣马上就会沉积下来。

显然,范·海尔蒙特误认为此处的白渣是结石物质。尿液的馏余物是浓度很高的氨碳酸盐,用酒精沉淀后,他所得的白渣只能是氨碳酸盐。此处的证据丝毫没有表明,如范·海尔蒙特所设想的那样,酒精曾混入了体液物质中。但是,尽管他显然不知道结石中各种成分的化学性质,然而他关于结石起因的推断算得上准确。基于这个推断,他继而反对帕拉塞尔苏斯采用的塔塔粉这个术语。为避免错误的解释,范·海尔蒙特代之以duelech一词,用来指尿馏余液产生沉淀并导致结石产生的状态。

因为范·海尔蒙特认为所有疾病的起因都是阿契厄斯,所以他治疗的目标就是平复、刺激以及调整阿契厄斯的活动规律。为达到以上目的，他依赖于饮食学，并且对患者的想象施加影响。他认为一些特定语词对治疗阿契厄斯引起的疾病有奇效。他承认存在万能药，他称之为溶解一切的液体、原盐以及原金属。汞、锑、鸦片以及红酒对于先发烧继而胡言乱语状态的阿契厄斯特别对症。

在汞制剂中，他推崇为最好的是他所称的发汗汞。他没有给出其具体的制备方法，但从其他一些资料中我推测那应该是甘汞。他认为这是治疗发烧、水肿、肝病以及肺炎最有效的药物。他将红色的汞氧化物外用以治疗炎症。他用到的主要锑制剂有氢硫化物或曰金质硫，以及次氧化物或曰发汗锑。发汗锑只使用微量即可，这表明，它相对于锑的低氧化物有很大的惰性。

范·海尔蒙特认为，鸦片是一种加强性和镇定性药物。它含有一种辛辣的盐和一种苦涩的油，这两种物质可以阻止阿契厄斯错误地将酸性酵素送往身体的其他酸性部分。范·海尔蒙特告诉我们，他用红酒治好了许多大病。

以上是对范·海尔蒙特观点非常简短的介绍。虽然他也持有那个时代所特有的盲从观点，但他无论在理论上还是实践上都推翻了其中的大量错误，建立了现代作家通常孜孜以求以标举博识的许多原理。他常常被人们放在和帕拉塞尔苏斯同等重要的位置，但也一样受到轻视。然而他在医药学世界拥有崇高的地位、功绩至高无上。确实，他的观点有狂热的一面，但是他学识广博，见识出众，对事业不懈追求。他的著述直到后来才为人所知，因为生前除了出版了一本小册子，他的著作都是在他死后，直至1648年才由他的儿子出版的。

范·海尔蒙特对化学药物的明显偏爱以及将化学理论用于实践的做法，这在药师看来，自然是将化学提升到了一个前所未有的高度。但是，真正开创药物化学学派的人是生于1614年的弗朗西斯库斯·西尔维乌斯。当他还是阿姆斯特丹的一个医学实践者时就花大力气研究了范·海尔蒙特的理论，以及其对手笛卡尔的更受欢迎的理论，并基于上述理论创建了自己的理论。事实上，他的理论几乎不包含他自己原创的东西，虽然他说话的口气不这样，他也一直重复申明他没有抄袭任何人的观点。他是莱顿大学聘请的医学理论和实践教授，在那里他的教学成绩斐然，吸引了一大批学生，其中布尔哈夫就是能在该领域超越他的一个。他第一个在医院进行临床教学，其时有学生在场一同处理病案。这一令人赞叹的创新极大地推动了医学的发展。他还在很大程度上促进了解剖学研究，他自己曾解剖和考察过大量的死尸。这具有更加非同寻常的意义，因为他的理论体系和他借鉴的范·海尔蒙特的理论体系一样，都是与身体部位的结构几乎不相关的。

正如我们现在所理解的一样，他按照化学原理解释所有事情。他从事教学的大学的著名人士以及他的众多学生，将他的理论传播到了世界各地，而且也使他的理论誉满各地（如果留意想一想，对此我们会感到惊讶）。但是，他所拥有的才能足以让他的学生把他的观点看做是绝对可靠的神谕，并且把他视为大学校园里的偶像。但可悲却不得不说的是，很少有人如此滥用自然对他的垂爱，或者说滥用自身所处条件和声望的优势。

为了能够清楚地解释这位药物化学创始人的基本观点，只要知道范·海尔蒙特的酵素就足够了，这是整个药物化学的基石。他说，我们无法设想体液混合物中的一个单一的变化，体液混合物不可能是发酵的结果。但是，他设定了一些发酵的条件，这些条件在活体中几乎很少是协调一致的。他认为，消化是利用酵素进行的真正的发酵。像范·海尔蒙特一样，他承认三位一体的掌管理论，并将其置于体液中。他借助泡腾或者发酵的概念解释身体的大部分功能。消化是唾液和胰腺液、胆汁混合物以及这些体液发酵作用的结果。唾液和胰液一样是一种带酸味的盐，很容易被味觉所识别。此处，希尔维厄斯利用了雷尼尔·德·格拉芙的胰腺液实验，后者常在胰液中发现酸的存在。

希尔维厄斯确信，胆汁中含有一种碱，这种碱和一种油以及一种挥发性精华相结合；他设想，胆汁中的这种碱和胰腺液中的酸结合从而引致泡腾作用，他认为，这种发酵作用就是消化的原因。通过发酵作用产生乳糜，乳糜无非就是食物的精华，其中含有一种油和一种被弱酸所中和的碱。血液在脾脏中臻于完美（plus quam perficiture）。但为了达到最高的完美，需要加入一定量的活力精华。胆汁不是从肝脏中的血液中分离出来的，胆汁先已存在于循环液体中。它与循环液混合后，随同与血液等量混合的淋巴，一同重新回到心脏，并且在那里产生一种活力发酵作用。如此一来，血液成为一统所有分泌体液、进行混合或分离的中心，在此过程中没有任何固体物质的参与。确实，希尔维厄斯的体系将固体彻底排除在外，他所关心的除体液外没有别的。

血液的形成和运动可以用胆汁中的油性挥发性盐和淋巴中的弱酸加以解释；其中，弱酸产生活力热量，借由这些热量血液变稀故而可以循环。与普通的火非常不同的是，这种活力之火凭借均匀的血液混合物从而保持不衰。它使体液变稀不是因为它是热的，而是因为它由角锥物组成。这个观点显然来自笛卡尔，心脏中的发酵作用是血液流通之因也使我们想到范·海尔蒙特的说法。

希尔维厄斯解释了通过精馏制备脑中活力精华的方法，他还发现这种精华在性质上与酒精极其相似。神经将这些精华传导到身体的各个部位,它们自身又散布到器官组织中以使其具有感觉。当精华潜入腺体时,因血液中那种弱酸的加入就会产生一种类似于石脑油的物质,这种物质构成淋巴。因此,淋巴是由精华和血液中的弱酸形成的一种化合物。乳汁是由于一种极弱的酸涌入了乳腺而产生的,这种弱酸会使血液中的红色体液呈现白色。

自然功能理论是一种化学理论,甚至疾病本身也是基于化学原理解释的。希尔维厄斯是第一个用辛辣一词表示体液中化学元素的主导性质的人,他认为这些辛辣性是所有疾病的首要原因。但是,正如每一辛辣事物在两种类属——酸和碱——中只能居其一一样,所有的疾病也分为两大类,即酸性辛辣性病和碱性辛辣性病。

希尔维厄斯并未完全忽视动物体液的组成成分,但是根据前述对他观点的记述,显然有关于此的知识不够完整。事实上,他的所有化学知识都局限于在活体的体液和化学液体间进行比较。关于他偶尔观测过的气体的概念,或许要比范·海尔蒙特的观点明确一些。他称这些为蒸汽(halitus),注意到了它们的不同化学性质,并且设想它们对某些疾病有影响。

在人体中,希尔维厄斯看到的只是大量的体液在不断地发酵、蒸馏、泡腾和沉淀。他这是把医师降格为蒸馏器或啤酒制造者了。

当腐败的食物、变质的空气或者其他类似病因作用于身体时,胆汁就会辛辣,这时它成为酸或碱。在前一种情形下,它会黏稠并导致堵塞;在后一种情形下,它会导致发烧。从胆汁中蒸发的粘质蒸汽是发烧开始时会感觉冷的原因。所有持久不退的严重发烧都和胆汁的辛辣性有关。胆汁和血液的恶性混合物,或曰这种混合物的特殊辛辣性,会产生黄疸;黄疸决不能归因于肝脏内发生堵塞。胆汁和胰液混合后的恶性泡腾几乎是其他一切疾病的病因。但是希尔维厄斯的所有这些观点都不能得到证据的支持。

希尔维厄斯认为胰液的酸性辛辣性以及由此所致胰腺导管障碍是间歇性发烧的原因。如果胰液的酸性变得更加辛辣,那么就会导致忧郁症和癔症。如果在胰液和胆汁混合后的恶性泡腾期间有一种酸和粘性体液生成,那么心脏中的活力精华就会在一段时间内被击倒,这时就会发生昏厥、心悸以及其他神经疾病。

当胰液或者淋巴(二者是同一种物质)的酸性辛辣性附着在神经上,就会产生痉挛或者惊厥。癫痫的病因尤其与胰液和胆汁混合后恶性泡腾产生的辛辣蒸汽相关。痛风的病因和间歇性发烧的病因相同,因此寻找病因时要留意胰腺和淋巴腺的功能障碍,以及淋巴的酸性辛辣性。风湿起因于酸性辛辣性,或者说是一种能使酸性减弱的油的缺失造成的。天花是由淋巴中的酸性辛辣性所致,从而引发了脓包。事实上,所有脓一般都是淋巴中的凝结性酸所致。梅毒的病因是淋巴中的一种腐蚀性酸。皮肤瘙痒是因为淋巴中存在一种酸性辛辣物质。水肿也然。尿结石是淋巴和胰腺中存在凝结性酸的结果。腐蚀性酸和挥发性精华的缺失会引发白带。

由上述说明可见,几乎所有的疾病都源起于酸。但是,希尔维厄斯告诉我们,恶性发烧是由于挥发性盐的过量存在和过度贫血。活力精华本身也会引发疾病。它们有时过于呈水状液,有时泡腾过于激烈而有时又压根儿不泡腾。因此,希尔维厄斯认为所有精神类疾病自身并不存在,它们都是因为酸性、辛辣性或者碱性蒸汽惹怒了活力精华才发生的。

希尔维厄斯从这些荒唐、不值一驳的猜想中演绎出的治疗方法也不过只是猜想而已,这确实也成为一种最具争议、并使医学前所未有地蒙羞的治疗方法。对于由胆汁泡腾所致的疾病,他反对使用泻药,因为他认为催吐药会产生伤害性的作用。真正的原因是他所采用的催吐药药性剧烈。它是一种锑制剂,特别是其中含一种安格洛替粉末或者说一种不纯的锑氧化物。所以,尽管吐酒石在1630年就已经问世,但是在之后的很长时间都似乎没有被投入使用。1647年哈特曼在日内瓦发表的《炼金术实践》一书中就没有任何关于吐酒石的说明。

希尔维厄斯努力用鸦片或其他镇定剂改善胆汁的辛辣性。他推荐氨制剂、特别是他的油性挥发盐以及鹿角精等作为治疗一切疾病的药物。尽管这是从他的观点自然得出的结论,但他这样做还是令人难以置信。这些药物有时被用来矫正淋巴的酸性,有时被用来消除胰腺液的酸性辛辣性,有时被用来纠正活力精华的惰性,有时还被用来促进分泌以及疏导月经的流通。他用琥珀和鸦片的挥发性精华治疗间歇性发烧,用挥发性盐治疗几乎所有的重症疾病。他的组方中含这些药物以及抗病毒制剂、当归、荨麻科植物、鹿角、蟹眼以及一些其他类似的物质。在他看来,这些吸附剂对于矫正胰腺液的酸性和胆汁的辛辣性是必不可少的。在开出这些药物时,他并不关注重症疾病发展的常规进程,既不问疾病的远因也不问近因,且不问症状;这里没有相关的逻辑归纳分析,他只靠无拘的推测和荒唐理论的指引前行,全然不顾这些是与自然现象相悖的。

花时间反驳希尔维厄斯的这些信马由缰的观点是不值当的。他曾用这些观点来指导实践这件事本身就超乎想象,几乎令人难以置信。更让人难以置信同时,也让我们看到人性中不光彩一面的事情是，这些不成熟和荒唐的观点竟被大批的学生狂热地全盘接受，这些学生盲目地信赖他们导师的教条，受他鼓动认为自己学到一种精心构想出的治疗病人的方法，殊不知这方法比任何一种可以简单发明的方法更足以加重病情、致人死亡。如果医药化学家曾经治愈过任何患者的话，那么患者的康复也不是因为他们的医师的药方，只能说是机缘巧合。

这是一个非常引人注意的现象，它表明人们已经厌倦了伽林主义者的教条，因而几乎所有医师都或多或少地接受了医药化学。确实有少数人极力反对医药化学家，但是令人感到奇怪和费解的是，他们从不尝试反对医药化学家提出的原理，或者指出他们所作假设的无当之处，以及其与事实的相互矛盾。他们的反驳论证未见得比对手的论证更有说服力。

在若兰管理巴黎医学院期间，这个学术机构自己站出来反对所有的创新。杰·帕丁是巴黎大学一位非常著名的医学教授，他曾以极高的热情反对医药化学体系。在他的著作《锑的烈士录》中，他举出了所有将锑入药致使病人受到伤害的事例。但是在1666年，关于锑尤其是吐酒石的争论日益激烈。在维依院长的领导下，议会将所有在巴黎从教的教授召集到一起，经过长时间的审议，以92票的多数得出结论，吐酒石以及其他锑制剂不仅不应得到禁止，甚至应该推荐使用。帕丁在此决定后假装不再与医药化学作对，但是他的沉默没有一直保持下去。他的一个名为弗朗西斯·博朗德尔的朋友要求将决议取消，但是他的努力并未成功。奎勒米优和蒙友特同样是帕丁观点的忠实支持者，但他们的著作同样也少人问津。

在英国，医药化学走向了十分特殊的方向。医药化学受到了一批在解剖学研究上取得卓越成就的人的拥护，这些人十分熟悉研究自然的实验方法。在医药化学的所有英国支持者中，最为杰出的是和希尔维厄斯同时代的托马斯·威利斯。

威利斯博士于1621年生于维尔特郡的大柏德明。当国王查尔斯一世被护卫在牛津城中时，他是牛津基督城学院的一名学生。和其他学生一样，他也扛起枪保卫国王，在他闲暇时学习医学。在牛津向议会屈服后，他致力于医学实践，并且很快出名。他按照英格兰教会的形式，专门将一间房子作为祷告用的场所，那些牛津的效忠者常来这里。1660年，他成为自然哲学赛德尔讲座教授，同年他取得了医药学博士学位。最终他定居在伦敦，很快在那里取得了比任何他的同时代人更高的名声，并在广泛的领域开展实践。他于1675年去世，在威斯敏斯特大教堂火化。他是一位一流的解剖学家。我们也应该纪念他首次对大脑和神经进行了准确的描述。

但在本书中,我们是将他作为一名医药化学家定位的。他的观点更接近于帕拉塞尔苏斯的,而不是范·海尔蒙特和希尔维厄斯的那些假说。他认同帕拉塞尔苏斯的三元素说,认为盐、硫和汞存在于自然界的所有物体内,并用三大元素解释所有物体的特性和变化,但是他将帕拉塞尔苏斯所说的汞称为精华。他将精华的性质归结为使物体的所有成分挥发,相反,盐是物体内的固定因素,硫产生颜色和热量,并将精华和盐结合在一起。在胃中存在一种酸性酵素,这种酵素和食物中的硫一起形成乳糜,乳糜参与心脏中发生的泡腾,因为硫和盐在一起可以起到引燃作用。如此则形成可以穿透任何事物的活性火焰。这种活性精华是经一种真正的蒸馏秘藏于大脑中的。睾丸上的脉管可以从血液中吸取一种万能药,但是脾脏却留下土性部分,并与血液交换火性酵素。就此看来,血液必须被看做是一种体液,它常常处于发酵作用下,在这种意义上可以与酒类比。每种体液中的盐、硫和精华以特定方式占据主导,并可转化为一种酵素。所有的疾病都是由病变状态或者这种酵素的作用引发的。医师和酒商类似,需要做的都只是观察必要的发酵过程在有序地进行,且没有因外来物质侵入而打乱发酵过程。

在这个时期,人们异常热衷于对每一事物都给出解释,以致对尸体和活体也不加区分。当时已知的化学事实被一股脑地用于解释活体的所有功能和疾病。威利斯认为,发烧只是由于血液和其他体液发生了剧烈和异常的泡腾作用;这些体液或是由外部酵素或是由内部酵素产生,而酵素是乳糜和血液混合时经乳糜转化而成。活力精华的泡腾作用是日发虐的病原,盐和硫引发持续发烧,恶性的外部酵素引发恶性发烧。因此,天花是由于发酵作用的种子的活性受到了一种外部传染病原质的控制。痉挛和惊厥是由于盐和硫随同动物精华的大爆发。忧郁症和癔症原本取决于脾中血液的病态腐坏,或者取决于含盐和硫的恶性发酵原质,该原质与活力精华结合后引发活力精华紊乱。坏血病是由于血液的变质,这类似于变了味的酒。痛风仅只是由于酸性动物精华使营养液产生了凝结,这就像硫酸和苛性钾碳酸盐可以发生凝结一样。

药物的作用不难由其对营养性原质产生的作用加以解释。发汗剂可以被看做兴奋剂,因为它可以提高血液中的硫含量,而血液中的硫是活力火焰的真正食物。兴奋剂可以纯化动物精华,并固定挥发性过大的血液。威利斯和他那个时期的药物化学家有一处观点不同:对许多疾病他推荐采用放血疗法,认为这是减少不正常发酵作用的非常有效的方法。

克洛恩博士是皇家学会的一名著名会员,也是一位英国的医药化学家,他尝试以神经体液或者动物精华的泡腾作用来解释肌肉的运动。

有一大批来自英国、法国、意大利、荷兰以及德国的作家将自己投身于维护、改进和捍卫医药学的那些化学信条，这些人并不值得关注。作为当时的著名人物，波义耳先生第一个站出来试图推翻这些荒谬信条，并向其中注入了新的内容。

罗伯特·波义耳于1627年1月25日出生于明斯特省的杨豪。他是科克伯爵理查德的第七个儿子，第十四个孩子。他受的教育一部分在家里，另一部分在伊顿，那时亨利·沃顿爵士是他的导师。11岁时，他和哥哥与一名法国家庭教师从法国旅行至日内瓦，在那里他学习了21个月，之后去了意大利。在这期间他掌握了法语和意大利语。确实，他用法语交谈时非常流利准确，以致他自认为是个够格的法国人了。1642年，他父亲由于爱尔兰大暴乱而陷入财务危机。他的家庭教师是一位日内瓦人，这位教师用自己的信誉担保为他借钱，数额足够使他回到家乡。在回家之后他发现父亲已经去世了。尽管他父亲留给他两处地产，但当时的情况是，在过了几年之后，他能够支配的钱数仅仅可备不时之需，他这才回到位于多赛特郡斯特尔布瑞的庄园。

1645年他去了牛津，在那里他结交了许多杰出人士（包括威利斯博士等在内），他们组成了一个以实验研究为宗旨的团体，并冠之以"哲学学院"之名。后来这个学会转移到了伦敦，1663年查尔斯二世将其合并，命名为皇家学会。1668年波义耳先生定居伦敦，在那里他持续不断地进行实验研究，直到1691年11月去世为止，享年65岁。

值得纪念的是，波义耳先生率先将气泵和温度计引入了不列颠，并且——按虎克博士的说法——对这两方面的改进都贡献巨大。他的流体静力学和气动力学研究和实验为这两个学科的发展奠定了基础。温度计是1701年由艾萨克·牛顿爵士发明的一种精密的实验仪器。他选用水的结冰温度和沸腾温度作为两个固定点，将这两点标于温度计杆上，并在两点间划分出若干度。将这样制得的温度计插入具有相同温度的物体时，所有温度计都会停留在同一刻度。不同的温度计的区别在于冰点和沸点之间的等分数目不同。大不列颠采用的华氏温度计将其分为180度，列式温度计分为80度，摄氏温度将其分为100度，德·列尔温度计将其分为150度。

我在此提到波义耳先生的原因在于，1661年他出版了《怀疑派化学家》一书，以期借此推翻医药化学家的荒谬观点。他不仅质疑逍遥学派关于元素存在的观点，甚至也怀疑其他化学家的观点。他认为，身体中的第一元素为具有不同形状和大小的原子,原子的结合形成了俗称的元素。我们不能像逍遥学派一样将元素限于四类,也不能像化学家一样将其分为三类,这些元素也不是固定不变,而是彼此间可相互转化。火不是获取这些元素的途径,因为盐和硫在不同简单物体结合时就已经形成了。

另外波义耳还提出,化学上关于性质的理论过于含混不清,因为它想当然地就赋予性质,但却疑点重重,在许多情形下与自然现象相悖。他通过大量有说服力和结论性实验,努力证明这些观点的正确性,尤其是化学原质产生的正确性。

在另一篇名为《化学质量学说的不完美性》[1]的论文的第二部分中他指出,希尔维厄斯关于酸和碱的普适性假设是有缺陷的。他指出,酸和碱的功能是随意指定的,有关的概念是游移不定的,相关的假说是多余和不充分的,充其量能给出那些现象的一个蹩脚的解释。

波义耳的论证并没有马上撼动人们对这个化学体系的信心。1691年,尼古拉斯·德·布勒尼在巴黎创建了一个化学科学院,它的紧迫目标是检验当时已引起广泛关注的波义耳提出的反对证据。院士们重复并证实了波义耳的实验,尽管如此,他们还是得出结论认为,不需要对物体的真正元素刨根问底,动物机体内的现象可以用酸或碱的主导性加以解释。于是,其他各种出版著作都一边倒地出现了。

赫尔曼·康林吉乌斯是那个时期德国技艺最娴熟的医师,他反对医药化学理论。他的观点受到欧劳斯·波瑞切斯的抨击,后者不仅拥护炼金术,而且以同样的学识和热情支持医药化学的理论。[2]

在16世纪末,化学家开始考虑检验活体体液,以便确定其中是否真的如假定的那样含有酸和碱,酸和碱是否就是所有疾病的起源。但在那个时期化学的进步不大,想要进行这项研究的那些人缺少开展这类研究的技能,不过很快他们就得到了验证他们先前想法所需的一切。约翰·韦力德是一位日内瓦医师,他宣称在自己的唾液和胰液中发现了酸,在胃液和胆汁中发现了碱。但在那个期间,1698年,雷蒙德·维厄桑斯为探究血液中是否含有酸精华而进行的实验是最著名的。他的方法是:将血液和一种名为红玄武土的粘土混合,然后将混合物蒸馏。他发现馏出液呈现酸性。他认为这个发现头等重要,为此欣喜若狂,并以书信的形式向欧洲的各科学院和大学宣布了这一发现。有些人对实验的准确性提出了置疑,他们认为馏出液的酸性可能来自于红玄武土的酸性,并不能说明血液本身就呈酸性。韦力德

① 肖编,《波义耳文集》,第3卷,第424页。

② 《论化学的起源与发展》,哥本哈根,1674年。

将红玄武土中可能含有的各种酸进行了分离，之后又重复了上述实验。结果还是一样：血液中的辛辣性盐产生了一种酸性精华。

没有必要以我们现有的知识水平指出该实验到底如何不严谨，或者说这样一个实验，也就仅只表明血液中含有自由酸而已。现代的化学家都知道，血液中明显不含有酸成分，如果我们把人体其他体液含有的少量普通盐也排出在外，那么血液中既不含任何酸也不含任何盐。

莱比锡的迈克尔·艾特马勒是那个时期小有名气的化学家，他曾出版过一些关于科学的小论文，这些论文后来受到了追捧。但是他的观点明显受到了波义耳的研究的影响。他否认特定物体中含有酸和碱的观点，并且仔细地将酸和腐败的酵素区分开来。

医药化学信条最为强劲的对手之一是阿奇尔博尔德·皮特凯恩博士。他一开始是莱顿大学的医学教授，之后去了爱丁堡，是他那个时期最为杰出的医师之一。他于1652年11月25日生于爱丁堡。在达尔基思完成中学学业后，他到了爱丁堡大学，在此进一步研习古典知识并且修完一门正规的哲学课程。之后他转而学习法律，为此投入了极大的热情和精力，以致于他的健康出了问题。医生建议他去旅行，因此他就计划去法国南部，在到达巴黎之后，他的身体情况已大为好转，因此他决定重新开始他的学业。但是由于巴黎没有太有名的法律教授，而他的几个知交都在从事医学研究，于是他就跟随大家一块去课堂和医院，如此过了几个月，直到家里有事才离开。

回到家乡之后，在他的朋友、著名的大卫·格雷戈里博士的帮助下，他潜心学习数学并取得极大的进步。痴迷于这门科学的魅力，同时希望将数学严格的演绎规则应用并简化于治病技艺，他下决心要致力于医学研究。当时爱丁堡没有医药大学也没有可以让他提高自己的医院，因此他又回到了巴黎，在那里他以极大的热情投入了医学学习中，并取得了几乎无人可比的成功。1680年，他获得了兰斯大学授予的医学博士学位，1699年亚伯丁大学也授予了他相同的学位。

1691年他已声名远播，莱顿大学力邀他就任当时空缺的医学教授职位。他接受了这一邀请，在那里教授医学课程，并极受听众称赞，其中就有布尔哈夫和米德。在学期结束的时候，他去苏格兰和阿奇博尔德·史蒂文森爵士的女儿结了婚。由于他本地的朋友不愿他离开，因此他不得不辞去了在莱顿大学的教授职位。

他作为一名医师定居于爱丁堡，并在那里有一个名义上的医学教授职衔。他的业务非常出色，有更多的外国医师而不是爱丁堡医师前来向他咨询，这种现象简直是空前绝后。他于1713年10月去世,全国为其举哀。他是医学数学的热切支持者,公开反对医药化学。他以强有力的论证反驳医药化学家的观点,他的崇高声望也使他的观点具有感召力量。因此,他或许可以和任何人比肩的贡献是,给那些曾经风靡整个医学界的一套最不光彩也最危险的观念画上了句号。

关于医学数学家的功绩不在本书讨论之列。但他们的科学精神、勤奋以及博学,无论在哪个方面都远超之前的医药化学家。或许他们的观点与人体真实的结构有出入,他们的实践也不是那么符合理性,或者说不如化学家的实践那么成功。在皮特克恩博士的著述中,最有价值的或许是为哈维的伟大发现——血液循环说——所做的辩护。

布尔哈夫是皮特克恩的学生,之后成为莱顿大学的教授,也是一位热切和成功的医药化学反对者。

赫尔曼·布尔哈夫或许是史上除希波克拉底外最杰出的医师。他于1668年生于莱顿附近的沃尔豪特村,他父亲是那里的教区牧师。十六岁时,他失去了双亲,同时也失去了保护和教诲,身无分文。当时他已经学完了神学以及其他知识科目,这些都是作为牧师必备的,而他也渴望做一个牧师。在忙于这类学习的同时,他靠在莱顿教授学生数学维持生计。当他还在父亲家时,曾以极大的热情刻苦攻读过数学这门学科。但是有传闻说,他信奉斯宾诺莎的学说,反对他的声音一时兴起,因此他认为必须彻底放弃加入基督教会的意愿。[①]之后他转而学习医学,这门科学的分支与他的追求相关,于是马上就全神贯注地钻研起那些令人愉快的科目来了。1693年他被授予医学博士学位,并开始了他的实践活动。他继续教了一段时间数学,直到他行医的收入足以支付他的生活费为止。他将自己大部分收入用于买书上,还建立了一座化学图书室,尽管他没有花园,但仍花大量精力研究植物。他的声名日隆,但积累的财产少得可怜。一位一直受到大不列颠国王威廉姆三世垂青的贵族曾邀请他去海牙,但他拒绝了。他有三位伟大的朋友并且从某种程度上说他的成功得益于这三位朋友,即神学教授詹姆斯·特利古拉德,丹尼尔·阿尔芬以及约翰·范·杰恩·博格,后两位先后成为莱顿的首席地方法官,属于当地的大人物。

① 在一次乘船旅行中,他的一个正统但是不学无术的同伴带着恶意和狭隘攻击斯宾诺莎的理论,布尔哈夫被激怒了,就问他是否真正读过斯宾诺莎的著作。那个辩论者无奈承认说没有看过,但他认为自己在公众面前丢了面子,非常愤怒,于是便向外散播谣言说布尔哈夫信仰斯宾诺莎主义,借此破坏布尔哈夫想做牧师的意愿。

范·杰恩·博格推荐布尔哈夫到莱顿大学做了医学教授。布尔哈夫之所以幸运地升到这个职位是因为1702年杰林考特去世,这对莱顿大学的名声是一件幸事。他不仅公开教授医学课程,而且还习惯于给学生做个别指导。他是一名非常成功的教授,以至于有谣传说他打算离开莱顿大学时,这所大学的校长就将他的薪水提高到了可以挽留得住他的水平。

这些只是财富和名誉的第一波,其他的也马上接踵而至。他先后被任命为植物学教授和化学教授,同时校长职位和院长职位对他也如天降甘霖、毫不吝啬。他在出任所有这些职位期间,都倾尽自己的所有精力、热情和能力,将莱顿大学在所有欧洲大学中的排名中提升到了名列前茅的位置。从各地来的学生蜂拥而至,欧洲的每个国家都向他输送学生,莱顿一时聚满了一大批外地人。尽管他的教室非常大,但是听他课的学生数目更大,于是学生习惯了提前占座,就像在剧场的观众期待一个一流演员的表演一样。他于1738年去世(那时他仍出任三个讲座教授职位),名垂千古。

此处,我们的目的不是介绍作为一位医师、医学教师或者植物学教师的布尔哈夫。尽管他所有的这些才能都无与伦比,相比之下,他的专业实践就显得逊色。以下我们只把他作为一位化学家加以介绍。他的化学体系于1732年分两卷、以四开版本出版,肖博士出色的英译本于1741年印行。该书堪称现有关于化学的最为博学和最具启发性的著作。它是布尔哈夫那个时期已知化学现象和过程的大全,取材来源不少于一千处,涉及的著作既有晦涩的一面,也有神秘主义的另一面。在他的著作中,所有事物都被剥去了神秘的面纱,以最平白易懂的方式表述出来。在他的著作中,化学是一门头等重要的技艺和科学,这不仅对科学如此,对于整个人类也是如此。他给出的化学过程不胜枚举、繁复乏味,而他以一己之力曾重复了每一个过程,世上还有谁能够倾注如此艰苦的努力!书中的许多过程已被人们公认,但是由于他没有区分哪些过程是他自己原创的,和哪些过程是从他人著述中抄录的,因此此书也遭到一些非议,被不大公正地认为是不能完全取信。但该书传达的正确知识是博大的,并且,当我们将它和此前其他任何化学学说相比时,我们就会非常清楚地看出布尔哈夫学说的优越性。

在一段简短但是重要的历史介绍后,他将他的著作分为了两部分,第一部分为化学理论,第二部分为实践过程。

他对化学的定义为:“化学是一门技艺,它教人以完成特定物理操作的方式,如此使感官直接可感知的物体或可间接变得可感知的物体——在容器中并借助适当的仪器——发生转变,由此产生确定的效果,同时发现转变过程的原因,以服务于各门技艺。”

这个定义并没有经过仔细推敲,以便照顾到那些不熟悉化学学科性质和目标的人,使他们能了解化学。它也不符合现代对于化学的定义,但是为了了解布尔哈夫的学说,记住他给出的化学的定义是必要的。因此我们不必苛责他的疏忽和不完美,这只是他在将他的学说呈现给世界时的科学的状态。

在他的化学理论中,他以金属开始,并顺次分述如下:金、汞、铅、银、铜、铁、锡。和此前的记述相比,他关于这些金属的记述尽管还不够完备,但已经算十分完整和令人满意了。之后他叙述了盐类,包括普通盐、硝石、硼砂、卤砂和钒。应该承认,单单列出这几样盐算不得多。但是,在书中的不同部分还介绍了此处没有提到的其他盐类。接下来他记述了硫。此处他提出了白砷,他说它是由钴制得,两百年来没有人知晓。他认为这是真正的硫,但是他没有意识到这是金属态的砷,尽管帕拉塞尔苏斯曾经间接提到过。继而他记述了沥青,其名称不仅包括液态沥青和固态沥青,还包括煤沥青、琥珀色沥青和龙涎香沥青。接下来记述的是石头和土壤,这是该书中最为不足的部分。令人惊讶的是,这一部分中竟然没有提到石灰。接续部分讲的是半金属,包括锑、铋和锌。他知道铁硫化物的组成,但却不知道铜硫化物和锌硫化物的组成。他认为半金属是真金属和硫的混合物,因此将辰砂也归为半金属一类。最后他记述了植物和动物,无需赘言,这部分记述是十分不完备的。

之后他论述了化学的实用性,并指出了它在自然哲学、医学等技艺中的重要性。之后他描述了化学仪器。这是全书最长、最重要的一部分。他首先用许多篇幅记述了火,包括温度计、热量产生的膨胀、蒸汽,以及许多在热科学中得到进一步拓展的基础事物,这些科学萌芽日后成为热科学的最为重要的分支,并被扩展和用于促进不仅是化学的进步,而且是整个人类生存技艺和手段的进步。他所记述的华氏(Fahrenheit)的实验——也即在不同的热度下,搅拌水和汞混合物,然后记录温度的变化——成为了一整套比热学说的开端。尽管布尔哈夫自己不知道这些实验的重要性,或者说他根本就没有在意这些实验。但是布莱克博士后来分析这些实验时发现,这些实验为热学最重要的一个部分奠定了基础。

在接续的部分,他详细记述了燃料。此处,由于布尔哈夫不知道大量此前已经明了的事实,因此他的观点常常错误百出。奇怪的是,在关于燃烧的长篇大论中,他没有提及斯特尔有关于此的独特观点,尽管在他的著述出版前,这些观点已属公知,并且被化学家广泛认同。他的这个疏漏原因何在呢?这几乎不可能是出于无知,因为斯特尔的名望极高,以至没有人会忽视他的观点。我想我们必须假设,布尔哈夫不认同斯特尔关于燃烧的学说,但同时他又认为不必就此介入任何争端。

在接下来的部分,他讲述了不同液体混合时产生的热,包括水和酒精等等。他给出了许多温度升高的例子,并且非常准确地描述了所发生的现象。但是他未能给出这种热释出现象的原因。许多年后欧文博士阐明了这一点,他指出这是由于,当液体发生化学结合,其比热容会降低。在这一部分他还记述了磷,以及硝酸对挥发性油的作用。他总结道,从他所述所有这些现象可知,火元素是一种物质实体。从他对于洪贝格的自然磷和普通磷燃烧实验的解释中,明显可以看出他对空气燃烧的必要条件没有任何概念,并且也不知道弹性流体在宏大的自然现象中以何种方式起作用。

在接下来的部分,他讨论了为达到化学目的而调节火焰的方式。之后他讨论了空气,这部分记述主要取自波义耳。他认为是波义耳和马略特两人发现了空气的弹性定律。我认为波义耳是第一个发现空气弹性的人。法国人习惯于称之为马略特定律。之后他记述了水,最后是土壤,但是甚至在这里也没有提到任何由石灰制得的物质。在化学理论的最后一部分,他以很长的篇幅记述了溶剂,包括水、油、酒精、碱、酸和中性盐。他提到了苛性钾和氨水,但是却忽略了苏打,他还不确知苏打和苛性钾之间的差异。我们也不期望他能给出关于弱的钾和苛性的钾在性质上的区别的具体记述,因为这一现象直到布莱克博士时期才为人所知。他所提到的酸只有乙酸、硫酸、硝酸、盐酸和王水。他还附上了一篇关于万能溶剂或者说通用溶剂的专题论文,但是从他行文的方式上可以清楚地看出,他自己也不相信这些。在书中的实践部分,他的目的在于教授当时所知道的所有化学物质的制备方法。在此他给出了227个过程,对所有的操作都描述得细致入微。这一部分肯定长时间以来被认为是最为实用的一部分,也肯定是学生们长时间以来最常求助的一座实践知识宝库,其中包含了他们感兴趣的每个专题。自布尔哈夫以后,化学的进步如此巨大,今日化学家从事的研究是如此不同,要求的精度是如此之高,以至于他叙述的过程和方法说明,对于现在从事实践的化学学生而言几乎或者了无用处,因为对他而言是必要的知识现在几乎或者已经不再是了。

布尔哈夫做了一系列非常精细的实验,并且反驳了炼金术士关于汞可以被固定的说法。他将一定量的纯汞置于玻璃容器中,在温度远高于100华氏度的环境下放置了十五年。除了一少部分汞不论是何原因变为黑色粉末外,大部分汞没有任何变化。但是在将这些黑色粉末在研钵中研磨后,它又恢复为流动的汞。此实验是在隔绝空气进行的。在密闭容器中重复这项实验,条件是在高温下放置六个月而不是十五年,此外一切相同,结果也一样。

为了说明汞不能像炼金术士推荐的过程那样从金属中获得,他将纯的铅硝酸盐溶解在水中,然后将溶液和氯砂混合,结果产生了铅氯化物沉淀。他将一定量如此得到的铅氯化物放于曲颈瓶中,并向其上倾注高浓苛性钾碱液。这个混合物在96华氏度下反应了6个月零6天,之后在玻璃曲颈瓶中蒸馏,在此期间温度逐渐升至红热,但是没有像炼金术士宣称的那样,观察到有一滴汞蒸发出来。

以撒·杜松子曾说过,通过蒸馏醋可以轻易地从铅盐中得到汞。为了证明这一点,他煅烧了一定量的铅醋酸盐,将残渣研成粉末,并用浓的强碱溶液将其溶解;然后在碱液上铺上纸保存数月,在此期间注意适量补水;最后将液体蒸馏,其间温度逐渐升至红热,但是仍没有一滴汞产生。[①]

以上这些并不是他用这种金属做过的仅有的繁琐的实验。他蒸馏这种金属不少于500次,但没有发现过它有任何变化。当它长期在玻璃容器中被搅混时,会有一种黑色辛辣味粉末产生,这显然是汞氧化物。经蒸馏后,这种黑色粉末就恢复到汞状态。当它被暴露在空气中并在180华氏度下放置数月后,它依然会转变为氧化物;如果温度更高,它会转化为一种红色、辛辣的粉末,这显然是汞过氧化物。但经简单蒸馏后,这种汞过氧化物仍能被还原到汞状态。[②]

布尔哈夫以其雄辩的能力、崇高的声望,以及他的追随者对他所持观点的崇敬,反击医药化学家的观点。他的努力得到了博昂的支持,博昂基于经验和观察两个方面,以及无可辩驳的论证向这些医药化学家的观点发起反击。但彻底埋葬这个化学宗派的人弗雷德里克·霍夫曼,他是迄今最完善、最令人满意医药体系的创始人。他参与到这一行动中来是由于他1683年到访了英格兰,并在那里认识了波义耳和西德纳姆。波义耳是伟大的实践主义者,西德纳姆是当时最伟大的医师,他们都宣称要与医药化学为敌。

① 《巴黎科学院学术论文集》,1734年,第539页。

② 《哲学汇刊》,1733年,第430期,第145页。

第六章　阿格里科拉和冶金术

此前,我一直没有明说但实际的做法是,记述是从帕拉塞尔苏斯开始,后来被范·海尔蒙特和希尔维厄斯大大深化的观念发展史,勾画出这些观念间的相互联系,以及其对医学实践和医学理论影响的图景。如此我一直记述到了18世纪初,但是在最杰出、为化学进步作出最大贡献的人物中,我却忽视了其中一位,我指的是乔治·阿格里科拉。因此,我满怀崇敬地专门写下本章,以记述他和他的直接继承人的劳动成果。

乔治·阿格里科拉于1494年生于麦森的格拉乌卡。当他还年轻时就热衷矿业和矿物,并且经常去波西米亚山,要是有人想说服他放弃他的这项研究是不可能的。事实上,他是作为一位医师定居在约阿希姆斯塔尔的,但是他钟爱的矿业研究却占据了他大部分的精力。他在医学上有所成就却并不热衷它。他因此回到了开姆尼茨,在这里他可以潜心于自己的爱好。他仔细钻研了古人的矿物学著作但并不满足于此,于是亲自去到了矿山,调查矿工如何从不同的矿中开采出矿物并将矿物清洗分类。他收集各种不同的矿石,仔细研究它们的性质,同时也收集关于矿物熔化的方法和从熔化矿物得到纯态金属方法的信息。他收集的这些信息涉及不同欧洲国家矿物的冶炼,而他所生活的时期各国间交流甚少,不像现在,所有的报纸和记者都急于将每一个最新的科技发现快速传送至世界的每个角落,因此这些信息是非常难得的。

阿格里科拉于1555年在开姆尼茨去世,享年61岁。著名的萨克森选帝侯莫里斯曾给他发放了一笔养老金,他把这全部都用在了他的冶金研究上。我们发现,他将在他去世那年发表的著作题献给了选帝侯,日期是1555年4月1日(罗马古历的每月第一日)前14天。他甚至将很大一部分房产用在了他所热爱的研究上。在他早年时,他的言辞十分倾向于新教观点,但在年老之后却开始攻击宗教改革。这招致在开姆尼茨处于统治地位的路德教会的反感,以至于在他死后五天遗体都没有下葬,后来不得不转移到了赛茨,在那里他的遗体葬在了主教堂。

他的伟大著作是专著《坤舆格致(De Re Metallic)》,它分为12卷。在该论文中，他记述了开矿和冶金所使用的每种工具和机械以及所有相关的事物，甚至给出了当时所用装置的所有零部件图。他还给出了所有这些不同用具的拉丁文和德文名称。该著作可以被认为是16世纪已有冶金学大全。书的前六卷记述采矿和熔化。第七卷名为检验，或者说确定可从特定矿石中提取的金属的方法。他的记述十分详尽，以至于他所描述的方法现在依旧被矿工和熔炼工沿用。他巨细无遗地记述了熔炉、隔焰窑和坩埚等，这些和现在依然沿用的几乎一样；并且给出详尽的方法说明，指导如何准备待检验的矿石，必须混入哪些助溶剂，以及为达到预期结果的注意事项。简言之，该卷可被看作是一本全面的检验手册。书中给出的方法在多大程度上属阿格里科拉的原创并不确定。他所做的或许只是收集分散在世界各地的熔炼工的方法，然后将它们整理为一个有序的体系而已，但即使如此它也意义非凡。说化学在金属研究方面取得的巨大进步，在绝大程度上归功于阿格里科拉，这并不为过，并且无疑的是，现代人在矿业和冶金学这些难题上所作出的突破，应该主要归功于阿格里科拉的劳动。

在第八卷中，他描述了矿石的机械处理，以及在空气和炉窑中煅烧矿石的方法。第九卷中记述了熔炉；其中还描述了从各自的矿石中获取汞、锑和铋的方法。第十卷描述了用硝酸和王水将金和银相互分离的方法，制备王水的详细方法，以及采用硫、锑、粘土纯化贵金属的方法。在第十一卷中他叙述了用铅将铜和铁中的银纯化的方法，还记述了熔化和纯化铜的方法。在第十二卷中他描述了制备普通盐、硝石、矾和绿矾或者铁硫酸盐的方法，制备和纯化硫的方法，以及制备玻璃的方法。简言之，阿格里科拉的《坤舆格致》是16世纪任何一部化学专著都难以企及的，这也使得他在化学促进者的行列里名列前茅。

阿格里科拉的其他专著有：《论矿物的本性》，共十卷；《论地下的起源与原因》，共五卷；《论古今大地上的流动》，共四卷；以及《锑；关于矿业的对话》。《论新矿物和老矿物》读来非常有趣。他不仅收集了有记录的所有史实，包括不同金属的第一个发现者以及矿山的第一位矿工，而且还记述了一些其他任何地方都找不到的有趣的奇闻异事，如一些德国最著名的矿藏是如何被发现的。在第二卷中，他以地理学家的视角记录了地球上已知的每个角落，并记述了各地锻造的矿石和发现的金属。我们不能期待在这部历史列表中的所有说法都是精确无误的，否则的话就等于我们承认他掌握的知识比所有人加起来的都多。他不时给出他的一些说法的出处，但也并不总是如此。因此，他说最近在苏格兰发现了一个汞矿，但事实是不列颠任何一个地方都从来没有过汞矿。确实，三十年之前流传过一个瞎编的故事，说在布维克吐温德镇有一个汞矿脉，但是这一传言没有得到任何可信证据的支持。

许多年过后，阿格里科拉描述的许多过程都得到进一步补充。1566年，佩德罗·费尔南德斯·德·韦拉斯科引入了一种用汞从墨西哥和秘鲁的矿石中提取金和银的方法。但是我从没有见过他这个过程的说明文字。阿朗佐·巴尔瓦看上去有理由说是他自己提出了通过煮沸使金矿和银矿混合成合金的方法。巴尔瓦是一位西班牙神父，大约于1609年生活于卓斯卡省的集镇塔拉布科，塔拉布科距离南美洲的普拉塔有8公里远。1615年他在帕萨耶斯省的提亚古堪诺做助理牧师，1617年他生活在秘鲁的勒帕。据说他是安达卢西亚一个小城镇莱佩的土著，多年生活在波托西的圣·伯纳德教堂。他关于金矿和银矿汞齐化法的著作于1640年在马德里以四开本出版，[①]1629年又出了带有附录的新版本，名为《西班牙古代矿山，作者：阿朗佐·卡里约·拉索》。在马德里宫廷里的英国大臣桑威志伯爵于1674年在伦敦出版了这部著作第一部分的英文译本，名为《金属技艺的第一部分：金属的生成及其伴生物》，作者：西班牙阿朗佐·巴尔瓦；出版者：桑威志伯爵。

下一个冶金技艺的促进者是拉萨路·艾克曼。1588年他是卡特伯格的高等出庭律师职业教师，并且在连续三任皇帝期间，担任德国、匈牙利、特兰西瓦尼亚、替洛尔等地的矿藏的监管人。他的著作被译为英语，名为《小赫塔》或曰认识、判断、冶炼、纯化、再纯化和扩展有限金属物质过程中的技艺和性质的理论。附有关于金属术语的短文并饰以蚀刻插图。出版者：佩特斯伯爵，伦敦，1683年，对开本。这个译本非常拙劣。艾克曼以平实的语言记录了当时所使用的所有方法，但没有一个字说到理论和对推理的运用。这是一部杰出的实践著作，但明显可见作者的能力不及阿格里科拉。伯恩男爵在他关于混制合金的论文中提到，唐·胡安·科尔多瓦1588年曾向维也纳宫廷呈交了西班牙人通过混制合金从矿石中提取金和银的方法；但从艾克曼对待科尔多瓦的态度上明显可见，他是一个想法十分偏执的人，并且因自己富有学识而有一种不加遮掩的病态自负。[②]倘若艾克曼肯屈尊帮一下那个西班牙人并向他提供需要的合适材料，那么奥地利人应该早好几个世纪就掌握混制合金的全套工艺。

我将不赘述辛德勒和舒特关于检验的专著，这两部著作的年代要晚得多并且都被翻译成了法语，前者由小若弗鲁瓦翻译，后者由海洛特翻译。其中，海洛特的译本1764年分为两卷、以大四开本出版，是一本十分有价值的书，其中非常忠实、

① 该书名为《金属的技艺，及其对黄金和白银的真正的益处》。

② 《伯恩关于形成汞齐的新方法》，伊图拉斯佩译，第11页。

细致地记述了那个时期已知的所有检验金属和冶炼金属的过程。从那时起,冶金学取得了长足的进步,但是我没有见过任何以欧洲语言精心撰写的著述,能够给读者准确传达当下的各种采矿和冶金过程的状态,而这对于文明社会是重要的。

盖勒特的《冶金化学》在很大程度上是一本出色的书。

第七章　格劳伯、勒莫里和17世纪末的其他化学家

迄今为止，我已经讲述了炼金术士和医药化学家，如此，化学的历史就走进了18世纪。但是在17世纪，还有几位勤奋的化学家，他们通过自己的努力，无论是在扩展这门科学的边界方面，还是在提升科学的普及程度和赢得世人的尊重程度上，都做出了实质性贡献。本章的目的就是记述这些人中最为杰出的几位。

以时间为序，第一位著名人物是约翰·鲁道夫·格劳伯。对于他的事迹我知道的并不是很详细。格劳伯是一位德国药师，一生中大部分时间都在萨尔茨堡、里子根、缅因州的法兰克福和科隆。在他最后的时日，他去了荷兰，但在荷兰的绝大部分时间他卧病在床。他于1668年在阿姆斯特丹去世，去世时年事已高。和帕拉塞尔苏斯一样，他也赢得了世人的尊重，但当时的伽林主义医师对他怀着公开的敌意。这使得他处于各种论战之中，不得不发表了许多申辩信，其中的大部分留存于他的著作中，其中最令人感兴趣的是他给发纳尔的申辩信。格劳伯与发纳尔交流了一些当时十分有价值的个人秘密，发纳尔答应不会告诉任何人。但是，发纳尔违背了他的承诺，公开抨击格劳伯的技术和为人，还提出要把他自己的秘密和盘托出，并且吹嘘说这些秘密都是无价之宝。格劳伯检查了这些秘密并指出它们都毫无价值，只是他自己告诉发纳尔的一些东西。格劳伯为了防止发纳尔将自己的秘密拿去赚钱，就在申辩信中将全部过程都公诸于众。

格劳伯的著作在阿姆斯特丹发表，一部分为拉丁文，一部分为德文。其英文译本于1689年由克里斯多夫·帕克先生在伦敦以大对开本出版。格劳伯是一位炼金术士并且相信万能药。但是他并没有将自己的研究局限在这两个方向上，而且致力于应用化学过程改进药学及其技艺。在他的专著《哲学炉窑》中，他并没有局限于描述窑炉的建造及其用途，而是记述了大量他利用这些熔炉制备药物和化学品的过程。其中最重要的是盐酸的制备，方法是通过将普通盐、铁硫酸盐和明矾的混合物在他描述的一种炉窑中蒸馏而得到盐酸。

他使将各种金属溶解到盐酸中的方法以及得到的氯化物（他称金属之油液）成为公知，并认为这种油液是有价值的药物。他特别提到了金的氯化物，由其制备方

法看,这肯定是一种很强的溶液。他推荐将这种氯化物用作内服药,它可放心服用,最适宜治疗法国发疹、麻风、坏血病等引起的口腔、舌头、喉咙的顽固性溃疡。由此我们可以看出,用金治疗性病不是首创自蒙彼利埃的克雷蒂安。这种金氯化物毒性极强,但格劳伯将其推荐给受煎熬的患者服用时竟然不指定服用剂量,这令人不解。他认为铁的倍半氧化物是对恶化的溃疡和癌症的最有疗效的药物。由此我们可以看出,后人推荐的用铁治疗癌症的疗法其实早已有之。

他还提到汞的氯化物(显然是其腐蚀性的升华物)药性作用剧烈,说他亲眼看到过一个妇女在外科医生的指导下内服之后马上毙命。他最先确认锑脂就是氯和锑的复合物,而在他之前人们一直认为其中含有汞。

格劳伯描述了用蒸馏铁硫酸盐得到硫酸的方法,还记录了获得铁硫酸盐和铜硫酸盐晶体的方法,并且大大改进了利用明矾从硝石中获取硝酸的方法。他具体指出制备雷爆金方法的一个特殊细节。他说这种雷爆金在药学上用途很小,但是他给出了由雷爆金制取一种红色含金酊的方法,他认为这种含金酊是最有效的药物,其实这种酊即金氯化物。要分析在这部专著中描述过的所有与《哲学炉窑》有关的令人感兴趣的事实与制备方法要占去许多篇幅,但若不厌其烦熟读的话,它也会令人受益匪浅。17世纪所有的药典都大量盗用这部著作的内容。该书的第三部分十分有趣。由此可见,格劳伯认识到硫溶液施用于皮肤有特效,并且预见到各类蒸汽或气体浴的作用,这种方法在本世纪才被引入维也纳等地,并被视为是开创了一种新的、重要的治疗技艺。在第四部分中,他不仅描述了阿格里科拉和艾克曼已经详加描述过的检验技术,还给出了制备玻璃的方法,以及使玻璃着色以仿制珍稀石头的方法。第五部分具有特殊意义,其中描述了封口玻璃容器的制备方法,坩埚的制造及其品质,以及使土制容器透明的方法。格劳伯的另一个小册子是《矿物学工作》,其目的是说明从燧石、沙土和其他矿石中借助盐精(即盐酸)分离出金的方法,否则就不能完成净化,并且说明制备万能药或者说普适锑药的方法。这种万能药是锑的次氧化物的焦酒石酸溶液,格劳伯夸大其词地记述了这种万能药在根除恶性疾病特别是各种皮肤出疹上的疗效。《矿物学工作》的第二部分和第三部分都与炼金术有关。在名为《人间奇迹》的小册子中,他的目的是写一首的颂歌,他是这种盐的发现者并将其命名为奇迹盐。他在说到这种新发现的盐时遣词高调、令人失笑,折射出那个时代的精神,以及至今依旧萦绕在那些最刻苦、最冷静化学家心头的、挥之不去的梦想。奇迹盐是一种泻药,作为泻药其特点鲜明,药效温和,并且在迄今试过的所有泻药中可能是最有效的。不仅如此,它还是一种普适药或万能药,包治百病。格劳伯并未只是如此说说而已,而且还指明了他认为合适的它在各种技艺和制备中的用途。正是在这本小册子中，他给出了奇迹盐的性质的最完整记述。

对格劳伯其他小册子，以下我将仅止于给出名字。其中的每一个都包含在此前其他化学著述中没有记录过的非常重要的化学事实。但是，将这些事实相互联系在一起是不必要的，因为普通读者对此不大会感兴趣。

(1)《航海者的福音》。这部著述中记述了可使水手以小体积携带更多营养物的方法，即将麦芽中的汁液蒸出，出海时携带干燥过的提取物。这种方法在现代仍得到使用，并且人们发现这种提取物是治疗坏血病的有效药物。他还推荐用盐酸治疗口渴和坏血病。

(2)《从酒的沉淀物中提取良效塔塔粉的完整描述》。

(3)《德国的繁荣:第一部分》。在这一部分中格劳伯描述了葡萄酒、玉米和木材，以及使这些物质较目前更有效用的途径。

(4)《德国的繁荣:第二部分》。此部分说明描述了硝石使矿物富集并将其转化为金属态和有益物质的途径。

(5)《德国的繁荣:第三部分》。此部分介绍了如何从显而易见、唾手可得的各种物质中以最容易、最多产的方式提取硝石；并且简单地解释了帕拉塞尔苏斯的预言，大致意思是说，这个北方的狮子会以何种方式建立或者培植他的政治或公民王朝，帕拉塞尔苏斯自己也不会在坟墓里空守寂寞，并且数不尽的财富将滚滚而来。同样，就像帕拉塞尔苏斯和其他人曾预言的，在最后的日子，来者中有艺术家伊莱雅思，他公开了大量的秘密。

(6)《德国的繁荣:第四部分》。该部分披露了许多不为人知和实用的秘密，它们甚至可供国民生产使用。这部分还给出了几种从矿石中提取美食以及制备金制饮剂蜜饯的有效方法。紧接着的是一篇小论文，其中提到了他的实验室和该实验室教授(为了有益人类的公共利益和福祉)演示的许多此前鲜为人知但可使人人获利的诱人的秘密。

(7)《德国的繁荣:第五部分》。该部分清楚、具体地说明了什么是炼金术，它有什么用处，以及如何使它惠及德国的大部分地区和世界各地。该部分的写作和出版是为了上帝的荣耀，为他赐予的所有美好；为了所有德国伟人的荣耀，为他们在国民健康、福祉和抵御外来侵入上所做的贡献；也为了所有该国真心臣服和顺从的国民的荣耀。

(8)《德国的繁荣:第六部分》。这是最后一部分。该部分中对于第五部分已披露的秘事，不仅进一步展开做了详细的说明，而且表明，这些秘事对于抵御土耳其人的侵犯是需要清楚认识的头等大事。其后给出一个示例表明,将不完美金属通过盐和火转化为较完美金属,既有特殊方法也有普适的方法,这是确定无疑的。个中诀窍不是别的,只是掌控火的知识,若有人不信,花24小时做个实验便知此说不谬。

(9)《格劳伯宝藏:第一部分》。该部分中对许多过程的叙述都十分神秘甚至隐晦。

(10)《格劳伯宝藏:第二、三、四、五部分》。

(11)《化学的新曙光》。其中展示了此前从未见诸世间的一种新发明,也即点石成金的方法。对格劳伯实验结果的最自然解释是,在他的方法中,或许金先已存在于他所采用的某种反应物中。

(12)《炼金术师药方或者说处方》。该书主要论述药物尤其是他特有的药物,其中他最为推崇的一种是秘制卤砂或曰氨的硫酸盐。他描述了制备这种盐的方法,即将氨溶于硫酸直至饱和。他告诉我们,这是帕拉塞尔苏斯和范·海尔蒙特最常用的方法,他们称之为万能溶剂。

(13)《火之书》。其中充满不解之谜。

(14)《金属的三大原质,即硫、汞和哲人盐,以及这三种物质在医药学、炼金术和其他技艺上的有益用法》

(15)《对话短书》。主要讲述了炼金术。

(16)《富裕女神普洛塞尔皮娜》

(17)《技师伊莱雅思》

(18)《由三种火制成的三种珍贵的石头》

(19)《哲学家的炼狱》

(20)《哲学家的神秘之火》

(21)《关于动物石的专题论文》

约翰·孔克尔于1630年生于斯莱斯维克公爵领地(the Duchy of Sleswick),作为一位化学家他获得了很高的声名。他的父亲是一位经营贸易的化学家,或者说药材商。孔克尔年轻时在药材生意上投入了极大精力,他还刻苦钻研不同的玻璃制作过程,对于金属检验也有特殊兴趣。1659年,孔克尔成为劳恩堡县弗朗西斯·查尔斯公爵和朱利叶斯·亨利公爵的管家、化学家和药材主管。在这种情况下,孔克尔检验了许多虚假的金属转化手段,并且进行了许多重要的研究。鉴于此,在朗格劳特博士和沃格特顾问的举荐下,他受萨科尔森选帝侯约翰·乔治二世高薪邀请,做了这位选帝侯的实验室主管。之后他去了柏林,又做了选帝侯弗雷德里克·

威廉姆的化学家，在选帝侯去世之后，他的实验室和玻璃作坊被意外焚毁。随后，孔克尔又被瑞典国王查尔斯六世从柏林邀请到了斯德哥尔摩，并受封贵族称号。孔克尔于1703年在这里去世，享年72岁。孔克尔最伟大的发现是从尿液中提取磷的方法。这种令人好奇的物质是由化学家勃兰特于1669年在汉堡首先发现的，他当时尝试从尿液中提取一种可以使银转化为金的液体。勃兰特将这种物质的一个样本拿给他的熟人孔克尔看，孔克尔把这一现象作为一条新闻告诉了他在德累斯顿（后来他定居于此）的朋友卡拉夫特，卡拉夫特听完后直接去了汉堡，以200个银币（rix-dollar）从勃兰特手中将这一秘密买下，同时严格要求勃兰特不再将这一秘密告诉其他人。很快，卡拉夫特在不列颠和法国向公众展示了磷，他是否收费我们不得而知。孔克尔曾向他的朋友卡拉夫特提到过想掌握这一过程的意愿，但出于对卡拉夫特背信弃义行为的恼怒，他想要尝试自己发现这个方法。虽然他从勃兰特那里得知的只是磷是从尿液中提取出来的这一点，但经过三四年的辛苦劳作他还是成功了。正是因为这一成就，起初在磷的俗称中加入了“孔克尔”的名字。

1678年，孔克尔发表了一篇关于磷的专题论文，其中描述了磷的性质，这在当时是非常引人关注的课题。在该文中，他认为磷是具有一定疗效的物质，并且给出了一种内服磷药丸的配方。因此，人们惯常认为的将磷这种危险的物质引入药物是近代的发明这一观点是错误的。孔克尔或许还熟悉硝酸酯。孔克尔最有价值的著作是关于玻璃制备的专题论文，它被翻译为了法语，直至18世纪末还是当时已有的关于玻璃制备的最佳读本。他的最重要著作如下所列。

（1）《关于固定盐和挥发盐、饮用金和银、黄铁矿精华等物质的观察，以及金属、矿物、沥青的颜色和气味》。这个小册子于1678年在汉堡发表，之后被多次重印。

（2）《关于矿物、植物和动物三大王国中化学原质、酸、固定盐和挥发盐的化学，兼及它们的颜色和气味等，并附录对非统一体炼金术的批判一文》

（3）《关于磷制健神露和光亮闪闪的磷药丸，以及对先前称硝酸现在称自然精血的公开说明》

（4）《对酒精中不含酸一说的驳斥信》

（5）《关于酸和尿素的试金石，冷的和热的盐》

（6）《玻璃制备技艺》

（7）《物理化学实验学校》[①]

尼克劳斯·莱默里是第一个完全揭去化学的神秘面纱、将其以质朴的面貌向世

① 最后一部著作我从未见过，但是它一定具有很大的价值，因为舍勒最初的入门知识就是从该书中学到的。

人展示的法国人。他获得了很高的声名，对科学的贡献巨大，值得我们特别关注。他于1645年11月17日生于鲁昂，他的父亲朱利安·莱默里是诺曼底议会的律师，是一位新教徒。莱默里在小时候就偏爱化学，并找到了在鲁昂的一位药材商亲戚，希望能获得科学的启蒙，但是之后发现从他那里一无所获，于是在1666年离开这位亲戚去了巴黎，寄宿在格拉泽家中，当时格拉泽是皇家植物园的一位化学演示者。

依照当时化学家一词的（当时是非常模糊的）语义，格拉泽是一位真正的化学家，他不愿意同他人交流自己所掌握的知识且离群索居。两个月之后，莱默里厌恶地离开了住所，下决心去法国旅行，并尽最大努力从懂化学的人们那里汲取知识。他先去了蒙彼利特，并寄居在当地的药材商维山特家中。他对当时的处境十分满足，以至于一直在那里居住了三年之久，在此期间，他一直在实验室辛勤工作，并且给同住在维山特家中的许多年轻学生教授化学。在这里他的名声日隆，时常有蒙彼利特的医学教授以及当地的一群好奇者围绕在他身边观察他的实验。也是在这里，他在医学实践方面取得了很大成功。

在游历了整个法国之后，他于1672年回到了巴黎。在这里，他时常参加当地举办的各种科学会议，很快就因其化学知识而闻名。几年后他有了自己的实验室，开始研究药材，并且举办化学方面的公开讲座，很快他的讲座就吸引了大量的外国学生来参加。例如，我们听说有40位来自苏格兰的学生专程来巴黎听他的讲座和杜瓦尔尼先生关于解剖学的讲座。他实验室中制出的药物在当时十分流行，为他赚了很多钱。据说，他制备的化妆品精制铋试剂（或珍珠白）所赚的钱足够他买房所花的钱。1675年他出版了《化学理论》，这无疑是当时最出色的化学著作之一，在短短几年中就有众多的再版，并被翻译为拉丁文、德文、西班牙文和英文。

1681年，格拉泽因为宗教观点陷入了麻烦之中。路易十四当时正处于最辉煌的时候，但被他的牧师们完全掌控，于是极力要消灭他统治范围内的改革后的宗教。事实上，从英格兰查尔斯二世臭名昭著的行为及其继位者的偏执中，他看到了自己的出路，于是急于自救，也想一并彻底根除改革后的宗教，将欧洲重新带入罗马天主教的黑暗统治之中。

1683年，莱默里发现此时是去英格兰的有利时机。在英格兰，他得到了查尔斯二世的优待，但是英格兰当时正处于宗教和政治的动荡之中，这种状况直到革命后五年才停止。鉴于这种状况，莱默里发现离开英格兰回到法国更为有利。他在诺曼底的卡昂得到了博士学位，之后又回到了巴黎，重新从事医药学和外科实践，兼做药剂师和化学讲师。1685年，南斯法令被废除，当时詹姆斯二世向路易十四保证说他决意推翻现存宗教,使大不列颠重新处于教皇的统治之下。莱默里不得不停止了一切活动,隐姓埋名以免遭迫害。有感于继续做一名清教徒的希望渺茫,于是他于1686年改变了宗教信仰,成为一名罗马天主教徒。他这才时来运转,得到宫廷和教会的善待和保护,不再像先前那样受到他们的迫害。1699年,科学院重组时,莱默里被聘请为助理化学家,在伯德林去世那年年底前,他成为了一个领养老金者。莱默里于1715年6月19日去世,享年70岁。

除了已经提到过的《化学理论》,莱默里还出版了如下著作:

(1)《包括医学中采用的所有医药制备方法的万用药典》。

(2)《按字母顺序排列的简单药物通论》。

(3)《论锑及锑矿的化学分析》。

除此之外,还有五篇文章刊印于1700年到1709年之间的《法国科学院专题论文集》,即:

(4)《关于地下火、地震、飓风与雷电的物理及化学解释》:该文的解释基于如下事实,也即当大量铁屑和硫酸混合时会释热和燃烧。

(5)《樟脑》。

(6)《蜂蜜及其化学分析》。

(7)《牛尿及其医用效果和化学分析》。

(8)《关于腐蚀性升汞的思考和经验》。从该论文可以看出,在1709年莱默里写作时,人们认为腐蚀性升汞是汞、硫酸和盐酸的混合物。莱默里的说法——只要加热汞和烧爆的盐的混合物就可制得腐蚀性石灰令人难以解释。极有可能他采用的盐不纯,因为从他的记述看,蒸发后蒸馏瓶瓶底的残留物(他说残留物呈现红色)肯定含有铁过氧化物或者汞过氧化物。

莱默里留有一子,同样也是法国科学院院士,小莱默里是一位积极的化学家,写有多种论文,其中力图对化学现象给出机械论的解释。

在莱默里时期,法国科学院中的另一位活跃的化学家是威廉姆·洪贝格,他于1652年1月8日生于爪哇的巴达维亚。他的父亲约翰·洪贝格是萨克森的一位绅士,在三十年战争中被尽数剥夺了财产。约翰在一个亲戚的照料下接受了教育之后,在荷兰东印度公司工作,并成为巴达维亚兵工厂的主管。在那里他和一位军官的寡妇结了婚,二人育有四子,其中威廉姆是第二个孩子。

他的父亲从印度工厂辞职后,携妻带子回到了阿姆斯特丹。年轻的洪贝格的学习热情极高,全身心钻研法律,并于1674年取得马格德堡的律师资格,但是他对科学和自然史更感兴趣。他就近收集了一些植物,并熟悉它们的名称和用途。他在晚上研究星星,习知每个星座的名称和位置。于是他通过自学成为了植物学家和天文学家。他制作了一个中空透明的天空球体模型,借助这个球体中的光,所见主要恒星的相对位置和天空中的位置相同。

奥托·格里克当时是马格德堡的市长。他因关于真空的实验和发明的气泵而闻名遐迩。洪贝格与奥托·格里克成为了朋友,尽管这位哲学家有神秘倾向,但得益于洪贝格对他天赋的钦羡,就向他说明了自己的秘密,或是禁不住洪贝格的追问也就和盘托出。最后,洪贝格对律师这一行感到极度厌倦,于是离开马格德堡去了意大利。他在帕多瓦逗留了一段时间,在此期间他专心研究了医学、解剖学和植物学。在博洛尼亚他检验了著名的博洛尼亚石,之前这种石头的性质几乎已被人们忘记了,他成功地从其中得到了引火物。洪贝格在罗马与马克·安东尼·西利欧有密切的合作,后者因打磨出望远镜用的大块玻璃而闻名。他同样也不忽略绘画、雕刻以及音乐,这些艺术门类在当时的意大利胜过其他国家的艺术。

之后,洪贝格先是离开意大利去了法国,随后到了英格兰,在英格兰他在波义耳的实验室中工作了一段时间。当时,波义耳学派是欧洲最声名卓著的学派之一。这以后他去了荷兰,在德·格拉芙手下学习了解剖学。探望过他的家人之后,洪贝格去到了威腾伯格并在那里取得了医学博士学位。

在此之后,他去拜访了鲍尔温和孔克尔;鲍尔温和孔克尔各自分别发现了磷,他向他们请教了有关磷的更准确的知识。洪贝格以奥托·格里克的气象仪作为交换,从孔克尔那里得到了磷的知识。奥托·格里克的气象仪现在已尽人皆知,它可以指示空气中水分含量的高低:如果空气干燥,就有一个小人从他的房子中走出并站在门口,空气潮湿时则不露面。他之后参观了萨克森、波西米亚和匈牙利的矿山,他甚至去了瑞典并参观了那里的铜矿。在斯德哥尔摩,他在一个化学图书馆工作,后来国王重建该图书馆时,洪贝格和耶拿二人对图书馆的建设作出了巨大贡献。

此后洪贝格第二次去了法国并待了一段时间,在此期间和巴黎的科学家交往密切。他的父亲强烈要求他回到荷兰做一名医师并定居下来,最终洪贝格同意了。就在离开的那天,当洪贝格正在整理包裹的时候,他听到科尔伯特带来的国王的口信:只要他同意留在法国将会有诱人的回报。在经过慎重考虑之后,洪贝格还是选择留了下来。

1682年,洪贝格改变宗教信仰,成为罗马天主教徒,因此他父亲剥夺了他的继承权。1688年他去罗马行医并取得极大成功。几年之后他又回到了巴黎,并因知识渊博和成就显著而获极高声誉。1691年他成为科学院院士并成为科学院实验室的主任，这使得他可以不遗余力的开展化学研究。1702年他为奥尔良公爵工作，公爵给予他一笔养老金，并令其掌管当时一所最宏伟、最完善的实验室。奥尔良公爵还送给他著名的契恩豪斯火镜，这使他可以观察到之前只能靠猜测的许多测量点。

1704年，奥尔良公爵选他做了首席医师并对他恩宠有加。因得到国王的特别恩准，这一任命并未迫使洪贝格离开巴黎，他也未辞去在科学院的职位。1708年洪贝格和结交已久的朋友、著名的杜达的女儿结了婚。几年之后他得了痢疾，治愈后仍反复发作。1715年，洪贝格因痢疾剧烈发作于9月2日去世。

洪贝格的知识在每个科学领域都超乎常人。他有大量的化学论文，虽然那是个科学不断进步的时期，但能够得到化学界关注的化学论文还是寥寥无几。他在1771年《科学院专题论文集》第238页的论文中描述的引火物的制备方法是：将人的粪便和明矾混合后，再在火上烘烤得到干燥粉末；将此粉末置于长颈瓶中加热至红热，直到所有的可燃物都被驱除。任何易燃物都可以替代人类粪便，如树胶、面粉、糖和木炭等。当将少量这种引火物放到纸上后，它很快就起火并引燃纸张。大卫是第一个解释这种引火物的性质的人。明矾因吸收空气中的氧气而转化为钾，继而生热，如此引燃了粉末中所含的木炭。

洪贝格发表在《科学院专题论文集》中的论文共31篇，分别见于1699年到1714年的各卷中。

若弗鲁瓦是与莱默里和洪贝格同时期的科学院的院士，只是比他们二位活的时间长些。他是一位活跃了许多年的化学家，值得我们在此述及。

斯蒂芬·弗朗西斯·若弗鲁瓦于1672年2月13日生于巴黎，他父亲是当地的药剂师。当他年轻时，巴黎那些最杰出的科学家们定期在他父亲的家中聚会，他通常在场。这在很大程度上促进了他对科学的追求。在这之后，他在巴黎学习了植物学、化学和解剖学。1692年，他父亲送他到蒙彼利埃，在一个经验丰富的药剂师家中学习制药，而这位药剂师那时也将自己的儿子送到了巴黎，让他们在老若弗鲁瓦家中学习制药。在此期间，若弗鲁瓦在那里的大学听了各种课程并很快以化学家知名。在蒙彼利埃待了一段时间之后，他沿着海岸线游历了那些主要的海港。1693年，他到了圣马洛，当时这里了受到大不列颠舰队的轰炸。

1698年，塔拉尔伯爵被任命为去往伦敦的特派大使，他选择了若弗鲁瓦做他的医师，尽管他还没有取得医学学位。若弗鲁瓦在伦敦和许多人结下珍贵的友谊，并被选为皇家学会的特别会员。之后他离开伦敦去到了荷兰，1700年又去了意大利，在这里他以医师的身份服务于德卢瓦先生。若弗鲁瓦的主要兴趣一直是自然史和医药物质。1693年他报名参加了一次考试并取得药剂师资格。但是他自己的目标是成为一名医师，然而他的父亲认为他应该当药剂师，这在某种程度上规划了他的教育。最后他向父亲说明了自己的意愿，并得到了父亲的同意。1702年，他取得了医学学士学位，1704年取得了医学博士学位。

1709年他成为皇家学院的医学教授。1707年他开始在皇家植物园的费根举办化学讲座，并在有生之年一直讲授这门重要的课程。1726年他被任命为医学院的院长，两年任期已满之后，他又获连任。当时，巴黎有一宗医师和外科医生的诉讼案件，这无异于是一场两败俱伤的内战。在诉讼期间中，若弗鲁瓦因处事平易近人而成为医师这一派的领头人物。1699年他成为科学院的院士，1731年1月6日去世。

若弗鲁瓦所有化学工作中最重要、能在科学年鉴中被人记得的成就是，1718年面世的以表格形式示出的化学物质顺序表，[①]后来这种方法得到大大扩充和改进。现在这类表被称为亲和力表，尽管这种表在之后的几年中被人忽视，但如果构造得恰当，它也算得上是具有重要性的一种观点。

若弗鲁瓦是第一个将制备普鲁士蓝的方法传授给法国化学家的人，这如同伍德沃德博士将该法传到英国一样。

克劳德·约瑟夫·若弗鲁瓦是斯蒂芬·弗朗西斯·若弗鲁瓦的弟弟，同样是科学院的院士，也是一位积极的化学研究者。他的许多化学论文发表在《科学院专题论文集》上。他给出了格劳伯已知的卤砂的组成。他通过向挥发油中加入硝酸做了许多挥发油的燃烧实验。他解释了那种认为某些水能够将铁转化为铜的似是而非的说法，并且说明在这种情形下，铜先溶解在了酸的水溶液中，铁只是起到沉淀铜的作用，而自身却溶解于液体并与酸结合。他指出了绿色、蓝色和白色三种硫酸盐的成分，说明前两种硫酸盐分别是硫酸和铁氧化物及铜氧化物的结合物，最后一种是菱锌矿石（lapis calaminaris，锌碳酸盐）和硫酸的结合物。他还有一份报告研究了锑、吐酒石及硫氧锑矿的催吐作用，但这更多属医学而不是化学。他通过实验确定了塞涅特盐或者罗谢尔盐的性质，表明它是塔塔粉剂被苏打碳酸盐中和后的结晶产物。令人称奇的是，布尔杜斯当时也发现了这一现象。我只介绍了小若弗鲁瓦的一小部分论文，因为尽管这些论文给他带来了名望并对化学的进步有贡献，但其中没有一项可称得上是科学进步的标志并在人类历史上开创了一个纪元。出于同样的原因，我也略去了其他几个人，这些人在更详尽的化学史中应有一席之地。

---

① 《巴黎科学院专题论文集》，1718年，第262页；1720年，第20页。

第八章　为建立化学理论所做的尝试

维鲁拉姆男爵培根早在17世纪就指出过化学研究的重要性，他还预言，当这门科学发展扩大到一定程度后人类会从中获益匪浅。但是培根自己既没有尝试创建化学理论，也没有尝试突破那时人们对化学的认识范围。尽管波义耳所做的研究非常重要，并且他相对摆脱了炼金术士的偏见，尽管他在《怀疑派化学家》中所做的观察结论对于推翻，或至少是加速推翻当时盛行的荒谬化学观点、关于动物功能的不成熟的假设以及基于此理论建立的病理学和治疗方法，起了巨大的作用，虽则如此，但他也没有尝试过建立化学理论这种事情。公正地说，尝试构建化学理论的第一人是毕彻。

约翰·约阿西木·毕彻于1635年生于德国斯派尔斯，是那个时期最为杰出的人士之一。正如他自己告诉我们的那样，他的父亲是路德教会一位博学多识的传教士。因为毕彻在年幼丧父，加之他所生活的那片德国地区在三十年战争中几乎成了废墟，他的家庭也一贫如洗。但是他渴求知识，并想方设法自学可以获得的任何书籍，由此积累了大量知识。之后他游历了德国、意大利、瑞士和荷兰的绝大部分地方。

1666年，他被门兹大学聘为医学方面的公共教授，并很快做了那里的选帝侯的首席医师。以此身份他定居在了慕尼黑，选帝侯给他提供了一所完好的实验室，但是他很快就陷入了困境，好景不再，不得不离开。他逃到了维也纳避难，凭借其财政知识受聘到亲岑多夫伯爵家做管家，并且通过这位伯爵受到宫廷的极大器重，因此也成为新成立的商业学院的院士，并获得皇家商贸顾问和管家职位。但是在这里他同样很快为自己树立了许多敌人，以至于不得不携妻带子离开维也纳去往荷兰，并在1678年定居于哈林。他在哈林同样取得了成功，但是在维也纳的敌人也追到了哈林并强迫他离开荷兰。我们发现，1680年他在大不列颠调查苏格兰铅矿以及熔炼技术；1681年和1692年他穿越康沃尔，研究那个矿产大郡的矿物和熔炼技术，并提出了一些改进建议。在此之后不久，梅克伦堡公爵居斯特罗通过亲岑多夫伯爵向毕彻提了一个对他有利的合作建议，但是他所有的计划都因他1682年去世而结束。有人说毕彻死于伦敦，但是我没有找到任何这方面的证据。

想要具体指明毕彻所作的各种发现并非易事，因为这些发现散见于大量著述中。毫无疑问他是硼酸的发现者，但人们通常将该发现归在洪贝格名下；[①]可是洪贝格既没有记述过硼酸，好像也没有提到过硼酸的性质。下面开列了毕彻的著述。

(1)《冶金学或金属的自然科学》。

(2)《化学教育》。

(3)《帕拉塞尔苏斯医药学阐明》。

(4)《俄狄浦斯化学：化学教程》。

(5)《慕尼黑化学实验室技术，自然的奥秘》。在毕彻的所有著述中这是最重要的一部，人们通常称其为《自然的奥秘》。在1703年出版的此书的莱比锡版本上只出现了这一名称，另外还有附在书前面的斯特尔的一个长篇幅的引言。此书共分为7部分。在第一部分中他叙述了世界的创始，第二部分他以化学语言记述地球上恒常发生的运动和变化，第三部分中他论述了所有物质的三种本原，他称之为土。第一种本原是金属和石头的本原，称为可熔性或者石性土；第二种本原是矿物的本原，称为油性土，俗称为硫；第三种本原是流体性土，俗称为汞。第四部分中他论述了隐匿性本原的作用或曰混合体(mixt)的形成，第五部分中他论述了混合体的三种气体的溶液、动物、植物及金属，第六部分中他论述混合物并给出了它们的化学成分。此部分非常令人感兴趣之处在于，它反映了毕彻关于化合物组成的观点。由此可见，较之任何一个同时代人，他对化学的真正目标的认识要清楚得多。在最后的第七部分中他论述隐匿性物质的意外事件以及常规疾病。

(6)《眼见如实的新化学实验：快速人工转化金属》。这是对《自然的奥秘》的第一次补充。

(7)《自然的奥秘的第二次补充：关于金属转化的真理性与可能性的哲学证明或化学论证》。

(8)《荷兰狄和毕彻的三叶草》。

(9)《自然的奥秘的第三次补充：关于新奇和永久砂矿的实验，作者如何从金沙中提取金的操作方法，以及从中获取的收益》。

(10)《化学幸运大全或曰伟大的化学协议：一千五百种化学过程汇集》。

---

① 在第六篇化学专题论文中，在《自然的奥秘的第二次补充》的第791页(斯特尔版，莱比锡，1703年)他说："像加热挥发性盐(sal volatile)一样，可以使用矾油(oleo vitrioli)，酒石油(oleo tartari)，或加入硼砂"

(11)《愚蠢的智者和聪明的傻子》。

(12)《自然的意志》。

(13)《赫尔墨斯的广为流传的三大化学预言;即,1,见于实践和实例中且适用真正炼金技艺或紧迫工作的便携实验设备。2,世界的中心或赫尔墨斯的链接,即分别得到验证的伟大的碱和盐的结构。3,对应24个字母表的矿物的起源、构造和分析,以及其与月之水银的符合》。

(14)《化学蔷薇园》。

(15)《潘达雷昂·迪拉瓦达斯》。

(16)《毕彻和兰斯洛特等人的化学通信》。

毕彻的伟大功绩在于其关于化学理论的构想,即通过该理论将所有已知的事实都相互联系起来,并依据一个一般的原理对现象加以推理。他的理论被斯特尔接受并做了很大的修正。他也是出自德国的最为杰出的人物之一。他个性乖僻傲慢,但是,虽然为人如此不堪,他仍跻身屈指可数的一流科学家之列。并且,他具有罕见的甚至是独有的好运,能做到同时研究、开拓两个不同的重要学科——化学和医学,并在这两个学科中提出定律,却不使自己对一个学科的观点影响到自己对另一个学科的观点。以下首先简述这位科学家的生平和工作,之后给出他的理论的概要。

1660年,乔治·欧内斯特·斯特尔生于安斯帕克。他在耶拿的乔治·沃尔夫冈·韦德尔的指导下学习医学,在23岁时取得了博士学位。在此之后不久,他作为公共讲师开始了自己的职业生涯。1678年,魏玛公爵封他为宫廷医师。1694年,在弗雷德里克·霍夫曼的力邀下,他被聘为刚成立的哈雷大学的二级医学教授。霍夫曼和斯特尔当时是至交,但后来二人翻了脸。这两人都天赋极高,都创立了自己的医药理论体系,也都渴望得到支持。霍夫曼的最大特点是风格优雅、思路清晰,显得彬彬有礼,使人如沐春风。斯特尔的风格是晦涩或者说有神秘主义倾向,这或许是由于他的乖僻,但正是因为如此,和霍夫曼的令人亲近继而令人心生崇敬的品格一样,斯特尔在学生眼里并且事实上在整个世界也赢得了尊敬。

他在哈雷斯特尔持续任教20年。1716年他被任命为普鲁士国王的医师。受命于此,他离开哈林并定居柏林。他于1734年在柏林去世,享年75岁。不消说,斯特尔确实是一位伟大的化学家,但没有任何证据表明他曾在任何公共学校教授过这门学科。柏林科学院是在莱布尼兹的主管下建立的,他是首任院长,因此斯特尔定居柏林时他也在世。但是,直至1745年弗雷德里克大帝重修柏林大学,柏林科学院举办过的活动都极少,因此斯特尔几乎没有机会参与化学学术活动。但是,他1720年定居柏林时发表了《化学实验与推理》。他的《化学基础》的前言中标注的日期也是1720年,但是从这个前言的一些说法看,我认为它不是由斯特尔撰写的,而是另有他人。[①]我怀疑这本书是由他的某个学生根据他在哈雷大学的讲座写的。如果事情确实如此,那么斯特尔肯定曾在柏林大学教授过化学和医学。

和他的化学理论一样,斯特尔的医学理论也值得一谈,虽然本书的目的不是深入研究药学。斯特尔和与范·荷尔蒙特一样将所有疾病的起因归为灵魂的作用,灵魂不仅是身体的模型,而且还是统治者和调节者。当这些功能中的任何一项发生紊乱时,灵魂就会发挥作用,将它们调节回健康状态。用通俗的话说,灵魂发生作用的方式就是疾病。医师的工作不是防止疾病的发生,也不是在其发展初期就使它停止,因为这些都是灵魂的职能(vis medicatrix naturœ),即恢复紊乱的功能。但是医师必须观察这些疾病,防止疾病症状变得恶化。医师必须协助灵魂达成预期的效果,并在疾病症状不正常时监督它的运作。后来,这一理论的某种修正形式,或者更像是斯特尔理论和霍夫曼理论的混合体形式,被卡伦用来在爱丁堡讲授,并大受欢迎。就这些观点作为一种医学理论对于医学实践的影响而言,其影响在某种程度上如今依然普遍存在。事实上,医师所遵循的常规实践,在很大程度上受他们所受到的这方面的教育的影响,而这些常规实践就是由这两个理论推衍出来的。深入考察这方面的任何细节偏离了本书的主题,只要注意到下面这一点就够了:霍夫曼和斯特尔这两种竞争的理论即使不能说是将整个欧洲的医学世界一分为二,但在德国确实如此。像哈雷这样一所成立未久的学校能够同时拥有霍夫曼和斯特尔两位杰出的教师,的确是一件值得骄傲的事。

现在我们讨论斯特尔的化学著述。在他的化学著述中最重要的是《化学实验基础》一书。和布尔哈夫的《化学》一样,这部著作分为理论和实践两个部分。此书读来佶屈聱牙,因为其中满是德文字词,而且按照当时的习惯,时不时就用符号代替文字。

斯特尔对化学的定义也比布尔哈夫更加准确。根据他的理论,化学是将化合物分解成其组分,再将这些组分结合成化合物的技艺。

斯特尔信奉布尔哈夫的理论,认为物质的本原有四种。混合物是这些本原物质的化合物,他通过排列组合的方式说明,如果物质的本原有四种,那么混合物共

---

① "在他们之中是炽烈和热情的毕彻,我们看到,随着他们的伟大劳作,化学分析和合成技艺取得了巨大的进步。"——斯特尔

有40340种。他在书中首先讨论了混合物、化合物和聚集物。

化学的首要主题是腐败，其次是生成。就此他做了长篇大论，讨论不同的化学过程以及其中应用的仪器。

之后斯特尔讨论盐，他认为盐是水和土的混合物，二者为简单、纯态并且紧密结合在一起。这些盐包括硫酸盐、明矾、硝酸盐、普通盐以及卤砂。之后他讨论了更多的盐类化合物，包括糖、塔塔粉、动物身上的盐、矿物中含的盐以及生石灰。

随后是硫、辰砂、锑、硫酸盐、硝酸盐、树脂和精馏油。之后他论及了水并将其分为普通水（aqua humida）和水银（aqua icca）。接着是土，这也分为两类，第一种是易碎土，例如粘土、肥土和沙土等，第二种是金属性土，也即金属的碱。

斯特尔之后论述了金属。作为引子他先描述了金属的熔化方法，以及熔化不同金属的操作方法，随后顺次描述了如下金属：金、银、铜、铁、锡、铅、铋、锌和锑。

在这部分中增加了三节内容。第一节论及了汞，第二节论及了哲人石，第三节论及了万能药。我们不能认为斯特尔相信这些理想化合物的存在，他的目的只不过是要记录炼金术士热衷的那些不同制备过程的历史。

这部著述的第二部分分为两册。第一册分为三节。第一节论及了固体和流体及溶液和溶剂的性质，讨论了如下过程的作用：热和火，泡腾和沸腾，蒸发，熔化和液化，蒸馏，沉淀，煅烧和焚化，爆炸，合金化，结晶和浓缩，物质的固定和加固。第二节记述了盐，盐的生成和转化，硫和易燃性，磷，颜色，金属和矿物的性质。在这部分中，他给出了这些物质的简要定义，并且说明了如何认识它们的方法。他所定义的物质有金、银、铁、铜、铅、锡、汞、锑、硫、砷、硫酸盐、普通盐、硝石、矾、碱类和盐，以及盐酸、硫酸、硝酸和亚硫酸。

在第三节中，他论及了还原金属性生石灰的方法，从烧过的石头中分离出金属的方法，制备人造宝石的方法，最后是使铜呈金色的方法。

第二册分为两个部分。第一部分又分为四节。第一节中论及了在化学运动、火、气体、水和最隐匿的土或曰盐等相关过程中的仪器。第二节论及了一些专题（de subjectis），题目包括溶解和研磨中的解聚和团聚，以及煅烧和燃烧。第三节论及化学的目的，题目包括化学腐败，从液体所得化合物的组成，固液分离，混合物，以及由固体所制化合物的溶解。第四节论及了发酵。

第二册的第二部分论及了化学生成，分为两节。第一节中论及了将物质富集为固体和液体的方法。本节中在挥发性物质和固体物质标题下论及了合成物。在第二节中记述了混合物的结合。

这部详尽著述的第三部分也是最后一部分讨论了三个主题,即发酵过程(zymotechnia)、盐的性质及生成(halotachnia)及燃烧过程(pyrotechnia)。在此部分斯特尔发展了他的燃素理论。同时,该部分看上去是有人根据斯特尔的讲座记录下来的,因为它由拉丁文和德文混杂写成。斯特尔自己根本不可能写这样一部斑驳不堪的著作,但是如果他在做讲座时遵循当时的普遍习惯以拉丁文进行,自然就有可能有忙于做笔记的人尽可能用拉丁文将内容记录下来。其间,若是有某个拉丁词组漏下了或者说没有马上记起,那么记录者自然就只能用其最熟悉的语言——德语将教授所说的记录下来了。

斯特尔的另一部著述名为《化学物理医药成就》,它于1715年以四开本在哈雷出版,是一部大部头著作。这部著述包括许多分册,一部分记录的是化学,一部分记录的是医药学,但此处没有必要将其分开讨论。或许在整部著述中最令人称奇的是他的一篇专题论文,其中描述了摩西如何将金犊(the golden calf)研成粉末,用水溶解后令以色列的孩子们喝下。他还告诉我们,硫肝(hepar sulphuris,钾的硫化物)溶液有溶解金的性质,他以实验得出结论说这就是摩西使用的机巧。在这部著作中,我们还发现他有一篇相当详尽的专题论文讨论冶金学的焰色反应和鉴定方法。这更令人称奇,因为斯特尔从没有到过德国的矿山或者熔炼作坊,所以他肯定是从书中和实验中获得这些信息的。

斯特尔的另一部著述《实验、发现及评论》,于1731年在柏林以八开本出版。他的另一著述名为《毕彻的研究工作》。他还有两部化学著作,即《论硫》和《论盐》,我只看过它们的法语版本。我读过的斯特尔的著述就是这些。或许他还有其他著作。事实上,我还看到过其他一些标明作者是斯特尔的化学著作,但它们是否真的是斯特尔所著令人怀疑,我想也就没有必要在这里特加说明了。

斯特尔的著作表明,在毕彻之后化学确实取得巨大进步。但是要想分辨出在他的著述中首次出现的那些新的特殊现象是他发现的,还是另有他人,并非易事,因此我不打算在此一一列举。和他的前辈相比,他的论证更加精细,他的观点涉及范围更广且更加深刻。他引入化学的最大改进,是采用燃素说来解释燃烧和煅烧现象。这一理论是由毕彻提出的,显然斯特尔借用了他的观点,但是斯特尔将其加以大大改进和简化,以致可以说这就是他的理论。确实,人们称之为斯特尔理论,斯特尔本身也因此而跻身化学家的最前列。在斯特尔之后的三四十年内,化学家的唯一目的就是阐明并扩展他的理论。斯特尔理论可以顺理成章地用于解释所有已知的化学现象,并得到实验的支持,这件事情具有决定性意义,以至于没有人想过要质疑这一理论,或者说在考察自然时采用斯特尔没有指出过的其他方式。因此,在继续进行本书的历史概述之前,先向读者描绘简要介绍一下燃素说理论是必要的。

毕彻和斯特尔都认为,所有的易燃物都是化合物。他们设想,在燃烧过程中有一个成分消失了,而另一个成分依然留存。当易燃物处于燃烧状态时,它的一部分生成酸,另一部分生成一种固体粉末状物质,这种粉末状物质具有土的性质,人们称之为易燃物的金属灰。燃烧后能够残留金属灰的易燃物是金属,残留酸的易燃物是硫和磷。对于那些不能燃烧的物质,之前的化学家起初并未考虑过,但是后来他们认为这类物质本身含有燃烧后残留的固体。因此结论自然是,这类物质经历了燃烧。因此石灰具有和金属灰十分相近的性质,也就是说石灰可被视作金属灰,继而可知,如果燃烧过程中消失的成分可以恢复到原有状态,那么石灰就可以转化为类似于金属之类的物质。

根据上述观点,燃烧性取决于一种原质或者实体性物质,它存在于每种易燃物中,并在燃烧过程中消失。不论是何种易燃物,其中含有的这种物质是完全相同的,因此易燃物之间的区别,在于和这种物质结合的另一种原质不同,或者是和这种共同物质结合的其他原质的数目不同。考虑到这种同一性,斯特尔发明了“燃素”一词用以指称易燃物中的这种共同原质。伴随燃烧出现的各种现象都取决于这种原质的逐步分离,它一旦分离出来,易燃物中残留的部分就不是可燃烧物质了,但是仍然类似于其他种类的物质。正是这个由毕彻提出的理论,也即认为可燃性是由于燃素的存在,以及燃烧现象与燃素释出有关,得到了斯特尔清晰的阐发,其真理性也得到斯特尔的先进实验的有力支持,最后,人们将其称为斯特尔理论。

所有易燃物中燃素的同一性建立在决定性观察和实验的基础上,因此当人们承认燃素的存在后,理论总是符合现实的。当磷燃烧时会放出强光,并且伴随有大量的热量释放,磷在白烟中消散。但是,当燃烧反应在一个适当的玻璃容器中进行时,白烟会在玻璃瓶中贮存,并迅速从大气中吸收水分,转化为酸溶液,即磷酸。如将磷酸溶液置于铂坩埚中逐渐加温至红热,水汽慢慢蒸发,冷却后会有一种类似于玻璃的透明无色物质保留下来,此即干磷酸。如将磷酸和一定量的木炭粉末混合,将混合物置于玻璃曲颈瓶中充分加热,并且防止外界空气进入,则一部分木炭或者全部木炭都会消失,生成的磷具有其燃烧前同样的性质。从这一现象中得到的结论似乎是无可辩驳的,也即,木炭或者说部分木炭和磷酸结合,两者共同作用促生了磷。

在磷酸转化为磷过程中,我们可选择几乎是任一种易燃物,只要它能够释出所需的热量即可。结果都是相同的,磷酸都会被转化为磷。除了灯黑木炭外,我们可以选用糖、松香,甚至是几种金属。因此可以得出结论,这些物质都含有一种共同的本原物质,它可以和磷酸进行物质交换。因为生成的新物质都是相同的,所以本原物质和磷酸交换的物质也必然是相同的,因此易燃物含有的本原是相同的,也即燃素。

硫燃烧后转化为了硫酸,如将硫酸和木炭、磷甚或硫共同加热,硫酸会再次转化为硫。有几种金属也会产生相同结果,原因和磷酸转化为磷的原因相同,因此结论也是相似的。

当铅在敞开的空气中被加热至接近红热,并保持一段时间后,期间不断施加扰动以使铅表面接触到新鲜的空气,铅就会转化为一种艳丽的颜料即红铅,这就是铅的金属灰。为使这种金属灰转化回金属状态,我们只需将其和任何可燃物混合加热即可。沥青煤、泥煤、木炭、糖、面粉、铁、铅等都含有同一种本原物质,当它们和红铅交换物质后,红铅就转化为铅。这种共同的本原就是燃素。

这些例子足以向读者表明,斯特尔是如何证明所有可燃物中燃素的同一性的。这种证明如此完美,以至于所有化学家都无一例外地接受了这一观点。

当我们进一步追问,并着手探究燃素在分离状态下的性质时,就会发现该理论对此的解释难以令人满意,说法也游移不定。毕彻和斯特尔认为,燃素是一种干燥的物质,或者说具有土性。其粒子非常精细,基本处于扰动的状态,因而以一种不可思议的速度运动(斯特尔称其为螺旋运动)。任何物体中都受到扰动,取决于这种运动的剧烈和迅疾程度,物体呈现发热、着火或者燃烧等现象。

燃素具有土性这种非常粗略的说法,或许是从大多数最易燃物质不溶于水这一现象推断得出的。除酒精、乙醚和树胶外,很少有可燃物能够溶于水。众所周知,金属、硫、磷、油、松香、沥青和木炭等是不溶于水的。因为这些物质中含有大量的燃素故而不溶于水,而毕彻和斯特尔在世时期不溶于水是土性物质的一个特征,所以即使其中所含的其他成分极易溶于水,那么也自然就可以得出结论说燃素是土性的。

尽管化学家关于燃素在分离状态下的性质和特点的观点令人生疑,但是燃素的存在以及所有可燃物中燃素的同一性是没有疑问的。燃素的存在与否决定了物质经历的几乎所有变化。因此化学和燃烧在某种程度上是一回事,燃烧理论也就被认为是化学理论。

金属是金属灰和燃素的化合物。金属种类的不同取决于其所含的金属灰种类的不同，有多少种金属灰（每种金属灰既是简单的也是独特的）就有多少种金属。金属灰可以和燃素以任意比例结合。金属灰和少量的燃素结合时会依然保持其土性外观，如再添加一定量的燃素，金属灰会被还原为金属状态。某些金属灰（如锰的金属灰）如能够与大量的燃素结合，则会破坏金属灰的金属外观并且使其不再能溶于酸。

金属灰和燃素之间存在强的亲和力，但金属灰中含燃素量少时，这两者的结合能力大大增强。如果我们将金属灰中的燃素去除干净，那么就很难再使金属灰和燃素结合，或者使金属灰恢复到金属状态，因此还原锌的金属灰和铁的红色金属灰异常困难。

物质的各种颜色取决于燃素，颜色随着燃素含量的变化而变化。

在很早之前，人们就观察到当金属转化为金属灰时其质量会增加。尽管毕彻和斯特尔知道这一现象，但是这并没有对他们的观点产生任何影响。波义耳似乎不知道燃素理论，尽管这一理论在他去世之前就已经被提出了。波义耳讲述过一个他做过的关于锡的实验。他将已知重量的锡置于开口的玻璃瓶中，并用火加热使其熔化，直至一部分锡转化为金属灰为止，他发现此时系统的重量增加了。他讲述这一实验的目的是为了证明热的物质性，在他看来，一定重量的热和锡结合使得重量增加了。这一观点和斯特尔的理论并不一致，因为锡不仅仅是增加了重量，还转化为了金属灰。因此认为金属灰是锡和热的结合只是波义耳的理论。如此说来，说锡的金属灰是失去了燃素的锡就不可能是对的。

在斯特尔之后不久，燃素学家遇上了这一难题，他们通过给燃素赋予新的性质来回避这一问题。他们认为燃素不仅使得重量变轻，而且被赋予了一种浮升原质。由于这种性质，含有燃素的物质较其不含燃素时更轻，当燃素从中逸出后物质的重量会增加，这就是为什么锡的金属灰要比金属锡更重的原因。锡重量的增加不是波义耳认为的有热量固化在了金属之中，而是因为燃素从中逸出了。

这些化学哲学家就这样修改了燃素的性质，但他们并没有意识到，赋予燃素一种浮升原质也就否认了他们先前赋予燃素的其他性质。什么是重力？重力是将不同物质相互吸引并保持结合在一起的吸引力吗？有什么理由相信化学吸引力和物质具有的其他吸引力性质不同？那么，如果燃素可以减轻质量，燃素就不可能对其他物质有吸引力。如果燃素被认为是浮升原质，它必然具有排斥其他物质的性质，因为这是该词的题中应有之意。但是若燃素具有排斥所有物质的性质，那么它又是如何固化在可燃物中的？它必定是与金属灰或者酸相结合的，后者是这些物质的其他原质。先前推论说不能有这种结合，现在是存在结合状态，则必有一种吸引性原质存在于燃素和这些基底物质之间，也即，物质中存在一种与浮升原质相反的原质。

因此，金属灰比形成金属灰的金属重这一事实彻底推翻了燃素说。之所以在知道这一现象之后，燃素说依然被人认可，唯一的原因是，在这个化学的早期阶段，人们在实验过程中很少做重量平衡，因此重量的变化不被人注意或被完全忽略。后来，拉瓦锡引入了一种更加精确的实验方式，它要求将实验前物质的质量和生成物的质量相比较。他还采用波义耳的实验方法，用汞做了类似实验，彻底推翻了燃素说。

斯特尔在柏林建立了燃素大学，他在这个首都城市的成功得益于许多化学家的帮助，他们对改进这门科学的贡献也不逊色，其中最为著名的是诺依曼、波特、马格雷夫和埃勒。

卡斯帕·诺依曼于1682年生于德国的朱理豪。他在早年就得到普鲁士国王的恩惠，受宫廷资助游历了荷兰、英国、法国和意大利。在此过程中，他有机会结交这些国家的杰出科学家。在1724年回国后，他被聘请为柏林的皇家生理和外科学院的化学教授，每年在这里开一门课程。此后直至去世，他一直担任皇家实验室主任和普鲁士国王的药剂师，处境优裕。他于1737年去世。他是皇家学会的院士，他有几篇论文发表在这个富有学术传统的学会的会刊上。这些用拉丁文写成的论文如下所列。

(1)《樟脑分析》。

(2)《论高卢烈性酒的有待实验验证的性质以及广为人知的谬误》。

法国、英国、汉堡和格但斯克(Dantzic)的一些商人掌握一种他们认为是屡试不爽的方法，它可从众多烈酒中检验出哪一种是法国白兰地。白兰地是一种暗黄色的液体。当向玻璃杯中的白兰地滴入一两滴测试剂时，玻璃杯底会呈现出绚丽的蓝色，此时若摇动杯中的白兰地，整个液体就会呈现蔚蓝色，但是，如果测试的烈酒是麦芽制烈酒，则不会出现蔚蓝色。诺依曼阐明了，这种测试剂是一种铁硫酸盐的水溶液，呈现蓝色的原因是白兰地曾在橡木桶中盛放过，因此其中融入了一部分的单宁酸。任何一种在橡木桶中盛放过的烈酒在滴入测试剂后都会呈现蓝色。

(3)《论盐的固定碱》。

(4)《论麝香》。

(5)《论龙涎香》。

他在德国发表的其他论文如下。

发表在《历书》上的是:

(1)《论蚂蚁和橄榄的蒸馏油》。

(2)《论似琥珀的蛋白》。

发表在《波若林尼西亚杂志》上的是:

(1)《沉思,关于血红色腐蚀的两个观察》。

(2)《放逐的波美拉尼的简述:在沼泽里看见的血之预兆》。

(3)《论波美拉尼的血之奇迹》。

(4)《关于樟脑的研究》。

(5)《高卢烈酒的有待实验验证的性质》。

(6)《论腐蚀性尿液的蒸馏物》。

(7)《紫罗兰糖浆的液体不在下面的验证》。

(8)《检验橄榄油时的校正法》。

(9)《有关碱和盐在暴露的中性空气条件下的腐蚀性和转化性》。

单独发表的是:

(10)《论樟脑和盐的固定碱》。

(11)《论琥珀、鸦片、丁香和海狸香》。

(12)《论硝石、硫、锑和铁》。

(13)《论茶、咖啡、啤酒和红酒》。

(14)《龙涎香研究》。

(15)《论普通盐、塔塔粉、卤石及蚂蚁》。

诺依曼死后,他的两册化学讲座得到出版。第一册于1740年在柏林印刷出版,其中包括一个诺依曼的学生的笔记,混杂有出自其他一些作者的毫无条理的内容。另一册是由朱理豪孤儿医院(诺依曼出生于此)的出版商印行的,据说其内容来自于诺依曼的手稿。路易斯博士出色地翻译了第二册并对其加以补充和改正,1759年将其在伦敦出版,名为《卡斯帕·诺依曼的化学著述》,作者为柏林的医学博士、化学教授和皇家学会会员等,经删减和重新整理,增加了许多近期的化学发现和进展以及其所依赖的技艺,译者为威廉姆·路易斯,医学学士和皇家学会会员,伦敦,1759。这是一部杰出的著述,其中的许多内容现在看来依然有价值,更不用说从那以后化学的每一分支所取得的进展了。

我有理由相信,该书翻译和编辑工作的费力部分是由路易斯博士雇来的助手奇蔻姆先生完成的。奇蔻姆先生年轻时曾经在阿伯丁念大学,然后来到了伦敦,此时他已经具备了充分的应用希腊语和拉丁语的能力,但是却无法解决自己的温饱。他一到伦敦,吸引他注意力的第一件事就是在一家书店的橱窗中翻开的一本希腊文著作。奇蔻姆走到了橱窗前久久伫立,细细读完了他眼前书页上的所有希腊文字。恰逢路易斯博士也在这家书店里,他一直想物色一个年轻人来管理他的实验室和参与他的实验过程,这个年轻人还应该具有足够的学识,能给他阅读化学著作,收集所有应该知道的无论是新奇或是有创意的东西。奇蔻姆的外表和举止打动了路易斯博士,他想这个年轻人很有可能符合他的这些要求。于是他将这位年轻人叫到了书店里,经过一番交谈后,就将奇蔻姆带到了家中,让他成了自己终身的助手和实验员。奇蔻姆是个勤劳刻苦的人,通过长时间在路易斯实验室中的工作,他很快掌握了丰富的化学知识。他编辑了几册手稿,部分内容为他自己的实验,部分搜集自其他作者。路易斯博士去世后,其所有著述被拍卖,也包括这几册手稿。老韦奇伍德先生买了这几册手稿,同时还让奇蔻姆做了他的助手,并让他掌管他的实验室。奇蔻姆先生是那台著名的仪器——韦奇伍德高温计的建造者。在他去世之后,该仪器的建造依然持续了一段时间,但是许多人抱怨说有些零件发生了不同程度的收缩,所以小韦奇伍德先生(他在其父亲死后继承了陶器场)就此停止了所有部件的建造。

约翰·亨利·波特于1692年生于哈尔伯施塔特。他是霍夫曼和斯特尔派学者,他对化学的趣味深受斯特尔的影响。波特定居柏林,在此他担任了皇家医药学和外科学院院长助理,药物监察员,皇家实验室主任,柏林科学院院长。他被选为柏林的理论化学教授,1737年诺依曼去世后,他接替诺依曼成为实践化学教授。他无疑是那个时期最有学识、最勤奋的化学家。确实,他的博学非同一般,从他一篇论文的引言中关于历史的部分,可看出他博览和有机会涉猎的主题有多么广泛。我常感吃惊的是,伯格曼在给波特的论文作序所写的前言中,有些历史介绍竟是盗用自波特。波特的《石鉴》是他那个时期最杰出的著作。这部著作缘起于普鲁士国王要求弄清楚撒克逊人所制造瓷器的成分。波特未能从德累斯顿获得关于这些物质性质的任何令人满意的信息,于是他下决心对所有可能是这项制瓷技艺中用到的物质都进行化学检验。他测试了火对单一的或是按不同比例混合的各种石头、土和矿石的作用。六年中他至少进行了3000次实验,奠定了这些物质的化学基础。[1]我们应感谢波特的这部著作,它使我们掌握了热对土类物质及其混合物的影响的知识。波特发现,在他能够提供的任何温度下,纯的白色粘土或者白色粘土和石英砂的混合物都不会熔化。但是粘土和石灰或者铁氧化物混合时则迅速熔化。粘土和等重量的硼砂混合时也很容易熔化,此时形成一种致密物质,其质量仅为粘土的一半。但若粘土与质量为其三分之一的硼砂混合后,则不会形成凝结的坚硬物质。粘土和萤石混合时也很容易熔化,与两倍的铅的低氧化物混合,或与等质量的石灰硫酸盐混合时,它都可以熔化,但以其他比例混合时则不能熔化。正是关于在火中发生的相互作用的知识逐渐促成了用吹管检验矿石的方法。法伦的技术顾问盖恩将这种方法进一步完善到现在的状态,该项工作的结果由贝采里乌斯发表在关于吹管的专题论文中。波特于1777年去世,享年85岁。

除《石鉴》外,波特的化学著作由德玛尔奇收集并翻译为法文,于1759年以四卷、小八开版出版,其中共收入化学论文32篇。在现代化学家看来,这些论文中的一部分还算是不一般,例如,在1737年出版的《法国科学院专题论文集》中,迪阿梅尔报道了有关普通盐的一系列实验,他基于实验推断,普通盐的主要成分是一种固定碱,其性质与苛性钾不同,当然也就需要用一个特别的名称对其加以区分。我们只需知道苏打一词后来就被用来指称这种碱就可以了,现在这个名称已经众所周知。波特在一篇关于普通盐的精心写作的长篇论文中试图要反驳迪阿梅尔的这些观点。后来马格雷夫也研究了这一课题,他通过一个决定性实验表明,普通盐的主要成分是苏打,苏打和苛性钾在性质上有很大区别。

波特关于铋的论文具有重大意义。他的论文中汇集了之前化学家关于这种金属的所有说法和观点,并且详细、准确地描述了其性质。他关于锌的论文也是这么做的。

布罗库塞尔的约翰·西欧多尔·埃拉于1689年11月29日在安哈尔特-贝恩堡公国的普勒兹库出生。他是约布斯特·赫尔曼·埃拉的第四个儿子,他的父亲来自当地一个受人尊敬的家庭,其祖先是威斯特伐利亚和荷兰一带相当富裕的商人。埃拉幼承父训,接受了基础教育,之后进入奎德林堡大学,又在1709年去了耶拿大学。他被送到耶拿大学的目的是学习法律,但他的兴趣在于自然哲学并因此而专心学习哲学。于是埃拉又从耶拿去了哈雷,最后因仰慕老阿尔比努斯、森杰教授和

① 这部著述有一个法语译本,名为《包括黄玉和皂石在内的关于石头和土的一般化学分析,以及关于火和光的专题论文》,巴黎,1753。延续这部著述还出版了第2卷,在第2卷中,第1卷中的所有实验都以列表形式呈现。

著名的布尔哈夫(其时布尔哈夫正处于事业的巅峰)的大名而到了莱顿。那时莱顿唯一的实践解剖学家彼得鲁已八十岁高龄,无法进行教学活动。于是埃拉去了阿姆斯特丹,在拉乌门下学习,并且考察了勒伊斯解剖学博物馆。不久,彼得鲁去世后,拉乌受命接任了他的职位,埃拉也跟着他到了莱顿,跟拉乌学习解剖学直到1716年。在拿到了莱顿大学的学位后,埃拉回到了德国,花费了很长时间研究和检验萨克森和哈特兹的矿物以及与之相关的冶金过程。在研究了这些矿物之后,他去了法国,在德·维尔内和温思罗指导下重新开展解剖学研究。他在化学方面也投入很大精力,他时常出入格劳斯、莱默里、博尔达克及洪贝格的实验室,这些人都是当时巴黎最杰出的化学家。

埃拉从巴黎又到了伦敦,在那里他结识了许多如星星般装点那个城市的杰出药师。1721年回到德国后,他被任命为安哈尔特—贝恩堡公国弗雷德里克王子的医师。之后他又从贝恩堡去了马格德堡。1724年普鲁士国王将他召至柏林,让他在刚刚建立完成的解剖学阶梯式讲堂中讲授解剖学。很快他就被任命为国王的医师和刚刚成立的皇家药物学及外科学院的顾问和教授。他还被任命为高等医药大学的院长、军队医师及宏伟的弗雷德里克医院的医师。1755年弗雷德里克大帝任命他为自己的私人顾问,这是一个普鲁士医师能够得到的最高职位。同一年,他被任命为柏林皇家科学院的院长。他于1760年去世,享年71岁,一生结过两次婚,他的第二任妻子比他活得更长。

埃拉的许多化学论文发表在《柏林科学院专题论文集》上。这些论文的发表在当时足以为他赢得很高的名望,但这并不足以促使我花篇幅将其一一列出。我没有发现他有任何值得我们赞许的化学发现,我之所以对他加以简述是因为,他与波特和马格雷夫来往密切,在弗雷德里克大帝那个辉煌时期,这三人是如星星般在柏林上空闪耀的著名化学家。

爱德华·西吉斯孟德·马格雷夫于1709年出生在柏林,父亲是柏林的一名药剂师。他从父亲那里学到了一些化学的基本原理。之后,马格雷夫师从诺依曼,后为寻求知识游历了法兰克福、斯特拉斯堡、哈雷和弗赖堡,当回到柏林时,他学到了所有当时存在的他热爱的科学知识。1760年埃拉去世后,他接任柏林科学院自然科学部主任一职。他连续发表了大量化学论文,因此而声名日隆。在这些论文中,每篇都报道一个或多或少是重要的基于实验得出的新化学现象,因此一般都令人满意和信服。和其他化学家相比,马格雷夫的论文与舍勒的论文最为相似。在某种程度上他可以被认为是化学分析的开创者,因为在他之前,几乎没有人尝试过物质的化学分析。不难理解，他的分析方法并不是特别完善，他也没有尝试分析定量的结果。他关于从尿液中提取磷的实验具有很高的价值，这些实验第一次阐明了磷和磷酸的概念。他第一个确定了钒土（现在称铝氧化物）的性质，表明钒土就是矾土，它存在于粘土中，而且给出了矾土具有的独特性质。他阐明了苏打的独特性质，以及波特曾置疑过的普通盐的主要组分，因此证实了迪阿梅尔的结论。他给出了一种从银氯化物中提取出纯银的简易方法，也即，将纯银氯化物溶解在苛性的氨溶液中，再向溶液中加入足量的纯汞，银很快就被还原并形成汞齐，随后将汞齐在红热的火上加热，则汞逐渐蒸发，纯银残留下来。还原银氯化物的常规方法是将其与足够重量的苛性钾碳酸盐一同在坩埚中加热。这一过程是孔克尔首先推荐的。但问题是以这种方式还原银氯化物很难避免银的损失。现代利用氢将其还原的方法，无疑是最简单和最好的：将少量锌片放在啤酒杯底，向杯中加入一定量的稀硫酸则发生泡腾作用，如此氢气就会释出。在同一个杯子里，如在锌片上再放上银氯化物，则银氯化物很快被产生的氢气还原并转化为金属银。马格雷夫于1782年去世，享年73岁。

直到1762年，马格雷夫的著述才被整理及翻译为法文并在巴黎以小八开本分两卷出版。两卷中包含26篇论文，这其中最令人好奇、最重要的是那些特别加以详细说明的东西。自此以后，他的其他论文发表在《柏林科学院专题论文集》上，其中特别的是《关于通过酸在不猛烈加热的条件下从酒石中获取固定碱性盐的可能性的说明》一文。或许正是由于这篇文章使舍勒在几年之后发明了著名的制备酒石酸的方法，这种方法在修正之后被制造商一直沿用至今。

在《关于通过酸的作用使得萤石（或曰 flosse， flusse 及 hesperos）部分蒸发的值得注意的观察》一文中，波特已经指出过萤石作为助熔剂的功用。在马格雷夫的论文出版三年以后，舍勒发现了萤石的性质，这使化学家们首次注意到了氟酸的特殊性质。

1699年在法国，一些化学家主要受科学院建立的政策的影响，一直以培育、扩展和发展化学为职，并且相互间存在竞争。自斯特尔理论在法国完全被接受之后直至其可信性被动摇之前，这些化学家中最杰出的是列奥弥尔、海洛特、迪阿梅尔、卢勒和马凯。除了这些在科学院的主要化学家之外，还有几位化学家值得我们关注，他们的发现也值得记录下来。

德·列奥米尔爵士或雷内·安东尼·弗柯先生于1683年生于罗谢尔，称得上是他那个时期最杰出的人物之一。他先在罗谢尔学校学习，之后在一位普瓦解的耶稣会士指导下学习哲学。因为这个原因,他的一个在布尔日神圣教堂做大教堂教士的叔叔邀请他到了布尔日。这时他才十七岁,本来他的父母是满怀信任地把他托付给了他们的弟弟,却不知这位年长弗柯许多的弟弟完全没有以一个长者的责任和睿智尽责。在这里,他全身心投入到了数学和物理学中,并在不久之后欣然去巴黎改进自己在这些方面的天赋。他很幸运地遇到了一位亲戚朋友——韩诺校长。这两人都一样热衷研究,渴求知识,珍惜名誉和正直,并且天赋极高。

列奥弥尔1703年来到了巴黎,1708年进入了科学院,当时瓦格尼翁先生的助手一职出缺,邵林举荐他担任了该职。

列奥弥尔的第一篇论文刊载在《科学院专题论文集》上,这是一篇几何学论文,在文中他给出了一个找出曲线极限点的一般方法,即对于一段直线的一个端点而言,当其另一个端点在沿曲线通过表面时,通常该端点必通过前一端点。一年之后,他发表了一篇关于变换的几何学论文,但这是他的最后一篇数学论文,因为科学院委派他对各种技艺进行研究,而他对自然史的偏爱也占去了他绝大部分精力。他作为博物学家的第一项工作是研究贝壳的形成。当时人们不知道贝壳是像动物一样通过同化摄取的方式长大,还是通过不断的外部添加而增长。通过细致的观察他发现,贝壳是通过添加新的部分而生长的,这就导致贝壳颜色、形状和大小各异。他以观察贝壳形成的方式观察了蜗牛,发现了一种特异的昆虫,这种昆虫不仅依靠蜗牛生存,而且一直寄居在蜗牛壳内,直到蜗牛将其赶出来才离开。

同一年中,他还发表了一篇关于蜘蛛丝的有趣论文。伯恩的实验已经表明,蜘蛛会吐出一种有用的丝。但人们不清楚的是,是否可以饲养这些蜘蛛用于生财,以及是否可以大量繁殖以产出足以供人们使用的丝。列奥弥尔着手研究了这个难题并发现,蜘蛛攻击和杀死同类,无法一起饲养。

列奥弥尔进行的下一个研究,是观察海洋生物是采用何种方式固定自己的身体,并且随意解脱依附的。他发现,为达到这一目的,有些海洋生物身上有大量的丝、翼或鳍,而且海星拥有的可以将自身吸附在固定物体上的肢体数量多得惊人。其他海洋生物用一种接合剂将自己的身体粘附在要固定的物体上,另一些海洋生物通过在身体和固定物体之间形成真空来附着自己的身体。

在此期间,列奥弥尔在普瓦图沿岸发现了大量蛾螺(buccinum),古人用其制作紫色染料。他还观察到,一些贝壳类动物堆砌的石头和圆形的小沙山脊上覆盖着卵形的小颗粒,一些呈白色,另一些则呈微黄色。于是,他用衬衫的袖子收集了一些小颗粒并压实,以便能够用其中的水分保持湿润。半小时后,他有些惊喜地发现,在潮湿的底部形成一种水洗也不会褪去的漂亮的紫色。他收集了许多这种微粒,然后带回他的实验室中,用亚麻布将这些微粒包裹成不同的小包裹,以便将其捣碎和压榨;出乎意料的是,在两三个小时之后,湿润的地方没有颜色变化,但是,尽管当时天气是多云,在窗户上有两三个石膏点,由于有液滴溅于其上,却变成了紫色。当这些亚麻布包被放到窗边时,同样变成了紫色。这是由于光作用于液体因而使亚麻布被染了色。同时他还发现,当将这种发色的液体满满地放在小瓶中时,液体颜色不会改变;如果瓶中的液体不满且密封不紧密的话,液体就会变色。这些现象表明,紫色是由于光照和氧气共同作用于贝壳动物液体的结果。

大约在这个时候,他还对机械工感兴趣的一个问题进行了实验:绳子的强度和其中所有纤维的强度的叠加相比是大、是小还是相等。列奥弥尔的实验结果是,绳子的强度比所有纤维的强度的叠加要小。因此可以得出结论,一段绳子和许多直纤维的叠加不同,叠加越多绳子强度越大。这个在当时被看做是古怪的力学悖论后来被迪阿梅尔阐明。

在海边居住的人普遍认为,螃蟹和龙虾等动物的螯因为某种原因失去之后还会长出新的,用不了多长时间这些动物就会完整如初。科学家将此视为笑谈,他们认为这与哲学的真观念相悖。列奥弥尔对此做了实验验证。他将这些动物的螯取了下来,将其放在海水中单独待足够长的时间,结果新螯很快就长了出来,并且完美地替代了原有的螯。因此那个俗见得到了证实,而那些半吊子科学家的轻蔑取笑只是无知而不是知识的表现。

列奥弥尔在尝试解释电鳐产生电流的原因时,并没有像前面那样幸运。我们现在知道,这是因为电鳐体内有特殊的部位可以产生电流。列奥弥尔通过解剖表明,这种电击是由于电鳐体内肌肉的特殊结构可以产生迅疾反应所致。

绿松石因其绚丽的颜色,从古至今一直受到人们的喜爱。这种珍贵的石头产自波斯,它在当时被认为是世界上唯一出产这种石头的国家。列奥弥尔就此开展了一系列实验并发现,朗格多克的一种化石在加热到一定温度时会呈现出同样漂亮的绿色,与波斯的绿宝石无异。现在我们知道,真正的波斯绿宝石(矿物学者所说的芦木)与被铜着色的类化石石块差异极大。因此,列奥弥尔在很大程度上是被这些实验所蒙蔽了。但在当时,化学知识还不完善,因此他不可能对绿宝石进行化学分析并确定其组成。

大约在同一时期,他还对仿造珍珠进行了研究,他仿造的珍珠和真珍珠十分相似,单从外表分不出真假。他表明,能给假的珍珠赋予颜色和光泽的物质取自一种法语称为able或者ablette的小鱼。他还研究了真珍珠的起源,并表明珍珠系一种动物疾病所致。现在我们知道,贝壳动物活体内引入的任何固体物质(例如一颗沙粒)都会形成珍珠。林纳斯曾夸口说他知道一种制备人造珍珠的方法,无疑他的方法就是将固体物质引入活的贝壳体内。珍珠由交替的石灰层和动物膜组成,使珍珠具有价值的颜色和光泽,取决于这些交替包覆层的厚度。

列奥弥尔的下一篇论文记录了法国的一条河流(这条河流的沙子出产金灰)以及从沙子中提取金子的方法。这篇论文值得仔细阅读,因为单单是该论文呈现事实的方式就令人受益匪浅。

从地理学的角度看,列奥弥尔关于都兰堆积如山的化石贝壳的论文值得关注,当地居民甚至将贝壳大量撒到地里作为肥料。但是他关于燧石和其他石头的那篇论文就不太有价值,其中充满了推测。鉴于他写作的时候正处于化学分析发展的初期,不能期待这些推测能引出正确的结论。

我省略了这位不知疲倦的伟人的很多论文,因为它们与化学无关。但是他有一本书是关于昆虫史的,书中揭示的现象引人入胜,数量多得惊人,并且都非常重要。即使列奥弥尔没有其他著述,单单这本书就足以使他名垂青史了。

1722年列奥弥尔出版了他的著作《将铁转化为钢以及将铸铁软化的技艺》。在那个时期,法国还没有制出钢,这种必需品需要靠外国(主要是德国)供给。他这本书的目的是教给他的国人如何制造钢,以及有可能的话向他们解释铁转化为钢这一过程的实质。他从实验中得出结论,钢是铁中浸渍了硫性和盐性物质后形成的。当时所使用的"硫性"一词和我们现在所说的"可燃性"一词的意义几乎相近。他所发明并且推荐采用的过程是将4份煤烟,2份木炭粉,2份木灰烬,1.5份普通盐混合,将待转化的铁棒用这些混合物包裹并保持在红热状态,铁就会转化为钢。他关于铁和钢区别的解释和事实十分接近。他所加入的盐性物质并不构成钢的组分。如果是这样的话,它们非但不能改善铁的性质,反倒会劣化铁的性质。但是,木炭和煤烟的主要成分碳的确是如人所愿促成了钢中铁和碳的结合。

他的这些实验使得化学家接受了这样一种观点,也即认为钢和铁唯一的区别在于钢中含有的燃素比例更大,因为包裹铁棒的木炭和煤烟几乎全部由燃素组成,它们的唯一功用只能被认为是提供燃素。这一观点一直广泛流传,直到上世纪末才被伯格曼的实验所推翻,继而贝托莱、范德蒙德和蒙热的实验也得到了同样结果[①]。在这篇精心完成的专题论文中,作者综述了所有由铁矿制备钢的不同的方

①《科学院专题论文集》,1786年,132页

法，记述了列奥弥尔和贝格曼的研究工作，最后叙述了他们自己的实验，并从中得出结论说钢是铁和碳的化合物。

摄政者奥尔良当时掌管法国事物，他认为列奥弥尔的这部著作值得奖励，因此给予他一笔12000里弗的养老金。列奥弥尔向奥尔良提出这笔奖金应该以科学院的名义发放，并在他死后继续发放下去，用于资助使这些技艺更加完善的研究工作。这一要求得到了恩准，相关证书也于1722年11月22日签署。

在那个时期，法国还不能制作锡盘和钢，只能从德国进口，而在德国遵循的这些制作过程都是严格保密的。列奥弥尔着手研究一种足够便宜的制备锡铁合金的方法，以便法国也可以制作锡盘，他成功了。这种方法的难度在于去除待处理铁盘上覆盖着的锈迹。这些锈迹是一种玻璃状的铁氧化物，因此锡不能和这种氧化物结合。列奥弥尔发现，将铁盘在水中浸泡后用糠酸化，并令其在炉中钝化，则锈迹会变得松散，再用沙子擦拭铁盘则锈迹就容易脱落了。经如此清理后，如先将少量牛脂涂抹在铁盘表面以防止氧化，然后再将铁盘放入熔化的锡中，如此铁盘就很容易被锡化。通过他对于制作过程的这番解释，锡盘制作厂很快就在法国各地建立起来。大约在同一时期，或此前不久，英国建立了最早的锡盘制作厂。英国的锡盘比德国锡盘漂亮得多，因而马上大受欢迎。这是因为，德国的铁盘是经锤击而成，而英国的铁盘是卷制而成，故制成的铁盘更加光滑也就更美观。

当时，还有一种技艺是法国和除萨克森之外的欧洲国家都没有掌握的，即制瓷技艺，这个名称是指从中国和日本传来的一种漂亮的半透明瓷器。列奥弥尔着手研究用来制备瓷器的方法。他找来了中国和日本瓷器的样本，同样也找来了同期法国各地及其他欧洲国家的同类仿制品。他发现，即使是在他能够提供的最剧烈的加热条件下，正品瓷器也毫不变化，但仿造品即使是在温度不太高的炉窑中也会完全熔化为玻璃。据此他得出结论：仿造的瓷器只是没有加热到足够温度、处于熔化状态的玻璃；他认为，真正的瓷器是由两种不同的配料组成的，一种配料可以抵抗最为剧烈的加热，而另一种组分经足够的加热可以熔化为玻璃。正是这后一种配料使得瓷器呈半透明，而另一种配料使得瓷器耐火。列奥弥尔的这一观点很快得到了殷弘绪（d'Entrecolles）神父的证实，这是一位在中国的法国传教士，他此后不久就向科学院投了一篇专题论文，其中描述了中国人在瓷器制造厂采用的方法。中国人用了两种物质，第一种是高岭土，另一种是白敦子。我们现在知道，高岭土是我们所说的瓷土，白敦子是一种白色长石细粉。长石在高温下容易熔化，但是瓷土可以耐受我们用熔炉所能提供的最高温度。

列奥弥尔还对玻璃做过仔细观察，从他那时起，他的这项工作就被用来成功地解释许多我们所谓的陷阱石的外观。如果将玻璃容器用合适的沙子包裹住，逐渐加热至红热，然后缓慢降温的话，它就会脱去玻璃的外观而呈现瓷器的样子。经如此改变的容器得名为列奥弥尔瓷器。这种瓷器比玻璃更加耐火，因此在强力加热下也不会有变软或是变形的危险。这种变化是玻璃长期处于柔软状态下形成的，因为其中所含的各种物质都充分地相互亲和并形成结晶，这使得容器完全失去了其玻璃的结构。詹姆斯·霍尔先生和格雷戈里·瓦特先生以同样的方式发现了这一现象，即当将普通的绿石充分加热后快速冷却时，绿石熔化后结晶为玻璃；但是，若熔化后缓慢冷却，则绿石的组分再次结晶并且重新排列为初始状态，此时形成的才是真正的绿石。同样，取决于冷却速度的快慢，火山熔岩可形成矿渣或者石头的形态。维苏威火山的许多熔岩和我们所谓的绿石毫无二致。

在此我们也不能忽视列奥弥尔关于温度计的工作，因为他以他的名字命名了一种温度计，这种温度计曾在法国及其他欧洲国家长时间使用。在1701年发表在《哲学汇刊》上的一篇论文中，艾萨克·牛顿第一次成功地做到对两支不同的温度计进行比较。阿姆斯特丹的华伦海特是第一个将牛顿的方法用于实践的人，他在刻度上固定两个温度点，一个是水的冰点，另一个是水的沸点，将这两点之间的间隔均分为180度。

但在法国使用的温度计上没有固定的温度点，每个人以自己的爱好标记刻度，因此两个不同的温度计之间是不能相互比较的。列奥弥尔通过将温度计浸入冰水或者雪和水混合物中为其标上刻度，将这一点标为零度，并称其为水的冰点。他的温度计中使用的液体是酒精，他尽可能在不同温度计中注入等浓度的酒精，并将冰点和沸点之间的刻度均分为80度。之后德吕克修正了这种温度计，他用汞替代了酒精。这不仅使得温度计可以测量更高的温度，并且修正了所有基于列奥弥尔原理制作的温度计中存在的明显失误：超过80时，列奥弥尔度酒精就会变成蒸汽（酒精的绝对沸点是162又三分之二度）。显然，列奥弥尔温度计上的沸点是不精确的，且列奥弥尔温度计会因酒精上留出空间的大小而变化。

最后，列奥弥尔还发明了通过人工加热孵化小鸡的方法，这与埃及人的方法一样。

列奥弥尔另一项值得我们感念的工作，是他对鸟类消化器官的一系列重要观察。他表明，以捕食动物为生的鸟类和人类一样靠胃中的溶剂消化食物，而那些以植物为食的鸟类有一个可以把吞下去的植物种子磨碎的强壮的胃或者说砂囊。为了促进这类磨碎过程，这类禽鸟有吞食小卵石的习惯。

列奥弥尔的道德品质或许可与他所取得成就的高度和多样相媲美。他善良仁慈，公正无私。从1735年直到去世，列奥弥尔就履行圣·路易斯修道会的监督官一职，但从未从这个治所领过任何薪水，所有这些钱都一如圣·路易斯本人亲力亲为一样，被以最符合宗教仪轨的方式给予了应该得到这些钱的人。列奥弥尔先生于1756年10月17日去世，那时他已近75岁了。

约翰·海洛特于1685年10月20日在巴黎出生。他的父亲迈克·海洛特拥有一个令人尊敬的家庭，他在家中接受了启蒙教育。这个早期教育应该十分成功，因为年轻的海洛特不论写什么都风格严谨、明晰和雅致。他的父亲想让他到教会工作，但是他的兴趣使他果断地选择了学习化学。他有一位做工程师的叔叔，他叔叔的一些化学论文传到了他手里。这种环境激发了他的爱好，他结识了若弗鲁瓦。若弗鲁瓦是当时名声显赫的化学家，后来他们的友谊因若弗鲁瓦娶了迈克·海洛特的侄女而得到巩固。

海洛特家境优裕，因此他去了英格兰，以便和一些在那里大名鼎鼎的哲学家建立私人关系。在奥尔良公爵摄政统治期间，因著名的劳阴谋案，他的财产大大缩水。这促使他向外寻求财源，成了《法国公报》的编辑，并在1718~1732年一直担任此职。但是在这十四年中他并没有放弃化学，如果他不分心而是专心致志研究这门学科的话，他的进步会更快。1732年，受朋友举荐，他成为科学院一个职位的候选人。1735年，因德·拉·康达明先生被提升为副化学家而出缺，他被选为助理化学家。三年之后，未经副化学家一职，他越级成为定额外退休金的领取者。这时他作为化学家已经名声显赫了，在成为科学院的院士之后，他全身心投入到了自己所钟爱的相关的科学研究中。

他的第一项工作是研究锌。在两篇连续发表的论文中，他试图分解这种金属，并阐明这种金属的各组分的性质。尽管他的这项工作不很成功，但是他还是指出了锌的许多新性质，以及由锌构成的各种新化合物。他对硝石在一定环境下释出红色蒸汽的解释也不算成功。他认为这是因为硝石中存在含铁的物质，其实这是由于在某种更强酸的作用下，硝石中的硝酸被移除并被部分地分解。

海洛特关于隐显墨水的论文意义更大。一位德国化学家告诉他，一种红色的盐溶液在加热之后会变为蓝色，这启发他发明了隐显墨水。这种墨水在湿润的纸上显示出浅红色，但当将纸在火上加热烘干后，它就变为蓝色。这种隐显墨水是钴在盐酸中形成的溶液。在他的论文中，我们虽然不清楚他是否确切知道他的隐显墨水的化学组成,但清楚的是他知道钴是其中的主要成分。

尽管孔克尔的磷是首先在德国发明的,但是没有任何一个公开的过程能制出磷。波义耳曾教给他的实验员戈弗雷·汉克维兹磷的制备方法。汉克维兹在波义耳去世之后在伦敦开了一家化学品商店,也正是他向整个欧洲提供这种新奇的东西,故它通常被称为英国磷。但是在1737年,一个陌生人出现在巴黎,他承诺按照有偿合约方式向科学院提供磷的制备方法。法国政府接受了这一请求,并且任命以海洛特为首的一个科学院委员会观摩这一过程,并查明其中的所有步骤。该过程的重复实验获得了成功,海洛特详尽记录了整个过程,并将其刊载在1737年的《科学院专题论文集》上。这篇论文的发表,标志着磷的制备史上一个新的时代,从那以后每个化学家都具备了自己制备磷的能力。几年之后,马格雷夫大大改进了这一过程,约二十多年之后,舍勒提出了沿用至今的一种非常简便的方法。海洛特关于贝拉克盐和派克伊斯盐的性质的比较实验也具有重要性,因为这些实验结束了一场论战。历史地看,这些实验也令人好奇,因为我们可从中看到,在那样一个较早的时期,海洛特为了确定普通盐的纯度都采用了哪些方法。

1740年海洛特接替1739年去世的福伊先生担任染色行业总督察事务,正是这个任命将他的注意力转移到了染色理论上。为了解释染色理论,他于1740年和1741年在科学院宣讲了两篇专题论文,后来科学院还出版了他在这方面的一些专题论文。

1745年,海洛特受命到里昂仔细考察那里的金和银的精炼工艺。在返程之前,他特别对这些过程的精准性提出了要求。在回到巴黎之后不久,他就被指派去检查法国的矿物并且化验那些矿石。这一任命使得他可以把自己的想法转化为现实,于是他发表了一本关于检验和冶金的出色著作,名为《矿物铸件及冶铸等,译自德语,作者克里斯托弗·安德鲁·舒尔特》,该书的第一卷和第二卷分别在1750年和1753年问世。尽管海洛特称之为译著,但其中确实包含了大量原创性和经过大幅改编的内容。书中给出了许多斯盖尔特没有提到的过程,并且引入了许多被原著完全忽视但必要的内容。海洛特以一篇简介开始,简短地描述了法国各地所有的矿藏,同时也述及这些矿藏的现在状态。整个第一卷讨论了检验,或者说对于不同金属矿石的化验技艺。尽管这种技艺在海洛特之后已经得到明显改进,但该卷所述的这类过程也不是完全没有意义。第二卷论述的是从金属矿石中提取相应金属的各种冶金过程;该卷至少有55幅彩色插图,在这些图中,冶金过程用到的所有种类的炉窑都一目了然。

在他忙于出版这部著述期间，他被选任去色佛尔（另译塞夫勒），成功地将当地现有的制瓷工艺水平提升到更高的层次。他甚至发现了许多种适宜在瓷器上涂用的新颜色，提高了当地制瓷技艺的知名度。

1763年，在法国布里昂松的煤矿发生了一件令当时的人都感到新奇的现象。大量的矿坑气在矿井底部聚集，继而因受矿工们所用灯的点燃而发生了猛烈的爆炸，矿井中的所有人不死即伤。这种破坏性的气体被法国人称为沼气，尽管在此之前法国人并不知道这种气体，但是很早之前英国和低地国家的人们就已经知道这种气体了。库瑟尔公爵得知此事后，就去科学院寻求帮助，科学院任命蒙蒂尼、杜哈梅和海洛特组成了一个委员会，以发现适当的治理方法，防止这种事故再次发生。这些先生的报告发表在《科学院专题论文集》上。[①]他们既记述了沼气，也提到了煤气或碳酸气，后者有时也会存在于矿井中。他们正确地评述到，消除这些气体的危险性的恰当方式是适当的矿井通风。他们给出了多种通风的方法，并指出可通过在通风道底部生火的方式强化这类通风的效果。

1763年，海洛特和提雷特一同受命研究金和银的化验方法。他们指明，由于其他金属的存在，试金用灰皿总是残留少量检验过的银，这少量银的损失会使算出的银的纯度低于真实水平，这对银的所有者是一个损失。

海洛特的身体在接近80岁之前还算得上健康，之后他患上了中风，虽然在第一次发作之后有所恢复，但是在1765年2月13日第二次发作之后他就拒绝任何医学治疗，于是在当月15日去世，享年80岁。

亨利·路易斯·杜哈梅于1700年生于巴黎。他是荷兰绅士洛色·杜哈梅的后代，大约在1400年跟随名声狼藉的勃艮第公爵来到了法国。年轻时杜哈梅在哈考特大学学习，但是他对所学课程不感兴趣。这里只有物理学这门学科的创立给他留下了刻骨铭心的记忆，他决心要挣脱束缚，全身心投入到物理学上。杜哈梅在靠近雅尔丹·德·罗伊的地方住了下来，当时的罗伊独自在巴黎研究物理。他到达巴黎之后还结交了杰弗里、莱默里、朱西厄和瓦力恩特几位朋友。他的事业纯粹受他对研究的热爱和获得知识的快乐推动，丝毫没有追名逐利的考虑。

法国有一个地区先前被称为伽丁鲁瓦斯，这里是杜哈梅的财产所在地，也大量种植藏红花。1718年，当地的藏红花患上了一种传染性疾病。在患病的植株旁，健康的鳞茎很快也被感染。政府就此向科学院咨询，这个博学的机构认为，最好是让杜哈梅去研究这种疾病的原因，尽管他才刚18岁，甚至也不是科学院的院士。

---

① 《科学院专题论文集》，1763年，第235页。

杜哈梅研究发现,这种疾病是因为一种寄生性的植物,它可刺破藏红花的鳞茎并从中汲取营养。这种植物可以在地下从一个鳞茎扩展到另一个鳞茎,因此整个农场的藏红花都感染上了疾病。

杜哈梅在他科学生涯的开始就下定决心要致力于公共事业,并且要从事那些造福底层人群的项目。他的绝大部分时间都用来改进植物的培育技术,使其在社会中更加实用。因此,杜哈梅自然要仔细研究树木的生理学。这项研究的成果就是1758年出版的《树木物理学》。它成为这方面非常重要的一项成果,其中包含许多前所未见的新现象。他对于推动这个困难但是非常重要的科学分支的进步贡献良多,不单是他的价值,更受人瞩目的是他表现出的谦逊态度。对于从其他资料中搜集到的事实,即使是与他个人的观点相冲突的,他都认真准确地加以叙述,对于他之前进行的实验,他都进行了重复并且仔细加以验证。他留给读者空间去发现作者的新现象和新观点,绝不试图自我标榜这类事情。

杜哈梅曾因德·莫勒帕的关系而任职于海洋部门,莫勒帕委其以总督察职衔。这使得他将注意力转移到了海军科学。舰艇的建造、帆布的编织、绳索和缆绳的制作木头的保存方法相继成为他的研究对象,因此产生了一些专题论文,这些论文和他的其他论文一样,都收罗了大量的事实和实验。他常常努力去发现最好的实践做法,并将其还原为固定的规则,然后用哲学原理给予支持,但对只是基于假设的理论都坚决摒弃。

从1740年成为科学院院士到1781年去世,杜哈梅在皮赛佛开展的一系列气象观测,涉及气象与磁针的指向、农业、一年中人的体格变化、鸟巢构筑的时间及候鸟的迁徙等细节。

他有超过60篇论文在《科学院专题论文集》上发表。这些论文多种多样,涵盖专题之多以致我只能叙述那些与化学科学最为相关的论文。

这样一种综述最好是从他关于骨头的骨化研究结果开始,因为虽然骨化不完全属于化学范畴,但骨化研究使得动物学的一些分支更加明晰,而动物学与化学的联系又比其他任何科学更多。首先,杜哈梅考察了骨头的骨化以及骨头的形成和修复是否与他所认识的树木的增长遵循同样的定律。通过一系列实验他得出结论:骨头的增长是通过骨膜层的骨化完成的。骨在柔软状态下朝着所有方向生长,这和植物的嫩枝一样。但是在骨硬化之后就只能像树一样增长了,即一层一层地连续增长。这种组织形式与有些人的观点不同,他们认为骨头的生长是由于骨头结构形成的有序网状组织中沉积并增添了土性物质。杜哈梅通过一个巧妙的实验反驳了这种观点。汉斯·斯洛纳曾告诉过杜哈梅，如果给幼小的动物喂食茜草，它们的骨骼会被染成红色。于是他设想了一个方案，即交替地给幼小的动物喂食茜草和普通食物。这样喂出来的动物的骨骼将交替呈现同心的红色层和白色层，这将与不同时期喂食的食物中是否含有茜草相对应。如果将骨骼沿纵向切开，我们就会发现着色层的厚度或多或少与骨膜硬化片层的数目有关。至于说骨膜的柔软部分或者说不能确定是否在各个方向生长的部分，例如靠近骨髓的那一层，其骨膜的储层在动物持续生长的一段时间内也一直增长，这一问题则同样可以通过着色点的扩展范围来判断其骨膜硬化的进度。

这一观点遭到哈勒的反驳，但杜哈梅的侄子富热鲁对其进行了辩护。孰是孰非，我不在此展开讨论。

杜哈梅最重要并使他在化学年表中占据一席之地的论文之一，是刊载于1737年出版的《科学院专题论文集》上。该论文结果表明，普通盐的主要成分是一种真正的固定碱（名为苛性钾），它在某些方面与陆地动物中提取出的碱不同，而是和海洋生物焚化后的灰烬中提取的碱类似。令人惊讶的是，一个如此简单、基本的事实会引起法国化学家的争论，并且斯特尔及其追随者只是做了间接论证而不是直接证明。杜哈梅的结论引起波特的异议，但是最终马格雷夫确认了杜哈梅的观点。杜哈梅又进一步深化了他的研究。他想知道，苛性钾和苏打的区别，是与产生这两种物质的植物有关还是与生长植物的土壤性质有关。他在德纳威尔勒斯种植了猪毛草并持续进行了多年实验。应杜哈梅的要求，卡德特检验了德纳威尔勒斯猪毛草灰烬中的成分。他发现，在第一年中在猪毛草灰烬中苏打占多数，在之后几年中苛性钾的含量快速增加，到最后苏打几乎没有了。显然，植物中的碱至少主要是从种植植物的土壤中获取的。

杜哈梅关于乙醚（当时几乎没人知道）、可溶性塔塔粉以及石灰的一些专题论文，包含了许多既新奇又记述准确的事实。虽然我们现在关于这些物质的知识比杜哈梅丰富很多，但他阐明了大量关于这些物质的事实，意义重大，或许正是这位早期的实验成果大大促进了后续研究的成功，可是现在这些几乎已经被人忘记了，也没有哪些读者能有耐心将这些结果列举出来。

杜哈梅在1757年的《科学院专题论文集》上有一篇有趣的论文，其中详细描述了一大块在油中浸过并用力挤压过的布料的自燃现象。如此制得的布料总会发生这类事故。那些幸免于难的人都会小心翼翼地隐瞒事情的真相，一部分是由于他们不知道燃烧的真正原因，一部分是担心自己的证词不能得到信任。如果发生了自燃，公众声讨的声音就会责备布匹看管人玩忽职守，甚至认为这是犯罪行为。为避免这类不公正的怀疑，也为了使人们能采取必要的防范措施，杜哈梅给出了一份有益的观测报告。但是，在杜哈梅发表这篇论文20年之后，在俄国偶发的两起自燃事件还是被人们视为叛国。只有凯瑟琳大帝二世怀疑这是自燃事件，她下令开展的实验完全证实了这位法国哲学家之前就已得出的结论。

凭一己之力是无法完成杜哈梅所做的工作的，但是他有一个哥哥住在他在德纳威尔勒斯（他也以此为名）的庄园里。他的哥哥一边做善事一边研究自然规律。德纳威尔勒斯闲暇时就在他弟弟的指导下进行观测和实验。因此杜哈梅的专题论文事实上是他们二人共同辛勤劳动的结果，而他的哥哥一直安于幕后，满足于自己所做的善事，以及给国家和人类带来的好处。

杜哈梅的著述卷帙浩繁，语言直白，其中每件事情都没有被看成是成熟的、先入为主的。他的著述不是专为哲学家而作，而是写给每一个需要实践知识的人。他被指责说著述风格过于随意，而且欠缺准确性。但是他的著述风格简单明了，因为他的著述是针对普通人群而不是哲学家，过分精确是不明智的。

杜哈梅和他的哥哥都没有结婚，他们都想专心把注意力放在研究上。他们二人都非同一般地刻苦，杜哈梅甚至在去世前一年一直保持这种刻苦状态，当时尽管他仍然出席科学院的会议，但是对于看科学院的会议录已经心有余而力不足。1781年7月22日，杜哈梅才刚离开科学院就中风发作，在昏迷22天后去世。

杜哈梅无疑是那个时期最杰出的人士之一。作为化学家，这应被我们铭记，他是用充足的证据表明苏打的特殊性质的第一人，而那之前，苏打一直和苛性钾混淆不清。作为植物生理学家和农业学家，他的功绩也不胜枚举。

皮特·约瑟夫·马凯于1718年生于巴黎。他的父亲约瑟夫·马凯来自一个苏格兰贵族家庭，该家庭与斯特亚图家族[①]脱离了关系，同时也失去了家产和祖国。年轻的马凯选择了医学作为其职业，并主要致力于他很早之前就热衷的化学。他在1745年成为了科学院的院士，那时他27岁。此后，终其一生他都献身于化学的原创研究、基础化学著作的写作及与化学有关技艺的研究。

他的第一篇论文论述硝石和白砷混合加热所产生的效果。在此之前人们就已

① 我不知道马凯家族的真正姓名，以及是否这个姓就是斯特亚图家族的一个分支。凯尔是一个苏格兰姓氏，属于两个苏格兰贵族家庭，一个是洛克斯宝公爵，另一个是罗西恩的马凯。但是我不清楚马凯尔是否为苏格兰姓氏，此外，这些家族都与斯特亚图家族没有关系。

经知道,将这种混合物蒸馏时就会有混杂着蓝色的硝酸释出,但是没有人想到过要检验蒸馏后的残渣。马凯发现这种残渣可溶于水并且可以结晶为一种中性盐,其组成为苛性钾(硝石的碱)和一种酸,在该酸中加入硝酸则硝酸可向砷传递氧从而使砷发生变化。

马凯发现,通过苏打或氨的碱可以制得一种相似的盐。因此,他是第一个指明砷酸存在,并阐明砷酸所形成的盐的性质的人。但是他没有尝试制备单一态的砷酸或确定其性质。这件重要的事情只能留待舍勒来完成,因为马凯或许没有怀疑他所制出的盐的真正性质。

他所做的另一组实验是关于普鲁士蓝的。他的工作是朝发现这种颜料具有颜色的原理所迈出的第一步。柏林的一位实验化学家迪斯巴赫在1710年偶然发现了普鲁士蓝。在伍德沃德于1724年在《哲学汇刊》上发表普鲁士蓝制备法之前,该过程一直是保密的。该法是,将苛性钾和血液混合,然后在有盖子(盖子上留有小孔)的坩埚中加热混合物,直至停止冒烟。将混合物在水中溶解,当向其中加入铁硫酸盐后溶液中析出一种绿色沉淀,该沉淀经硝酸处理后变为蓝色,此即普鲁士蓝。马凯发现,当加热普鲁士蓝至红热时,其蓝色消失,变成普通的铁过氧化物。因此马凯总结道,普鲁士蓝是一种铁氧化物及一种加热到红热后会消失掉的物质的混合物。他表明,这种物质具有酸的性质,因为普鲁士蓝在和苛性钾一同被煮沸时蓝色消失,并且,如果苛性钾是和不断连续加入的普鲁士蓝煮沸,而苛性钾终将会使这些连续加入的普鲁士蓝退色,至此普鲁士蓝就会失去酸性而具有中性盐的性质,此时它就具有从蓝色的硫酸盐溶液中马上沉淀出铁的性质。马凯认为,之所以有绿色析出物形成,是由于将血液、铁硫酸盐和苛性钾混合后,血液没有被普鲁士蓝的显色物所饱和。因此,一部分铁以普鲁士蓝状态析出,另一部分以黄色氧化铁状态析出,这两种物质混合后呈绿色。盐酸可溶解铁氧化物而普鲁士蓝不受其影响。但是马凯并没有确定普鲁士蓝的性质,这有待舍勒完成。舍勒接手了马凯完成了一半的研究,为这项研究带来了新的思路。马凯认为这种显色物是一种燃素。于是苛性钾与这种显色物形成的饱和溶液称为燃素化碱,它常被化学家用来依据是否能形成普鲁士蓝而检测铁的存在与否。

那时化学家刚注意到铂,马凯和波美一起对粗铂粒进行了实验。他们的主要目的是检验其熔融性和延展性。他们成功地通过聚焦镜将铂部分熔化,发现如此处理过的铂粒没有失去延展性。但整体而言,这些化学家的实验并没有使人们对于铂的认识有多大增进。许多年之后,化学家才能应付这种耐火的金属,并将其制成适合在实验室使用的容器。这个重大改进,开创了一个化学的新时期,这应该主要归功于沃拉斯顿博士。

1750年马凯受法院任命领导一个调查团。那时在布列塔尼有一个名为德·拉·加拉的伯爵,他立志行善,40年间献身于服务贫困的人民。他在一个化学实验室旁边建造了一家医院,亲自照顾医院中的病人,并用他实验室制备的药物治疗这些病人。在他看来,其中有些药是有特效的新药,他还要把这些卖给政府以便维持医院的运营。马凯受政府委派检验这些药品。德·拉·加拉伯爵的做法,是通过长时间用中性盐浸解,以期从矿石中提取有效成分。这其中的一种做法是,他通过一个持续了几个月的过程制备了一种汞酊剂,但是这种酊剂只是一种腐蚀性升华物的酒精溶液。由此可见那些被人吹嘘出来的神秘事物的历史,有时它们只是一种异想天开,有时是除了买药人之外全世界都知道的事实。

马凯有幸生活在一个化学从炼金术士的空想中摆脱出来的时期,但是在基础化学著述中,依然没有系统化的迹象,尤其是在法国,笛卡尔哲学的余脉混加到这门科学原有的晦涩不清中,倒使其平添了一种装模作样的机械论解释。马凯是第一个在其基础性专题论文中一以贯之地做到明晰、简单和系统的法国化学家,这些优点后来才出现在其他科学分支中。这些优点绝非小事,对不断进步并被迅速效法的化学学科而言,无疑贡献重大。他的《化学原理》被翻译为不同的语言,尤其是英语,并长期被许多欧洲大学用作教科书。布莱克博士连续许多年在爱丁堡大学中推荐该著述。事实上,直到拉瓦锡在化学中引入了新观点后,它才被替代。这是因为,新的观点需要新的语言才能阐述清楚,故而先前的所有基础化学著述自然要被替代。

在许多年里,马凯都和波美一起定期讲授化学讲座课程。在这些课程中,他倾向于使内容安排适合只掌握最初级化学知识的听众。他描述实验,清楚和准确地叙述事实,并且从公认的观点出发,以尽可能可信的方式解释这些实验和现象,虽然他自己对这些解释的可信度也不大看重。他强调一定的理论性,以使他的学生能更好地将各种事实联系起来并且记住它们,以避免单纯累积事实但没有理论连接所致的那种痛苦的不确定性。当拉瓦锡的发现开始动摇斯特尔理论的基础地位时,马凯已经年老。通过戴拉麦赛尔发表在《物理学杂志》中的一封信可以看出,他从拉瓦锡在科学院的那个预言性声明中得知,盛行的燃素说已经走到尽头。孔多塞告诉我们①,他并不深信理论(他指的是燃素说),但是他自己写给戴拉麦赛尔的

① 《皇家科学院史》,1784年,第24页。

书信却表明这个说法并不那么正确。确实难以设想,他倾其一生都在用来谆谆教诲学生的观点竟然不是他认可的观点!

马凯还发表过一本十分有用的化学词典,该词典被翻译成了欧洲的大部分语言。对处在萌芽状态的一门科学而言,这种论述的方式是适宜的,但难以给出这门科学的全貌。这使得他可以一个接一个地讨论不同的专题,但这些专题彼此间互不关联,因此,对于不易纳入一部系统的化学著述中的重要课题也可以加以讨论。该词典再版时,正值气体刚刚引起科学家们的注意,化学事实也以惊人的数量增加,并且化学家对于已经接受的理论的信心受到动摇。他在搜集和呈现新观点上做得相当成功、无可挑剔,他无疑也向他的国人传递了非常新的信息,也即发源于并且主要是英格兰做出的那些与气体有关的新发现。考虑到当时正值美国解放战争,这些信息的获取是存在一定困难的。

海洛特是印染顾问委员会的委员,也是瓷业行会的化学家。在行会邀请下马凯做了他的副手。这一邀请使得海洛特倍感荣耀,因为海洛特知道马凯作为一个化学家的名声比他要大。马凯首先致力于建立印染技艺的真正原理,以此作为消除印染技艺中一直以来的晦涩不清的最好办法。在《科学院汇刊》中出版的马凯的大部分关于丝绸印染的论文就体现了这个宗旨。他给出了用普鲁士蓝为丝绸染色的方法,也给出了用胭脂虫为丝绸染上绚丽的红色的方法,其效果和用同样的染色剂为毛织品染色无异。尽管他参与了具体的制瓷过程并做过一些改进,但他没有发表过关于制瓷的论文。他曾出了一笔赏金,以便找出在各方面都适合制瓷的粘土,结果便有了现在在塞夫勒使用的漂亮的瓷土。

马凯人生的大部分时间都和他亲爱的哥哥一起度过,在他哥哥死后,他全心与自己的妻子和两个孩子为伴,孩子们也因此得到精心的照顾。尽管他尽力避离社会,但当他身处其中时自己也能悠然自得。他喜欢宁静和独处。尽管在去世之前他已多年病痛缠身,但他乐天知命的性格使他并不感到自己有什么疾病。他自己感觉来日无多,便向陪他度过快乐人生的妻子预告了自己即将到来的死亡。他留下遗言,在他死后解剖遗体以便发现可能的死因。他于1784年2月15日去世。他死前若干年遭受病痛的原因是动脉硬化及心脏间隙中形成的几块结石。

以上简述的四位化学家均属斯特尔化学学派,他们是法国迄今为止最杰出的化学家。我有意略去了巴西孔、马洛英、大卢勒、梯列特、卡德特、波美、萨热和其他几个化学家。在那个时期,他们也都以刻苦的精神成功地推动了化学的发展,他们每个人的论文都值得我们关注,但是要是将其一一列举出来,就会大大超出本书的篇幅限制了。

希莱尔·马林·卢勒于1718年生于卡昂,他是一位杰出的化学家,以至于我们不能略而不谈。他的哥哥威廉姆·弗朗西斯是科学院的院士,马凯在皇家植物园做讲座时他是解说员。1770年马凯去世之后,希莱尔·马林·卢勒接替了他。他将毕生的精力和财产都贡献在了该职位上,并在很大程度上改变了皇家植物园的化学实验课的性质。至少在法国,他在某种程度上是动物体化学的创始人。当他发表关于尿液和血液中的盐的实验时,他几乎没有模型可借鉴。尽管他有过一些大的失误,但是他确立了几个现代实验家公认为重要的化学事实。卢勒于1779年4月7日去世,享年61岁。他的脾气十分古怪,相对于他所处的事事计谋、处处算计的环境及社会状态,他过于诚实和开放。这就是为什么他在法国的名声不像应该的那样高的原因,也是他一直都没有成为科学院院士的原因,并且是他没有成为当时在法国遍及各地的任何一所科学院院士的原因。捧高或者贬低一个科学家应有的地位,这是再常见不过的不公正现象了。罗马·德·莱尔是第一个着手研究水晶的人,并且为这项研究奠定了恰当的观点,但即便如此,他和较他年轻的卢勒遭受了同样的命运,从没成为任何一所科学院的院士,也没有在生前获得过任何符合他的辛勤工作的名声。卢勒和罗马·德·莱尔是遭到埋没的人,但同样也有一些人(特别是在法国)因为偶然的和外部的环境而如空中楼阁般高高在上,我们可以轻易地指出这些人姓甚名谁但肯定会招致嫉恨。

第九章　大不列颠化学科学的基础和进展

牛顿为数学注入的活力巨大，以至于在许多年中，几乎所有大不列颠的科学家都被吸引到一股数学的潮流中。在18世纪早期，斯特芬·黑尔斯博士几乎是引人注目的仅有例外。他的植物静力学是对植物生理学的一项最有独创性和最有价值的贡献。他的《水力及血液静力学》是对当时大不列颠医学理论中最流行的医学数学的最有价值的贡献。毫无疑义，他的《气体分析》和关于动物结石的实验成为所有那些有关气体发现的基石，化学在后来取得的巨大进步也主要归功于这些发现。

威廉姆·卡伦博士对医学的贡献极大，正是他后来使爱丁堡大学成为医学界的名牌大学，并达到极高的水准。他是察觉到化学作为一门科学的重要性的第一人，他也倾力建立了化学这门学科，他的声望确实是名副其实。迄今为止，在大不列颠及欧洲大陆，化学被人们认为是医学的一门附属学科，化学的用处只是为医学提供新的和有效的药物。这就是为什么化学是医学教育的必要组成部分的原因，以及为什么一个医师必须同时是化学家，否则他就不适合行医的原因。但是卡伦博士认为，化学这门学科远比这些重要，化学能够阐明物质的构成，并且可以提升和改进那些对人类最有用的技艺和制备方法。他决心要致力于建立和改进这一学科，但如果不是命运使然让他偏向了医药学的话，他原本是可以因化学而闻名的。但是，作为大不列颠化学科学的创始人，卡伦博士在我们的历史记述中应占有显著位置。

威廉姆·卡伦于1712年12月11日在苏格兰的拉纳克郡出生。尽管他的父亲是汉密尔顿的地方法官，但是并没有为他留下多少财产。因此，在给格拉斯哥一个外科医生做了一段学徒后，卡伦曾作为一名外科医生多次乘商船从伦敦航海到西印度群岛。但还在他年轻时，他就对此感到厌倦，于是在肖特教区定居下来。在与当地农民和其他居民为伴居住了一小段时间后，他去了汉密尔顿，决意作为一名医师。

当卡伦在肖特附近定居时，恰逢阿盖尔公爵阿奇博尔德因苏格兰政治动荡而拜访肖特附近的一位绅士。这位公爵也很喜欢科学，并且当时他从事的化学研究需要借助一些实验加以说明。在访问期间,公爵急于做实验但又发现地主那里没法提供部分化学实验装置,可地主向他提到了年轻的卡伦,说他也爱好化学,他那里可能有所需要的装置。于是公爵邀请卡伦一起用餐并向他介绍了公爵夫人。公爵很赏识卡伦的学识、礼貌和谈吐,也正是自此开始的交往为卡伦日后的发展奠定了基础。

卡伦居住在汉密尔顿,汉密尔顿公爵的宫殿紧邻卡伦居住的城镇,这自然使汉密尔顿公爵对他有所耳闻。一次公爵夫人忽然得了急病并被送到了卡伦那里治病,她非常赞赏这位年轻医师的活泼个性和率直谈话。在卡伦已与阿盖尔公爵熟稔的情况下,公爵几乎没有费什么力气就为卡伦在格拉斯哥大学谋得一个职位,卡伦的教师天分使他在这所大学很快就引人注目。

当卡伦还在肖特从业时,他就和威廉姆(后来的亨特博士)有联系,威廉姆是伦敦著名的解剖学讲师,也是卡伦的同乡。这两个年轻人都天分极高,但碍于环境而不得施展,于是他们合伙做事,从事外科医生和药剂师工作。他们约定的工作是给行业内的团体提供开展医学研究所需的器具,但这是一项他们单独一人无法完成的任务。他们的做法是,在冬天的时候,两人中的一人轮流去各自想去的任一所大学做研究,而另一人在其中一人不在时继续他们的常规工作。由于这项协议,卡伦首先去爱丁堡大学进行了为期一个冬季的研究。当下个一冬天轮到亨特时,亨特选择去了伦敦。在伦敦,亨特在解剖时干净利落,做解剖标本时机敏灵巧,研究中一丝不苟,并且待人随和,这些都引起了道格拉斯博士的注意。道格拉斯博士当时在这座首都城市做解剖学和产科学高级讲师。道格拉斯博士聘请卡伦做了他的助手,卡伦之后也在这些领域赢得了自己的声誉并造福公众。卡伦和亨特就此解除了他们的合作,或许这在科学史上也算得上是一件奇事。卡伦的大度和放手正成就了他的搭档的大好前途。在一次友好的通信后,卡伦和亨特废除了之前的协议条款,他们的关系得以继续保持,但有理由相信,他们自那以后再也没有见过面。

就在那时,卡伦这个乡下从业者和邻近牧师家的女儿约翰斯顿小姐结了婚。他们的婚姻美满长久。她为她的丈夫带来了一个庞大的家庭,而卡伦不论如何沉浮都与她真心厮守。她于1768年夏天去世。

1746年,卡伦已经获得了医学博士学位,并且被聘为格拉斯哥大学的化学讲师,还在同年10月开了一门化学课程。他的讲授内容安排独到,阐述清楚,方式活泼,知识丰富,引人入胜,在这所大学前所未有,倍受学生们欢迎。在他的夺目光辉下,之前的教授都黯然失色,他不得不应对由于嫉妒自然产生的那些小摩擦和恶语中伤。但是他无视这些小的屈辱，在他的事业上继续前进。公众的支持对他是很大的安慰，使他可以面对同事们堆积如山的病态的和可怜的诽谤。他作为医师的技能日益增强，1751年当有一个职位空缺时，他被聘为皇冠医学教授，和他在大学中的同事们平起平坐。这个新的聘任激发了他以前未知的潜能，因此也使得他的声名进一步提升。

当时，爱丁堡大学的赞助人急于提高这所大学医学院的声誉，因此想要找一些既有能力又有名望的人来填补相应的空缺职位。很快他们就注意到了卡伦，在1756年普卢默博士去世之后，他们一致同意卡伦填补化学教授的空缺。卡伦接受了这一邀请，于同年10月开始了在爱丁堡大学的学术生涯，并在此度过了余生。

卡伦博士在爱丁堡大学任职期间，是这所著名学校的历史进程中一段值得回忆的时光。迄今为止，化学都被认为是不重要的学科，很少有学生选择化学。在卡伦开始任教之后，化学成为备受欢迎的学科，几乎所有的学生都成群结队地来听他的课程。除了解剖课外，化学课成为这所大学中听课人数最多的课程。一般的，学生们在说起这位新教授时都会带着年轻人特有的高兴。这些赞颂明显是夸大其词的，也引起了他的一些同事的反感。一些人甚至形成了一个小圈子，专门反对这位新公众偶像。他的观点遭到曲解，并且可以肯定的是，他所讲授的学说甚至引起了一些最温和、最有道德心的同事的惊恐。这激发了一场风波并持续了一段时间，直到引发这种激情的恶毒计谋被发现才停止。

在这场公开的风波中，卡伦安之若素，对于他同事的行为方面的小报告充耳不闻，而且也不关心他的同事都教给了学生什么。他们那些轻率的苛责偶尔也会钻到卡伦的耳朵中，但即使这样，他也置之不理，似乎这些对他根本没有影响。

这种对他人品的诋毁是徒劳的，他作为教授和医师的名望日渐增加。他的专业知识丰富，讲座风格特别清晰明了且生动活泼。他言谈和蔼可亲，专心致志，行为开放友善，没有功利的考虑，来他这里求医问药的人都如沐春风，满意而归，他和每一个到访过的家庭都成了朋友和伙伴并保持着长久的友谊。

私下里，卡伦对学生的指导也很令人赞叹，值得每个学生爱戴。他对所有学生都一视同仁，对来问问题的学生倾心给予指导。他诚恳和热情的态度感染了每一个人，即使这个人的心底曾怀疑过世上是否有如此大度的人。正因如此，他的声名传播到了文明世界的每个角落。对于天真的年轻人而言，感激之情易于沦为一种狂热，因此，他享有的声望以及这声望对那些未谙世事的学生带来的影响看上去是过分了。

一般来说,卡伦指导学生的方法是:他先是熟悉学生,观察其中的刻苦用心者,然后分批邀请三至五人一同吃晚餐,并在席间尽力以轻松的方式和他们自由交谈,话题包括他们的研究课题、爱好、难处、希望和未来。以这种方式,他邀请了他教的大班里的所有学生,直到熟知他们每个人的个性、能力及追求。当然,那些他印象最好的学生受邀请最多,他和这些学生最后会逐渐形成一种亲密无间的关系,事实表明这种关系也使学生大大受益。对于学生的疑惑和困难他都屈尊聆听,并且尽自己最大的力量给予解决。他的藏书随时对他的学生开放,简言之,卡伦对待他的学生就像对待自己的亲人和朋友一样。在他结识的人中,很少有人在离开爱丁堡大学后直到事业有成前的这段期间不和他保持通信。这使得他逐渐对各国的医学发展状态了如指掌,因此也使他可以指导学生选择有发展前途并取得成功的地方。

这并不是卡伦在爱丁堡大学帮助学生的唯一方式。他记得自己年轻时在奋斗过程中所经历的困难,因此他随时留意着学生们的金钱需求。通过他和学生的亲密关系,他可以轻易获知某个学生遭遇的境况,或者说哪个学生正手头拮据,而避免直接询问而伤及学生的感受。当这些学生的学习习惯暴露出他们的困境之后,卡伦会特别留意这些学生,更频繁地邀请他们去家中做客,以非常友好和亲密的态度对待他们,在藏书室指导他们,用最柔和的语调鼓励他们借阅任何他们需要的书籍。处在这种境况下的学生一般都会十分害羞,递过来的书在他们看来是一种任务,因为卡伦会坚持询问他们对书中内容的观点,以及有哪些篇章还没有读到,从而要求他们将书带到家中。简言之,他对待学生的方式简直就像求婚一样。如此一来,他就帮助这类学生提高了他们自己在熟人圈中的地位,这对处于不利境地的学生而言助益颇大。同时,这些学生内心也感受到了一种尊严和激励,从而精神焕发,充满激情,而不是处于因境遇不佳而致的意志消沉状态。在满足学生的需求方面,卡伦的体贴也是细致入微,他经常找一些得体的理由拒绝收取学生上第一门课的学费,但对接续的课程会照收不误。有时候,如果他知道学生认真做了笔记的话(他的讲座从来没有讲稿),他会请求看学生们的笔记,以加深自己的记忆。有时他会恳请学生就他课程的某个部分说出他们的看法,为此他会给学生一个小礼物。他非常擅长讲座,他的讲座也是处处留意,以便照顾到学生的需求。因此他不仅通过自己的讲座使学生受益,而且通过不收费的方式使学生可以参加其他课程,以完成他们的必修医学课程。

本着这种无私奉献精神,卡伦也给这所大学树立了另一个规则。在他到爱丁堡大学之前,医学教授按惯例要收出场费,甚至医学专业的学生也不能免,尽管他们本身可能那时正在听这位教授的讲座。但是，当卡伦博士作为一名医师出席这些场合时，他从不向这所大学的学生收取费用，然而他对待学生们的态度一丝不苟，就像他们已经付给了他足够的钱一样。逐渐地，其他教授也以他为榜样。现在，如果医学教授对学生的帮助是必要的就不收取费用已成为一个规则。由于这项和其他许多有益的改革，爱丁堡大学的学生们都诚心地感谢卡伦博士。

卡伦博士在爱丁堡大学开出的第一个讲座是关于化学的，他还多年以诊所案例开办讲座。1763年2月阿尔斯通博士去世，那时他的药物学讲座课程才刚刚开始。爱丁堡的地方官们也是爱丁堡大学的赞助人，他们任命卡伦博士接替这一职位，要求他完成前任所留下的这门讲座课程。卡伦接受了这一任命，尽管他只有几天的准备时间，但是他从没有想过要阅读前任的讲座稿，而是决定开一门完全属于他自己的全新的课程。对一门进行了将近一半的课程而言，卡伦能将听课生的数目增加——阿尔斯通博士做讲座时有十名学生听课，而卡伦博士接任后又有一百名学生注册，这使他的名气进一步提升。

几年之后，医学理论教授怀特博士去世，卡伦博士接替了他的职位并开课。这时，他认为有必要辞去化学教授一职，以便给他之前的学生布莱克博士让出位置。布莱克博士在化学上的天赋是众所周知的。不久之后，医学实践教授卢瑟福博士去世，卡伦博士还有该职位的候选人约翰·格雷戈里博士，两人达成了一个折中方案，即医学理论和实践课程在他们都在世时由二人轮流上课，而活得更长的那个则可以任选其中一门上课。不幸的是，这一协议很快就因格雷戈里博士突然英年早逝而被终结。因此，卡伦博士继续关于医学实践课程的讲座，直到他离世的前几个月。卡伦博士1790年2月去世，享年77岁。

我们的工作不是追寻卡伦博士的医学事业，也不是指出他对疾病分类学和医学实践所做的贡献。他在爱丁堡大学教授了四门不同课程，除杜佳德·斯图尔特教授之外再没有人教授过如此多的课程。

尽管他曾对化学有过重要推动，但他只发表过一篇关于乙醚蒸发制冷的简短论文（见：《爱丁堡物理和文学论文集》），此外，无其他化学论文发表。卡伦雇了利物浦的多布森博士（当时是他的学生）为他做液体和固体相互混合生热和制冷的实验，在进行这些实验时多布森博士观察到，当将温度计从大量液体中拔出并且在旁边的空气中停留片刻后，温度计的读数会比没有进行过此过程的另一只温度计的读数低。经过多次观察这个现象，他总结其原因是粘附在温度计球体上的最后一滴液体蒸发所致。当温度计从挥发性较强的液体中取出时，它的温度下降就表现得更明显。卡伦博士好奇地想，是否在气泵抽空的接收器中重复这一实验也能得到相同的结果？为了解答这一疑惑，他在气泵的平盘上放上一个盛有水的酒杯，杯中放有一个盛有硫醚的广口瓶。整个系统都在气泵接收器的笼罩之下，在接收器上端的铜槽中有一个毛垫圈，通过这一毛垫圈有一根可以移动的光滑粗线，粗线的末端伸入接收器中使温度计悬置。通过将粗线放下，温度计就会没入醚中，将细线拉上，温度计就会被拔出并悬浮于广口瓶中。

经如此改装的气泵就被用来抽空，但发生了一个意想不到的现象，因此也使实验不能按预想的方式进行下去。原因是醚进入了暴沸状态，但卡伦将其归因为大量空气的排出，而事实上这就是液体剧烈沸腾。更引人注意的是，硫醚经如此沸腾和迅速蒸发后，温度骤降，以至于将周围酒杯中的水都变成冰了，尽管在实验开始时空气和材料的温度都在54华氏度。

我特意记述这个有趣现象是因为，这是卡伦博士公布的唯一一项对化学科学的贡献，布莱克博士后来解释了该现象的本质。这里补充一下，卡伦博士作为一位哲学家，他的讲座对化学科学的发展起到了巨大的推动作用，具有重要的意义。

约瑟夫·布莱克1728年生于法国加伦河河畔。他的父亲约翰·布莱克先生是贝尔法斯特本地人，但出自一个移居到这里多年的苏格兰家庭。布莱克先生大部分时间居住在波尔多，并在那里做红酒贸易。布莱克先生在阿伯丁郡和海尔海德家族的罗伯特·戈登先生的女儿结了婚，海尔海德家同样在波尔多做红酒贸易。布莱克先生是一个非常和蔼可亲的绅士，具有公正自由的精神，且具有非凡的学识。他的这些品格和好心肠在他写给儿子的一系列信件中显而易见，他的儿子把这些信都精心保存了下来。伟大的孟德斯鸠是当地法庭的庭长之一，他也敏锐地注意到了他的这些优点。这位著名的杰出人物罕有地和布莱克先生建立了亲密的友谊，这是他的子孙都倍感荣耀的事。

在布莱克先生从生意上退下来之前很久，他的儿子约瑟夫就被送回到了贝尔法斯特，在那里约瑟夫可能接受了不列颠臣民应受的教育。这是1740年的事情，那年他20岁。在语言学校接受了普通教育之后，他于1746年被送到了格拉斯哥大学继续接受教育。他在那里刻苦学习，成绩优异，但他的主要精力放在了自然科学上。他是自然哲学教授罗伯特·迪克博士的得意门生，也是罗伯特博士的儿子（也是他的继任者）的亲密伙伴。这位年轻教授思维清晰，判断准确，而且非常谦虚，这些都与布莱克博士志趣相投。在1751年继任他父亲的职位之后，他成了学生们的追捧对象，但1757年的一场热病夺走了他的生命。

年轻的布莱克在他父亲的要求下要选择一个专业，他认为医学最适合他的研究习惯。恰巧，卡伦博士刚刚开始他在格拉斯哥大学的伟大事业，卡伦博士选择了之前还没有人涉足的化学哲学领域。迄今为止，化学被看作是一门有趣和实用的技艺，但是卡伦在其中看到的是自然科学的一个巨大分支，它依据的原理和机械定律一样坚不可摧，它形成的体系和天文学一样具有综合性和完整性。他决意使自己投身到对这个广阔领域的探索中，继而功成名就。他很快使这门科学从匠人们手中摆脱出来，并且表明化学是适合绅士研究的学科。布莱克博士参加了卡伦博士的化学讲座，因为他在课堂上的表现，卡伦很快就发现了这位不同寻常的学生，他让布莱克博士跟随在自己身边，但不是作为学生而是像合作者和朋友。布莱克博士被卡伦博士看作自己所有实验的助手，他的实验经常被用作讲座中的权威例证。

从他文件中的许多笔记可以看出，年轻的布莱克制定了一个非常全面的系列研究计划。在一些笔记中，他似乎插入了自己能够想象到的所有事情，包括医学的、化学的、法律的或是个人趣味方面的。在其他一些地方，这些同样的事情又发生了改变，按照相互间的科学关联而被重组。简言之，他为自己的研究做了日记和“记账薄”，并且像商人一样将他的“记账薄”张贴出来。在阅读他的这些“记账薄”时，给人印象最深刻的是，他稳定和扎实地在每个科学分支上不断进步。当一些事情第一次被记下时，他只是按照它们给他的特殊印象或某种重要性将其插入某处，但是并不指明它们彼此之间的关系。当一件同类的事物再次出现时，他一般通过参照将其划归到同类中，如此则最为孤立的一件事实也可以通过这种关联显示其重要性。

布莱克于1750年或1751年到爱丁堡大学完成了其医学学习，他在那里和他的德国表亲、爱丁堡大学的自然哲学教授詹姆斯·拉塞尔先生住在一起。

此时的化学处于一个幸运的时期，也正是在这期间，教授们关于碎石药(特别是石灰水)的观点产生了分歧，即碎石药是如何起作用从而减轻那些小石块和砂砾带来的折磨人的病痛的。学生们通常能够感受到这种观点的分歧，从而受到激发，更加认真地研究，科学也因他们的争先恐后而受益。作为卡伦博士最热心、最聪明的化学专业学生，年轻的布莱克先生对这个课题相当感兴趣。事实上，这对化学家和医学家来说都是一个最有趣的课题。

当时流行的尿结石溶剂多多少少和苛性钾或者苏打有些类似，当这些物质处于浓缩状态时腐蚀性极强，以至于在很短的时间内就可以将动物的肉体部分分解为肉浆。因此,尽管这些物质具有溶石的功效,但是如果在不熟悉的人的手里也会呈现危险性。它们的功效或许来自于石灰,而后者的功效来自于火。因此,人们非常自然地就将溶石剂的功效归结为得自火、存留于石灰中的火性物质,故石灰转变为碱性物质,从而呈现出极强的腐蚀性。因此无疑,“苛性的”一词就是指碱性物质的这种状态,也因此“梅耶脂肪酸(acidum pingue of Mayer)”一词是指火的一种特别状态。从布莱克博士的笔记中可以看到,他最初接受了这个观点,认为苛性碱从生石灰中获得火性物质。在他的一处笔记中,他暗示过,当这种物质从石灰中逸出时,可以采取一定的措施,将这种物质捕捉住,但这种物质暴露在空气中时性质会减弱。但是在笔记本反面的空白页上他写道,“无物逸出,杯中物因吸收空气显著上升。”在之后的几页中,他对比了一盎司白垩经煅烧后的重量损失和将其用盐酸溶解后的重量损失。也就是在这之后的1752年12月,他紧接着就提到了一个相关的病例。从以上记述可以看出,在那之前他就怀疑过石灰石和煅烧后的石灰间存在区别的真正原因。他确实是精力充沛地开展了这种考察工作,因为这之后他马上又提到了镁土实验。

这些实验揭开了所有的秘密,它们被记录在另一本备忘录中。“当我用一种普通碱使石灰沉淀时,没有泡腾(也即有气体从石灰中离开)产生,但这时石灰就已经不再是石灰了,而是C.C.C.[①],这时就开始冒泡了,而好的石灰不会如此。”这一发现引发了之后的许多重要发现!他现在知道碱为何具有苛性,以及如何随意地产生苛性和消除苛性。公认的观念被彻底推翻了。石灰没有给碱带来什么东西,碱只是将石灰中结合着的一种特别的气体(碳酸气)移除而已,这种气体可以防止碱的苛性的进一步增强。之前所有的秘密都已经消失了,之前看似复杂和晦涩的操作现在变得简易可行了。

布莱克博士已将他的就职论文选定在这一课题上,因此他推迟了学位申请的时间,直到成功建立他的排除了任何矛盾的学说之后。当时的环境对科学的发展特别有利,因而这篇就职论文恰逢其时。卡伦博士那时才刚刚离开去了爱丁堡,因此格拉斯哥大学的化学教授一职空缺,而将这一职位授予布莱克这样一位校友再好不过,尤其是授予这样一位化学家兼出色的理论家,因为他关于生石灰和镁土的归纳性研究堪称典范,几乎无人媲美。布莱克博士于1756年被任命为格拉斯哥大学的解剖学教授和化学讲师。这一任命对于他个人而言和对公众而言都是福音,当时他正需要在这世界有个安身立命之所,结果得偿所愿,这也使得他可以将自己

① 原文如此,意义不明——译者注。

的聪明才智主要献身于培育他所热爱的化学科学。

当布莱克博士获得医学学位之后，他将自己论文的一些复制本送给了在波尔多的父亲。这位年老的绅士将其中一本送给了他的朋友孟德斯鸠庭长，几天之后孟德斯鸠拜访了老布莱克并说道："布莱克先生，我亲爱的朋友，我祝贺你，你的儿子将给你和你的家庭带来荣誉。"这则轶事是布莱克博士的兄弟告诉约翰·罗比森教授的。

布莱克博士在格拉斯哥大学任职期间同时教授两门不同的课程。他自认为自己不太有资格教授解剖学，但是他决定要尽自己的全力。不久之后，他和医学教授做了沟通，在征得大学的同意后，布莱克博士和他交换了他们的教授职位。

布莱克博士的医学讲座是他在格拉斯哥大学的主要工作，这些讲座的最大特点是明晰和简单，以及在介绍他的总学说时既谨慎也适度。事实上，在他的学生习惯了著名的前辈卡伦博士的系统知识后，他在阐述简单真理时，这种明晰和干净对于创造一种适度和谨慎的氛围是必要的。但是布莱克博士并没有打算建立一个医学学派，或者某种解释一切的学说，他安于清晰地、尽可能多地叙述那些他认为是基于坚实原理的生理学知识，简述那些被当时最杰出人物认可，但基础或许还不太稳固的学说。之后他致力于论证医学的实践准则，这些准则不是从先已建立的生理学演绎出来，而是以成功实践为唯一基础得到的一些结论性准则。他或许对自己的医学讲座并不完全满意，他也不鼓励不同主题间的交流，因而这些讲座内容也没有见诸他的论文。以上记述出自一位格拉斯哥大学的外科医生送给罗比森教授的资料，这位外科医生参加了布莱克博士的最后两次医学课程。

布莱克博士在格拉斯哥大学获得了最高程度的认可。在他还是学生时，他的行为就不仅在班级中得到赞同，而且在很大程度上赢得了教授们的喜爱。他和著名的亚当·史密斯博士结成了牢不可破的紧密友谊，这种友谊在他们有生之年一如既往。他们二人都拥有朴实的品格和坚不可摧的正直。史密斯博士常说，没有谁的头脑比布莱克博士更为理性，他还经常感谢布莱克帮助他做出正确的判断，并且坦承自己非常容易片面地形成意见。

布莱克博士1759到1763年在格拉斯哥大学任教期间，不断思考有关热和物质间结合的那些已有的推测，并有了成熟的认识。在很早之前人们就知道，冰在32华氏度以下可保持原样不变，然后才融化。如将其与温热的手接触或者使其被温度更高的热体所环绕，情况同样如此。周围的热体温度越高，冰的融化速度越快，但是在整个融化过程中它的温度保持不变。在整个融化过程中，冰不断从周围热体中获取热量并使其变冷，然而自身却没有任何可觉察的发热。

布莱克博士持有一种模糊的观点，即在冰转化为水的过程中，冰吸收的热并没有损失掉，而是保存在了水中。这一观点主要见于由布尔哈夫记述的华伦海特的一个有趣发现，也即，在某些情况下，即使水没有结冰，他也可使其比融化中的雪还要冷许多。在这种情况下，任何扰动都会使得水在瞬间结冰，结冰过程会释放出一定量的热量。如观察水转化为冰或者冰转化为水的缓慢程度，这一观点就可以得到证实。在晴朗的冬日的一天里，阳光永远不足以融化雪堆，冰冻三尺也非一日之寒。布莱克注意到，雪花融化成的水中吸收和保存了大量的热量，当水缓慢转化为冰时会释放出大量的热量。这是因为，在解冻过程中，融化中的雪通常比周遭空气冷，因此雪必定需要从空气中吸收热量；在结冰过程中，空气通常比凝固中的水冷，因此空气必定需要从凝结中的水吸热。这些现象与其他许多不需在此赘述的现象使得布莱克博士认为，当冰融化为水时吸收一定热量，而不会引起温度的升高；当水结成冰时释放出一定热量，而不会引起温度的降低。如此结合的热量导致了水的流动性。因为这种热量在温度计上不显示，因此布莱克博士称之为"潜热"。布莱克博士做了一个实验来测量冰融化为水时所需的热量。为此他测量了给定质量的冰融化所需要的时间，也即测量有多少热量进入了同等质量的水中，并在实验的前半个小时内尽可能降低水温，使其保持在接近冰的温度。因为冰在融化过程中温度一直保持在最一开始的温度，冰原样未变，因此布莱克博士得出结论，冰在融化过程中最初的半小时获得的热量和水在最初半小时获得的热量相同。这一实验结果表明，水的潜热为140华氏度，换言之，如果与融化冰质量相同的水吸收这些热量的话，该潜热将使水的温度升高140华氏度。

布莱克博士的这个实验简单而又具有判决性，他的这个发现是无可争议的。他对整个研究内容以及基于这些研究得出的理论做了记述，并在一个文学社团宣读。该社团每周五在大学的教师会议室聚会，参会者有大学教员和几位当地的有科学和文学品味的绅士。从该社团的记录看，该论文是在4月23日宣读的。

布莱克博士很快意识到了这一发现的巨大重要性，并且高兴地向他的学生们谈起一种自然经济学观点，认为热的这种习性可以造福人类。在夏天，水中聚集了一个巨大的热库，而在水凝结过程中，这个热库逐渐释出热，故可用于缓解冬季的寒冷。如果没有热量在水和其他物质中的积累，太阳回到赤道以南的时间就不会更早，我们也就会感受更多冬季的冷酷。他没有将他的观点局限于水的凝结上，而是将其扩展到每种物质的凝结和融化，认为潜热的释出或固定是这些现象的共因。他发现,即使如黄油、牛油和树脂这些物质,它们的固液转变虽非即刻完成而是缓慢转变,但其逐渐软化同样也是因为吸收了这种热量,也是这种热量和正在液化的物质的一种结合。

在那个时期,布莱克博士从事的另一课题,是检验温度计的标度,以确定等间隔量的膨胀是否对应等间隔量的热量吸收或释出。他的做法是将等质量的不同温度的水混合,并用温度计测量混合物的温度。显然,温度可精确度量两部分水的平均温度;如果温度计中汞的膨胀或者收缩可精确度量温差的话,那么上述水中的温度计就可以指示准确的平均值。假如一磅100华氏度的水和一磅200华氏度的水混合,所有的热量都保存在混合物中,显然在这两部分水中热量是等分的。100华氏度的水会升温,200华氏度的水会降温,冷水部分升高的温度会和热水部分降低的温度相等。冷水部分温度会上升50华氏度,热水部分温度会降低50华氏度。因此混合之后混合物的实际温度是150华氏度,一根插入混合物中的温度计如果指示正常的话会显示150华氏度。他的实验结果表明,在他所能尽力升高的混合水的温度下,汞温度计都可以作为温度变化的一个精确度量计。

他将这些实验的结果整理出来,于1760年3月28日在格拉斯哥大学向文学社团做了宣读。他在进行这一实验的时候还不知道著名的数学家布鲁克·泰勒博士已先于他完成了同样的实验并得到相同的实验结果,泰勒博士还将实验结果递交给了皇家学会,发表在了1723年的《皇家学会哲学汇刊》上。之后库伦和珀蒂发现,在212华氏度以上,汞的膨胀率增加,因此在高温下汞膨胀就不能作为温度的精确度量了。幸运的是,玻璃的膨胀几乎和汞的膨胀程度相同。结果就是,在几乎接近于汞的沸点之下,常用的玻璃温度计中的汞仍可给出真正的温度:用空气温度计测量可知汞的沸点是662华氏度,如将玻璃汞温度计浸入沸腾的汞时,其指示数为660华氏度,与真值仅相差两华氏度。

冰在液化时,温度计的膨胀会有停滞,水汽化时也是这样,两个过程的这种类比无疑可以给出同样的解释。布莱克博士马上总结道,水是由冰结合了大量的潜热而成,因此水蒸汽是水结合了更多潜热的产物。虽然水源源不断的从火中获取的大量的热,但是水转化为水蒸气的过程十分缓慢,这使得人们无法怀疑这一结论的准确性。简言之,所有这类现象都和冰转化为水的过程近乎类似,当然解释也一样。布莱克博士十分确信这一点,以至于在没有进行过任何实验的情况下,就在1761年的讲座中向学生讲授了这一学说。基于这种蒸汽与热结合的现象,他以妥帖的论证解释了许多自然现象。从那个学期的课堂笔记可以看出,要完善他的观点所需要的只不过是一系列的实验,以便确定结合在水蒸气中的精确热量,这些热量不能在温度计上显示,因而是潜热,水中的液化热同样也是潜热。

布莱克博士在1764年首先进行了这些必要的实验。这些实验只是测定一定质量给定温度的水转化为蒸汽所需要的时间,即将水盛放在锡底宽口容器中,将容器置于红热的铁盘上,记下水的初始温度,记下自此温度加热水至沸点所需的时间,最后记下水完全蒸干所需的时间。一个必要的设定是,实验中每一分钟吸收的热量与实验开始的第一分钟吸收的热量相同,由此可以断定蒸汽的潜热不小于810华氏度。

詹姆斯·瓦特先生之后用更好的仪器,更加精心地重复了这些实验,从他的实验结果算得蒸汽的潜热不低于950华氏度。拉瓦锡和拉普拉斯之后以不同的方式进行了实验,他们的实验结果是1000华氏度。再后来,拉姆福德伯爵以独创性的方式进行的实验排除了实验体系中的大多数误差,使得其研究更加可靠,所得结果十分接近拉瓦锡的实验结果。因此,现在一般认为蒸汽的真实潜热是1000华氏度。

布莱克先生1756年到1766年间继续在格拉斯哥大学任教,他作为一名著名教授得到了极大的尊重,作为一名有能力和尽责的医师受到雇主的信任,作为一名亲切和有成就的绅士受人爱戴,在一个虽小却是精选的朋友圈子里享受着愉快的生活。同时,布莱克博士作为一位化学哲学家的名声也与日俱增,来自不同国家的学生将他课程中的独到学说带回家乡,因此固化气和潜热这两个概念也在大陆的自然主义者中传诵。1766年,当时在爱丁堡大学做化学教授的卡伦博士被任命为医学教授,因此该大学的化学教授一职出缺。不止一个人想要接替这一职位。事实上,1756年普卢默博士去世后该职位就一直处于空缺状态,那时刚取得学位的布莱克博士作为化学家和思想家已大名鼎鼎,如果当时按照该大学的意思,他应该已经成为新的化学教授了。现在是1766年,他因潜热这一重要发现又创立了新的功绩,同时也因他在研究中独有的审慎和细心赢得了大家的尊重。

1766年布莱克博士众望所归地被任命为爱丁堡大学的化学教授,但这使格拉斯哥大学承受了莫大的损失。处于新的环境中,布莱克博士的天分更显突出,也更有用武之地。爱丁堡大学作为一所医学院校非常著名,因此学生数量众多,布莱克博士见此既心存感激也受到强烈的触动,意识到作为一位教师的重要性。这使得他下定决心要将自己的研究全力投入到提高学生的基础化学知识上。许多学生来到他的课堂上时,预备知识都少得可怜,许多来自于工厂车间的人几乎连化学基础都没有。他意识到,这样的学生的数量会随着国家活力及繁荣程度的增加而增多,这些学生决不能成为他的听众中最不重要的一部分。为了吸引了这些学生的注意力,也为了让这些最缺乏文化的学生充分理解他的课程,布莱克博士的决心和做法就像一个圣徒:用最平实的方式讲授朴素的理论,然后将其应用于他的研究。为了让他的讲座被完全理解,他通过适当的实验、样本展示和重复化学过程来阐明讲座的内容。

布莱克博士严格遵守这种教学方式,尽量让他的课程每年都变得更加朴实、更加自然,也通过更多的实验示例来说明课程内容。没有人能比布莱克博士更加熟练和成功地做到这些。这些讲座的内容都经过精心和独到的安排,清楚地阐述所要表达的观点而不繁杂冗。他的课堂中没有丝毫虚假的迹象,没有哗众取宠的考虑,也没有作秀或者耍花招的意味,有的是为了打动学生和传达知识而设计的简单、有序和雅致,事实上简单和有序就是他的个性。正因如此,他的讲座充满魅力,大受学生欢迎。我曾有幸听过他所教授的最后一门课程的讲座,所以我说的都是真实感受。诚实地说,我从没听过比布莱克博士的讲座更令人兴奋的讲座,他的讲课方式优雅简洁,他的观点清晰明了,他以这种方式传授给了学生大量的知识,这一切使我充满欢喜。我一下子进入到了一个新的世界中,我的视野忽然被拓宽了,我在一个从未到达过的高处俯视一切,不论是对教授还是对学生而言,所有知识都在潜移默化中交流。他的阐释没有废话,刚好足以给出问题的答案。他的行为中没有一点欺骗、诡计和像明星般闪耀的追求。他是我所见过的完美化学讲师的最好典范。

布莱克博士发现,大理石由石灰和一种特殊物质结合而成,他称后者为"固化气"。这一发现逐渐吸引了其他国家化学家的注意。自然,首先应做的是确定这种固化气的性质,以及生成固化气所需的环境。令人感到奇怪不可理解的是,对他所开创的这一新的领域,布莱克博士自己并没有多大热情,而是让他人坐收渔翁之利。但他确实采取过一些行动以阐明固化气的性质,但我不确定他是否取得了什么进展。他知道蜡烛在这种气体中不能燃烧,任何动物如果吸入这种气体就会致命,它是动物呼吸时在肺中产生的,并且在红酒和啤酒发酵过程中也会产生。布莱克博士是否知道这种气体具有酸的性质我不得而知,但是,如果按照他所具备的知识推断,这种气体可与碱和碱土结合,能中和这些碱和碱土,或者至少能够降低或减弱它们的碱性,因此必然可以得出结论:这种气体具有酸的性质①。从他的学术

① 此处原文为"具有碱的性质"。——译者注。

生涯一开始,他就习惯于在他的讲座中讲述固化气的所有这些性质和其他一些性质,因为他自己从未将这些观点发表,因此我们也不确切知道他对固化气性质的探索到底达到了什么程度。他最早的讲座稿是在1773年写就的,在此之前,卡文迪什先生已经发表了关于固化气和氢气的论文,详细给出了这两者的性质。从布莱克博士的讲座稿中,我们不能确定他所说的固化气的性质哪些是他自己发现的,哪些取自卡文迪什先生。

就布莱克博士而言,他的懒惰和疏于引证主要是因为体力不济,这也阻碍了他的发展,而且也迫使放弃了将他的想法写成论文的念头。因此,即便是由于身体不适,或许因此也就看淡了生前和死后的名声,但这仍被人们看作是一个缺点。想想巴斯卡在同样的健康状态下的做法是多么不同!巴斯卡不顾身体不适发挥了自己多大的能量啊!但是巴斯卡和布莱克博士的想法完全不同,后者的特点是温和、缺乏自信甚或有些愚钝。

已故的爱丁堡的本杰明·贝尔先生曾创立一种著名的外科学说,他曾告诉过我一件关于布莱克的一则轶事,这是已故的佩尼库克的乔治·克拉克爵士亲眼目睹并告诉他的。在卡文迪什关于氢气的论文中,他得出了氢气比重的近似值,并表明该比重比普通空气要轻十倍左右。在这篇论文发表后不久,布莱克博士举行了一个派对,邀请他的朋友一起吃晚餐,并告诉他们他有一个新奇的东西给他们看。赫顿博士、埃尔登的克拉克先生以及佩尼库克的乔治·克拉克爵士也在其列。当邀请的人都聚齐后,他将他们带到了一个房间里。布莱克博士在一段牛犊的尿囊中充满了氢气,之后将尿囊放开,它立马上升,直至紧贴到天花板。这一现象不难解释:人们想当然地会认为有一条小黑线系在尿囊上,这条黑线穿过天花板由一个站在屋顶上的人控制着,这个人将黑线提拉,直至尿囊接触天花板,并将其保持在天花板的位置。这一解释太合乎情理了,以至于在场的人均表赞同,但这种解释和其他一些似是而非的理论一样是完全没有事实根据的,因为当把尿囊从天花板上拿下时,没有任何线系在尿囊上。布莱克博士向他亲爱的朋友们解释了上升的原因,但他这么做没有顾忌到他个人的名声和公众的反应,甚至在课堂上他也从未提到过这个有趣的实验。12年多之后,巴黎的查尔斯先生才将氢气的这一性质应用在气球的升空上。

布莱克博士的体质柔弱。稍微受了一点冷或多吃了一点马上会引来胸部感染继而发烧,如果这种症状持续两三天,还会导致吐血。在这种情况下,除了放松思想和适度锻炼,没有什么可以使他康复。这种静养生活限制了他的研究,显然不利于研究。他从不开展任何费脑力的研究,也没有注意到人们有增无减的非议。

在这种情况下,布莱克博士安于做一个旁观者,看到化学正在迅速发展,而不勇于参与到展现在眼前的如此众多、如此多方面的任一研究之中。确实,这就是当时人们对化学的期待以及对发现投注的热情,因此,他对自己伟大发现的独创性和优先权的正当声索有一定风险,容易产生争议,甚至会引起怀疑。至少他的朋友有此顾虑,并经常催促他将自己的发现发表出来以求公平。他不止一次地开始这项工作,但是在他脑海里设想的做这件事的恰当方式过于完美,以至于制定计划时的苦思冥想往往会影响他的健康,迫使他停下。众所周知,拉瓦锡在《科学院专题论文集》上发表的几篇论文中没有提到任何布莱克博士之前在此领域所做的工作,这使他感到受了伤害。在多大程度上拉瓦锡应该受到责备,他是否不打算公正对待这位前人的所有声索,对此我们不得而知,因为他在许多科学研究还没完成时就倏忽而逝了。从拉瓦锡死后留下的著述中我们有理由相信,如果他还活着,他会公正对待所有这些事情,但在同时,布莱克先生无疑也感到不平,他曾有意将自己的发现发表出来以求公平,但是这个打算由于健康原因而被迫中止。

在爱丁堡大学,没有人比布莱克博士为建立、支撑和提升医学院所做的贡献更大。他传授知识的天分不比他的观察力低。他很快就成为了学校的元老级人物,在三十年中来听他讲座的学生与日俱增。他的个人外表和举止是绅士派的,使人如沐春风;他讲课的语调低沉但却清晰,他的发音非常清楚,几百名听众都可以听清。在格拉斯哥时,他就作为一名医师广泛实践,但是在爱丁堡时他一般不行医,只限于到几个亲密的和有名望的朋友家出诊。但是,他是一位名医,这在当地意味着此人的行为非常慷慨、得体和优雅,并且学识渊博、技艺高超。

这就是公众人物布莱克博士。他年轻时面容英俊,引人注目,虽光阴荏苒,他却保持内心平和,在旁观者看来,他总是带着愉悦的表情。他的个性单纯、真挚和迷人。他平易近人,和蔼可亲,无论是严肃的还是琐碎的话题,他都随时不避与人交谈,因为他不仅是一个科学家,还是以高雅的成就而闻名的人。他有一副可以鉴别音乐的好耳朵,还有一副最完美的嗓音,无论唱歌还是吹长笛都有很好的品味和乐感,他的清唱静谧如水,这是许多演奏家做不到的。他在格拉斯哥的娱乐就是音乐,在他到爱丁堡之后就把音乐放弃了。他在绘画上很有天赋,即使没学过,也拥有可以通过铅笔表达他的情感的能力,无论是画人物还是画风景。他特别喜欢表达激情,在这方面具有历史画家的天分。确实,他对各种图案都感兴趣,各种建筑物、家具和装饰都是他感兴趣的题材。在他眼中,甚至一个曲颈瓶或者坩埚都是美或者变形的例子。世上没有无关紧要的东西,它们总有某种令人可亲和愉悦的一面,而这些正是不同习惯和追求的人在与布莱克博士共事和谈话中所感受到的。

这些形式的表现以及在其中布莱克博士所感受和寻求的美体现出得体和适度,而这也正是作者力图以一种改变了的形式所要表达的。这种对于适度的热爱构成了布莱克博士意识中的主流,这是他不懈追求的标准,也是指导他行为的准则。

布莱克博士热爱社会,自己也感受到来自社会的爱。他在爱丁堡大学居住期间,他早期的主要朋友有亚当·史密斯博士、大卫·休谟先生、亚当·弗格森博士、约翰·霍梅先生和亚历克山大·卡莱尔博士等人。埃尔登的克拉克先生以及他的兄弟乔治爵士、罗巴克博士、詹姆斯·赫顿博士,尤其是后者,都是他的挚友,在他们的社交圈中他可以专注于他的专业研究。赫顿博士是唯一一个住在布莱克博士附近的人,布莱克博士关于化学的每个想法都或告诉他,他也熟悉布莱克博士的所有书面著述,这两个朋友几乎两天见一面。

在18世纪即将结束的时候,岁月的流逝在布莱克博士本已柔弱的身体上刻下了更加深重的痕迹。为了放松而必需的散步和适当锻炼的时间也逐渐缩短了。他对聚会和交谈开始感到疲惫,外出很少,只有一些亲密朋友到访。他在大学的职责对他变成重负,因此他找来一位助手来分担他的讲座并减轻他实验的疲劳。在1796年至1797年间,布莱克博士开了他的最后一门讲座课程。在此之后,讲座对于他的日渐减弱的体力来说都过于沉重了,他不得不彻底离开课堂。但是他一直保持着亲切和蔼的性格和惯有的愉快,甚至在生命的最后时日,也习惯外出散步并偶尔锻炼一下。随着他的精力日渐衰退,他的体质也越来越虚弱。每次感冒都会引起不同程度的吐血。但他似乎尽量要掌控这身体上的不幸境况,所以他从不让这种情况持续太久,或者引发任何痛苦的疾病。他将自己的生命之线拧成一股绳。为了对抗疾病,他开始限制自己的饮食,更加关注自己日益衰弱的身体,并依照自己的精力来安排饮食和锻炼。他强撑着虚弱的身体,以免外部疾病的侵入。确实,布莱克博士处于一种脆弱但是持续的健康状态,心境平和,安详自得。他只是对久卧病榻的麻烦和不幸感到忧虑,人同此心,他担心这种麻烦和不幸会传给来拜访他的朋友,也只有他处此逆境还能处处为他人着想!

布莱克博士于1799年11月10日去世,享年71岁,在去世之前没有任何惊厥、休克和昏迷的征兆预示死亡的来临。当时他正在桌边吃一些日常食物,一些面包、少量李子干和一定量的经水稀释的牛奶,在最后一下脉搏跳动时有一个杯子在他的手中，他合拢双膝并将杯子放在了膝盖上，像一个完全放松的人那样将杯子稳稳地拿在手中，在以这个姿势断气时，杯子被支撑着，竟然没有一滴液体漏出，就像他需要做一个实验以便向朋友展示他去世时的工具一样。他的仆人打开门来向他禀告来客的姓名，但是没有得到回应，便向他走去，于是就看到他以那种放松的姿势坐着，一只手中拿着牛奶杯子，仆人认为他像往常一样，在饭后睡着了。仆人就折了回去，关上了门。但是在下楼时，他感到一种莫名的担心，于是又回到了房间再次看他的主人。近看了之后，他甚至已放了心并再次离开，但是又走了回来，更近看时才发现他已死去。仆人赶紧请来了布莱克博士的近邻本杰明·贝尔医生，但医生已无力回天。①

布莱克博士的著述十分稀少，一共不过三篇论文。第一篇名为《关于苦土、石灰以及其他碱性物质的实验》，这是他就职论文的主题，之后于1755年以英文在《爱丁堡物理及文学专题论文》上发表。出版商克里奇先生于1796年将该论文和卡伦博士的小论文《液体挥发制冷》一起单独成册出版。在英语文献中，该论文是归纳性推理的最佳范例之一。作者说明镁土是一种特别的土性氧化物，它和石灰的性质差别很大。他给出了纯石灰的性质，并且表明纯石灰和石灰石的差别只在于前者中不含碳酸，碳酸是石灰石的一个组分。石灰石是石灰的碳酸盐，生石灰是未经结合的纯土性氧化物。布莱克博士说镁土也有可与碳酸结合的性质，苛性钾或者说苏打只是这些物质的一种纯态或者单一形态，而弱的碱性物质是这些物质和碳酸的结合形态。弱的生石灰转化为苛性碱的原因是石灰对碳酸的亲和力比对碱的亲和力强，因此石灰转化为了石灰的碳酸盐，失去了碳酸的碱性物质就具有了苛性。弱的钾碱是苛性钾的碳酸盐，苛性钾是钾碱失去碳酸之后的产物。该论文的发表在德国引起了争论，最终雅克金和拉瓦锡重复了布莱克博士的实验并表明实验无误后，这场论战才得以平息。

布莱克博士的第二篇论文于1775年在《哲学汇刊》上发表，名为《沸腾对水的影响的假设及使水更易凝结的实验研究》。他表明，当将刚刚煮至沸腾的水置于冷空气中时，只要能够到达冰点水就会结冰，而没有达到沸点的水则在低于冰点以下的温度才会凝结。但是，如果在置于空气过程中不断搅动未经煮沸过的水，则水也同样会在冰点凝结。他表明，上述两种水之间的差别是，煮沸过的水不断吸收空气并受其扰动，而未煮沸过的保持在静止状态。

① 上述关于布莱克博士的描述是由他的知音罗宾逊教授和他的近亲亚当·弗格森博士提供。另见布莱克博士讲座的前言，其中对布莱克博士的描述也几乎类似。

他的最后一篇论文名为《冰岛上一些沸腾温泉中的水的分析》，发表在《爱丁堡皇家学会汇刊》上。这些水是斯坦利爵士从冰岛的盖塞尔温泉带回来的。布莱克博士发现这种水中含有大量硅土，硅土是被水中的苛性苏打溶解在水中的。

布莱克博士开创的这些探索研究因健康原因虽未能完成，但很快吸引了大不列颠史上最有能力的人之一的注意，我指的是卡文迪什先生。

尊贵的亨利·卡文迪什于1731年10月出生于伦敦，他的父亲洛德·查尔斯·卡文迪什勋爵是家中的幼子，出自英格兰最古老的家庭之一德文郡家族。他父亲在世时，他生活在一个相当狭窄的活动范围内，每年只允许花费500英镑，他的公寓是一排马厩，他就住在其中。也就是在此期间，他养成了节俭的习惯和怪僻的性格，这在日后更加突出。他父亲去世之后，他得到一大笔遗产，他的一位姑妈在这之后不久也去世了并将一大笔遗产留给了他。但是由于他养成的节俭习惯，每年的收入中他也花费不了多少，故而他的资产逐年积累，到最后去世的时候，他身后留下接近130万英镑，成为英格兰银行最大的股份持有人。

有一次，他在银行家手中的钱累计达到了7万英镑。这些人认为这么多金钱放在他们手里是不合适的，于是派了其中一个合伙人去向他问询一下，以便能够知道他打算如何处理这笔钱。这位合伙人到了之后，就卡文迪什先生这种特殊情况向他做了必要的提醒并说明了原委，然后问他将这笔钱存着吃利息是否不大合适。卡文迪什先生淡漠地回答："你们看着办吧。"之后便走出了房间。

除了他的科学家朋友圈子，卡文迪什几乎没有参加过其他任何团体，但是他从不会缺席皇家学会俱乐部每周在斯特兰的加冕和停泊酒馆举办的晚餐。在这些晚餐聚会中，如果凑巧和他喜欢的人坐在一起，他常常口若悬河，但在其他时候他总是一言不发。他同样还是约瑟夫爵士银行周日晚会上的常客。他在伦敦有一套房子，但是他每周只在固定的时间并在不告诉仆人的情况下去一两次，这座房子中有一个藏书众多的图书室，如果学者们想到这里来是不受任何限制的。他住在克拉珀姆的平民区，几乎没有访客到这里。他立下遗嘱将绝大部分财产留给了他的亲戚洛德·乔治·卡文迪什，但这位亲戚每年也只来看他一次，时间不会超过十二分钟。

卡文迪什害羞到了几近病态的程度，在别人为他引见生人时，他会不好意思，在别人说他是一个出众的人时，也会感到不好意思。在一个周日的晚上，他和哈契特先生在约瑟夫爵士银行一间拥挤的房子里聊天，当时以自大著称的英根豪斯先生向卡文迪什先生正式介绍了身边的一位澳大利亚绅士。他详细地介绍了他朋友的头衔和资历，说他迫切渴望结识像卡文迪什先生这样既杰出又大名鼎鼎的哲学家。英根豪斯先生的介绍一结束，澳大利亚绅士就开始向卡文迪什先生说明，他来到伦敦的最初目的就是拜访那个时代最伟大的标志性人物之一，以及最杰出的哲学家之一。对所有这些夸张的言辞，卡文迪什先生未置一词，只是站在那里，眼中充满了羞涩和困惑。最后，卡文迪什先生瞥见人群中的一个空子，尽力以飞一般的速度从中穿出，一直跑到自己的马车，头也不回直接回了家。

对于这样一个孤僻、与社会接触甚少的人来说，可说的只有他的科学研究工作。他的生活有条不紊、极有规律，他生活中任何一天的记录就可准确反映他的一生。有一段时间，卡文迪什习惯于在实验中找一个助手。有时该职位由查尔斯·布莱格登爵士充当，但是他们二人遇事总难达成一致意见，没过多长时间两人就分开了。卡文迪什于1810年2月4日去世，享年78岁。在发现自己即将不久人世时，他命令他的仆人离开一段时间，并且规定他回来的时间是直到感觉他已不在人世为止。但是，他的仆人知道主人的身体状况，在离开后一直感到担忧，就在约定的日期之前回到了卡文迪什先生家中，发现他已经躺在床上奄奄一息了。当时卡文迪什先生尚有意识，对于仆人贸然闯入反倒十分生气，以一种不快的口气命令仆人离开，要求他无论如何都不能在约定的时间之前再回来。在仆人如约而至时，却发现他的主人已死了。卡文迪什先生和布莱克博士之间的差别竟然如此之大！

卡文迪什先生的外貌不会给陌生人留下好印象，他比普通人高一些，身体很胖，但脖子很短。他在说话的时候有些结巴，这使得他显得有些笨拙。他的外表不会给人留下很深的印象，看不出他拥有渊博的学识。这或许是因为他缺乏应有的激情。他所受教育看上去非常全面，他是一位杰出的数学家，一位造诣精深的电气技师，一位异常敏锐和有独创性的化学家。除非他研究过一门学科的基础，否则他从不贸然对该学科发表任何意见。他先是作为一位化学家为人所知，后来是一位电气技师。他的所有学术著述包括发表在《哲学汇刊》上的8篇论文，尽管这些论文篇幅不大，但包含了最为重要的发现和最有意义的研究工作。在他的论文中，述及的课题包括十个化学的、两个电学的、两个气象的以及三个与天文学相关的，另外还有一篇他最后写成的论文，他在其中给出了区分天文仪器的方法。在此处提到的这些论文中，我们只挑那些与化学有关的论文做一分析。

1. 他的第一篇论文名为《关于假想气体的实验》，于1766年发表，那年卡文迪什先生35岁。黑尔斯博士已经表明（正如之前范·海尔蒙特和格劳伯之前所做的一样），气体在特定环境下会大量释出。但是他从不怀疑他所得到的任何气体与普通气体有什么不同。事实上,普通气体被认为是一种基本物质,指的是各种弹性流体。布莱克博士已经表明,弱碱、石灰石和镁土的碳酸盐是这类物质与一种气体物质(他称之为"固化气")的化合物。布莱克博士还指出了许多收集这种固化气的方法,尽管他自己在研究固化气性质方面也没有取得多大进展。卡文迪什先生的这篇论文可以看作是对布莱克博士研究的继续。他表明,存在两种其性质与普通气体迥然不同的气体,他称之为易燃气和固化气。

当铁、锌或者锡溶解在稀硫酸或者稀盐酸中时,易燃气(氢气)会释出。从铁中得到的量为其重量的约二十二分之一,此即对应的易燃气重量,锌中为二十三分之一,锡中为四十四分之一。如此产生的易燃气的性质相同,与所用的金属以及用于溶解的硫酸和盐酸无关。如果选用浓硫酸的话,铁和锌难于溶解其中,需借助加热才行,但产生的气体不是易燃气,而是由亚硫酸组成。卡文迪什先生从这些事实得出结论:在第一种情形下,释出的易燃气是金属中的原初燃素,而在第二种情形下,释出的亚硫酸是相同的这种燃素和一部分所用酸的化合物,是脱除了易燃性的酸。这一说法和斯特尔的观点有差别,后者认为易燃物是燃素和酸或者金属灰的化合物。

卡文迪什先生发现,他所得到的易燃气的比重比普通气体小十一倍。这个测定值偏低,导致这一错误的原因部分是由于空气中有水,卡文迪什先生表明水占空气的九分之一。卡文迪什先生测试了易燃气的可燃性,也即将其与各种比例的普通气体相混合,结果发现当易燃气体积大大高于普通气体的体积时,混合气会发生剧烈爆炸。

他发现,铜在加热的条件下溶于盐酸时不会产生易燃气,产生的气体与水接触时会失去弹性。卡文迪什先生没有检验这种气体的性质,这种气体是硝酸气,后来普利斯特里博士研究了这种气体的性质。

卡文迪什先生做实验用到的固化气(碳酸气)得自于将大理石溶解在盐酸中。他发现,它可以在汞中长时间保存而性质不发生变化,并可以逐渐被冷水吸收。100份55华氏度的水可以吸收103.8份固化气。当将溶解有固化气的水加热至沸点时,或者将水在敞口容器中放置一段时间,水中溶解的固化气会再次被分离出来。酒精(没有提到它的比重)可以吸收自身体积2.25倍的固化气,橄榄油可以吸收自身体积三分之一的固化气。

他发现,固化气的比重为1.57,普通气的比重为1。固化气不具有助燃性质,当普通气中混入固化气后,较其纯态,其持续燃烧的时间变短了。一根小蜡烛芯在盛有180盎司的纯普通气的容器中可以燃烧80秒，而相同的烛芯在普通气体和固化气体积比为1:19的气体中只可以燃烧51秒。如果固化气占气体总量的四十分之三的话，烛芯只可以燃烧23秒。如果固化气占十分之一的话，烛芯可以燃烧11秒。如果固化气占气体总量的五十五分之六或者说1 / 9.16时，烛芯就不能燃烧了。

卡文迪什先生认为，大理石和盐酸反应时不止释放出固化气这一种气体，换言之，释放的弹性流体包含两种气体，其中一种较另一种更容易被水吸收。他从如下现象得出上述结论，即将苛性钾溶液置于固化气中一段时间后，溶液就不会再吸收固化气了，但是如果将剩余部分的固化气排出，而代之以新鲜的固化气，溶液就会重新开始吸收气体。后来道尔顿先生对这种看似异常的现象给出了满意的解释，也即，固化气在水中的吸收程度与其纯度成正比，当固化气中混入大量的普通气体或者其他气体时，它就不再易于被水吸收。

卡文迪什先生阐明了固化气在大理石、氨碳酸盐、普通珍珠灰和苛性钾碳酸盐中的含量，然而，尽管这些实验做得非常精心，但它们意义不大，因为在这个化学科学发展的初期人们想不到应当使这些盐处于纯态。下面就是卡文迪什先生得到的实验结果：

1000格令大理石	408格令固化气
1000格令氨碳酸盐	533格令固化气
1000格令珍珠灰	284格令固化气
1000格令苛性钾碳酸盐	423格令固化气

假定大理石、氨碳酸盐、苛性钾碳酸盐都是无水的纯净物，它们的成分为：

1000格令大理石	440格令固化气
1000格令氨碳酸盐	709.6格令固化气
1000格令苛性钾碳酸盐	314.2格令固化气

苛性钾重碳酸盐是由布莱克博士首先制得的。卡文迪什先生得到这种盐的方法是，将珍珠灰溶解到水中，再向溶液中通入碳酸气气流，直至结晶出现。这些晶粒置于空气中时不会发生改变，也不会溶解，只能溶于自身质量四倍的水中。

布里奇博士已经阐明，植物和动物因腐败和发酵作用产生固化气。卡文迪什先生通过实验发现，将糖溶于水中发酵时它会释出自身重量57/100倍的固化气，该固化气和大理石中释放的固化气性质相同。在发酵过程中没有气体被吸入，在发酵液体表面的普通气体也没有发生任何变化。苹果汁比糖的发酵速度更快，但是现象都是一样的，所释放出的固化气是苹果渣重量的一千分之三百八十一。肉汤和生肉在腐败过程中释放出不可燃气体，前者产生的气体较后者多得多。在卡文迪什先生的实验范围内，他发现这种气体和锌在稀硫酸中产生的固化气相同，但其比重稍高。

卡文迪什先生的这篇论文是化学家收集不同气体并努力阐明其性质的第一次尝试。因此他所进行的所有实验在某种程度上说都是新的，它们可以作为未来实验者的模型，并逐渐被简化和完善为现在的状态。他首次尝试通过比较不同气体和等体积普通气体的重量确定气体的比重。尽管他的实验装置有缺点，但原理是对的，和现在用来完成同样实验目的所采用的原理是一样的。卡文迪什先生是第一个开始正式研究气体的人，在他的第一篇论文中他确定了两种重要气体(即碳酸气和氢气)的特殊性质。

2.矿泉水由于其特殊性质和药用功能一直以来吸引着化学家的注意。波义耳进行了一些非常初步的研究。杜·克洛斯在法国尝试对矿泉水进行化学分析，赫纳对瑞典的矿泉水也进行了类似的考察。尽管这些实验十分粗略和不精确，但是它们积累了一些关于矿泉水的事实，对此化学家还解释不了。其中之一是，矿泉水中含有大量的石灰质土，在水煮沸之后它会沉淀下来。没有人能解释这种不溶的物质(石灰碳酸盐)是如何溶于水的，也没有人知道为什么在水沸腾之后它会沉淀下来。正是为了弄清楚这一点，卡文迪什先生对罗思本地区的水进行了实验，结果在1767年发表，这可看作是第一次以可接受的精度对矿泉水进行分析。罗思本地区的水是用水泵抽提上来再供给紧邻伦敦周边部分的用水。卡文迪什先生发现，当将罗思本地区的水煮沸时就有土性物质沉淀，它的主要成分是石灰，还有少量的镁土。他表明，这种土性物质是被固化气保持在溶液中的，他还通过实验证实，当有过量的这种气体存在时，它就具有将石灰和镁土保持在溶液中的性质。[①]水中除了含有这类土性碳酸盐之外，还有少量氨、一些石灰硫酸盐和普通盐。同样，卡文迪什先生还检验了伦敦的其他泵的出水，发现其中也有因碳酸而溶解下来的石灰。

3.在普利斯特里博士从事化学事业的开始时期，他发现，当水面上方的硝石气和普通气混合在一起时，其容量就会减少；如果用氧气而不是普通气体，则容量减

① 这些盐以石灰重碳酸氢盐和镁土重碳酸氢盐的形式存在于溶液中。沸腾会驱逐出溶液中一半的碳酸，单纯的碳酸盐是不可溶的，故而沉积了下来。

少程度更大，而且这种减少与混合在硝石气中的氧气的含量成正比。这个发现启发他利用硝石气来检测普通气体中氧气的含量，并且设计了各种仪器以利于气体的混合以及测量所引起的容积减少量。一般认为，空气的好坏或其助燃和维持动物生命的性能与其中的氧气含量成正比，因此这类仪器就被冠以测气管之名，其中最简单的一种是由丰塔纳发明的，通常被称为丰塔纳测气管，以示区别。不论什么季节，什么地方，哲学家在用这种仪器测量气体时都发现在容积减少量上存在很大差别。因此，他们推测氧气的含量在不同的地方是不同的。他们把这种变化视为特定情况下健康或者疾病的原因。例如，英根豪斯博士发现，在海面上和海岸边的气体中氧气的比例更高，故邻海地域的健康归因于此。卡文迪什先生以他惯有的不懈、勤劳和敏锐的洞察力考察了这个重要的观点，结果发表在1783年的《哲学汇刊》上。他阐明，这些表面上的变化是因为实验误差，如果采取必要的防范措施，在任何地方、任何季节测得的氧气比例都一样。从那以后，这个结论得到全球各个地方的大量观测的证实。卡文迪什先生还分析了普通气体并发现其组成为79.16体积的氮气与20.84体积的氧气，合计100体积。

4. 在多年里，化学家们都认为汞就是液体，而且不论冷到何种程度它都不能固化。布劳恩教授偶然发现，像其他液体一样，它经冷却可以凝结，但人们一开始对此有怀疑。当大量判决性实验最终确立了这一点时，人们从布劳恩的观测推断，汞的凝固点是在华氏温标零下几百度。因此，通过准确的实验来确定这种金属的准确的凝固点就成为一个非常重要的研究课题。这项工作是在哈德逊湾由哈钦森先生完成的，他遵循了卡文迪什先生给他的一系列指导。正是从他的实验中，卡文迪什先生推断出汞的凝固点是华氏温标零下38.66度。该工作刊载在1783年的《哲学汇刊》上。

5. 这些实验自然使卡文迪什对凝固现象、可凝固混合物的作用及酸类的凝结感兴趣。他雇了定居在哈德逊湾附近的纳布先生来做一些必要的实验。有关这些课题，卡文迪什1786年和1788年在《哲学汇刊》上发表了两篇非常有趣和非常重要的论文。他完全依据布莱克博士的理论解释凝结现象，但却排斥热量是一种独特的物质的假说，并和艾萨克·牛顿先生一致认为，凝结现象更可能是因为热物体中粒子的快速内部运动。他发现水的潜热为150华氏度。他对硝酸和硫酸凝结现象的观测是非常有趣的：它们的凝固点变化范围非常大，这取决于各自的强度。他把不同强度的酸的凝固点绘制成了一些表格。

6. 在1784年和1785年的《皇家学会汇刊》上，卡文迪什先生发表了两篇名为

《关于空气的实验》的论文，这是他在化学实验方面最有成就和最有价值的工作。这些实验的目的是，确定在“空气燃素化”（这是当时的术语）过程中发生了什么，也就是，当金属在空气中煅烧时，或是当硫或磷在空气中点燃时，或者在一些相似的过程中，空气发生了什么变化。他首先指出，除非有动物或者植物存在，否则没有理由设定有碳酸气形成。当氢气在和空气或者氧气接触燃烧时，它就会和空气或者氧气结合形成水。氮气和大气中的氧气结合后生成亚硝酸，氧气和氮气以一定比例混合，经电火花作用即可生成硝酸。

其中的第一个观点引起了卡文迪什先生和柯万先生的争论，柯万先生认为在空气燃素化时通常会生成碳酸。就此，柯万发表了两篇文章，卡文迪什发表了一篇，它们刊载于1784年的《哲学汇刊》上，每一篇都带着各自作者的独特个性，均堪称范本。柯万的所有论证都基于其他人的实验。这表现出他阅读量大，记忆力强，但他对所引证的化学家的权威和优点不加区别。另一方面，卡文迪什先生则不经实验检验从来不提出任何观点，也从来不自寻烦恼地越过实验支持的范围。他认为，不论什么未经过无可辩驳实验准确确定的东西，都只能当作假设说说而已，不能当真。

在卡文迪什先生发表的第一篇著名文章中，他比较了化学中的燃素说和非燃素说，并指出尽管不能表明这两者的真理性，但它们都能很好地解释相关现象。他给出了为何他倾向于接受燃素说的理由，这些理由是法国化学家没有能力反驳的，也是他们因聪明过头而注意不到的。但是，这篇令人赞叹的专题论文完全被化学界忽视，这实在是一个绝好的例证，表明即使在科学上，受一时的风气和无当的急躁冒进的影响，哲学家们竟是这样拒斥或是接受某些观点。倘若柯万先生在为燃素说做辩护时采纳卡文迪什先生的意见，而不是去采信那些蹩脚化学家们的含糊的实验，他本可以不向他的法国对手屈服，反燃素说也就不会如此快地立稳脚跟。

以下是卡文迪什先生的文章摘要，包括五个著名的发现：①氢气的性质；②石灰重碳酸盐和镁土重碳酸盐在水中的溶解度；③普通气体组成的精确比例；④水的组成；⑤硝酸的组成。我们现今关于汞的凝结点的知识也应归功于他。同样，他是第一个指出苛性钾对酸的亲和力比苏打更强的人。他这方面的实验见于一篇关于矿泉水的论文，并由唐纳德博士发表在《哲学汇刊》上。

下 卷

第一章　大不列颠化学科学的基础和进展

当卡文迪什先生以牛顿式的审慎和精确扩展气体化学的领域时，普利斯特里也开展了同样的研究，并以异乎寻常的速度取得进展。他天资聪慧、富于创造力，对于这门学科的进步的贡献不仅毫不逊色，而且比其他任何英国化学家的知名度都高。

1733年，约瑟夫·普利斯特里出生在离约克郡利兹约6英里远的费汉得。他的父亲乔纳斯·普里斯特列是一个裁缝，他的母亲是附近农民约瑟夫·斯威夫特唯一的孩子，普利斯特里是家中的长子，他母亲很快就生育了一个大家庭，因此他还不大时就由外祖父照顾。在他只有六岁时，他的母亲去世，父亲随后将他接回家中，并送他去了附近的学校。他的父亲拖着一个大家庭，过着拮据的生活，但他父亲的妹妹基思利太太生活优裕又没有孩子，因此她把普利斯特里待若亲子，抚养他长大，这减轻了普利斯特里父亲的负担。她是一个新教徒，因此她的住所成了郡内持有异见牧师们的聚会场所。年少的约瑟夫就读于附近的一所公立学校，16岁时就在拉丁语、希腊语和希伯来语上取得了很大的进步。由于他在很小的时候就表现出了对书本和学习的热爱，因此他的姑姑期望他有一天能够从事她视为首选的职业，即成为一个牧师，他也急切盼望能够达成她的心愿。但在这段时期，他的健康出现了问题，已经显露出了类似肺结核的症状。其他人劝他考虑从事贸易，并作为一个商人到里斯本定居。这促使他用心学习现代语言，并自学了法语、意大利语和德语。恢复健康之后，他放弃了他的新打算，并重新开始了他之前成为一名牧师的计划。1752年，他被派往达文特里学院，跟着道瑞治的接班人迦勒·阿什沃斯学习。他在机械论哲学和形而上学方面都取得了一些进展，同时涉猎了迦勒底语、叙利亚语和阿拉伯语。他在达文特里学院呆了3年，主要从事与神学有关的研究，并写了一些他早期的神学选集。学院里自由讨论的氛围浓厚，两位大师在最有争议的问题上都持有不同的观点，学者们也被分成了两派，双方势均力敌。但是，双方讨论的言语却是幽默风趣的。正如普利斯特里自己所说，他通常认同非正统的观点。但就像他使我们确信的那样，他从不就他认为是低劣的观点开展论证或者是支持一个他认为不正确的主张。当他离开这所学院后，普利斯特里定居在萨福克郡的尼德罕，在一个不起眼的新教教堂里当助理，一年的收入不超过30英镑。由于人们抵触他所讲的神学观点，听他讲道的人不断减少，这也使得他的收入相应减少。他试图进入学校工作，但这一想法没能实现，因为附近的邻居们对他的正统观点嗤之以鼻。如果没有班森和安德鲁·科普斯不时给他提供的慈善资金救济，他的处境会非常艰难。

附近倒是有好几个空缺的工作机会，但人们轻视他的能力，认为他无法胜任其中的任何一个工作，甚至周边的持新教观点的牧师都唯恐和他沾上边，不敢让他去布道。这倒不是因为他们对他的神学观点有任何意见，其中有几个人也和他一样有自由的想法，而是因为当他出现在布道坛时，那些有身份的人通常都退场。正如他自己多年以后所说，当他已非常出名时，他仍在同样的地方布道，面对同样的听众，讲授同样的教义，但人数众多，并且他们也没了过往的蔑视和厌恶。

他的朋友们意识到他在尼德罕的这种不利处境后，就处处留意如何帮助他改变。1758年，由于吉尔的关系以及沃兹沃思辞职后职位空缺，他受邀作为谢菲尔德一处教堂职位的候选人。他如约到场并做了布道，但另一位新教牧师海恩斯不同意他到这里，而是说动他前往柴郡的南特威奇的教堂。他接受了这个提议，并且为了节省开支，选择乘船从尼德罕到了伦敦。他在南特威奇呆了三年，相比在尼德罕，他在南特威奇度过的时光非常惬意。听众们不会对他的观点感到厌恶，他也不做有争议的讨论。在这里，他建立了一所学校，并且让他意想不到的是，他发现教学原来是一件令人愉悦的工作。他从早上7点开始一直教到下午4点。在结束了学校工作后，他去附近一位著名律师汤姆林森家中为他做家教，直到晚上7点。由于他每天花12个小时在教学上，用于个人研究的时间也就变得少的可怜。确实，我们难以想象在这种情况下他是如何安排他的星期天的。但也正是在这个地方，他的境遇开始得到改善。在尼德罕时，他要一分钱掰两半花才能不负债，但在南特威奇，他已有能力购买一些书籍和研究用的仪器，比如一台小型的空气泵和电机等。他教会年长的学生们如何去管理和使用这些仪器，并通过做实验让他们的父母和朋友感兴趣，因为多数情况下这些学生、有时是老师在做实验，如此一来他这所学校也名声远扬。在南特威奇，他撰写了供他的学校使用的入门教材，这是一本相当出色的书籍，但它传播的范围不大。这或许是因为在此两年之后，大名鼎鼎的罗伯特·罗斯也出版了一本入门教材。

普利斯特里寄宿在艾道斯先生家中,后者善于交际、处事灵活,还是个音乐爱好者,普利斯特里受其影响也粗通演奏直笛,但从未能成为一个熟练的演奏者,可是正如他所说,多年来吹直笛或多或少成了他的消遣方式。他向所有好学的人推荐音乐知识以及音乐练习,并认为如果他们有良好的听觉或是细腻的感觉的话,这对他们来说是一种必备的优点,因为如此一来,他们更容易从音乐中获得乐趣,而不是在听到它时无动于衷甚而感到生气。

沃灵顿科学院建立于普利斯特里,在尼德罕期间,受克拉克先生、班森博士和泰勒博士一致推荐,他成为沃灵顿科学院语言学方面的指导教师,但是艾肯博士被认为比普利斯特里更有资格,并先于他担任了该职。然而,由于泰勒的去世以及艾肯博士继而升迁为神学指导教师,普利斯特里受邀接替艾肯的职位。尽管在南特威奇的学校他的收入可能更多,然而在沃灵顿的工作会更自由、麻烦更少,于是他接受了这个聘任。他在这个职位上一呆就是6年,积极从事教学和对文学的追求。在这段期间,他完成了许多著述,特别是他的《电学史》,该书令他作为一个实验哲学家第一次引人注目并一跃成为名人。曼彻斯特的珀西瓦尔博士曾就读于爱丁堡大学,在该书出版后,珀西瓦尔博士为他争取到了该大学的法学博士学位。在这所大学,普利斯特里娶了威尔士五金商艾萨克·威尔金森先生的女儿。她是一位品德高尚的女子,在他去往美国之后去世。

普利斯特里在科学院度过了一段美好时光,但好景不长。泰勒博士和管理委员会之间发生了争执,结果他所有的朋友都受到该机构的敌视。鉴于此,以及他微薄的收入(每年100英镑,寄宿费用是每年15英镑)无法贴补家用,他不得不接受在利兹的米尔希尔教堂的邀请,去那里任职。在那里他结识了一大批熟人,并于1767年离开。

在米尔希尔教堂,他潜心研究神学且著述颇丰,其中不乏有争议的著作。正是在此,他开始了他伟大的化学事业,并发表了第一篇有关空气的论文。他对气体化学用心纯属偶然,只是因为他居住在啤酒厂附近。他发表了光和颜色的发现史,并将其作为《实验哲学史》的第一部分。但是该书的定价不菲,以致其销量很有限,对此他也只有无奈,没有贸然起诉出版商。同样是在这里,他开始出版三卷版的定期著作,名为《神学大全》,在他定居伯明翰后他也一直继续这项工作。

在利兹呆了6年后,经普赖斯博士推荐,谢尔本(后来成为兰斯顿侯爵)邀请普利斯特里做了他家的图书管理员和他的笔友,年薪250英镑并提供住宿。他和这位贵族游历了荷兰、法国以及德国的一部分地区，并在巴黎待了一段时间。他对这次游历感到很高兴，并认为此次出国让自己受益匪浅。巴黎的科学家和政治家都是些无信仰的人，甚至自称为无神论者，当普利斯特里以一个基督徒的面目出现时，他们告诉他，他是他们遇到的第一个能够理解他们所有想法的人，而这个人竟是个基督教信徒。然而，在与他们进行了深入的讨论之后，他发现这些人中没有一个具有自然方面的知识或是通晓基督教的宗教原理。但在与谢尔本伯爵相处的那段时间，他出版了关于空气实验的前三卷书，并为第四卷的出版收集好了材料，该卷在他定居伯明翰后不久也很快就出版了。在这期间，他还出版了一本反对托马斯·里德、贝蒂和奥斯瓦德观点的书，他告诉我们，他在两个星期内写就该书，后来在某种程度上他对该书也不认同。确实，任何一个公正的人都不可能认同那部著作的风格以及其中对待哲学家托马斯·里德的方式，无论如何后者在形而上学方面肯定比他更有建树。

若干年之后，谢尔本伯爵开始对他的这位同伴感到厌倦，正好普利斯特里自己也提出离开，并表示要在爱尔兰定居，伯爵同意并按照之前的约定给予他150英镑年金。在普利斯特里的有生之年，伯爵一直定期支付这笔年金。

与谢尔本伯爵分开使他的收入大为减少，而他的家庭开支却在不断增长，此时的他发现甚至无法养活自己。在这段时期，雷纳太太给予了他慷慨的赠予，特别是在一段时间内就给了400英镑，之后她继续几乎是每年都在帮助他。法瑟吉尔博士也给了他一笔捐赠，以便他能全力开展他的实验研究，而不是花费时间给学生授课。他接受了这笔捐赠。最初该赞助是每年40英镑，之后大为增加。沃森博士、韦奇伍德先生、高尔顿先生以及其他四个或是五个以上的绅士们都加入了法瑟吉尔博士的慷慨赞助中。

不久之后，他搬到了伯明翰的一个教堂里，几年中继续潜心研究神学和化学。在友人们的慷慨相助下，他的仪器已更加完善，同时他的收入也足以保证他充分开展研究。这个期间，他出版了关于空气实验的最后三卷书，并且还在《哲学汇刊》上发表了多篇同样课题的论文。同时，他继续撰写他的神学大全，并出版了各种各样的选集，既有关于宗教的独特观点方面的，也有初期教会史方面的。不幸的是，他和当地官方教会的牧师发生了争执。他在政治上有些随意地发表意见，这在此前的任何时期中并无大碍，但在受到法国革命影响以及威廉·皮特及其政府政治信条影响的特殊时期，这就非常不合时宜了。他对布尔克先生关于法国革命一书的答复大大激怒了这位非同寻常的作者，招致后者对他人格的不断猛烈抨击，这种抨击在下院进行时甚至带有刻毒的恶意。英格兰教会的牧师在这段期间也异常活跃,因为普利斯特里是教会的公开敌人,他们开始担心教会的权威。报刊上充斥着他们对他的各种反对,而听信者似乎也被鼓噪了起来,确实,有几则关于伯明翰牧师的轶事证实他们的做法实在是有失身份。可惜,普利斯特里似乎没有意识到当时国家所处的状态,也没有看出皮特及其政治盟友的既定计划。他过于热衷有争议的讨论,而又不轻易向敌手的攻击屈服。

以上这些或多或少可以解释1791年发生在伯明翰的那场不光彩的暴乱,那天正是法国革命的周年纪念日,普利斯特里所在教堂和他的宿舍被烧毁,他的图书室和仪器遭到损坏,几年劳作而成的许多手稿也被付之一炬。好几个朋友的房屋也遭到了同样的厄运。其间,他的儿子因为受到他朋友的照顾并被隐藏了好几天才侥幸逃过一死。普利斯特里用假名购买到一张邮车票,被迫逃亡伦敦。这是一场针对他的动乱,他在哪里都不会安全,有几周的时间,他的朋友都不允许他外出上街。

普利斯特里受邀到了哈克尼,接替普赖斯在当地教堂的职位。他接受了该职位,但人们惧于他背负的恶名,没人愿意给他一个居所,害怕民众得知他住的地方后会再次将房子烧毁。他被迫隐姓埋名才得以在朋友的帮助下租到一处房子,但说服房东将房屋转租给他却也是费尽周折。他是皇家学会的院士,但学会拒绝接受他,他不得不退出学会。

40年后,当我们回看当时像普利斯特里这样品格高尚的个人遭遇,仍旧不能不感到吃惊。我认为,这确实反映了英国那个历史时期的一个难以抹去的污点。英格兰教会既受贵族阶层和政府支持,也受群众认同,相对于这样强大的组织,就算将普利斯特里看作最微不足道的威胁都是相当可笑的。确实,他的神学观点和正统教会的非常不同,但约翰·弥尔顿、约翰·洛克和牛顿等人不也是如此吗? 不仅如此,对于他的那些观点,一些教会内的成员也确实认同和接纳,只是不像他那样坚定并公开地表达出来而已。回忆一下克拉克博士在三一学院出版的那本书就能说明这一点。再者,只要不是太过伪饰,一些主教也接纳了类似于克拉克博士的观点。同样的情形也发生在了拉德纳博士、普赖斯博士和一些其他许多持宗教异见的人身上。然而,英格兰教会从没有试图去迫害这些功名显赫的人,也没有认为他们的观点对教会的稳定会有一点儿破坏。除此之外,霍斯利采用教会成员的观点对普利斯特里的神学观点进行了彻底的文字讨伐,这被看作是一个主教的名副其实的伟绩。

因此,英格兰教会的牧师们恐怕不是出于对普利斯特里神学观点的惧怕才很快对他做出反击。错误的观点无论是胜出还是被驳倒,非但无害,反而会大大强化和支持这种观点所要推翻的东西。或者说,如果霍斯利的辩驳本身就潜存可疑之处,并不像所声称的那么完备,则迫害肯定不是支持薄弱论证的最佳方法,事实上的结果是,这种图谋反倒让人们开始关注普利斯特里的神学观点。

在大不列颠这样的自由国家,任何人只要不采用暴力并严格遵守国家的法律,都享有坚持自己对政府持合适观点的自由。因此,即使答案如此但也难以设想,普利斯特里的政治观点是他遭受迫害的原因。

普利斯特里是人类物种完美论或至少是物种持续不断改进论的鼓吹者,这种学说本身令人愉悦,并得到了富兰克林和普赖斯的大力支持。但是后来,孔多塞、戈德温和贝多斯引入该学说中的一些疯狂的原理令其失信于人。普利斯特里在其1768年第一次出版的专题论著《公民政府》的开端讲述了该学说。设想自然是如此美妙,我们的最温暖期待是如此相得益彰,人类的偏见都如此讨人喜欢,那么放弃该学说简直像忍痛割爱一样。可能下面这些都是真的(我也希望如此):改进一旦实现就永远不会完全失去,因此人类作为一个整体,其知识是不断进步的。但是,如果我们单从人类以往的历史判断那些政治上的建构,则它们总有其不变的盛衰周期。国家似乎不能从经验中吸取教训。每个国家注定要经历相同的道路,国家的历史可按如下标题得到解读:贫穷、自由、勤奋、财富、霸权、损耗、混乱和毁灭。在各国的历史上,我们看不到哪个国家经历这样的道路后又能够再次振兴的例子。希腊曾在2000多年前经历过这种历史,但自那以后就一直处于受奴役的状态。时至今日,她至少有了再次振兴的机会。后世会见证她是否抓住了这个机遇。

普利斯特里的短文《论公民政府的第一原理》于1768年发表。文中他给出了自己论证的依据,也即:“不言自明的是,人们为了共同的利益在社会中生存,因此一个国家的大部分社会成员的利益和幸福是最终决定与该国有关事务的最大标准。尽管可以设定一部分人受某种约束而自愿让渡自身的所有权利给某一个人或是几个人,但不能认定其后代也有义务接受这种让渡,因为这明显与本应有的全体成员的利益相悖。”从这条第一原理他演绎出了他的所有政治信条。国王、参议员和贵族都只不过是人民的公仆,当他们滥用权力的时候,人民享有罢免、继而惩罚他们的权利。他考察了有关世袭政权、世袭等级关系和特权、议会的存续时长以及投票选举权等政治运作,他的考察带有明显的民主倾向,但是他并没有非常清楚地将这一点表达出来。

以上就是普利斯特里1768年出版著作时的政治观点。它们并未激起人们的惊慌，也未受到注意。他在后来也继续坚持这些原则，或者据说，他不那么激进，变得更温和了。尽管他在理论上赞同共和政体，但考虑到英国人民的成见和习惯，他还是秉持现今英国的政体就是最适合其本国人民的政体这样的理念。但是他也认为，议会应该改革，应该每三年而不是每七年召开一次。他反对任何激进的改革，认为改革应该是通过和平手段循序渐进。当法国革命爆发的时候，正如他在美国战争时的做法一样，他站在了爱国者一边，对布尔克先生非同寻常的行为写了一篇文章加以驳斥。作为一个宗教异见人士，毫无疑问是完全宗教自由的鼓吹者。他对所有的国立宗教机构都没有好感，并且是英格兰教会公开的敌人。

这些观点在多大程度上是公正和正确的，此处不加探究，但是，它们完全无害，并且为人所周知的是，在20世纪的英国甚至当今，类似的观点已被许多人接纳，并未招致任何厌恶，也未激发嫉恨，甚至未引起政府的注意。那么，一个令人好奇的问题是，普利斯特里招致的强烈迫害应该归咎于谁。看来主要的原因是，国家教会的牧师陷入了恐慌，认为他们的机构处于危险境地，并且，因为看到法国革命爆发后所掀起的狂热以及弥漫于各个阶层的对于改革的渴望，贵族阶层几乎处于普遍的恐慌之中。但我并不认为，皮特和他的政治盟友也陷入了恐慌，并因而采取了非常专制的措施。这场灾难或许原本可以自生自灭，抑或通过更平和的处理方式加以匡正。由于普利斯特里是国家教会公开的敌人，教会的牧师们自然对他心存偏见，他们认为自己处于危险之中，这无异于给这种偏见火上浇油，而他们对于政府部门的影响又非常大，这也就难怪皮特和他的政治盟友也和他们持相同的偏见和观点。同样，布尔克先生也已经改变了他的政治立场，像所有的皈依新教者一样，其火热的激情一触即发，因此，当关于他法国革命一书的答复激怒了他时，他自然一有机会就会在下院对他们进行猛烈抨击。再有，法国人的做法——让普利斯特里成为法国公民，选他做议会的院士（当然这只是一种致意的方式）——对他在大不列颠的处境是有害无益的。这等于是给了他的敌手把柄，让人们认为他是这个国家的敌人，他放弃了作为英国人的权利，并且接受了大不列颠宿敌的立场。对我来说，正是以上原因而非他的政治观点是他遭遇迫害的原因。

普利斯特里的儿子们因痛感父亲受到的迫害，断绝了和母国的关系，去了法国。当英国和法兰西共和国爆发战争之时，他们移民到了美国。正是在如此境遇下，加之孤身一人，他在三思后下决心跟随他的儿子们移民美国。在1794年印行的《斋戒日布道》一书的前言中，他给出了他的理由，这是在我曾经看过的最为沉重也最具说服力的作品之一。他1795年4月离开英格兰，6月到达纽约。在美国，他受到所有阶层人们的极大尊重，并马上被费城大学聘为化学教授，但是他谢绝了，因为受惠于英格兰友人们的慷慨相助，他能够继续保持独立。他最后决定定居在距离费城大约130英里的诺森伯兰，在那里他盖了一所房子，并重建了他的图书室和实验室，以及其他必要的设施。在此，他发表了大量化学论文，其中一些装订成册，其余见于《美国汇刊》《纽约医学知识库》和《尼克森自然哲学和化学杂志》。也是在此，他继续进行神学方面的研究，并且出版或者说再版了大量神学方面的著作。同样在此，他失去了妻子和他最年幼同时也最宠爱的儿子，他曾自诩说他的小儿子会继承他的写作事业。还是在此，他于1804年去世，其时他已经硬撑了两天，死前几小时还将写作上的事情做了安排，审读了他最后一部神学著作的若干张校对稿并且将该书的印刷事宜对儿子做了交代。

在约翰·亚当斯任总统的后期，那种将普利斯特里逐出英格兰的憎恶同样开始在美国盛行，人们威胁要将当他作为侨民驱逐出境。不仅如此，他还拒绝归化，自称无论在世或是死去都要做个英国人。与他政治观点相同的朋友托马斯·杰斐逊当了总统后，对他的这种憎恶才消失，他和先前一样受到人们的尊敬。

普利斯特里的生活和著作能够很好地体现出他的性格，因此很难想像，为何他会被本国的许多杰出人物所误解。勤劳是他的主要品格，这种品格连同后天养成的娴熟的写作能力，使他完成了大量的工作。如他所说，这种后天能力得自他年轻时养成的一个习惯，也即在布道前预先对内容规划一个大纲，然后再用韵文写成长篇大论。但是他也告诉我们，他不是一个用功的学生，晚上经常是在和同学的嬉戏和玩耍中度过的。但他是个早起的人，经常鸡鸣即起，他的所有著作都是在这个时候写作的。显然，粗略读一下他的书就能看出是匆匆写就的，并且他在写作时确实是在一根筋地思考，只写出了一个版本，不可能有其他版本。但他是真诚的，渴望获得真相，只要意识到自己的错误就会坦率地承认错误。这种坦诚在他的哲学论述中尤为明显，但在神学著作中就不尽然了。他通常都要介入神学方面的争论，他的敌手通常也无礼和感到愤怒。我们都清楚这种敌对的后果，因此对普利斯特里的遭遇不会感到惊讶，因为换了其他人也会如此。无论如何，他具有出色的交谈能力，各方面的举止也很得体。自然而然，他有很多朋友，也得到朋友热情且真诚的持续帮助，但也不免招致诽谤，甚而遭到表面上是朋友、暗地里是敌人的使坏。在道德品质方面，就连最痛恨他的敌对者，都不得不承认他的人品无可非议。普利斯特里不仅是个忠诚的基督徒，而且是个狂热的基督徒，甚至不惜以身殉教。我这么说读者可能会不以为然，但我认为，事实胜于雄辩，他一生的表现，尤其是面对死亡时的表现，都足以证明这一点。他的信条和大部分国人的不相一致，他抛弃了许多教条，但尽管如此，他毫无保留地信守基督教的崇高道德以及其神圣起源，宽容地说，对一个真正的基督徒而言这就足够了。至于说到他的过分虚荣，这倒可能是他缺乏自信造成的。

他著作本身，内容涉及科学、神学、玄学和政治等方面。他的神学、形而上学和政治著作不是本书关注的内容。他的科学著述论及了电学、光学和化学。作为电学家，他受人重视；作为光学家，他是一个编纂者；作为化学家，他是一个发现者。他还写过一本有关透视画法的书，但我从来没有机会拜读它。

普利斯特里因在化学方面的工作而获得极大的声誉。在气体化学方面，他的成就无人匹敌。他熟悉化学，始于在利物浦大学上过几年特纳教授的一门化学基础课。他没有任何仪器，也不熟悉化学实验方法。在实验上他也没有大笔钱可花，既然没钱他也就不期望能使得他的研究取得实质性的进展。乍看上去这些境况对他是不利的，但我认为这些对他大有助益，对他最后的成功不可或缺。他选择的化学分支在当时是个新领域，开展研究前头等重要的事情是发明一种仪器。因为仪器都必须力求简单，而他的条件又迫使他必须做经济上的考虑，因此他必须要发明一种最好的仪器。

气体化学始于卡文迪什关于碳酸气和氢气的那篇宝贵的论文，该文发表在1766年的《哲学汇刊》上。他采用的实验仪器和一个世纪前牛津大学的约翰·梅尔用的类似。普利斯特里发明的仪器到现在还被研究气体化学的化学家们沿用，他的仪器大大优于卡文迪什的，并且用上去令人得心应手。如果我们不计其他，单把这台仪器归功于他，那么他也当之无愧是一位重要的气体化学家。

他在气体化学方面做了大量发现，对此我只能给出一个简要介绍。倘若一一抄录，那将会是三大卷，而这还只是他给出的那些发现的摘要。他的第一篇论文发表于1772年，内容是关于碳酸气溶于水的方法，其中的实验源于他居住在利兹的一家啤酒厂附近。该论文一经发表就马上被译成法文，而且，在伦敦的一次医师学院的会议上，医师们向财政大臣上书指出，碳酸气溶于水这一事实可能对治疗海上坏血病有益。他随后在《哲学汇刊》上发表的另一篇论文让他获得了科普兰奖章。在与谢尔本勋爵相处期间以及定居伯明翰期间，他接连出版了多本关于气体的著述。这些论著受到全欧洲的关注，也让这个国家大为知名。

他的第一个发现是硝石气，现在称为氮的次氧化物(deutoxide of azote)；确实，这是斯蒂芬·黑尔斯最早制得的,但他并没有尝试探究其性质。普利斯特里深刻阐明了其性质,并很快将其用于空气的分析。硝石气对于气体化学后续的所有研究都意义重大,甚至可以说,是它促成了我们对于空气组成的认识。

他随后的一个重大发现是氧气,那一天是1774年8月1日,他通过加热红色的汞氧化物并收集释出的气体,因此得到了氧气。他几乎马上就检测出这种气体具有引人注意的更好的助燃特性,以及较同等体积普通空气更强的增加动物活力的性质。同时,当其与硝石气混合后会浓缩成红色烟雾。拉瓦锡同样也宣称自己发现了氧气,但我们对他的这一说法一点儿都不能当真,因为普利斯特里告诉我们,他于1774年在拉瓦锡先生的住处制得这种气体,并向后者演示了其制备方法。较拉瓦锡在宣称自己发现时所署的时间,这已是很久之前的事情。然而,尽管先前并不知道普利斯特里做过什么,舍勒利用自己的方法也制得了氧气,可是记载这项发现的书直到普利斯特里的方法已被公知3年后才出版。

普利斯特里首次使亚硫酸、氟硅酸、盐酸和气态氨为世人所知,指出了制取它们的简单方法,并准确描述了其中每一种物质的最显著性质。他也指明了矿坑气的存在,但他没有做多少实验确定其性质。他发现的氮低价氧化物堪称说明他研究特点的一个美妙的例子,也即,老练地洞察任何一个出现在眼前的值得注意的表象并一追到底。在美国时,他发现了一氧化碳,并将其做为反驳燃素说的一个无可争议的事例。

尽管严格说来他不是氢气的发现者,但他的氢气实验非常有意义并对随后到来的化学革命做出了贡献。比如,铁氧化物的还原,以及当该氧化物在加热条件下与氢气充分接触时氢气的消失,这在当时是异乎寻常的事情。在他开始从事化学研究之前,氮气就已经为人们所知,但大部分氮气性质的发现还是要归功于他。关于如下现象的知识也应归功于他:电火花以一定时间穿过给定量的空气会形成一种酸。正是这个现象后来促成了卡文迪什先生的伟大发现,也即硝酸的组成。

他首次发现,电火花通过氨气时,氨气的体积会剧烈膨胀。这一现象促使贝托莱对氨气进行分析。贝托莱仅仅是重复了普利斯特里的实验,确定了体积的增量,以及在电作用下这种释出气体的性质。他的其他实验——植被对大气的改善作用,植物叶子释出的氧气及动物的呼吸作用——也都令人好奇和感兴趣。

就普利斯特里对化学的贡献而言,以上是对其中一些最为具体的事实的简短介绍。作为新物质的发现者,他在化学界肯定名列前茅。但作为思想家或是理论家,他的地位就不是如此有利。不难看出,几乎他的所有研究和发现都和气体有关。他确定了制备不同气体的不同方法，这些气体的产物，以及它们能够对其他物质产生的作用。作为气体化学家，他享有很高的声誉，但对化学的其他领域他几乎一无所知，几乎称不上是个分析化学家。在著名的关于水生成的实验中，他在铜球内将氧气和氢气引爆，发现铜受到了影响并得到一种蓝色溶液，但他并不能说明该溶液的性质。但是，他在求得詹姆斯·凯尔先生的帮助后，确定该蓝色溶液为硝酸铜的水溶液。因为其中有硝酸形成，他便否定水是氧和氢化合物。卡文迪什在实验中也得到了相同的酸，但他考察了生成的条件，发现它取决于气体混合物中氮气的存在。只要有氮气存在就会形成硝酸；酸的生成量取决于于氮气和氢气的相对比例。没有氢气时，只有硝酸生成；没有氮气时，只有水生成。卡文迪什确立的这些事实彻底否定了普利斯特里的推断。倘若他具有卡文迪什那样的实验技艺，能够确定混合物中不同气体的确切比例，以及所生成酸的相对量，他本可以看出自己结论的错误之处。

普利斯特里坚信燃素的存在，但他似乎是在后期才接受了舍勒和许多同时代杰出化学家的观点——确实，这也是卡文迪什自己的观点——认为氢气是一种分离的、纯态的燃素。他认为，空气是由氧气和燃素组成；氧气是一种完全不含燃素的气体，或者说是一种单一、纯态的气体；而氮气（空气中的另一种组分）是被燃素饱和的一种气体。因此，他称氧为脱燃素气，氮为燃素化气。他似乎并没有注意到也并不确知如下现象：当空气被转化成氮气后，其体积减少约五分之一，氮气比空气和氧气都轻。他不习惯在实验中使用天平，也并不非常在意物质重量发生的变化。假如他如此做的话，那么他的许多理论观点就会站稳脚跟。

按当时的说法，如令物质在一定量的空气中燃烧，则空气的品质会劣化。按他的说法是更为燃素化，原因在于燃素和空气间存在亲和力。空气是燃烧的必要条件，因为它对燃素有亲和力。为了与燃素结合，空气将燃素从燃烧的物体中吸取出来。当一定量的空气被燃素饱和，它就被转变成了氮气或曰（他命名的）燃素化气。这种气体对于燃素不再有亲和作用，因而在这种气体中燃烧不能进行。

按照他的观点，所有可燃物都含有氢。当然，金属也将其作为组分，金属灰是失去燃素的物质。为了证明这个观点的真实性，他将铁的氧化物在氢气中加热，证实氢气会被吸收，而金属灰则被还原为金属态。按照他的观点，他在实验中采用的精炼炉炉灰是没有完全脱除燃素的铁，故其中含有一定量的氢。为了证明这一点，他将精炼炉炉灰与石灰碳酸盐、重晶石以及菱锶矿混合并将混合物置于高温下，证实由该过程可得到大量的易燃气体。他认为每种易燃气体中都含有大量的氢。因此,他以这个实验作为一个实证,证实氢是精炼炉炉灰的一个组分。

所有这类论证过程,看上去就像普利斯特里说的那样言之凿凿,但是,如果他在做实验时用一个天平称量了每种物质的重量的话,这些说法就会什么也不是,因为如此一来就会明了,一种燃烧中的物质会增重,周围空气的减少正好是燃烧物质的所得。舍勒和拉瓦锡清楚证实,空气的失重是因为这部分重量被一定量的氧气吸收并凝聚在了燃烧物质中。克鲁克山克通过加热精炼炉炉灰和石灰碳酸盐或是其他土性碳酸盐的混合物,制得了一种气体并首次阐明了这种易燃气体的性质。他发现,相比热精炼炉炉灰,铁屑的效果更好。并且,这种气体不含氢,实际上是一种氧和碳的化合物。他还证实,这种气体得自土性碳酸盐中的碳酸,铁屑或精炼炉炉灰使得碳酸失去其一半的氧,经如此变化它与石灰不再有亲和力,而是以气态从中逸出,这就是现在名为一氧化碳的气体。

普利斯特里因伯明翰动乱而被迫离开英格兰去往美国,此事令人感叹,也成为这个国家抹不去的、不光彩的一页。但在事实上,它对普利斯特里的伤害或许并没有看上去那么深重。他在他所专擅的研究上已竭尽所能。但是,如欲从中归纳出条理并得到合理的结论,所需要的却是一个不同的化学科学分支,而这是他从未探究过的,况且以他特有的快手风格,以他有限的生命,这也是几乎不可能做到的。即便是他在研究中没有遇到那么多麻烦,从而使得这一切成为可能,那么取而代之的也不是他的声誉的增加而是消退,他甚至有可能失去长久以来作为一个声名卓著的科学家的地位。

虽然卡文迪什也一直从事研究,但他放弃了气体化学的研究,转向了其他领域。因此,我以普利斯特里结束这个时期英国化学史的论述。

第二章　瑞典科学意义上的化学进展

瑞典因人口稀少而书籍销量有限，加之其作家竭力仿效法国，故而该国诗人和历史学家们失去了取得杰出成就所需的那种原创性，也因此瑞典在文学上从没有达到一个很高的水平，但在科学上的情形却并非如此。瑞典产生过真正一流的人物，几乎在科学的每个领域都有非凡的贡献，尤其在化学领域曾有过辉煌的岁月。即使是在17世纪末，确切地说那时化学还算不上一门科学，我们也会发现瑞典的赫纳就值得尊重和重视。不仅如此，在18世纪前期，勃兰特、谢费尔和瓦勒瑞也因其著述而有卓越的表现。在18世纪中期，克隆斯特就在出版的《矿物学体系》中基于化学原理奠定了矿物学体系的基础。贝格曼在瑞典从事真正科学意义上的化学研究，使化学的重要地位适得其所，其功绩堪称瑞典的第一人。

托伯恩·贝格曼于1735年3月20日出生在西约特兰的坎特林伯格。他的父亲巴扎尔德·贝格曼是当地收税人，他的母亲沙拉·海格是一个哥德堡商人的女儿。在当时的瑞典，收税人是一个不受人欢迎和危险的职业。在某一方面具有权势的党派成员会遭遇来自更有权势的对立一方的迫害。见此情形，巴扎尔德·贝格曼建议他的儿子将精力转移到法律或是神学职业上，这两个职业在当时的瑞典算是最有前途的职业。贝格曼在瑞典接受了初等教育，并在瑞典人都要上的那些公立学校以及学院学习了各个门类的常规课程知识。之后，他于1752年秋天进入乌普萨拉大学，在此年轻的贝格曼受到一位亲戚的指导，包括督促他的学习，并引导他的学习目标，以便日后有成为富足和杰出的人。很快他就沉迷于数学以及与数学相关联的其他物理学科，以致到了难以割舍的程度。但是，这些科目正是他的亲戚极力要避免他误入歧途的领域。贝格曼试图既迁就自己的爱好也让他的亲戚感到满意，这迫使他的研究既富热情而又有所保留，这实在是少有的事例。他最早受人关注是因其数学和物理研究，并在这些方面取得一些成果，这些工作足够一个普通学生其他什么也不做专务此道才能完成。之后，为了让他的亲戚乔纳斯·维克托林（乌普萨拉当地的无薪讲师）放心，他认为还有必要额外阅读一些关于法律的书籍，以此表明他重视这位亲戚的建议并认同他秉持的观点。

贝格曼习惯每天早上4点起床开始进行研究，晚上从来都是11点才上床睡觉。他在乌普萨拉定居的第一年就掌握了沃尔夫的逻辑学，瓦勒瑞的化学体系，以及十二卷本的欧几里德几何学原理。在上大学之前，在高级中学时他就研读了该书中的第一本。同时，他也精读过谢尔关于天文学方面的讲座稿，这在当时被认为是物理和天文学方面最好的入门书。他的亲戚根本不赞同他在数理学方面的研究，但并没能说服他停下来。他的亲戚禁止他看有关数学和物理的书，只让他托管的这位年轻人选择法律和神学方面的书籍。贝格曼弄来个带抽屉的小盒子，将数学和物理书存放在抽屉里，将他亲戚逼迫他读的相关法律书籍堆在盒子上，在他亲戚过来日常巡检的时候，他就将数学和物理书小心地锁到抽屉里，将法学书摊放在桌子上，亲戚一离开，他就马上打开抽屉，继续研究数学。

就是这样不间断的学习，这种既要满足自己的爱好也要顾及亲戚的意见，在这种双重劳动，没有放松、锻炼和娱乐时间的情况下，年轻的贝格曼身体最终出了问题。他生病了，被迫抱病离开大学，回到了父亲的家中。在此，他的药方就是坚持适度的锻炼，这成为了他恢复健康的唯一方式。这段休养时间对他来说并不是损失，因为正是在此，他形成了下一步开展植物和昆虫学研究的计划。

在这期间，卡尔·林奈在付出超人的努力并克服许多困难后，正处于荣誉的顶峰，成为乌普萨拉大学的植物学和自然史教授。在他的讲座上坐满了来自欧洲国家各地的学生，学生们对他满怀称颂和崇拜。林奈对他们的思想影响极大，以致在乌普萨拉，每个学生都是一个自然史学家。贝格曼在进入大学之前就学过植物学，从林奈的讲座中他也对昆虫学产生了兴趣。在回到西约特兰的家里后，他继续进行着这两个学科的研究，并收集了大量的植物和昆虫。他最为关注的植物是草坪和苔藓，收集的数量也最多。但他更热衷于研究昆虫，相对于植物学而言，这个领域的研究还非常少。

贝格曼收集的昆虫中，有一些是在水跳虫属(Fauna Snecica)中未曾发现过的。他将部分样本送给乌普萨拉的林奈，林奈对此感到兴奋。当时这些昆虫还都没有以瑞典昆虫命名，其中一些属于非常新的品种。

贝格曼恢复健康后返回了乌普萨拉，此时他有充分的自由按照自己的意愿开展研究，并将全部精力都投入到数学、物理和自然史研究中。他的亲戚们发现要让他放弃这类研究是徒劳的，也就任其自然了。

他曾将从科斯伦贝格那收集到的昆虫送给林奈，并从此与他结识。并且，受林奈盛名及其学生研究昆虫热情的影响，他在自然史研究上投入了大量的精力。他在这方面写的第一篇论文中就包含有一个新发现。在距离乌普萨拉不远的一些池塘里，人们发现一种生物，并将其命名为“球菌（coccas aquaticus）”，但不清楚其性质。林奈曾推测，它可能是某种昆虫的卵，但是否如此还有待确定。贝格曼阐明，它是一种水蛭的卵，卵中包含有十到十二个幼体。当他将此发现告诉林奈时，这位伟大的自然学家并不相信，但贝格曼通过实际观测向林奈证实了这一发现的真实性。被说服的林奈给贝格曼的论文《未知昆虫的发现》写了溢美的赞语，并将其论文投送给了斯德哥尔摩科学院。该文刊印在该学术机构1756年的《学术论文集》的第199页，这也是贝格曼见诸出版物的第一篇论文。

他继续把自然史当做一种爱好进行研究，但将主要精力放在数学和自然哲学研究上。他不断地将各种有关昆虫学的有实用性的论文发表在《斯德哥尔摩科学院学术论文集》上，其中有一篇论文尤为值得关注，该文论及果树害虫的历史，防范此类昆虫破坏的方法，以及按照幼虫的形态对此类害虫进行分类的方法。此文对当时的农学家相当有用，因为对于此类形态和组织结构均种类繁多的害虫，如欲消灭它们就需要先做大量的观测，以认识它们。贝格曼做到了能够消灭其中一些种类的害虫，而其余那些因其体型微小、群体数量庞大还继续为非作歹，这倒给这位哲学家提供了有趣的课题，使他对这类害虫的劳作、行为方式以及预知能力一探究竟。贝格曼热衷于这种探索，即使到了天堂后想起，他也会对此感到欣慰。多年以后，他还常常非常满意地提起，用了他指出的方法后，单单一个夏天，一个花园里就有不少于七百万只害虫被消灭。

大概是在1757年，他受聘于斯坦科尔伯格伯爵，做了他唯一儿子的家教老师。只要这位小伯爵有求于他这位指导老师，他都会尽最大努力使伯爵和他的儿子满意。贝格曼于1758年获得硕士学位，硕士论文的研究课题为天文数字插值法。不久之后，他又获得了自然哲学无薪讲师职位，这个职位是乌普萨拉大学所特有的，相当于教授助理。他的这个升迁要归功于费尔纳，后者看出他堪当此任，他的研究对乌普萨拉大学的发展有利。1761年他被聘为数理学助理教授，据我推测，他这次是升迁到了这两个学科教授的辅助教授的位置。该职位的职责是给乌普萨拉大学的学生教授数理学科知识，这对他是再适合不过的事情。在这期间，他出版了涉及物理学不同分支学科的选集，值得关注的有彩虹、晨光、北极光以及冰洲石和电气石的电现象。他的名字也见诸那些1761年第一次观测金星绕过太阳的天文学家之列，他们的观测结果非常可信[1]。他对电气石电现象的测定是重要的

①见：《哲学汇刊》，52卷227页，以及56卷85页

工作，正是他第一次建立了统摄这些奇异现象的真正物理定律。

在一段时期内，他默默地研究化学和矿物学，但没人料到他会从事这方面的工作。在乌普萨拉大学，瓦勒瑞长期担任化学教授一职并享有很高的声誉，他于1767年退职。贝格曼立即自荐成为该空缺职位的候选人，并且为了证明他有资格担任这个职位，发表了两篇关于明矾制备的学术论文，这可能是他先前已经写就放在一边的两篇论文。瓦勒瑞有意将教授职位传给他的一个学生（也是他的亲戚），并且决意要这么做。他随即拉了一帮人反对贝格曼的申请。他们这帮人阵势强大且来者不善，所有那些嫉恨贝格曼的成就和名声因而立意要挫败他的人都聚齐了，因此几乎没有人怀疑他们会失败。这种心怀不满的人在每个大学里都有，一个教授越是出名，对他的攻击就越发厉害。而对于那些无法向上攀爬的人而言，把那出名的人拉下马和自己处于同一水平是一件乐事。但是，只要他们抨击的对象保持谨慎和稳重，他们的这种图谋就绝少成功。贝格曼发表的关于明矾的论文成为瓦勒瑞及其团伙的靶子，这位前教授的影响力太大了，因此每个人都认为贝格曼会被瓦勒瑞打败。

幸运的是，当时还是王储的瑞典古斯塔夫斯三世是这所大学的校长。据说，冯·瓦波曾鼎力举荐贝格曼并且热心地亲自到参议院为他申诉，受此影响这位王储接受了贝格曼的辩解。自然，瓦勒瑞和他的团伙败下阵来，贝格曼获得了教授职位。

鉴于他先前的研究，这个职位特别适合他。他掌握的数学、物理和自然史知识迄今还没有用武之地，但此时却令他脱除偏见，从化学一成不变的沉闷中解放出来。这些知识使他的概念高度精确，也使他的观点更加精准。他看到，在自然科学领域，数学和化学是截然分开的，化学的研究领域需要扩大，以使其涵盖与其自然相关或者有依赖关系的所有不同科学分支。他也看出，必须根除化学中的所有含混假设和解释，建立一门基于坚实实验基础的化学学科；同时，改革化学术语，使其精准程度达到其他自然哲学分支用语同样的水平。

他担任化学教授一职后做的第一件事是，尽可能完整地收集矿物，并且，只要矿物的性质已经实验确定，那么就根据它们的组分性质进行分类。他有一个额外的储藏柜用于存放瑞典的矿物，并将它们按出产省份的地理位置加以摆放。

当我1812年到乌普萨拉时，这些矿物中第一批收集来的那些依然留存，不过他的侄子和继任者约翰·阿夫塞柳斯又添加了许多，但按地理摆放的那些已没有了。然而，在赫杰姆先生的看护下，斯德哥尔摩的瑞典矿物学校公寓里存有大量这类矿物，我曾有幸察看它们。有可能，贝格曼收集的矿物正是这其中的核心部分。按照地理区划收集矿物具有很大实用性，这可使该国的所有不同矿物的分布都一目了然。像瑞典这样地理结构差别不大的国家，一处的矿物与另一处非常相似，但也不排除某些矿物中存在特殊物质，或者某个郡的特定地区存在专有的矿物，例如，瑞典南部靠近赫尔辛堡的地方有煤的地岩层，在迩夫代尔有斑岩岩石。

贝格曼也力图收集不同化工厂采用的装置的模型，以便更加清楚地向学生解释化学制备过程。埃克伯格在1812年是乌普萨拉大学的无薪讲师，我从他那里得知，贝格曼收集到的模型不多。事实上也不可能如此，因为瑞典的化工厂本身就不多，并且在贝格曼那个时代，欧洲大部分化工厂采用的工艺都是尽可能保密的。

因此，贝格曼的重点是向他的学生们展示地球上存在的各种不同物质的样本，将它们按照地球上的出产地分布来说明其用途，以及在解决许多异常复杂的化学问题方面，实践如何走在了理论前面。

人们认为贝格曼的讲座具有特殊价值。他吸引了大量的学生听众，这些学生后来在化学上都取得了成就。其中，法伦的技术顾问约翰·哥特里布·盖恩无疑是佼佼者，但赫杰姆、加多林以及尔互亚特兄弟等人同样也是杰出的化学家。

贝格曼任职乌普萨拉大学化学教授后，终其余生都过着刻板不变的生活。他把所有的时间都放在了自己喜欢的研究上，每一年都发表或多或少和化学有关联的学术论文或其他论文。他的名声渐渐遍及欧洲，他成为许多最高学府和科学院的院士。在这些备受尊重的荣誉职衔中，有一个是他被选为乌普萨拉大学的校长。这所大学不单是一个学术团体，它还拥有大片地产并在领地上拥有很大的权威。不仅如此，学校还管理着大量的学生，享有充分的自由和特权（这些在先前是为鼓励学术而被赋予的，但实际上它们只会降低学校的活力并阻碍学校的发展），因而俨然成为瑞典的国中之国，而教授们就是其首长。但是，就学术成就而论，所有的学术机构都应该服务于一个目标，那就是保持和谐，令其成员心无旁骛地以学术为业，然而这所大学的体制却要求教授们参加与他们的职责不符的活动，这就让那些有影响力并有野心的人获得了权力和官位，虽然作为一个教授他们并不胜任这样的职位。这些诱惑对于科学真正是有害无益，世界上任何一个学术团体都不会希望拥有这种权利和特权。在贝格曼任校长期间，学校被分为了两大阵营，一方是由神学和法律教员组成，另一方为科学教授。贝格曼的目标是在这两派间维持妥协，让他们相信，为了大学的利益并增进学术大家需要团结一致。贝格曼在任期间的显著特点是，在大学的年度报告中有关审议的事务不多，记录在册的商务也不多,并且学生的风气和行为良好。乌普萨拉大学的在校学生众多,其中大部分都是年轻人。他们通常习惯于挑战或者躲避严苛的校规,但在贝格曼任校长期间,学生们出于对他天才的尊重以及对他品格和行为的称赞,在行为上都能自我约束。

1776年,贝格曼的声名已如日中天,普鲁士国王腓特烈大帝有意请他加入柏林科学院并许诺了不菲的待遇,贝格曼对此有过短时的犹豫,难以确定是接受还是拒绝。由于忘我劳作,投身教学和实验的双重任务,此时他的身体状况已大不如前。普鲁士的气候温和,即使不能康复,他也确实需要在这样的地方调养一下身体的不适,如此就能全身心投入到学术事务中,但出于其他的考虑,他放弃了这个诱人的提议。瑞典国王曾有恩于他,他觉得如果他离开了这个国家则王室会受到伤害。正是这种想法使他毫不犹豫地拒绝了普鲁士国王的邀请。他请求瑞典国王不要以增加他的收入来弥补他所做的牺牲,但国王婉拒了他的这个请求。

1771年,贝格曼教授娶了一位名叫玛格丽塔·凯萨琳·特拉斯特的寡妇,她是住在乌普萨拉附近一名牧师的女儿。他们育有两子,但两个都夭折了。她比丈夫寿命更长。瑞典国王给她一笔200里克斯美元的固定年金,条件是她将她已故丈夫的图书收藏和仪器转交给乌普萨拉皇家学会。

贝格曼的健康状况一直不好。实际上,他一直没有从他第一年在乌普萨拉高强度学习的影响中恢复过来,但他一直在与他的疾病抗争。他习惯夏天到梅代夫水域放松一下,该水域是瑞典的一个著名矿泉,坐落在巨大的内陆湖韦特河堤附近。这其中的一次疗养曾一度让他恢复了健康。然而,1784年他又犯了病且病情加倍严重。他受尽痔核的折磨,每日失血量约有六盎司。这种连续失血很快耗尽了他的体能,1784年7月8日,他死在了梅代夫的浴池,本来他到此是希望自己能够再次受益。

1785年,赫杰姆向斯德哥尔摩科学院递交了一份有关贝格曼的有趣的报告,据他统计,贝格曼发表的学术论文数合计106篇。这些论文收录在六卷版、八开本、名为《贝格曼物理和化学论文集》中,其中不包括有关谢弗的笔记、他的《矿物分类》以及关于《物理地理》的章节,该章已被译成法语且发表在《矿业杂志》第3卷第15期第55页。他的《矿物分类》尝试按照矿物组成对其分类,该书被威日林博士译成了英文。他的关于谢弗的笔记散见于化学家费尔拉森英格尔的《费尔拉森英格尔化学》一书(1774年版)中,它似乎曾被他用作讲座的教材,无论如何,该书是针对乌普萨拉大学的化学学生出版的。贝格曼死后的1796年,它又有一个新的版本,其中附录了贝格曼的亲和力表。

贝格曼曾收集自己最重要的化学论文，并将其作为他个人选集的前三卷出版。该选集最后三卷在他离世之后出版。第四卷由黑本施特赖特于1787年在莱比锡出版，其中包括贝格曼的其他化学论文。第五卷于1788年问世，主编还是黑本施特赖特，其中包括三篇化学论文，其余论文涉及自然史、电学和其他物理分支，这些都是贝格曼早期发表的论文。1790年，黑本施特赖特马不停蹄地出版了第六卷，其中包括三篇天文学论文，两篇化学论文以及一篇关于预防雷击危害措施的长篇论文。该文是他1764年在斯德哥尔摩皇家科学院的演讲稿，可能在那时他被科学院接纳为院士。

用现有的化学知识对贝格曼的论文做详细的分析没有什么用处，为判断其价值，不能依据现有的化学知识，只能以他的论文发表时科学所处的状态为据。为了说明贝格曼到底对科学做出了哪些贡献，只要对其工作做一个简要的概述就够了。

1. 贝格曼1774年发表的第一篇论文题为“空气酸”，也就是碳酸。在论文中，他详细阐明了碳酸的性质，证实其具有酸的性质，并且能和碱反应生成盐。非常令人不解的是，在叙述石灰碳酸盐和镁土碳酸盐时他对布莱克只字未提，问题是，他怎么会不知道此前若干年里化学家就此曾有过一场专门的争议。整篇中也见不到卡文迪什先生的名字，尽管这位哲学家的工作先于他七八年。据贝格曼说，是他早在1770年就提出了关于这种物质的观点，并使其为国外的几位作者所知，其中包括普利斯特里，而且，普利斯特里1772年刊登在《哲学汇刊》上的一篇论文中就此也提到过他的观点。贝格曼发现空气比重为1，碳酸气密度比空气大，比重超过1.5。他得出的这个结果接近真实。他将稀硫酸和石灰石混合后得到了碳酸气，并证实这种气体具有酸味，会使蓝色石蕊试纸变红，且可与碱结合。他给出了他所用仪器的图示。这些仪器需要谨慎操作，虽远不如普利斯特里所发明的，但其性质优良，能收集碳酸气并检测其性质。

没有必要进一步述及该文的细节。不论是谁，如果他不厌其烦将贝格曼的论文同卡文迪什的同一主题的论文进行比较，他会发现贝格曼得到的绝大多数重要事实并未超出卡文迪什先生的预期。在这种情形下，对于贝格曼只字不提卡文迪什先生的前期工作，我只能将其看作是一件怪事。

2. 贝格曼的第二篇论文题为“矿物质水的分析研究”，这是一篇与舍恩伯格合作的学术论文，于1778年首次发表。这篇篇幅很长的论文值得称许。在该文中，他建立了至今仍延用的水分析方法的基础，指出了用以检测矿物质水的不同组分的不同试剂的用途，并且说明了如何确定每种组分含量的方法。将贝格曼的分析方法和现今实验人员的方法进行比较,对他来说是不公平的。在当时,分析化学还不能对矿物质水中的中性盐做精确分析。贝格曼对其进行了一些必要的分析,如果没有他的这项研究,确定矿物质水中盐的组分就无从谈起。他的测定方法确实不精确,但较之先前已大为改进。贝格曼是一个出色的实验者,长时间被化学家视为典范。柯万最早尝试改进贝格曼的方法,但由于贝格曼在化学上的崇高地位,他的这些方法还是基础稳固。直到原子理论的发现使得非常精确的实验成为一件必须的事情,贝格曼的不精确性才暴露了出来。一旦精确性成为人们的共识,贝格曼分析方法和结果就被搁置一旁了。

化学上的声誉高低与其所处的形势或偶然的境遇有关,这是一件令人奇怪和不光彩的事情。1766年,文策尔在他发表的《亲和力》一书中,对所有矿物盐进行了更精确的分析,相比于贝格曼的结果,文策尔的分析几乎完全无误,即使是现今最为仔细的化学家也鲜有人能超过他。但是,这些令人称赞的实验却鲜少吸引其他化学家的注意,倒是贝格曼的那些粗糙实验被奉为典范。

3.贝格曼并不满足于提出分析矿物质水的方法,他还想通过化学过程人工仿制它们,并就此发表了两篇论文,其中第一篇说明了仿制冷矿物质水的方法,第二篇说明了仿制热矿物质水的方法。这种尝试是有价值的,它极大地丰富了矿物质水及其所含盐类的化学知识,但是由于此时分析化学还处于早期阶段,以至于这方面的尝试还不尽完善。他对海水的分析也与此类似。实验用水由施帕尔曼从480英尺深的海下取来,其方位接近加那利海流的纬度。贝格曼在里面发现了普通盐、镁土盐酸盐以及石灰硫酸盐,但他没有发现镁土硫酸盐,这充分证明他当时所用的分析方法还不够完善。由于在海水中其他成分的量很少,因而很容易被忽略,但是镁土硫酸盐在海水中的含量是可观的。

4.我将略过不谈他关于草酸的论文,这是1776年他与约翰·阿夫塞柳斯合作的一篇学术论文。现在人们知道草酸是舍勒发现的,不是贝格曼。这篇论文所说的诸多事实中,我们难以分清有多少是由舍勒阐明的,又有多少是阿夫塞柳斯阐明的。因为阿夫塞柳斯已经是一个化学无薪讲师,毫无疑问,他自己能说清楚构成其论文基础的那些事实。如今能够确定的是,贝格曼对他学生的所有实验细节都信任,他是一个策划者,然后由他的学生实施他的计划。舍勒做出草酸这样重要的发现,但却投告无门,只能听凭贝格曼夺了头功,这算是化学史上最令人侧目的事实之一。不仅如此,这也反映出舍勒是多么大度和宽容,相比之下倒显得贝格曼有一点不厚道。1779年,当贝格曼把这篇论文发表在他《选集》的第一卷的时候,为什么不加一条注释说明舍勒是草酸的真正发现者？为什么他让这个发现堂而皇之地归于他的名下，而对事实真相只字不提呢？所有这些都显得与贝格曼的性格是如此的不同，因而我不得不对舍勒是草酸的真正发现者这种说法产生怀疑。1812年，我在法伦有机会向技术顾问盖恩询问这个问题，他曾是舍勒的好朋友和学生，后来又是贝格曼的朋友。从他那里我确信舍勒真的是草酸的发现者，并将贝格曼的这种无视归于疏忽。技术顾问盖恩给我看了他收藏的贝格曼给他的一叠来信，其中包含了贝格曼全部化学研究的历史。我深信这些信中会有发现草酸的记述。技术顾问盖恩的儿子现在肯定拥有这些信件，如果他不厌其烦检视贝格曼的这一叠来信并就其中可能包含的这种酸的记述发表一些意见的话，对于每个对化学史感兴趣的人而言，这都是一件功德无量的事情。

5.我在前面提到过制备明矾的学术论文。看来，贝格曼至少是非常熟悉瑞典当时采用的明矾制备工艺，但他并不清楚明矾的真正组成。当然这也不大可能，因为明矾的组成是几年之后才被发现的。他认为明矾结晶不好的原因在于它含有一种过量的酸，加入苛性钾可使其具有易于结晶的性质，这只是因为过量的酸被饱和了。明矾是一种复盐，含有三份矾土硫酸盐微粒、一份苛性钾硫酸盐微粒或是氨的硫酸盐微粒。在一些情况下，明矾矿含有全部这些必要的组分。在罗马附近的托尔富矿区，情况就是这样。瑞典的一些明矾矿也似乎与此相似，尤其是在我1812年到过的西约特兰科纳库的哈恩斯特。如果听信那里工厂的一位经理的说法，那么就没有什么碱性盐可以加入到其中，至少在我提出这个问题的时候，我能明白这位经理的说法。

6.在关于酒石催吐剂的学术论文中，贝格曼对这种盐及其用途给出了一个有趣的历史记述。他关于这种含锑制剂是如何形成的想法是不对的，但也不能期望他能正确，这要等到锑的不同氧化物的性质都被认识清楚后才有可能。锑形成三种氧化物，如今在药学中只有锑的低氧化物有用并且是酒石催吐剂的一种成分。另外两种氧化物是呈惰性或接近惰性。贝格曼清楚酒石催吐剂是一种复盐，成分为酒石酸、苛性钾和锑的氧化物。但在1773年他发表论文时，这种盐的真正组成是不可能通过分析确定的。

7.1775年，贝格曼关于镁土的论文是西约特兰的查尔斯·罗维尔的答辩论文，文中描述的实验十有八九是罗维尔完成的。在该文的引言中，贝格曼介绍了镁土的发现史，指出布莱克博士是首位确切搞清楚镁土独特化学性质的人，并论证它与石灰不同。考虑到该文发表时化学学科的发展状态，它对那些由镁土制得的盐的记述还是相当完整和准确的。贝格曼没有尝试对任何一种氧化镁盐进行分析,但在他先前矿物质水的分析论文中,曾说过一百份这类盐中所含镁土的量。

8.贝格曼1773年发表在《晶体形态》上的论文,包括了之后由郛于发展的整个结晶理论的萌芽。他说明了一种矿物如何从一个非常简单的原初形态演化为其他看似与原初形态没有什么联系或相似之处的形态。他对此所持的看法在很大程度上和后来郛于所持的看法相同,令人惊异的是,郛于和贝格曼均基于方解石的晶形形成了他们的理论,并且都是通过力学分析从中抽象出了菱形的晶核。郛于的结果完全不超出贝格曼所料,贝格曼的理论所欠缺的只是没有将它应用于更多的晶体①。

9.在他关于硅土的论文中,贝格曼介绍了有关这种物质的化学知识的发展史。波特首次准确指出了它的性质,格劳伯和海尔蒙特熟知液体硅胶或曰硅土和苛性钾的混合物,它可溶于水。贝格曼详细地记述了一些硅土的性质,但他认为它具有酸的性质。这是一个伟大的发现,它为矿物质研究指明了新方向,但是,要证明它们均为化合物还有待史密森先生的后来研究。

10.贝格曼的宝石实验构成了石性物质分析方法的最早基础。他的方法非常粗糙,采用的装置也不恰当,因此他的分析结果和真实相去甚远并不令人感到惊讶。但是,如果我们研究了他的方法后就可以发现,现今所用方法正是遵循了他的基本原理。现今的分析方法远优于贝格曼的,这在很大程度上应归功于我们现今使用的铂容器,以及我们在分析中使用的很高纯度的试剂;同时,采用的方法也简化和完善了。但是我们不能忘记,贝格曼的论文虽不完善,但它是这门技艺的开端,构想这些最早的粗糙方法,同样需要极大的聪明和才智,无论它们是多么的不完善。一旦这些方法被发明,将它们以一种相对不成熟的状态提出来也是必要的。在分析矿物时,最为关键的一步是将其溶于酸中。贝格曼第一个想出了实现这一点的方法,也即,将矿物与碱性碳酸盐相互熔融或加热至红热。这种方法现在仍被沿用。

11.他关于雷暴金的论文在解释这种神奇化合物的性质上做了很大努力。他描述了这种物质的性质以及酸和碱对它的作用。他证实,在没有氨的情况下,这种物质无法形成,而且他从实验推测,它是一种金和氨氧化物的化合物。他解释说,这种弹性流体的爆炸是由氨的突然分解造成的。

12.他关于铂、铁碳酸盐、镍、砷和锌的论文不需要在此多加评述。它们大大丰

① 以后我会提到这个事实的真正发现者是法伦的技术顾问盖恩。

富了当时化学家对这些物质的认识,但他的分析方法不会被现代化学家所认可,他得到的结果也不是那么精确。

13.他关于用湿法或溶液法分析金属矿石的论文,是建立金属矿物分析常规方法的第一次尝试。鉴于当时分析化学的状态,以及人们对不同种类金属矿物的认识也有限,不出所料,他的这些方法均不完善,但该论文是一项开山之作,值得称颂。这个课题后来由克拉普罗特做了进一步研究,并很快由现代化学家加以大大发展。

14.法伦的技术顾问盖恩后来是贝格曼的学生,在贝格曼的要求下,他做了矿物在吹风管前行为的实验,贝格曼发表了这项工作。这是这位极富机智与和蔼的老师得到的第一批结果。他后来继续进行这项研究,做了许多改进,并简化了试剂及其使用方法。但他是一个懒散的人,没有将其研究结果付诸文字。但是,贝采里乌斯觉察到了盖恩所阐明的那些事实的重要性,自愿将其写了下来并加以发表以供矿物学家使用。这些研究构成了名为《贝采里乌斯论吹管》一书,并被翻译成了英文。

15.他关于金属沉淀物的学术论文旨在确定每种金属中燃素的含量,这是由沉淀给定量的一种金属所需的另一种金属的量推断出来的。这些实验谈不上精确,也实在经不起精度检验。拉瓦锡之后用了相同的方法确定不同金属氧化物中氧的含量,但他的实验结果未见得比贝格曼的更好。

16.贝格曼关于铁的论文是他所有著作中最为重要的,对于推进人们认识铁和钢之间差异的原因,做出了非常实质性的贡献。他雇他的学生从瑞典的不同熔炉里收集铁的样本,并指导他们如何挑选合适的样块,收集到的样本总共有89块。他将它们溶解在稀硫酸中进行化学检测,方法是,称量样品溶解前的重量,然后测量生成氢气的体积,并记录下未熔化残渣的量和所处的状态。这项研究总的结论是:纯的可锻铁生成的氢气量最多,钢次之,铸铁最少;纯的可锻铁的不可溶物的残留量最少,钢的较多,铸铁的最多。通过以上实验贝格曼得到了关于铁、钢和铸铁间差别的结论。其实,最适合用来解释这些实验的理论是反燃素理论(如同不久后法国化学家所作的那样),如此才能就这类物质得出重要的结论。铁是简单物质,钢是铁和碳的化合物,铸铁是铁但其中碳占的比例更大。在这篇重要的论文中,贝格曼实验的不足之处反映在他测定铁中锰含量的方法上。在一些样品中,他让锰的含量超过了整块重量的三分之一以上。现在我们知道,两份铁和一份锰的混合物易碎,没有用处。因此可以确定的是,没有什么可锻铁会含如此高份额的锰。实际上，贝格曼从铁中分离锰元素的方法是成问题的。他认为锰实际上主要是，且在许多情况下就是铁的氧化物。多年之后人们才发现了将铁和锰分离的好方法。

17. 贝格曼旨在阐明淬冷铁变脆原因的实验值得一提。他将淬冷铁溶解在稀硫酸中，然后提取出一种白色粉末，并使其与一种焊剂和木炭相熔融，成功地将其还原为白色的脆性金属态。不久后，克拉普罗特确定该金属为一种铁的磷酸盐。舍勒凭借其聪明才智，偶然发现了分析该磷酸盐的方法，并因此阐明了其性质。因此，贝格曼的实验使人们认识到，淬冷铁的脆性是因为铁中含有一定量的磷酸盐。值得一提的是，什切青的迈耶也阐明同样的事实，几乎和贝格曼同时向化学界公开了他们的结果。

18. 贝格曼关于火山爆发产物的研究论文于1777年首次发表，这是最能展现贝格曼洞察力的论文之一。他考察的对象是所有那些已确定是从火山喷发出的物质，对它们进行化学分析，并将其同玄武岩及绿岩（或岩礁）进行比较。当时，地质学家们对该物质的成因存在激烈的争论。贝格曼说明了火山岩、玄武岩和绿岩间的同一性，因而推断出其成因的同一性。显然，这确实是一种富有成效的研究方法，倘若这种方法在先前就被采用，关于岩礁性质的诸多争论也就不会冒出来，并困扰地质学家们这么长时间，抑或至少是很快就会有结论。该论文中包含的许多重要资料现在也值得地质学家关注。他对沸石做过考察，并认为它与火山喷出的物质没有关系，这在当时也即他写这篇论文的时候是一种普遍的看法。但是，后来詹姆斯·霍尔爵士和格雷戈里·瓦特先生及其他人也做了实验，并对冶炼作坊的矿渣进行了精确分析，从而为这个课题提供了新的视角。他们还证实，如果条件适宜，沸石晶体反倒是更容易在融岩中形成。事实上，我们在维苏威火山的熔岩中发现了大量充满沸石晶体的空洞。

19. 贝格曼的最后一篇论文是关于选择性引力的，它最初于1775年发表，但在之后1783年出版的《选集》第三卷中，该文有大的增补和改进，这个最终版本被贝多斯译为了英文，长期以来为英国化学界所熟悉。该文的目的是阐明和解释化学亲和力的性质，并对观察到的各种表观异常现象进行解释。贝格曼将如下内容做为第一原理：以化学方式相互结合的各种物质存在相互的吸引力，这种引力是确定的、恒定的，并可用数字加以表征。可结合的物质主要包括酸和碱性物质（或碱）。酸对碱性物质（或碱）具有吸引力，但对不同的碱其吸引力不同。某些碱对酸具有强的吸引力，对其他酸的吸引力则较弱，但每一种引力都可用一个数加以表征。

假定酸a通过某个力与碱m结合，如果我们将化合物a m与一定量的碱n混合，碱n对酸a具有更强的亲和力，结果就是酸a会与碱m分离而与碱n相结合；碱n与碱m相比，对酸a具有更强的引力，因而其取代碱m与酸a结合。贝格曼认为，上述性质就是化学的基础，分离和结合能力决定了物质间亲和力的强弱。如果碱n比碱m对酸a有更强的亲和力，那么我们如将酸a、碱m和碱n按照一定的比例混合，则酸a与碱n相结合，留下碱m不被结合；或者是，如果我们将碱n与化合物a m进行混合，则碱m将会从其中分离。因此，可以编制表格表示这些亲和力的强度。在表头中写上酸和碱，其下按亲和力的大小顺次列出酸或碱的名称。以下这个小表例示了其中的一列：

硫酸

重晶石

菱锶矿

苛性钾

苏打

石灰

镁土

此处，硫酸是表头，其下是按亲和力的大小顺序列出的可与其结合的碱的名称，其中，最上面的重晶石亲和力最强，最下面的氧化镁亲和力最弱。如果硫酸和镁土结合在一起，表中位于氧化镁前的物质都能将硫酸从其中分离出来。菱锶矿和重晶石可以把苛性钾从硫磺酸中分离，而苏打、石灰和镁土则不能。

这样一来，与同一种物质相结合的各种物质的亲和力强度及对应的分解顺序就可以通过表格展现出来。据此，贝格曼给出了含59列的亲和力表。每列含一种具体物质的名称，并在其下按亲和力顺序排列了所有可与其结合的物质。使物质间结合的方式可以是将它们混合后再加热，也可以是将它们溶于水中后再对溶液进行混合。前者通常被称为干法，后者称为湿法。分解的顺序通常与采用的方法有关。鉴此，贝格曼将59列中的每一列都分成了两个部分。他在第一部分列出了湿法的分解顺序，第二部分是干法的。他也解释了复分解的例子，认为这是不变的相互引力或斥力所致，并且给出了64种复分解的例子。

贝格曼的上述观点很快就得到化学界的认同，直至贝托莱于1802年发表了他的《化学静力学》前，它们都一直被用做指导化学过程的准则。贝托莱在其书中对贝格曼的整个学说提出质疑，并力图建立一个与其相反的学说。当我叙述贝托莱对化学的贡献时，我会重新回到这个话题。

我已经注意到，贝格曼的功绩不仅在于他自己推动了化学的发展，同时，也在于他教育出来的学生们，这些人受他的激发和鼓励，后来成了化学家并有所成就。这其中，舍勒在化学上为人所知的发现主要是基于贝格曼的方法。他确实是最为杰出的人物之一，也是人们见过的最为睿智和勤勉的化学家之一。

查尔斯·威廉·舍勒1742年12月19日出生于瑞典波美拉尼亚的斯特拉松德，他的父亲是一位商人。他在斯特拉松德的一所私立学校接受了初等教育，之后转入一所公立学校。早期的他对药学研究产生了浓厚的兴趣，在父亲的同意下选择了这个职业，并在哥德堡的药师鲍奇先生门下当了六年的学徒，六年过后，他又跟随了鲍奇先生两年。

据与他同是学徒的伯格先生说，正是在这段学徒期间，舍勒为他日后的成就打下了基础，伯格先生后来成为斯特拉松德的一名药剂师。舍勒在学徒期间少言寡语，非常严肃，而且异常勤奋。他不放过过程中的每个细节，独自对它们进行思考，不知疲倦地研读冯·诺伊曼、莱默里、孔克尔和斯特尔的著作。同时他还花费大量时间练习绘画，无师自通地熟练掌握了一定程度的绘画技能。孔克尔的《实验室》是他喜欢的一本书，他习惯在晚上偷偷地重复书中的实验。一次，当他在制备一种引火物的时候，因他的同伴使坏，将一定量的烈性炸药粉末倒入了混合物中，结果发生了巨大的爆炸，由于事发在晚上，这使鲍奇先生一家处于慌乱中，也使这位年轻的化学家受到了严厉的训斥。但他并没有因此停止研究，而是更加慎重和频繁，到他的学徒生涯结束时，作为一个化学家，他的知识和实践技能几乎无人能比。1774年，他的同期学徒伯格先生写信问他，他对化学为何如此精通，他的答复是："亲爱的朋友，我把你视为我的第一个导师，并且由于你建议我才研读诺伊曼的化学书籍，你也是我所知道的这个领域的所有作家的作家。通过熟读这本书，我第一次有了做实验的兴趣。我清楚地记得，将丁香油和硝石灰混合会产生火焰。但在当时，我未将这一现象公开。在我做引火物实验时，我亲眼看到那次不幸的爆炸，但是这种意外事件只会增加我做实验的热情。"

1765年，舍勒到了马尔摩，住在药剂师卡斯托姆先生的家中，在此过了两年后，他到了斯德哥尔摩管理药剂师斯切尔伯格的店铺。1773年，他和另一人交换到了乌普萨拉的店铺，并住在鲁克家中。正是在此，他和法伦的技术顾问盖恩偶然结识。盖恩当时是乌普萨拉大学的学生，同时也是个热衷化学的人。有一天，盖恩先生出现在鲁克先生的店里，鲁克先生向他提及最近目睹的一件事情，急于对此有一个解释：将一定量的硝石放入坩埚中并升温至差那么一点硝石就会熔化，此时通过搅拌使其处于像是沸腾的状态，一段时间后，如将坩埚从火上移开并冷却，此时硝石仍是中性的，但它的性质发生了变化，因为将醋倒入其中进行蒸馏，会有红色烟雾释出，然而，硝石在没有加热之前，醋对它没有任何作用。鲁克先生希望盖恩能解释这个现象，但盖恩无法解释，并答应要去向贝格曼教授请教。但贝格曼和他一样也无法做出解释。过了几天后，盖恩先生再次来到鲁克先生的店铺，并得知店里有一个年轻人对这一现象给出了一种解释。这个年轻人就是舍勒，他向鲁克先生解释到，有两种同名却相混淆的酸，名为硝石精华(我们现今称这两种酸为硝酸和连二次硝酸)。相比于醋酸，硝酸对苛性钾具有更强的亲和力，但连二次硝酸次之。用火加热使得苛性钾的硝酸变为连二次硝酸，因此就有了鲁克先生看到的现象。

盖恩听到这个后感到很高兴，他与舍勒就这样相识，并马上相互熟络并结下了友谊。当盖恩将舍勒的解释告诉贝格曼时，贝格曼也感到很高兴，并想马上认识舍勒。但当盖恩向舍勒说到贝格曼的意愿，并要将他介绍给贝格曼时，舍勒却恨恨地拒绝了。

事情似乎是这样：舍勒在斯德哥尔摩时曾做过酒石净化实验，并从中成功分离出了高纯度的酒石酸。他确定了酒石酸的许多性质，并考察了几种酒石酸盐。他将这些结果写成了一个报告并寄给了贝格曼。贝格曼看到报告上的署名是个不认识的人，就把它放到一边没看，并且把这事也忘得一干二净。舍勒对这种轻蔑和过分的做法非常愤怒。他重新写了一份那些实验的报告并将其寄给了雷特兹奥斯，雷特兹奥斯将其(附加了他自己的一些内容后)投递给了斯德哥尔摩科学院，发表在1770年的《科学院学术论文集》上[①]。盖恩先生费了大力气才让舍勒相信，贝格曼的做法只是因为疏忽，并无小看他的意思。经如此力求，他才说服舍勒随他去见这位化学教授。两人就这样相识，在那之后贝格曼和舍勒成为持久的朋友，贝格曼竭尽所能地对舍勒的研究给予帮助。

舍勒在乌普萨拉的声名日隆，以致普鲁士王子亨利都马上来访学校，陪同的是苏德曼公爵，学校指派舍勒向他们展示一些化学过程。他按学校要求履行他的职责，向他们展示了几个在不同炉窑中进行的奇妙实验。亨利王子问了他各种各样的问题，对他的回答也感到满意。更让亨利王子高兴的是，舍勒是斯特拉松德的本地人。随后两位侯爵对教授们说，让舍勒无论何时都可自由进入大学的实验室，做实验也是给他们两位面子。

---

①《斯德哥尔摩科学院学术论文集》，1770，207页。

1775年,药剂师波尔先生在柯平镇(马勒湖北边的一个小地方)去世,舍勒被医药协会推选为药店行会的伙食采办者。在瑞典,所有的药剂师都归医药协会管理,在没有征得该学术团体的审查和批准下,任何人都不能擅自经营药店。舍勒在审查过程中恪尽职守,充分展示出了他的能力,并获得了认可。1777年,按照双方签署的协议,波尔遗孀将药店及其经营权卖给了舍勒,但继续和他住在一处并共同承担生活上的开支。因发现氟酸及发表关于锰的著名论文,此时舍勒已是备受瞩目的人物。据说,碳酸气的实验就是他做的,它们构成了贝格曼有关该课题论文的素材,并且证实了贝格曼的观点,也即该物质为一种酸。在柯平镇,他不懈地开展他的研究,做出的发现比同时期所有化学家的总和还要多。也是在这里,他做了空气和火的实验,这些实验构成了他有关该课题的那本著名著作的素材。他构造的理论实际上是错误的,但该书中给出的大量发现肯定会令每个化学家赞叹。他发现的氧气是普利斯特里已经预示的,但他的空气分析方法是新的并且好用,属他独创。他制取氧气的过程也是新的,且更为简易,至今被化学家们普遍使用。在柯平镇生活期间,他发表了大量的化学论文,每一篇都包括一个新的发现。他将毕生心血都献给了化学研究。他生前所做的每一件事都是为了推动他所钟爱的这门科学的发展,他的所有想法都专注于此,他的所有信件都在谈论化学观测。《克雷尔年鉴》是当时德国化学界的主要期刊。他定期取阅该刊出版的各期,并且是该年鉴最忠实和最看重的通讯作者之一。他发表在该刊的每一篇通讯或是报道某个新化学现象,抑或是指出该年鉴众多通讯作者中这个或那个作者的错误。

舍勒的外表并不引人注目。他极少参与社会上的日常交谈和娱乐活动,对此他既无闲暇也不感兴趣。只要从职业的繁忙中得到一点空闲,他通常都埋头于做实验。只有在接到朋友的邀请,并且这位朋友能和他谈论他所钟爱的这门科学的话题时,他才会让自已略微放松一下。舍勒真诚待友,并且,对世界各地的化学爱好者,无论与他是否相识,他都一视同仁。他与几个化学爱好者们保持通信联系,但这种通信受到了语言的极大限制:除德语外,他不懂其他语言,或至少是不能流利地用其他语言进行写作。他的化学论文通常是用德语写好后再译成瑞典语,然后刊印在《斯德哥尔摩科学院学术论文集》上,他的大部分论文也发表于此。

舍勒是一位和蔼可亲,平易近人的学者。对一个科学观点,他只有经过深思熟虑后才会采纳;他一旦接受该观点,就不会被轻易改变。然而,一旦该观点被证明是错误的,他也会马上毫不犹豫地放弃它。他曾持一个观点,认为硅土是水和氟酸的化合物,但他后来断然放弃了这个观点,因为迈耶和其他人证实,硅土来源于制备氟酸时所用的玻璃容器，玻璃容器很快就被氟酸侵蚀出了孔洞，但是，如果制备氟酸时用的是金属容器，不让氟酸和玻璃或是任何含硅土的物质相接触，则其可与水混合而不会有任何硅土之类的物质沉积。

从他发表在《克雷尔年鉴》一篇通讯中可以看出，他认可卡文迪什用来证实水是由氧气和氢气组成的那些实验的精度，也认同拉瓦锡进行的重复性实验。他试图将这些结果与自己的观点——热是氧气和氢气的化合物——统一起来。他就此所作的论证虽然机巧但说服力不强。无疑，如果他寿命更长，能够重做自己的实验，并且将其与卡文迪什和拉瓦锡所做的实验进行比较，他就会放弃自己的理论，并采纳拉瓦锡的理论。或者是，他会接受卡文迪什的解释，因为这与他自己先前已有的观点更为接近，因而他会偏好接受该解释。

据克雷尔说，舍勒曾受邀前往英格兰，英国政府为他提供了舒适优裕的条件。但舍勒喜欢安静、远离喧嚣的生活，对他度过一生中最美好时光的瑞典情有独钟，因而以一种不合作的态度面对这些提议，英国政府部门也因此改变了初衷，此事也就作罢。克雷尔还说，1786年舍勒又再次受到邀请，条件是年薪300磅，但因舍勒去世而结束。我十分怀疑这种说法的真实性。多年前，当约瑟夫·班克斯爵士、卡文迪什先生和柯万先生还在世时，我曾向他们问过此事，但这些当时在不列颠非常受人尊敬的化学家却从未听说有过这种谈判。我也无从设想乔治三世的政府中有哪个人了解化学，或对其发展感兴趣。他们只是想着如何完成自己的分内职责或是君主交代的任务，他们既没有时间也没有兴趣来思考科学，更没有资金投给那些科学研究者。试问，有哪个不列颠的大臣曾想过要珍视科学并奖励那些成功发展科学的人士？除了接替艾萨克·牛顿爵士做了造币厂厂长的蒙塔古先生外，我想不出有其他人。各个欧洲国家都直接资助科学研究，投入巨额拨款用于推动科学的发展，但是在大不列颠，即使对那些已经证实具有拓展科学疆域才能的人士，也没有哪怕是分毫的资助。科学完全处于自生自灭的状态，推动科学发展仅是一些个人的行为。乔治三世本人资助艺术，并且倡导植物学。他可能有意对舍勒卓越的成就给予奖励，但他能做的仅是自己掏钱给他一笔年金，他无法给舍勒安排一个合适的职位。大学和教会的大门对一个路德教徒是关闭的，对舍勒而言，这个国家压根就没有可供他应聘的医学方面的职位。倘若有这种资助计划，那么它肯定会激发舍勒这样的杰出科学家立志报效国家。这样的计划应由不列颠政府或者某个极具政治影响的大人物提出，但没有人曾关注过从光荣革命到现今的不列颠史，因而也没有人会接受这个观点。

舍勒终其一生都献身给了他热爱的科学。他离不开实验,他的许多实验都不得不在药店里进行,冬天也得暴露在瑞典寒冷、干燥的恶劣气候下,因此他患上了风湿病,但他充满热情、坚忍不拔,这更加重了他的病情。在他买下那个他做事的药店时,他立意要与前任店主的遗孀结婚。他首先考虑到要顾及女方的体面,另外也想提供足够多的财产让女方满意这桩婚姻,因此他没有急于操办此事。最终,1786年3月他宣布了要迎娶她的愿望,但此时他的病已迅速恶化,康复的可能日见渺茫,他也已经意识到了这种情况。5月19日,他信守对她的承诺,在病榻上和她举办了婚礼。5月21日,他给她留了遗嘱,并将全部的财产遗留给了她,也就是在这一天,在用了最后的力气办妥这件事情后,他去世了。

以下我将尽力向读者介绍舍勒在化学上所作的主要贡献。除了《空气和火》一书是独立成书由贝格曼出版外,他的所有论文均发表在《斯德哥尔摩科学院学术论文集》或是《克雷尔》上。这些论文后被戈弗雷·亨利·谢弗结集并翻译成拉丁文,1788年由汉斯特(贝格曼《选集》最后三卷的主编)在莱比锡出版。莫尔沃将其翻译成了法语。1786年贝多斯博士将其翻译成了英文,当时他是爱丁堡大学的学生。这些论文还有几个德文译本,但我一直没有机会看到。

1.1770年,雷特兹奥斯发表了舍勒的第一篇论文,该文给出了一种制取纯酒石酸的方法,也即用白垩使塔塔粉分解。取半份酒石酸与石灰混合,得到白色的不溶性粉末沉淀,该物质为石灰的酒石酸盐。如此则塔塔粉失去一半的酸性并转化成了中性盐(因其极易溶于水,故正式名称为可溶性酒石)。该盐易溶,可通过常规的结晶盐的方法得到其结晶。石灰的酒石酸盐经清水冲洗后,与一定量的稀硫酸混合,酸的用量以使石灰的酒石酸盐中的石灰饱和度。该混合物经一段时间后,其中的硫酸取代酒石酸与石灰结合,并且,因石灰的硫酸盐几乎不溶于水,混合物中大部分是沉淀物,分离所得上清液为酒石酸的水溶液,但不免会含微量的石灰硫酸盐。经过不断地提浓可使石灰硫酸盐分离出去,最后制得大粒的酒石酸结晶。该国的生产商至今仍沿用这个方法,制得的酒石酸大量用于花布印染的各种工艺过程中,例如,将其涂覆在已染成土耳其红的布料的不同部位使胶浆增稠,再将布料在一定浓度的石灰氯酸盐水溶液中漂洗,则酒石酸与石灰结合,氯分离出来,因之涂覆酒石酸的部分红色很快就会消失,而布料上的其他部分还保持原色。

2.他关于氟酸的论文发表在1771年的《斯德哥尔摩科学院学术论文集》上,那时舍勒在斯德哥尔摩舍恩伯格的药店,毫无疑问,实验也是在那里进行的。三年前,马格雷夫已尝试过分析氟晶石,但什么也没有发现。舍勒阐明,它是石灰和一种特别的酸的化合物,他将这种特别的酸命名为氟酸。他制得的这种酸是水溶液,是通过硫酸、盐酸、硝石酸和磷酸与氟晶石反应并分离得到的。当氟酸和水接触后会形成白色的壳,经测定这是硅土。舍勒起初认为硅土是氟酸和水的化合物,但后来威戈和迈耶证实这个观点是错误的,因为硅土是从盛有氟晶石和硫酸的曲颈瓶上被腐蚀下来的。贝格曼认同舍勒关于硅土性质的观点且对舍勒的实验非常满意,因而当舍勒不久后停止了相关实验时,他也放弃了该项实验。

舍勒没有制得纯态的氟酸,而是氟硅酸。直到盖·吕萨克和泰纳尔1811年发表《物理化学研究》后化学家才知道氟酸的性质。

3.在贝格曼的要求下,舍勒花费三年时间做了关于锰的实验,并将结果发表在1774年的《斯德哥尔摩科学院学术论文集》上。这是他所有论文中最值得称道和最重要的一篇,因为其中报道了两种全新的物质,这个发现的显著作用,不仅在于推动了科学的进步,同时也带动了欧洲制造业的发展。该文首次记述的这两种新物质是氯和重晶石。

实验中采用的锰矿石是现在所说的锰的黑色氧化物,或曰锰的次氧化物。舍勒的做法是研究所有不同试剂对它的作用。锰矿石溶于亚硫酸和亚硝酸可得无色溶液。稀硫酸和硝酸对锰矿石没有作用,但浓硫酸在加热下可溶解锰矿石。锰的硫酸盐水溶液是无色的,结晶后为斜长方形棱镜状晶体并带苦味。锰矿石放入盐酸中发生泡腾,在加热下,释出的气体呈黄色并有王水的气味。他将一定量的这种气体(氯气)收集于气囊中并确定了它的一些突出性质:它可脱色,并且类似于硝酸,可将气囊染成黄色。按照舍勒的观点,该流体是失去燃素的盐酸(此处舍勒所说的燃素是氢气)。他认为盐酸是氯气和氢气的化合物。这个观点也正是后来戴维基于他自己的以及盖·吕萨克和泰纳尔的实验所建立的理论。舍勒将氯气收集在气囊中并确定氯气性质的做法,远不能达到后来实验的精度。但他有关氯气的所有观点至今都是正确的,这也证实他的实验具有较高的精确性。

舍勒检测的大部分锰矿石样本中或多或少都含有与锰氧化物共存的重晶石。他从锰矿石中分离出重晶石,确定了其特有的性质。重晶石溶于硝酸和盐酸,能形成结晶的盐,可长时间暴露于空气中。不论是苛性钾、苏打还是石灰,任何碱都不能从硝酸和盐酸中析出重晶石。但碱金属碳酸盐可令其沉淀为白色粉末状,该粉末在酸中泡腾并被溶解。硫酸和所有的硫酸盐也可令其沉淀为白色粉末状,该粉末不溶于水和酸。这种硫酸盐不能被任何酸和碱分解。唯一行得通的方法是,将这种硫酸盐与木炭粉加热,并加入足量的苛性钾,将三者加热到熔融状态,使硫酸转化为硫磺。该熔融物质在除去酸后能够溶于硝酸和盐酸,如此则可去除木炭并得到纯态的重晶石。舍勒还检测了树和其他小型植物的植物性钾碱中的重晶石,但当时他并不了解重晶石的硫酸盐,这种物质普遍存在于陆地上,尤其是在铅矿中。

要指出这篇受人称道的论文中的所有新现象非全文抄录不可。舍勒发现锰的氧化物和金属氧化物存在显著的类似性。贝格曼在为舍勒的论文所加的附录中,给出了为何他认同锰氧化物是金属氧化物的理由。若干年之后,技术顾问盖恩成功将其还原为金属态,消除了该课题遗留的疑点。

4.1775年,舍勒给出一种从安息香中提取安息香酸的新方法。他的方法是,利用捣碎的白垩粉和水煮解安息香,直到酸和石灰反应后溶于水。需要注意的是防止安息香凝结成块。所得液体含石灰的安息香酸盐,经过滤后向其中加入足量的盐酸以使石灰饱和。安息香酸以白色絮凝物分离出来,易于收集和淋洗。该方法尽管相当简便,但并未被实验化学家们所采用,至少在我国是如此。沉淀法制取的安息香酸相比于升华法看上去更粗糙,同时沉淀法的成本高,反应速度慢。因此舍勒的方法没有得到普遍应用。

5. 同样在1775年,他在《斯德哥尔摩科学院学术论文集》上发表了关于砷和亚砷酸的论文。他在文中说明了将白色的砷转化成酸的不同方法,该酸具有酸味,极易溶于水。此后它就得名亚砷酸。舍勒描述了亚砷酸的性质,以及它与不同的碱所形成的盐。他还测定了白色砷对不同物质的作用,这对马凯得到砷盐有所启发。

6.1776年,他在《斯德哥尔摩科学院学术论文集》上发表了关于硅土、粘土和明矾的一篇短文,旨在证明矾土和硅土是两种完全不同的物质,二者的性质也不同。他的实验还是一如既往地顺利。他还证明了矾土与石灰能够互相结合。

7. 同年,在《斯德哥尔摩科学院学术论文集》的同一卷中,他发表了一种关于尿结石的实验。他在实验中制得的结石碰巧含尿酸。他确定了这种新酸的性质,尤其是它能溶于盐酸,并且当溶液缓慢蒸发至干燥后会产生美丽的粉红色沉淀。

8.1778年,他发表了关于钼的实验。我们现在所说的钼为一种质地柔软、呈叶片状的矿物,具有金属光泽,由两个硫原子和一个金属钼原子组成。之前奎斯特的实验证实该物质含硫。舍勒从中提取出一种白色粉末,并证实它具有酸性,还认为它不溶于水。他测定了这种酸的性质,并称其为钼酸,同时考察了钼酸与碱结合形成的盐的性质。

9.1777年,《舍勒关于空气和火的实验》一书出版,贝格曼以序言形式为其写了引言，他似乎指导了该书的出版。该著作无疑是舍勒留给我们的最为杰出的作品，考虑到其成书的年代，该书堪称杰作。舍勒阐明空气是由两种不同的流体混合而成，其中一种流体单独可以助燃，因而他称其为“真气”，另一种流体不助燃也不能用于呼吸，他称其为“浊气”。现今化学家称它们为“氧气”和“氮气”。他证实了氧气比空气重，物体在其中燃烧比在空气中燃烧更为剧烈。他发现，氮气轻于空气，本身不能燃烧。他还证实，氧是金属性生石灰，或现在所说的金属氧化物的一个组分，因而当它们被还原为金属态时，氧气会从中脱离出来。在他关于雷暴金盐实验中，他证实在爆燃过程中有一定量的氮气从中逸出，他还用了大量篇幅叙述了许多有趣的现象，并从中推断出氨是氮气和氢气的化合物。他的仪器并没有达到能够分析和确定各种组分配比的程度，因此他也鲜少做此尝试，即使他对空气做了这样的尝试，得到的结果也令人失望。他基于实验推断，空气中氧气体积介于三分之一到四分之一之间，我们现在知道氧气占空气的五分之一。

在这本书中，他还第一次阐述了硫化的氢气及其性质，舍勒将其命名为“散发恶臭的硫化气体”。

在这本书中，关于热和光的观测资料及新观点不胜枚举，对此我只能略去不述，并且我认为没有必要谈及他这方面的理论，因为该书出版时，他的理论已经不大讲得通了，但是它对随之到来的进步，无疑有大的推动作用。如果舍勒在他的实验中能对重量及其变化稍加留意，本可以推翻整个燃素学说。整体而言可以确信，截至该书出版之时，没有哪一本化学著作中包含的重要化学新现象比舍勒书中包含的更多，尽管这其中的大部分是出自他人之手。普利斯特里和拉瓦锡，因其优越的处境，以及他们开展研究的公认的便利快捷条件，没有留给舍勒机会，让他能够获得通常情况下本应得到的荣誉。普利斯特里受人诟病处是发表论文时出手快，在向世界公开他的发现时方式轻率。倘若他把这些论文留待足够成熟时才发表的话，显然在此之前，舍勒会成为那些最重要发现的参与者。

10. 在1779年的《斯德哥尔摩科学院学术论文集》上有舍勒的一篇简短但有趣的论文，其中记述了他得到的一些结果。若一个铁板被普通盐溶液或是苏打硫酸盐溶液润湿并放入潮湿的地窖几周后，其表面就会覆盖一层苏打碳酸盐风化物的霜类物质。同样地，采用普通盐的溶液润湿密致的生石灰，并将其置于相同的环境中，普通盐也会分解，苏打也会析出。这些实验进一步引发了多种分解盐的方法，以及制取苏打碳酸盐的方法。上述现象本身还是未解之谜。贝托莱之后在他的《化学静力学》中试着给出了解释，但他依据的原理不易被人接受。

11.同一年，舍勒发表了关于石墨的实验。这种材料长期被用来制作黑色铅笔，但其性质并不为人所知。舍勒以他特有的不懈精神，考察了各种试剂对其的影响，证实石墨的主要成分是碳，其中还掺杂有一定量的铁。这些实验的结论是，石墨为铁的碳化物。但在不同的样品中，铁的含量差别巨大，因而这个观点难于被人接受。有时铁的含量仅占到1.5%，有时占30%。因此，石墨为碳与各种比例铁的混合物，或者是铁的碳化物。

12.1780年，舍勒发表了关于牛奶的实验，证实酸牛奶中含有一种特殊的酸，并将其命名为乳酸。

他发现，将牛奶糖溶于硝酸并冷却溶液，会有晶体颗粒析出。这些颗粒具有酸味，可与碱化合。它们具有特殊的性质，因此是一种独特的酸，他称其为囊乳酸。树胶溶于硝酸后也会形成这种独特的酸，故而它被称为粘酸。

13.1781年，他发表了关于重矿物(瑞典人称钨)的实验。该物质因其巨大的重量而备受关注，但人们对它的性质却一无所知。舍勒以他一贯的娴熟和不懈精神，成功证实它是石灰和一种特殊的酸(他称其为钨酸)的化合物。因此，钨为石灰的钨酸盐。鉴于其巨大的重量，贝格曼推测，钨酸实际上是一种金属氧化物，这个猜想后来得到尔互亚特兄弟的证实，他们从钨锰铁矿中提取出了相同的酸，并成功将其还原为金属态。

14.1782年到1783年间，他发表了关于普鲁士蓝的实验，旨在发现着色物质的性质。这些实验工作量巨大，显示出他罕有的独创精神与睿智。舍勒成功阐明，普鲁士酸(该名称在当时指称着色原质)是碳和氮的化合物。他给出一种制取纯态普鲁士酸的方法，并确定了它的性质。这篇论文立刻给化学中这个最为含混不清的课题之一的研究带来了一线曙光。如果他没有完全说清楚这个困难的课题，这个过错也绝不应归咎于他，而应归于他做这些实验时化学的发展状态。事实上，除非当时考察的各种流体的性质都被彻底搞清楚了，否则这项研究再推进一步也是不可能的。在1783年，除了舍勒之外，也许没有人能够将如此困难的研究推进到如此前沿的程度。

15.1783年，他发表了关于油的甜性原质的实验。舍勒观察到，将橄榄油和铅黄混在一起后，一种甜性物质会从油中分离出来并浮在表面。该物质用硝酸处理后生成草酸，因此其性质与糖非常相近。他从亚麻籽油、杏仁油、油菜花种子、肥猪油以及黄油中都得到了相同的甜性物质。因而他得出结论：所有的榨出油或凝固油中都含有该甜性原质。

16.1784年，舍勒给出了一种从柠檬汁中制取纯柠檬酸的方法，并确定了其性质，还证实它应该被看作是一种特殊的酸。

同年他观察到一种白色的土性物质，用足量的水冲洗由大黄的叶柄制得的细粉就可得到这种物质。他令该土性物质分解，并确定其为一种中性盐，它由草酸和石灰结合而成。在接续的一篇论文中，他证实这种石灰草酸盐大量存在于各种不同植物的根部。

17.1786年，舍勒证实苹果中含有一种特殊的酸，确定了其性质，并将其命名为苹果酸。在该文中他还考察了瑞典所有水果（包括醋栗、黑加仑、樱桃和覆盆子等）中特有的各类酸。有些水果的酸度源自苹果酸，有些源自柠檬酸或酒石酸，但也有不少水果中同时含有两种、甚至三种这类酸。

同年，他还证实贝格曼的syderum是铁的磷化物，蒲鲁斯特的磷酸（acidum perlatum）是苏打的碳酸氢盐。

1785年舍勒只发表了一篇关于苦土新制备方法的短讯。这种制备方法是，将镁的硫酸盐和普通盐以一定比例混合于溶液，通过复分解过程生成苏打硫酸盐和镁的盐酸盐，其中，前一种盐的绝大部分可通过结晶从混合物中析出，随后用一种碱性碳酸盐，可从镁的盐酸盐中沉淀出苦土。这个新方法的好处是可以从非常廉价的普通盐中大量制备苏打硫酸盐。

18.1786年，舍勒在《斯德哥尔摩科学院学术论文集》上发表了他的最后一篇论文，其中他阐述了五倍子酸的相关特性，并给出了一种从五倍子制取五倍子酸的方法。

以上是我对舍勒所作发现的不完全概述。我略去了他的那些有争议的论文，这些论文现今已经失去意义。对他那几篇多少有点重要性的论文因篇幅所限也没有介绍。可以看出，舍勒大大增加了酸的数目。确实，较之他开始从事化学研究时所知的这类物质的数目，增加了一倍还不止。下列酸是他发现的，或至少是他首次对它们的性质给出了准确的描述：

氟酸	酒石酸
钼酸	草酸
钨酸	柠檬酸
亚砷酸	苹果酸
乳酸	囊乳酸
五倍子酸	氯酸

最早关于重晶石和锰的性质的知识也应归功于他。他确定了氨及普鲁士酸的成分和性质。他首次确定了空气的组成并阐明了其中所含两种成分的性质。作为一个发现者,无论同一时期的还是老一辈化学家,试问有哪个可以和他匹敌?舍勒在他44岁的时候去世,在如此短暂的生命中,在极为不利的处境下,他做了我们看到的这一切。

第三章　法国化学科学的进展

18世纪前叶，法国的化学在斯特尔学派的推动下得到了发展，对此我已经做了描述。但是，在18世纪后期，由于布莱克、卡文迪什和普利斯特里的发现，化学在英国有了新的面貌，而且，由于那些新气体的发现，化学未来的发展方向有可能以此为突出的特征，这些都促成了注定会有人在化学研究中做出彻底的变革，并将其他科学分支特有的那种精确性、演绎推理的准确性引入到化学中来。这个人就是拉瓦锡。

安拖万·洛朗德·拉瓦锡于1743年8月26日出生在巴黎。他的父亲是个富人，对他的教育不吝花钱。他对各物理学科的兴趣很早就显露出来，在这些方面的进步也异常迅速。1764年，法国政府设了一个奖项，用于奖励“点亮大城市街道的最佳、最经济方法”。当时只有21岁的青年拉瓦锡就此写了一篇学术论文并获得了金奖。这篇论文发表在1768年的《法国科学院学术论文集》上，那年他只有25岁，也正是这一年，他成为了这个学术团体的院士。此时，他完全意识到了自己的长处，但在一段时间里他对到底应该专注哪门学科还是犹豫不决。很早的时候，他就想从实验的角度解决一些吸引当代化学家实验注意的问题。例如，他1768年在《法国科学院学术论文集》上发表了一篇详尽的内容关于石膏组分的论文，这是一个当时还没有定论的问题。拉瓦锡证实石膏是硫酸和石灰的化合物，这与马格雷夫在他之前得到的结果一样。他在1770年的《学术论文集》上发表了两篇论文，旨在确定水在玻璃容器中长时间持续煮解，是否如马格雷夫所宣称的那样可以转化成硅土。拉瓦锡发现，正如马格雷夫所说，水在曲颈瓶中长时间煮解时确有少量硅土出现，但是他也表明，硅土完全来自于曲颈瓶。众所周知，玻璃是硅土和固定碱的化合物，当水长时间在其中煮解时，玻璃会发生轻微的腐蚀，少量的碱就溶解在了水中，硅土就以粉体的形式被分离出来。

他在地理学上也投入了很大精力，他与盖塔多次旅行，足迹几乎遍及整个法国。他们的目的是准确描述法国的矿物分布，这个目标在很大程度上是通过盖塔的不懈努力完成的，他就此在《法国科学院学术论文集》上发表过多篇不同的论文，其中包含一些当时很难得的地理图。

同样,数学也是拉瓦锡热衷的学科。总之,在众多学科中他对哪一科都没有特殊的偏好,而是以同样的热情吸取每一科学分支的知识。正是在这样的广泛涉猎中,他开始对布莱克、卡文迪许和普利斯特里的那些关于气体的新奇发现有了了解。这给他带来了一种新的视野,并最终使他投身化学科学。

1774年,他出版了一本名为《物理和化学学术论文》的书。该书分两部分。第一部分详细地叙述了从帕拉塞尔苏斯一直到1774年这段历史期间,所有关于空气的研究,面包含了海尔蒙特、波义耳、黑尔斯、布尔哈夫、斯特尔、文耐尔、萨吕斯、布莱克、麦克伯莱德、卡文迪什和普利斯特里等人的观点和实验,还有关于迈耶的菊酸(acidum pingue)的历史,以及发生在德国的一方是雅克金和克莱恩、另一方是赛斯的学术争论。

在第二部分,拉瓦锡记述了他自己关于气体物质的实验。在前四章,他阐释了布莱克博士关于固定气的理论。在第四章和第五章中他证实了,通过加热金属性生石灰和木炭,金属性生石灰会被还原,并有气体释出,这种气体的性质和碳酸气恰好一样。在第六章,他表明金属煅烧后会增重,金属的增重量与从环境吸收的空气量相等。他观察到,在给定体积的空气中煅烧时,增重达到某点时会完全停止,此时先前用于煅烧金属的空气不再具有先前在这类过程中所起的助燃作用。他还在给定体积的空气中做了磷燃烧实验,并观察到气体的体积减小而磷的重量增加。

这些论文准确无疑地表明,空气是两种截然不同液体的混合物,其中只有一种液体与燃烧和煅烧有关;当然,舍勒从他的实验中已经得出过这个结论,而且普利斯特里也已经发现了氧气的存在及其特殊性质。但是显然,拉瓦锡也行进在做出这些发现的路上,倘若舍勒和普利斯特里没有幸运地发现了氧气的话,那么极有可能做出这个发现的就会是拉瓦锡自己。

然而,在1774年年底,普利斯特里碰巧在巴黎,他在拉瓦锡自己的实验室里向他展示了从红色汞氧化物制取氧气的方法。这使他改变了所有想法,不仅想到了空气的性质,也意识到金属煅烧和一般燃烧过程中到底发生了什么。这些观点在他心中一旦形成后,他就孜孜不倦地研究了十二年,以一种前所未有的精度完成了大量的实验。之后,他大胆地否定了燃素的存在,并把所有已知的燃烧现象解释为氧与物质的结合或分离。

在他持这些观点期间,他既没有助手也没有追随者。直到1785年,贝托莱在一次科学院的会议上公开表明了他对拉瓦锡的支持,这之后还有佛克罗伊先生,紧随其后是居顿·德莫沃。德莫沃当时是《方法论百科全书》化学分部的编辑，他被拉瓦锡邀请到了巴黎，并加入了支持拉瓦锡的阵营。在这之后，学术界展开了一场大争论，拉瓦锡和他的追随者们获得了标志性的胜利。

拉瓦锡继蒲丰和梯列特之后成为了科学院的会计，他在账目记述中，既重视经济也注意条理。国民代表大会曾向他咨询改进纸币制造的适宜方法，以及加大纸币伪造难度的方法。他转而涉足于政治经济领域，并且在1778年到1785年间拨出240阿邪[①]在费慕斯开展农业实验，这使常规产量提高了一半。在1791年，制宪议会邀请他起草关于简化税收的议案，因此就有了那篇以《法国领土的财富》为名印行的出色的报告。

1776年，他被杜尔哥雇去检查火药的生产，并将射程从90突阿斯[②]增加到120突阿斯。众所周知的是，在美国独立战争中，法国的火药远比英国的先进，但不被人们熟知的是，法国政府将这一点归功于拉瓦锡。而在法国大革命中，火药的质量却被颠倒了过来，英国的火药优于法国，且射程更远。在卡迪的情形就是一个突出的例证。

在罗伯斯庇尔独裁的阴影中，拉瓦锡开始忧虑自己的财产会遭到剥夺。他告诉拉朗德他情愿为了生存而工作。据推测，他是想从事药剂师职业，这与他的研究最为契合。然而，他和其他包税商人一起受到指控，罪名是逃避税收，并被投入监狱。在那段血腥的时期，监禁和定罪是同义语。因此，1794年5月8日，拉瓦锡与其他28个包税商人一起上了绞刑台，当时他正处在51岁的壮年。据称，如果当时颇具影响力的佛克罗伊动用自己的力量本可以挽救拉瓦锡。但是，这个指责从未得到任何证据的支持。拉瓦锡是非同寻常的杰出人物，除非他被人们忘了，否则那时不可能没有获救的机会。当时曾有一份哈雷起草的文件被呈递到了法庭，其中包含拉瓦锡著作的目录以及他的业绩的扼要介绍，但这份文件被扔到了一边，甚至无人看过。哈雷应该庆幸，他试图挽救拉瓦锡的这个无用之举，没有给他自己招致厄运。

拉瓦锡个头高大，面容慈祥，处处透着他过人的禀赋。他温和、平易近人、乐善好施，并且拥有异于常人的活力。无论是在财富、名誉以及在财政部的任职方面，他的影响都巨大，但他把他的影响力都用在了好的方面。他于1771年结婚的妻子安娜·玛丽·帕罗特·帕兹是一个包税商人的女儿。她的父亲与拉瓦锡同时遭受死

---

① 法国旧地积度量单位。——译者注

② 长度单位，1突阿斯约等于1.95米。——译者注

刑，而她自己则被囚禁。之后，由于独裁者及其唆使者的倒台，她才幸运地获救。她似乎挽救了拉瓦锡大部分的财产，后来与伦福德伯爵结婚。

拉瓦锡除了出版有一卷本的《物理化学学术论文集》外，还于1789年出版了《化学概要》一书，以他为作者的学术论文不少于60篇，发表在1772年到1788年的《科学院学术论文集》的各卷上，以及当时的其他定期出版物上。我将简要介绍他这些论文中最重要的那些，并将其分为两部分：I. 与他的特有的化学理论不相关的论文；II. 推翻燃素说并建立反燃素理论的论文。

I.1. 我已经提到过他在1768年发表在《科学院学术论文集》上关于石膏的论文。他通过确定性试验证明了石膏是由硫酸、石灰和水组成的化合物。但马格雷夫已经做过这个工作，并于1750年在《柏林科学院学术论文集》上发表过题为《可发光石头组分的确定》的论文。非常值得注意的是，这两篇论文间隔了18年的时间，但拉瓦锡对马格雷夫这篇重要论文并不知情，他只引用了波特和克隆斯特在马格雷夫之后就此开展的研究工作。更为不可思议的是，马格雷夫论文选集的法语译本在1762年就在巴黎出版，像拉瓦锡那样对化学极为关注的人——这一点从他的论文中可以看出——似乎并没有读过这位杰出化学家的著述，我觉得这是科学史上非同寻常的现象之一。

I.2. 如果说拉瓦锡的第一篇化学论文显现出对历史知识的缺乏，但在他的第二篇论文中则不然。这篇刊印在1770年法国《科学院学术论文集》上的名为《水的性质以及将其转化为土的实验尝试和证明》的学术论文分为两部分。在第一部分，他给出了历史上关于这一课题的研究进展，从著名的海尔蒙特的柳树实验开始，一直到波义耳、特里弗德、米勒、埃勒、格拉蒂奇、博内、克拉夫特、阿尔斯通、瓦勒瑞、黑尔斯、迪阿梅尔、斯塔尔、布尔哈夫、若弗鲁瓦、马格雷夫和勒·罗伊。从历史的角度看，这是一个非常有意思的部分，它从科学化学发端开始一直到当时，完整记述了有关该课题认识的发展历程。确实，前人关于"水转化成土"的观点和马格雷夫关于透明石膏组成的实验间存在显著不同。前者是不准确的，并且如他所述是可以驳倒的；但马格雷夫的实验和他的实验一样是准确的。该论文的第二部分是拉瓦锡自己的实验，其精度非常高，实验旨在表明土来自马格雷夫做实验用的曲颈瓶，没有任何证据表明水可转化为土。

尽管拉瓦锡的这些实验完全推翻了马格雷夫基于其观测得出的推论，但它们并不表明通过煮解水不会转化成动物或者植物体物质。事实上确实会如此，因为在活体动物和植物功能的作用之下，组成水的氧和氢分解后会进入绝大多数动植物体内。我们没有证据表明，植物的另一个重要组分碳，以及构成动物体的主要成分碳和氮均来自于水。它们可能来自于植物性和动物性食物，以及富含这些原质环境中的大气。

植物体内含有少量的硅土、石灰、矾土、镁土和铁，这些是否来源于水和大气仍是有待回答的问题。但在1800年，施拉德尔的实验表明，至少我们不能证明这些物质有其他来源。这项工作获得了柏林科学院颁发的最佳学术论文奖，专题内容为：确定不同种谷物的土质成分并阐明这些土质成分是否产生于植物生长过程。施拉德尔分析了小麦、黑麦、燕麦和大麦的种子，并确定了每种麦子中土质的含量。然后，他把这些种子种在含有硫华以及锑和锌的氧化物的土中，并用蒸馏水定期浇灌。这些植物生长良好。之后他把植物烘干，并分析给定重量的不同种子分别产出多少物质。他发现，每种植物中的土质较原初种子中所含要多。既然硫及锑和锌的氧化物不能提供土质成分，植物只受到水分的浇灌并处于大气环境中，则不存在其他土质成分来源。或许可以说，土质成分飘浮在大气环境中，植物因此而获得了这些成分。在这些问题没有被很好地回答之前，这个说法并不容易被推翻。

I.3. 拉瓦锡的下一篇论文发表在1771年的《科学院学术论文集》上，题为《巴黎供水蒸汽机项目的计算和观测》。该文尽管很长且有价值，但与化学无太大关系，因此笔者在此略过。拉瓦锡似乎不了解瓦特对于蒸汽机的改进。瓦特的确在1769年取得了专利，但他的新蒸汽机是在几年之后才广为人知，因此在1771年拉瓦锡几乎不可能对此有所了解。

I.4. 在1772年的《科学院学术论文集》上有一篇拉瓦锡的论文，题为《矿物水分析中酒精的用途》。他给出了如何从硫酸盐中分离出土质盐酸盐的方法。该法无疑有利于盐的相互分离，但这种便利是否可以抵消它可能带来的新的不精确性仍是问题。当少量的不同的盐溶解在水中时，极有可能由于相互间的距离超出相互作用范围，它们并不能彼此分解。因此有可能，苏打的硫酸盐和石灰的盐酸盐可以同时存在于水中。但是，如果我们将此水溶液大大提浓，甚至蒸发到干燥的程度，则这两种盐分就会处于相互作用的范围，就会发生复分解反应并形成石灰硫酸盐和普通盐。如果在干燥的残渣上倒入与此前蒸发出的同等量的蒸馏水，我们并不能使这些沉积的盐类物质溶解，部分石灰硫酸盐仍处于粉末状态。但在水分蒸发之前，所有的盐分都存在于水溶液中，直至溶液浓缩到一定程度之前也还存在于水溶液中。这充分表明，蒸发改变了盐的性质。如果用酒精煮解干燥的残渣，并且在水中的初始盐分比苏打硫酸盐可以分解的量还多，则一部分石灰盐酸盐也许可以溶解。但是若苏打硫酸盐的量正好够分解,那么即使酒精浓度足够高,其中也不会溶解有任何物质,即使其比重大于0.820,它也只是可以溶解一些普通盐而已。因此,我们凭将矿物水蒸干获得的盐,推断说矿物水中本身所含就是这些盐。通常,盐的性质应该以别的方式确定。

I.5. 在1772年的《科学院学术论文集》上刊印了拉瓦锡精心写成的两篇关于金刚石燃烧的论文。鉴于金刚石很大的折射能力,牛顿质疑它的可燃性,他的质疑在1694年被托斯卡尼大公科兹摩三世证实,此人雇了艾沃瑞米和塔廖尼考察功力强大的取火镜对金刚石的作用。金刚石受热后完全被销毁。多年之后,弗朗西斯一世曾下令将金刚石置于熔炉之中,结果,金刚石被烧尽,一点残渣也没留下。巴黎皇家学院的化学教授达尔塞先生受雇于劳拉吉伯爵,做了一系列制作陶瓷的实验,他还借机考察了陶瓷熔炉的强热条件对于各种物质的作用,金刚石也在其列。他发现,金刚石被燃烧殆尽,无任何残渣。他还发现,强热并非金刚石被烧尽的必要条件,一般的炉火就足够了。1771年,马凯用强热加热了一颗属于戈弗提·维尔塔纳斯的金刚石,他将金刚石置于灰皿中,并升温至足以熔化铜的温度。实验中观察到,金刚石被一团略红的火焰环绕,火焰的颜色比被加热的灰皿还深。简而言之,金刚石就是发生了燃烧。

很快地,拉瓦锡就在一大群有身份和科学素养的人们面前重复了这些实验。金刚石确实是在燃烧这一点确定无疑,而且实验也表明,如果金刚石完全隔绝空气,那么即使炉温升得再高它也不会发生任何变化。因此,很明显金刚石不是一种挥发物,它之所以能被热所销蚀不是因为挥发,而是直接燃烧。

拉瓦锡的实验旨在确定金刚石燃烧后转化成的物质的性质。在论文的第一部分他照例叙述了此前历史上有关金刚石燃烧的每一件事;在第二部分,他给出了他自己就此所得的实验结果。他将金刚石置于玻璃广口瓶中的陶瓷支架上,瓶子分别倒扣在水和汞中,并分别在瓶中充满空气和氧气。①

金刚石是用取火镜销蚀的。当实验于扣在汞上的瓶中进行时,未见到水、烟雾或是灰质出现,气体的体积也没有发生改变。实验于扣在水上的瓶中进行时,气体的体积却有所减少。很明显,当金刚石在空气或氧气中燃烧时,它被转化为一种气体物质,后者被水吸收了。经金刚石燃烧过后的气体如与石灰水接触,部分气体被吸收,石灰水呈乳白色。由此可见,金刚石燃烧后形成了碳酸气,这种气体是金刚

① 读者应注意,虽然该学术论文刊印在1772年的《科学院学术论文集》中,但该论文集实际上是在1776年出版,拉瓦锡的这些实验是在1775年和1776年做的。

石燃烧后可被发现的唯一气体。

拉瓦锡用木炭做了类似的实验，他用取火镜使之在空气和氧气中燃烧。实验结果是相同的：有大量碳酸气生成，但并无其他物质。这些实验或许是被用来支持和验证拉瓦锡自己的理论的，他后来也确实这样做了。但当这些实验结果最初发表时，从表面上看不出他有这种意图，但他确实有此考虑。

I.6. 在1772年的《物理学杂志》第二卷上有拉瓦锡一篇关于水转化成冰的短文。在此之前，德斯马雷斯已经向科学院递交了关于布莱克博士测定水潜热的实验的报告，这促使拉瓦锡也就此进行了实验。虽然拉瓦锡在文中没有说明，他是否是在得知布莱克的理论后才做的这些实验，但实际情况就是这样。在这篇短文中报道的实验结果不多，但我觉得该文仍然值得注意，因为它标明了拉瓦锡是什么时候知道布莱克博士的潜热理论的。

I.7. 在《物理学杂志》的第三卷，有一篇柏德林、马洛英、马凯、卡德特、拉瓦锡和鲍默的有关普洛文白铅矿的实验报告。报告是由鲍默起草的。这些实验并没有搞清楚这种铅矿的性质。实验大多采用干法进行，主要目的是表明这种铅矿不是铅氯化物，而更可能是铅的磷酸盐。

I.8. 在1774年的《科学院学术论文集》上，可以看到德蒙田、马凯、卡德特、拉瓦锡和布里森用图坦的大取火镜所做的实验。所得结果不是三言两语可以说清楚，并且也大不值得详述。

I.9. 1777年的《科学院学术论文集》刊登了一篇关于水分析的短文。水样由卡西尼取自意大利的一个明矾矿，经过分析，发现它含矾和铁的硫酸盐。

I.10. 在同一卷1777年的论文集中，还有一篇他的论文《关于巴黎硝石制造者所用的灰及其在硝石制造中的用途》。这是一篇有趣和有价值的论文，但我不觉得它值得在此详细介绍。

I.11. 1777年的《科学院学术论文集》还刊登了拉瓦锡的论文《关于火性物质与可挥发流体的化合，以及气体性流体的形成》。在该文中，拉瓦锡几乎完全沿用了布莱克博士在很久前就已建立的理论。值得注意的是，文中始终没有出现过布莱克博士的名字，但是我们知道，早在1772年拉瓦锡就熟悉潜热理论，因为他当年发表在《物理学杂志》上的那篇短文提到过这一点，他之前还在科学院宣读过该文。

I.12. 在1777年的同一卷论文集中还有一篇论文题为《伯祖、拉瓦锡和范德蒙受科学院委派对1775年寒冷之年的实验研究》。人们熟知的事实是，欧洲的大部分地区在1776年开始的那段时间非同一般。但该文的目的是确定当时法国使用的温度计的精度,而不是记录观测到的最低气温。该文与同年卡文迪什先生撰写并发表在《哲学汇刊》上的论文存在某种相似。

I.13. 在1778年的《科学院学术论文集》上有一篇题为《马凯、拉瓦锡和萨热对艾斯菲勒湖的水质分析》的论文。该水因其富含的盐分而著名。因该文中的分析结果很不准确,此处不赘述。那时化学分析的发展状态还不足以使化学家能够对矿物水做出精确分析。

此外,那一时期拉瓦锡和盖塔还对一些物质做过测定,包括用火将陶瓷粘土细粉转化所得的一种滑石,以及两种煤矿,但这些工作不值得特别关注。

I.14. 在1780年出版的《科学院学术论文集》上有一篇拉瓦锡的论文《在热度略高于地表平均温度条件下以气体状态制备某些特定的流体》。这些流体指硫醚、酒精和水。他指出了这些流体沸腾的温度,并且表明在如此温度下,这些物质的蒸汽具有空气的弹性,并且只要温度不变,它们就可保持汽态。他使醚和氧气的蒸汽混合物燃烧,发现燃烧生成了碳酸气。拉瓦锡有关蒸汽的观点,以及沸腾温度下液体何以不能完全转化为蒸汽的认识均不大正确。总的说来,我们有关蒸汽的观点是由道尔顿先生首先提出的。

I.15. 在1780年的《科学院学术论文集》上拉瓦锡和拉普拉斯发表了那篇关于热学的著名论文。该文旨在确定各种物质的比热,并考察欧文博士的提议,也即将温度计插入无热的物体中确定温度计不动的那个点,该点通常被称为绝对零度。在该文的开始部分,他们描述了他们构建的一个仪器,用以测量当物体受冷却,温度降低若干度后物体失去的热量的值。他们将它命名为量热计。该仪器由一个四周被冰环绕的空腔构成,热的物体就放在腔的正中。冷却是物体释出的热量全部用于使冰熔化,冰的温度为32华氏度,释热量应与冰的熔化量成正比。因此,相同重量热物体的温度降低若干度后,熔化的冰的量就直接给出每种物质的比热。用这种方法他们得到如下比热值:

物质	比热
水	1
铁片	0.109985
透明无铅玻璃	0.1929
汞	0.029
生石灰	0.21689
16份石灰和9份水的混合物	0.439116
1.87058浓度的硫酸	0.334597
4份硫酸和3份水	0.603162
4份硫酸和5份水	0.663102
1.29895浓度的硝酸	0.661391
9.33份硝酸和1份石灰	0.61895
1份硝石和8份水	0.8167

他们的实验结果与欧文关于绝对零度的结论不符,欧文的结论是基于硫酸与不同比例水的混合物的比热降低值,以及释出的热量值做出的。如果拉瓦锡和拉普拉斯的实验近乎精确,或反过来说除非它们非常不准确,那么欧文的结论就一定是错误的。值得注意的是,虽然克劳福德、威克以及其他人在此前均已发表过关于比热的论文,但在这篇论文中根本没有提及。我们是否应该相信论文中所要传达的意思,认为比热的学说起源于拉瓦锡和拉普拉斯?确实,该论文在第四部分也即关于燃烧和呼吸作用的部分,提到了克劳福德博士的动物热理论,这清楚表明这两位作者熟悉克劳福德就此所写的专著。并且,由于该理论基于物体的不同比热而建立,无疑拉瓦锡知道他的比热学说。

I.16. 在1780年的《科学院学术论文集》上还有以下两篇论文:《此呈皇家科学院:关于监狱的报告》,作者:迪阿梅尔、德蒙田、勒罗伊、特农、梯列特和拉瓦锡;《关于分离金和银的方法的报告》,作者:马凯、卡德特、拉瓦锡、鲍姆、科内特和贝托莱。

I.17. 在1781年的《科学院学术论文集》上有一篇拉瓦锡和拉普拉斯的关于物质蒸发和升华时释出电的学术论文。这些实验的结果是,当水蒸发时往往有电释出。基于这些观测他们得出的结论是,只要物态发生变化就会有电释出。但是,当索绪尔试图重复他们的观测结果时,他却没有成功。并且,从最近鲍伊莱的实验可知,可能的情形是,只有当物质发生化学分解或者结合时才会有电释出。这类实验在很大程度上取决于非常精微、容易被观测者遗漏的环境条件,因此,除非这些实验被多次重复过，并在各种可能的条件下做过，否则是难以取信于人的。

I.18. 在1781年的《科学院学术论文集》上拉瓦锡发表了一篇关于燃料用品相对价值的论文。他对石炭、焦炭、木炭和木材等做了比较。因为这种比较不适用于我国，而且对现今的法国也不适用，故在此不做赘述。

在同一卷上，他还发表了一篇关于剧院照明模式的论文。

I.19. 在1782年(1785年出版)的《科学院学术论文集》上，他发表了一篇关于大大增强火焰和热量作用的方法的论文。他提出的方法是采用氧气射流，并将其喷射到红热的木炭上。他给出了采用这种方法所得的一些实验结果：铂金轻易被熔化，红宝石块或蓝宝石块被软化到足以融合为一体，可以使红锆石失去颜色并软化，可以使黄玉失去颜色并融化成不透明釉，可以使翡翠和石榴子石失去颜色并熔化成不透明的有色玻璃，可以使金和银挥发，可以使所有金属甚至是金属的氧化物燃烧，重晶石也可在这种强热下燃烧。这最后一个结果使拉瓦锡得出重晶石是一种金属氧化物的结论；这与贝格曼在他之前做过的一样，并且这一观点已被现代化学家充分证实。硅土和矾土都能融化，但他却不能融化石灰和镁土。现在我们有更强大的热源也即氧气和氢气吹管能够融化石灰和镁土，并且，熔化任何物质所需的热量现在都能达到，而不会使物质燃烧或者挥发。拉瓦锡就此课题的进一步实验发表在随后一卷《科学院学术论文集》上。他描述了他的方法对晶石、石英、砂岩、沙子、磷光石英、乳石英、玛瑙、玉髓、红玉髓、燧石、绿石英、软玉、碧玉和长石等的作用。

I.20. 在同一卷上还刊印了他的论文《发酵时从某些动物性物质中解离的气体性弹性流体的性质》。他发现，约为5立方英寸新鲜的人体排泄物，若将其保持在60华氏度下，一个月内每天会产生0.5立方英寸的气体。这种气体大约含11单位的碳酸气、1单位的可燃气体。这种可燃气体燃烧呈蓝色火焰，所以这可能是碳氧化物。若将约为5立方英寸的不新鲜的人体排泄物保持同样的温度，在开始的15天内每天都产生三分之一立方英寸的气体，在后15天内每天都产生四分之一立方英寸的气体。这种气体含有38单位体积的碳酸气、62单位体积的可燃性气体；这种可燃气体燃烧时呈蓝色，所以这可能是碳氧化物。

新鲜的排泄物遇稀硫酸不冒泡，但不新鲜且潮湿的会冒泡，且释出自身体积8倍量的碳酸气。排泄物如与生石灰或者苛性钾掺和，则不会有气体释出，无疑这是抑制了发酵之故。排泄物冒泡过程中，周围的空气会失去一些氧，这可能是因为它与缓慢解离出来的不可燃气体结合之故。

II. 现在我们来对拉瓦锡提出的燃烧新理论做一个叙述,正是这个成就最终使他名垂青史。在1774年到1788年间,针对此课题或者说与之相关的课题,拉瓦锡在《科学院学术论文集》的各卷上,发表了不少于27篇的学术论文,其中许多篇都是精心写成,详述他那些代价不菲而又困难的实验。此前,化学家们已经观察到物质燃烧和金属煅烧间的类似性,并且也都认识到燃烧和煅烧有共同的成因,也即它们均可归结于燃素的释出。拉瓦锡的观点是:在燃烧和煅烧过程中,没有任何物质脱离了物质本身,而是物质与一部分空气发生了结合。当他第一次想到这一点时,他还不知道空气的性质以及氧气的存在。但当他发现这个原理后,他马上意识到是氧与燃烧和煅烧中的物质的结合,才导致了这些现象发生。简而言之,这便是拉瓦锡理论的要点。在此,有必要先探讨一下一个非常有争议的问题:这个理论是否是由拉瓦锡首先提出来的。

现在人们都知道,佩里戈尔镇省布古的物理学家约翰·雷伊在1630年出版了一本书,旨在解释铅和锡在煅烧过程中重量增加的原因。他先是逐个反驳了对这种重量增加的所有不同解释,继而说:"对于这个问题,鉴于存在前述那些支持性的依据,我可以自信地说出我的答案:这个增重源于空气。在炉中强力、持久的热作用下,空气变得重而粘,因之凝结。这种空气自身与金属灰(在不断的扰动下)相混并附着在那些最微小的灰颗粒上,这就像水搅混重的砂粒并使那些最小的沙粒润湿并附着其上一样。"从雷伊的叙述可以确定无疑地看出,他的观点恰恰与拉瓦锡最初的观点一致。倘若拉瓦锡到此为止,仅只是笼统地说煅烧时,物质与空气结合了,那么人们就会怀疑他不过是借用了雷伊的观点而已。但是,他发现了氧气以及大量确定性的证据,并据此提出:在燃烧和煅烧过程中,氧与燃烧和煅烧的物质结合。这种氧可被再次分离出来,并以原初的弹性流体态存在。这促使我们改变了观点。但是,无论我们认为拉瓦锡最初的观点源自雷伊,还是认为出自他自己的灵感,这都不会改变这件事情的实质。这是因为,他并不是就某事第一次提出了一种模糊的观点,从而实在地增进了我们的知识库,而是阐明了其真理性并准确地确定了其本质。

雷伊的书和他的观点鲜为人知,也从未有人信奉他的学说,这充分说明他并没有基于可靠的证据建立起他的理论。因此,我们可以相信拉瓦锡的说法,认为他第一次形成他的理论时,他不知道雷伊,也从未听说过有这么一本书出版。

1665年,胡克在《显微图》一书中提出的燃烧理论,相比雷伊的更加接近拉瓦锡的理论。确实,从他的解释可以看出,这两者毫无二致。根据他的观点,空气中存在一种物质,这种物质似乎和硝石中所含的某种物质一样。并且,只要达到足够的温度,它还有溶解所有可燃物的性质。这种溶解过程极快,常引起着火,他认为这只是一种"运动"。被溶解的物质可以气态存在,也可凝结成液态或固态。这种溶剂在给定体积的空气中的量,大大少于其在同体积硝石中的量。正因如此,在给定体积的空气中可燃物的燃烧只能短时间持续,这种溶剂很快就被饱和了,从而燃烧终止。这就解释了为何燃烧需要不断供给新鲜空气,需要大力鼓风加以强化。胡克许诺说,他将在他随后的论文中,以更大的篇幅完善这一理论,但这个承诺从未兑现。12年后,他出版了《火焰》一书,其中,他用美丽的言辞解释了火焰的化学原理,他的解释就是基于这同一个理论。

从胡克非常笼统的叙述中,我们不能准确判断他的认识达到了什么程度,但就我们所见,这个理论与我们目前的理论完全吻合。他所说的溶剂就是氧气。氧气在空气中占五分之一的体积,但在硝石中的含量要大许多。氧气可与燃烧中的物质结合,生成的化合物可能是气体、液体或固体,这取决于被燃烧物的性质。

拉瓦锡在论文中没有一处提到过胡克的理论,也没有表明他曾听说过它的哪怕是一丝线索。这着实令人惊讶,因为胡克是个大人物,并且,在他的《显微图》一书中有许多自然物体的原始图片和描述,这在不列颠甚至整个欧洲都是公知的。不过应该注意到,胡克的理论没有证据支持,它仅仅是一个断言,也没有人认同。即便我们承认拉瓦锡了解这个理论,他的功绩也不能被埋没,这体现在他对燃烧和煅烧现象的考察上,也体现在他向世人表明氧成为燃烧物和煅烧物的一个组分的研究工作中。

在《显微图》出版约10年之后,牛津大学的梅尔博士发表了他的《学术论文集》。在该书第一部分《硝石与氮气》中,他显然是采纳了胡克博士的燃烧理论,并颇有见地地将其用于解释呼吸的性质。梅尔博士的书并未引起科学家们的注意,后来是贝多斯博士才让人们注意到它。1798年,贝德福德的耶茨博士出版了一本关于梅尔业绩的有趣的书。马上,每个不厌其烦细读过这本书的人都承认,书中不仅有可信的理论,还有真实的实验证明空气在燃烧中被吸收,在呼吸过程中改变了性质。他给出了他的实验装置图,这些装置几乎和之后拉瓦锡所用装置毫无二致。因此,就凭梅尔那些构思奇妙、操作精心的实验,我们也绝不应该抹杀他的功绩。但是必须承认,虽然他证实空气在燃烧和呼吸中被吸收,然而这也并不减损拉瓦锡配享的荣誉。确实,在对空气的分析和发现氧气上,梅尔的理论和拉瓦锡的理论没有多大的差别,但无论如何,只有拉瓦锡就此课题开展了全面和一般化的研究。

约在大革命之初,其他一些法国化学家也尝试加入到拉瓦锡的合作者队列中来,以期自己也能成为反燃素说的当仁不让的一员,但拉瓦锡自己否认有这种合作关系。在他去世前几年,他曾计划将他所有有关反燃素说的论文都收集起来,并整理为一册出版,但是他的死中断了他的计划。后来他的遗孀出版了该书的前两卷,时间正是在他死的时候。在其中的一卷里,拉瓦锡宣称,是他独立发现了物质在燃烧和煅烧过程中增重的原因。他告诉我们,他在1772年做了有关泡腾过程释出的不同种类气体的一系列实验,这期间,呈现在他眼前的大量其他化学过程促成他发现了金属曝露于热中会增重的原因。他说:"我还年轻,在科学上才刚刚入门,我渴望名誉并且我以为有必要为保护我所做的发现做一些事情。一个时期以来,法国科学家和英国科学家习惯于相互通信。这两国间存在某种竞争,这使新的实验结果具有重要性,也常常导致一些国内的研究者或是两国间的研究者就谁是某项发现的作者起争执。故而,值此1772年11月1日,我认为有必要将如下一份记录封存于科学院秘书之手。本记录始于5月1日,在记录的顶部标示了所述及的事件,具体条款如下:

"大约在8天前,我发现,燃烧中的硫不会失重,而是增重。也就是说,在不计空气湿度的前提下,一磅的硫生成了远超过一磅的硫酸。磷也出现了相同的现象。增加的重量来源于大量的空气,空气在燃烧过程中被固定下来并与蒸汽结合。

这一发现已被我用确定性实验加以验证。这使我想到,在硫和磷燃烧中观察到的现象同样也适用其他所有在燃烧和煅烧中有增重的物质。并且我确信,金属灰的增重也是出于同样的原因。实验完全证实了我的这种推测。我用黑尔斯的实验装置在密闭的容器中使铅黄还原,我观察到,在铅黄向金属态转化过程时,有大量的空气从中分解出来,其体积至少是所用铅黄体积的一千倍以上。对我来说,这是继斯特尔发现之后最有趣的发现之一。因此,作为保护我发现的权宜之计,我将这份记录封存于科学院秘书之手,直到我发表了我的实验结果为止。

拉瓦锡

1772年11月11日于巴黎"

这份记录充分说明,早在1772年9月,拉瓦锡就构想出了他的理论,并且用实验进行了验证。但是在当时,空气的性质和氧气的存在并不被人所知。因此他当时对这一理论的认识与约翰·雷伊无异。直到1774年,拉瓦锡的观点才更为明确,他才意识氧气是空气的一部分,并且氧气在燃烧和煅烧中与物质结合了。

从法国科学院以及法国化学家在这个取得重大进步时期的整个历史中,可以明显看出,没有一个人具有拉瓦锡那样的见识,甚至无人哪怕是想过要放弃燃素说。直到1785年,在拉瓦锡发表了他几乎全部的实验之后,并在卡文迪什做出两个重要发现、排除了所有障碍之后,贝托莱才宣称他信奉拉瓦锡的观点。很快,这一理论被更多人接受。短短几年之内,几乎所有的法国化学家和学术同仁都倒向了一边。因此,拉瓦锡拒斥"法国化学"一词是有理由的,确实应该用"拉瓦锡化学"一词取代它。"法国化学"一词是佛克罗伊提出的。不知佛克罗伊是否也急于披上带有拉瓦锡标记的外衣?这与拉瓦锡的惨死又是否有着一些关联呢?

拉瓦锡发表的第一组实验题为《在密闭容器中煅烧锡,以及煅烧过程中金属重量增加的原因》,该文刊登于1774年的《科学院学术论文集》,其中阐述了他独特的观点。在该文中,他叙述了他做过的一些煅烧锡的实验。煅烧在玻璃曲颈瓶中进行,瓶严格密封、与外界隔绝。他将一定量的锡(约半磅)置于玻璃曲颈瓶(这些玻璃瓶有大有小),然后将曲颈瓶嘴抽拉成一支毛细管;再将曲颈瓶置于沙浴中,加热至锡正好熔化。此时,将瓶的毛细管嘴的末端熔化,如此瓶便被完全密封。这种加热方式的目的是防止加热过程中空气膨胀造成曲颈瓶爆炸。此时,精确称量曲颈瓶和内容物的重量并做记录。再将曲颈瓶置于沙浴中,保持使锡熔化,直至煅烧过程进行到底。他观察到,较之大尺寸曲颈瓶,曲颈瓶尺寸较小时煅烧通常终止较快。或者说,锡的煅烧量与曲颈瓶尺寸成正比。

煅烧过程停止后,再次对曲颈瓶(此时仍严格密封)称重,他发现此时的重量和第一次称重时的重量完全一样。此时他将曲颈瓶嘴打破,大量空气迅速进入到其中并发出嘶嘶的声音。此时记下增重的量,显然这是由于进入的空气所致。先前在锡熔化过程中被驱除的空气的重量已经做过记录,现在却发现,进入的空气量远比先前驱除的空气量要大。在一些实验中,有的增重高达10.06格令,有的增重9.87格令,当曲颈瓶的尺寸较小时,增重也会较前略少。瓶中大部分锡没有发生变化,但有一部分转化成了黑色粉末,在有些情形下这部分的重量在2盎司以上。实验发现,在所有情形下锡的重量均增加。通常,增重的量与瓶中空气的失重量相等;空气的失重量的测量方法是:当曲颈瓶嘴打破时进入的新鲜空气量减去曲颈瓶严格密封前、锡最初熔化过程中被驱除的空气的重量。

通过这第一批实验,拉瓦锡证实了锡在密闭容器中煅烧时,容器内的一部分空气消失了,并且,锡会增重,其增加量恰好与空气补给的量相等。他因此推断,这部分空气与锡发生了结合,锡灰就是锡与空气的化合物。在这第一篇论文里,根本就没有提到氧气，也没任何的暗示表明空气是不同弹性流体的混合物。因此，这一部分实验大概就是拉瓦锡在1772年11月递交给科学院秘书的那份记录中提到的实验。

在这篇学术论文的结尾，拉瓦锡说他还用铅做了相同的实验，但他并没有给出任何数值结果，这或许是因为这些结果不像用锡得到的结果那样吸引眼球。熔化铅需要很高的温度，故在曲颈瓶中做铅煅烧实验并不容易，且难以得到理想的实验结果。

拉瓦锡的下一篇学术论文发表在1775年（于1778年出版）的《科学院学术论文集》上，题为《金属煅烧过程中重量增加的原理》。他发现，欲使金属灰还原为原来的金属态，必须使金属灰与木炭一起加热。这样的话，会有大量的碳酸气释出，拉瓦锡确信木炭和金属灰中含有的弹性流体结合了。他将几个玻璃烧瓶浮放在水银上，将铁的氧化物置于烧瓶下，并试着用取火镜将其还原，但是，由于烧瓶中难免会残留空气，这部分会与释出的气体相混，因而他无法确定这种气体的性质。这使他考虑用汞的红色氧化物做实验。他首先在曲颈瓶中将这种物质与木炭粉混合并加热，表明它是一种真正的金属灰。这种含汞物质被还原后释出了大量碳酸气，这些气体被收集到一个倒扣在水槽的玻璃曲颈瓶中，插入的瓶嘴就立在水槽上。汞的红色氧化物一经受热自身就被还原为了金属态（虽然这并非易事），与此同时，有一种气体释出，其性质如下：

（1）在搅拌下它也不会溶于水；

（2）它不会使石灰水发生沉淀；

（3）它不与固态的或挥发性碱结合；

（4）它根本不能降低这些碱的苛性；

（5）在煅烧金属时它会再次起作用；

（6）在加入三分之一的氮气后，它的消失行为与空气类似；

（7）它不具有任何碳酸气的性质，也不像碳酸气那样对动物有致命作用，相反倒像是更为有益于呼吸。蜡烛或是燃烧的物质非但不会因它而熄灭，火苗反而会非常显著地增大。较之在空气中燃烧的情形，它发出的光更强且更清晰。

他表达了这样的观点，认为不加入任何其他物质，单单加热硝石也会得到这样的气体，他的这个观点是基于如下事实：木炭可以引爆硝石并释出大量碳酸气。

因此，拉瓦锡在他的论文中表明了，在金属煅烧过程中可与金属结合的那种气体，是一种较空气助燃性质更好的纯的气体。简而言之，这种气体就是1774年普利斯特里博士已经发现的气体，也就是今天大家熟知的氧气。

这篇论文应该受到批评。普利斯特里在1774年8月已经发现了氧气的存在，并且他在世时也说过，那年秋天他去了巴黎，并在拉瓦锡自己的实验室向他展示了在一根枪管里加热汞的红色氧化物，从而得到氧气的方法，以及这种气体特殊的性质（这些正是拉瓦锡自己在论文里列举的性质）。因此，1774年拉瓦锡无疑已经知晓氧气的存在，他应将他的知识归功于普利斯特里。

拉瓦锡发表这篇论文的日期有一些不确定性。在1775年的《科学院史》中只是记述道："4月26日，拉瓦锡在科学院重新开会时宣读论文。"这里没有署明年份。但是，它不可能早于1775年，因为这是《学术论文集》出版的年份，并且，从《物理学杂志》可以知道，1775年是拉瓦锡宣读这篇论文的年份。

即使如此，在该论文中通篇都见不到普利斯特里的名字，甚至连表明普利斯特里已经通过加热汞的红色氧化物得到氧气的一丝线索也没有。至此很明显，拉瓦锡在试图引导读者相信他是氧气的发现者。这是因为，在描述了他得到氧气的方法后，他没有就此继续说什么，而是转而开始确定其性质，比如说："我非常惊讶地发现这种气体在搅拌下也不能结合在水中。"为什么要用"惊讶地"这样的词汇来描述已知的现象？为什么要忽略普利斯特里的名字？我的看法是，虽然拉瓦锡非常清楚氧气在此前已被他人发现，但他要声索发现氧气的优先权，除此而外没有其他解释。

拉瓦锡所做的下一组实验题为《磷的燃烧及燃烧生成的酸的性质》，旨在确证和拓展他的理论，并于1777年发表于《科学院学术论文集》。这组实验的结果非常引人注意。当磷在给定体积的、足量的空气中燃烧时，约五分之一体积的空气消失并与磷结合，剩余那部分空气不能助燃，也不能使动物活命。拉瓦锡将这种气体命名为"劣质空气(mouffette atmospherique)"，并描述了这种气体的若干性质。磷与部分空气结合后消失并被转化为磷酸，这种酸沉积在进行燃烧的烧瓶内壁上，呈白色片状。在该过程中，1格令磷生成2.5格令磷酸。这个实验引出的结论是，空气是两种气体的混合物或化合物，一种气体（氧气）在磷燃烧时被吸收；另一种气体（氮气）与前不同，它不会参与燃烧或者金属煅烧。其实，这些结论已经由舍勒通过类似的实验得出，但拉瓦锡忽略了它们。

在该论文的第二部分，拉瓦锡描述了磷酸的性质，并记述了它与不同的碱所形成的磷酸盐。但是，他的记述是非常不完整的，尤其值得注意的是他对苛性钾和苏打的磷酸盐未加区分，尽管这两种盐的各项性质区别明显。可见，这个部分并不是拉瓦锡擅长的地方。

在接续的一篇论文中，他又进一步发展了反燃素学说。该文发表在1777年的《科学院学术论文集》上，题为《在大气中的空气和可呼吸气中蜡烛的燃烧》。该文值得注意之处是，拉瓦锡在文中第一次提到了普利斯特里发现氧气这件事，但并没用引用他自己的前一篇论文，对他在前文中没有提及他曾从普利斯特里那里得到过信息这件事，也没有表达丝毫歉意。

他开始便说，有必要区分4种不同的气体：①我们生活其中、可呼吸的大气中的空气；②单独便可呼吸的纯气体（氧气），它约占大气中的空气的四分之一，也就是普利斯特里所称的燃素化空气；③氮气，它约占大气中的空气的四分之三，其性质还不为人知；④固体气，他建议（像布奎特做的那样）称其为白垩酸（acide crayevx）。

在该文中，拉瓦锡记述了大量他做过的试验，也即在立于汞上的烧瓶中，让蜡烛在给定体积的空气和氧气中燃烧。通过这些实验他得出一般结论是：空气中的氮气在燃烧过程中没有起到任何作用，起作用的只有体积占空气四分之一（他认为是如此）的氧气；当蜡烛在给定体积的空气中燃烧时，只有五分之二的氧气转化成了碳酸气，还有五分之三的氧气并没有发生转变；但是，当燃烧是在氧气中进行时，绝大多数（几乎所有）的氧化转化为了碳酸气。最后，当磷在空气中燃烧时，它对空气中氧的作用比起一支点着的蜡烛要剧烈得多，它吸收五分之四的氧并将其转化为磷酸。

显然，当此论文写成之际，拉瓦锡的理论几乎已经完备。他认为，空气是三份体积的氮气和一份体积的氧气的混合物，只有氧气才和燃烧与煅烧有关。在这类过程中，部分氧气和燃烧的物质结合，生成的化合物为酸或者金属灰。因此，他可以不必借助燃素而解释燃烧和煅烧过程。但事实上，他依旧有一些难以排除的困难需要面对，这些问题使得他人还不能接受他的观点。其中的一个大问题就是：一些金属溶于稀硫酸或稀盐酸时会产生氢气。通过这种溶解作用，金属转化成金属灰，当这些金属灰在氢气中加热时，它们又被还原成金属状态，而氢气却消失了。当时的化学家对此这一现象的最简单解释是：氢气是燃素；当金属溶解于酸中时，这种燃素被从中驱除出来，留下了金属灰；通过将其与氢气一起加热，燃素再次被吸收而金属灰被还原成金属态。

这一解释是如此简单合理，从而被普遍接受，但拉瓦锡属例外。他认为这种解释似是而非，并不正确，对此他反倒觉得是一件好事。生成的金属灰比原初的金属更重，并且，虽然氢气很轻，但还是具有重量。因此很明显，金属不可能是金属灰和氢气结合的产物。此外，他还通过实验直接说明汞、锡和铅的金属灰就是对应金属与氧的化合物。并且已知，当其他金属灰与木炭共加热时也能被还原成金属态，同时会有碳酸气释出。同样的情形也见诸于汞、锡和铅与木炭共加热的场合。故此显然可以推断，碳酸气就是一种木炭和氧的化合物，因而金属灰就是金属与氧的化合物。

尽管拉瓦锡未能解释这类与氢气的变化和吸收相关的现象，但他有确定性的证据表明那种正统解释是不正确的。因此，他明智地将这个理论的悬而未决的部分留待时间解决。

他的下一篇论文也同样发表在1777年的《科学院学术论文集》上。该文试图对前述课题做进一步阐发，或者至少是阐明了硫酸的组成，这直接开了反燃素说的先声。该文题为《汞在硫酸中的溶解，以及该酸向气态磷酸和可呼吸气体的转化过程》。

拉瓦锡已经证明，硫酸是一种硫和氧的化合物，甚至还表明了如何将酸中含有的氧再次分离出来，并使其以纯态呈现。此时，普利斯特里已经将其通过在小玻璃瓶中加热汞和硫酸混合物制取硫酸气的方法公诸于众，这也正是拉瓦锡在他这篇论文中加以分析的过程。他在曲颈瓶中加入4盎司汞和6盎司浓硫酸的混合物，将瓶颈口插入汞池中，用以收集将要释出的硫酸气。当对瓶的凸起部分加热后，硫酸气大量释出，并有汞的硫酸盐生成。该过程持续进行，直至瓶内的所有液体容物都消失，这以后对盐施以强力加热。开始，一定量的硫酸气释出，最后有一定量氧气释出，汞盐被还原成了金属汞。如此一来，他将硫酸分解成了亚硫酸和氧气。因此结论必然是，亚硫酸和硫酸间的差别，只是前者的含氧量较小。

他在同一时期发表的另一篇论文旨在研究洪贝格的引火物。这种引火物的制法是，将矾土与面粉（或某种富含碳的物质）捏合成饼状，然后将其置于密闭容器中强力加热，直到不产生烟雾而止。众所周知，如此制得的引火物可以自燃，即在接触空气时能自行燃烧。在此没有必要对该文做详细分析，因为尽管那些实验非常细致，但在该文写成之时，人们还不可能对这些现象作出满意的解释。显然，引火物在接触空气或氧气时具有自燃性质，并且，矾土中的苛性钾在木炭和硫的作用下被还原为金属态，生成了少量的钾。一旦起火，则随之产生的热量，足以使引火物中所含的碳和硫燃烧起来。拉瓦锡阐明，在引火物的燃烧中生成了大量的碳酸气。

接着，他又在同一卷《科学院学术论文集》上发表了一篇题为《用硫酸处理军用黄铁矿》的论文,该文对反燃素理论有进一步的阐发,在此值得一提。人们已知,黄铁矿是铁和硫的化合物。有时,这种矿物暴露在空气中而不会发生任何改变,但有时它却会迅速开裂、风化和膨化,并转化为铁的硫酸盐。存在两种黄铁矿,一种是由两个硫原子和一个铁原子组成,一种是由一个铁原子和一个硫原子组成。前者称为铁的二硫酸盐,后者为铁的亚硫酸盐或简称铁的硫酸盐。人们了解到,不同的黄铁矿在空气中表现出的那些自发分解性质,取决于黄铁矿是单一的化合物还是这两种黄铁矿的混合物。

拉瓦锡把一定量可分解的黄铁矿置于玻璃瓶中,他发现,其中的过程正如在空气中进行一样。容器中空气的氧气全部被吸收,只剩下氮气。这样,该变化过程的实质就显而易见:硫与氧气结合转化为硫酸,而铁变成铁的氧化物,但这二者结合后又生成了铁的硫酸盐。但是,如果要阐明该过程的原理还有一些难点。

还是在同一卷即1778年的《科学院学术论文集》上,拉瓦锡又发表了一篇题为《燃烧概论》的论文论述反燃素说。他在该文中确立了空气中唯一可助燃气体是氧气这一论点。物质在空气中燃烧时,一部分氧气消失,并与燃烧的物质结合,生成的化合物,或是一种酸,或是一种金属灰。硫燃烧会生成硫酸,磷燃烧会生成磷酸,木炭燃烧生成碳酸。金属的煅烧过程与燃烧类似,区别主要在于前者更加缓慢。如果煅烧快速发生,它其实就是燃烧。在确立了这些他基于先前论文得出的一般原理之后,他开始考察斯特尔的燃素理论,并表明,没有任何证据可以推断出存在此类原质,不必求助于燃素也能解释前述现象。虽然他的论证如此有力,但没有什么反响。没人愿意放弃早已习惯的燃素理论。

以下简单说一下他的两篇接续的论文。它们发表在1780年的《科学院学术论文集》上,内容和反燃素说并不相关,题目如下:

1)《关于磷酸的不同结合作用:第二篇》;

2)《不经燃烧将磷转化为磷酸的一个特殊过程》。

这个过程具体如下:第一次先将几格令磷投入比重为1.29895的热硝酸中。磷像熔化的蜡一样落入底部,迅速溶解并伴有冒泡。随后再次投入一些磷,持续进行该过程直至磷的用量达到要求。此后,通过蒸馏将残余在混合物中的硝酸蒸尽,如此可得纯磷酸。

迄今为止,拉瓦锡还不能解释与氢气相关的那些异常现象,或者说,因这些异常现象他的理论面临需要回答的紧迫问题。他做过一些尝试,试图发现氢气燃烧后生成了什么特殊物质,但始终没有成功。最终在1783年,他决定就此展开大规模的实验,以便能捕捉到实验中生成的物质到底为何物。然而,查尔斯·布莱格登爵士此时正在巴黎,他告知拉瓦锡,卡文迪什已经做了他正在准备的实验,并阐明氢气燃烧的产物是水。拉瓦锡立即看出了这个实验对建立反燃素说的巨大重要性:如果解释了当金属在酸中溶解时,以及当金属在氢气气氛中被还原且氢气被吸收时氢的演变过程,他就可以轻易地回答所有那些似是而非的对于他的观点的反对意见。因此,他下决心要重复卡文迪什的实验,并且实验要做得小心细致,规模也要足够大,以避免任何不确定性。这个实验是在1783年6月24日由拉瓦锡和拉普拉斯一起进行的,在场的还有勒·罗伊,范德蒙和当时的皇家科学院秘书查尔斯·布莱格登爵士。实验中得到了大量的水,他们发现水是具有如下组成的化合物:

1单位体积氧气

1.91单位体积氢气

拉瓦锡并没有止步于此,很快他又与梅尼埃一起进行了水的分解实验。为此,他们用了一根内充铁丝陶瓷管,并将其在炉窑中加热至红热,之后令水蒸气通过红热的铁丝。如此则蒸汽受热分解,分解的氧与铁丝结合,而氢则穿流而过并在水槽中被收集下来。

虽然以上两个实验都是1783年才做的,并且后一篇直到1784年才在科学院宣读,但是它们都发表在1781年的《科学院学术论文集》上。

不难看出,这个重要发现是如何使得拉瓦锡消除了所有那些对他与氢有关的理论的反对意见。他证实,当锌或铁溶解在稀硫酸中时,水发生了分解,其中的氧与锌或铁结合,并将其转化为氧化物,故而氢气以气态形式逸出。当铁氧化物与氢气共同加热时,氢气与酸中的氧结合生成了水,而铁氧化物被还原为金属铁。在此,笔者将不进一步赘述这些实验,因为事实上,这些实验几乎就是对卡文迪什已有工作的重复,但也正是这一发现,对于反燃素学说的建立,起到了最为关键的作用。因此,普利斯特里及其他燃素说信奉者的伟大目标,应该是反驳水是氧和氢的化合物这一事实。舍勒承认水是氧和氢的化合物。无疑,倘若他在世,他会皈依反燃素说,正像布莱克博士一样。总之,发现水的化合物性质让拉瓦锡的理论战胜了斯特尔的理论。但即使是此时,人们还是反对拉瓦锡的学说。但几年之后,燃素理论的追随者已所剩无几。对拉瓦锡来说,没有什么发现比这个发现更幸运,或者说更值得他自我庆贺一番。

这一发现的影响体现在他的下一篇题为《碳酸气的形成研究》的论文中,该文发表在1781年的《科学院学术论文集》上。他在该文中首次引入了一些新的术语,这表明,他认为他的理论已经完整地建立起来了。他将普利斯特里的燃素化空气或是他自己的纯空气命名为氧气。将布莱克的固定气命名为碳酸气,因为他认为这种气体是碳(纯态的木炭)和氧的化合物。该文旨在确定碳酸气的组成。他做了大量细致的实验,并基于所有这些实验,推断该化合物的组成为:

碳 0.75

氧 1.93

即使今天看来这些数值也接近真实值,现代化学家确定的真实组成为:

碳 0.75

氧 2.00

拉瓦锡的下一篇论文发表在1782年的《科学院学术论文集》上(1785年出版),该文题为《金属在酸中溶解过程概述》,体现出他深刻认识到了水的组成这一发现的重要性。他表明,金属可在酸中溶解,并转化成氧化物,但酸并没有和金属结合,而是和金属氧化物结合。当硝酸是溶剂时,氧化的发生以酸的消解为前提,故酸分解为硝石气和氧气。硝石气释放出来,并可被收集下来,但氧气与金属结合并使其成为氧化物。他以汞在硝酸中的溶解说明这一点。他收集了该过程产生的硝石气,然后蒸干溶液,并持续用火加热,直至汞转化为红色氧化物。再继续用火加热,红色氧化物被还原,将释出的氧气收集并计量。实验表明,将收集的氧气和氮气混合后,所得混合物的量正好是该过程所消耗硝酸的量。他也做了类似的铁溶于硝酸的实验,其间用火加热直至铁充分反应,最终获得了黑色的铁氧化物。

当时人们知道,许多金属能溶解在酸中,如向溶液中插入某种其他金属板时,溶解的金属又能沉淀出来。也就是部分新加入的金属溶解了下来,置换出了原本溶解的金属。例如,将一个铁片插入铜溶解在硫酸中形成的中性溶液,则铜会以金属态沉积,部分铁会溶解并与酸(而不是铜)结合。但是,铜在溶液中时是氧化物态,沉积下来时是金属态。铁初为金属态,溶解后成为氧化物态。由此显然,在这类沉积过程中,氧改变了位置,也即离开铜而处于与铁结合的状态。因此,如果我们可以精确确定铜的沉积量以及同时溶解的铁的量,那么我们就可以得出与同等量氧结合的每种金属的相对量。例如,3.5单位重量的铁在溶解时使得4单位重量的铜沉积下来,因此可知,为将这两种金属转化为可在溶液中存在的氧化物(也即它们各自的黑色氧化物),3.5单位重量的铁所需的氧量和4单位重量的铜所需的氧量是一样的。

为确定不同金属中燃素的含量,贝格曼已经做过一组实验,考察了在酸溶液中一种金属使得另一种给定重量的金属沉积下来所需的相对用量。当时人们认为，金属是金属灰与燃素的化合物。当金属溶解在酸中时，它转化成了金属灰并与燃素分离。当加入另一种金属时，这种金属成为了金属灰，而先前溶解的金属以金属态沉积下来。因此，沉积中的金属是在与燃素结合。显然，如果确定了这两种沉积和溶解的金属的量，就可以确定燃素在每种金属中的相对含量。拉瓦锡意识到，贝格曼的那些实验正好是在确定不同氧化物中氧的相对量。为了证实这一点，在一篇刊印在1782年《科学院学术论文集》的论文中，他细致分析了贝格曼的实验。但是，因为贝格曼的实验并未精确到足以说明问题，笔者在此不再赘述。确实，这类实验方法本身并未精确到足以说明拉瓦锡关心的问题，这是因为，金属的互沉积是电化学现象，沉积的金属是沉积和被沉积金属的合金，鲜少是纯的，并且，对易于氧化的金属(如锡和铜)，要将其干燥出来，而又不使其在细小的分划状态下不吸收氧非常困难。故此，拉瓦锡给出的那张金属氧化物组成表存在很大缺陷，因而也不值得抄录于此。

同样的评语也适用拉瓦锡给出的那张氧亲和力表，该表刊印于同一年的《科学院学术论文集》上。他的数据存在严重缺陷，因他在这方面知识的局限性，他没有能力以应有的精度编制这种表。我会在后续章节中再次论及这个专题。

在同一卷《科学院学术论文集》上，不倦的拉瓦锡还发表了一篇论文，旨在确定与铁结合的氧的量。他的实验方法是让铁在氧气中燃烧。人们已知，铁丝在氧气中燃烧时发出耀眼的光亮，并且氧化物在热作用下熔化，形成一种黑色、脆性的物质，它多少带有金属光泽。他用这种方法燃烧了145.6格令铁，并发现，燃烧后的重量为192格令，并有97立方英寸氧气被吸收。这个实验表明，铁在氧气中燃烧时，生成的氧化物为如下组成的化合物：

铁　3.5
氧　1.11

这个数据比较接近真实。现在知道，铁在氧气中燃烧时生成的铁氧化物中的氧含量非常接近，有时其组成为：

铁　3.5
氧　1.33

有时其组成非常接近于：

铁　3.5
氧　1

或许其组成就介于上述两极限值之间。后一组成是我们所说铁的亚氧化物或铁的黑色氧化物；前一个组成是一种非常富产的铁矿（得名磁铁矿）的组成。

拉瓦锡清楚知道，铁可以比铁的中间氧化物结合更多的氧。确实，他对铁的亚氧化物的分析结果就接近真实。但是，我们没有理由相信他知道铁只能形成两种氧化物，其他中间态氧化物是不可能存在的。这一点是由蒲鲁斯特首先阐明的。

笔者认为，在此没有必要详述拉瓦锡发表在1783年《科学院学术论文集》上的两篇论文，因为这两篇论文对他以往的工作几乎没有什么增进。在第一篇中，他描述了他做的硫和磷的燃烧实验，并确定了与这两者结合的氧量，但其中报道的结果都是在先前的论文中说过的，只有他的一条评述让人看上去有些新意：这些物质燃烧时释出的热没有可感的重量。

另一篇论文《论燃素》是一篇非常精致的论文，但其内容都是他先前学术论文中已有的，了无新意。正是因为化学家太过执着于燃素说，他们的偏见如此深重，他们拒斥观念改变的认知如此顽固，拉瓦锡才发现有必要把这些相同的事实一而再再而三地以各个层面展示在他们的面前。同他在先前的论文中所作的那样，他在该文中重申了他的燃烧理论。他还不吝篇幅，考察了斯特尔的燃素理论并反驳了它。

在1784年的《科学院学术论文集》上，拉瓦锡发表了有关酒精、油和其他可燃物燃烧的一组精细的实验，该文开启了植物分析的先河，并奠定了这个化学中最为困难分支的进一步研究的基础。他表明，在酒精燃烧过程中，氧与酒精结合，酒精发生分解并转化成水和碳酸气。基于这些实验他推断，酒精的组成只是碳、氢和氧，除此无它。实验的结论是，他采用的酒精为如下组成的化合物：

碳 2629.5

氢 725.5

水 5861

从这些实验提取结果并没有意义，因为拉瓦锡没有提到酒精的比重是多少。当然，我们不能说有多少水仅与酒精结合，又有多少成为酒精的组分。碳氢之间的比例值大体接近真实，但也只是近似而已。

他通过实验说明，橄榄油也是一种碳氢的化合物，蜂蜜也是，但是组成的比例不同。

这项研究并没有就此停止，他的观点也有进一步拓展，这体现在题为《论水中动植物体的分解》的论文中，该文刊印在1786年的《科学院学术论文集》上。他开始便叙述到，木炭曝露于强热下会释出痕量碳酸气和痕量易燃气体，此后不论将所处的温度提高到何种程度，都没有什么东西释出。但是，如果此前的木炭与空气再接触一段时间后加热，它会再次释出痕量碳酸气和痕量易燃气体，如此反复可使木炭全部消失。这里的原因在于，木炭吸收了空气中的水，故其中存在少量的湿气。当木炭受热时，水分解并转化为碳酸气和易燃气体。当将植物放在曲颈瓶中加热时，植物所含水也经历类似的分解过程，植物中的碳组分与氧结合并生成碳酸气，而水的另一个组分氢也与一定量的碳结合生成了一种气体。因此，动物或植物开始蒸馏时所得物质，并非以其可参与后续反应的形态存在，但因植物中水、糖分和黏液等物质所含组分间的相互作用，复分解过程就开始发生。从植物中蒸馏提取的油分、酸质等并非原本就存在其中，而是在加热的促进作用下，组分间的相互作用使然。这些观点非常新颖，并且完全正确，为人们认识植物的性质及其蒸馏产物带来了新的视角。该研究表明了化学家所尝试的那些植物成分分析方法——只是简单地将其蒸馏——的实用性，同时也表明了要从这些蒸馏结果得出有关植物组分的结论时可能产生的误判（有关植物基质组分的判断更是如此）。因此，当蒸馏一种植物时我们得到了水、油、醋酸、碳酸气和矿坑气，但我们不能因此说这些物质本身存在于这种植物中，只能说植物含有碳、氢和氧，它们的比例正好促成在分解中生成了前述那些物质。

由于硝酸对金属的作用方式与硫酸和盐酸有很大不同，并且较之其他酸它是一种更好的溶剂，因此，确切了解其组成对于完成反燃素理论具有非常大的重要性。虽然拉瓦锡并没有成功做到这一点，但是他至少取得了一些进展，使得他能够比较清楚地解释这个当时人们已知的现象，并回答因硝酸对金属的溶解性所带来的对反燃素说的所有诘难。他就此所写的第一篇论文发表在1776年的《科学院学术论文集》上。他将一定量的硝酸和汞置于长颈曲颈瓶中，并将其插入水槽，伴随泡腾有大量气体生成，气体被收集在集气瓶中。继续加热溶解的水银，直至将所有液体物质都驱入集气瓶中，最终只剩下黄色的固体盐。此时再次将曲颈瓶插入水槽并加热固体盐，直至其中所含硝酸分解，残余物仅有汞的红色氧化物。在此后一过程中收集到的气体更多。在汞溶解以及盐分解过程中，收集到的气体均为硝石气。此时，继续加热汞红色氧化物会有大量氧气生成，而氧化汞则被还原为金属态，其量正与开始时的重量一样。因此显然，硝石气和氧气并不是来源于汞而是来源于硝酸，是硝酸分解生成了硝石气和氧气。硝石气以气态释出时，氧还与金属结合着。

这些实验清楚表明，硝酸是一种硝石气和氧的化合物。拉瓦锡并没有完全弄清楚硝石气的性质，但他的这项研究使得他能够解释硝酸对金属的作用。例如，硝酸能溶解铜或汞，酸中的氧与金属结合，并转化为氧化物，硝酸的另一组分氮以气体的形式从中释出。而氧化物与其他部分酸结合并被溶解，但酸并不发生分解。

普利斯特里发现，当硝石气和氧气以一定的比例混合时，它们会迅疾结合并转化为硝酸。如这种混合气与水接触，其体积会迅速减小，这是因为其中的硝石气失去了弹性并被水吸收。当硝石气与含氧气的空气混合时，则空气中含氧量愈大混合物体积的减少越大。这使普利斯特想到，用硝石气测定普通空气的纯度。他测定的是等体积混合的硝石气和空气。混合气体积减少得越多，则所测空气含有的氧的比例越大。这种方法很快被化学家和物理学家采用，但实验方法还有待统一，结果上的很大差异也有待解决。拉瓦锡发表在1782年《科学院学术论文集》上的论文致力于改进该方法，但他的方法并没有如愿做到这一点。是卡文迪什第一次提出了一种用硝石气测试空气的精确方法，他还表明空气中氧气和氮气的比例是不变的。

拉瓦锡在他的研究过程中已经证明了二氧化碳是碳和氧的化合物，硫酸是硫和氧的化合物，磷酸是磷和氧的化合物，硝酸是硝石气和氧的化合物。碳、硫、磷和硝石气在解离时均不具有酸的性质，一旦与氧结合，它们就获得了酸的性质。他进而观察到，在他那个时期已知的所有经分解形成的酸均含氧，这些酸一旦失去氧也就没有了酸性。这些事实使他得出结论：氧是所有酸的一种关键组分，它是赋予酸性的一种原质或酸化原质。这也是他用xygen命名它的原因[①]。他在1778年的《科学院学术论文集》上的论文中充分发展了这些观点，该文题为《酸的性质以及酸的组成原质概论》。当该文发表时，拉瓦锡的观点已极富说服力。这些观点渐渐被化学家普遍接受，并在多年来被视作是被普遍接受学说的一部分。但氯的性质以及继之一些与碘、溴和氰相关现象的发现均表明，他的观点是不正确的：有许多强酸并不含氧，没有一种物质可以恰当地被冠之以“酸化原质”之名。后面在论及一些更为现代的发现时，我会再次谈到这个问题。

以上笔者用许多篇幅记述了拉瓦锡所作的贡献，但他的成就还不止于此。还有他的两篇论文值得关注，它们对于认识活体的一些重要功能具有极大的启发性，这也就是我要说到的关于呼吸和发汗作用的实验。

人们已知，当将一只动物封闭在一定体积的空气中时，一段时间过后它会窒息

① 见1778年《科学院学术论文集》，其中他定义了“酸的制造者”以及“酸化原质”。

而死，因为此时的气体已经不能呼吸。如另一只动物处在这样的气体环境中便会立即死亡。普利斯特里在这方面做了一些相关研究并表明，经动物呼吸过一段时间后的气体具有使石灰水变浑浊的性质，因此这样的气体含碳酸气。他认为，呼吸过程与金属煅烧或可燃物燃烧过程相似。在他看来，在这两种过程中均有燃素释出，燃素与空气结合并将其转化为燃素化空气。普利斯特里发现，如果植物在已不适合动物在其中呼吸和生存的空气中生长一段时间，那么此时的空气就不再会使一支蜡烛熄灭，并可使动物呼吸自如。据此他得出结论：由于动物的呼吸空气脱除了燃素，因为植物的生长空气被燃素化；对前者而言空气失去燃素，对后者而言空气获得燃素。

此时，拉瓦锡已经成功表明空气是氧和氮的混合物，只有氧与煅烧和燃烧过程有关，其间氧被煅烧和燃烧中的物质吸收并相互结合，因此他自然要从动物的呼吸作用中导出类似的结论。为此，他做了相关实验并将结果发表在1777年的《科学院学术论文集》上。据此得出的结论如下：

1)在大气空气中唯一对呼吸有作用的是氧气，氮气可随氧气被肺吸入但还会原样不变排出。

2)然而，氧气会随着呼吸逐渐转化为碳酸气，但空气中的氧部分转化为碳酸气后它就不适宜呼吸。

3)因此，呼吸过程与煅烧类似。当呼吸后的空气不再足以维持生命，如将其中的碳酸气用石灰(或苛性碱)水加以吸收，则就其性质而言，残余的氮与空气用于煅烧时烧尽后残余的气体相同。

在此第一篇论文中拉瓦锡没有进一步建立一般原理，但他随后做了实验，以期精确确定空气在呼吸过程中的变化量，并且致力于建立一个准确的有关呼吸作用的理论。后面我在述及一些较为现代的有关呼吸作用的实验时，我会再次谈到这个问题。

拉瓦锡做发汗作用的实验时，正是法国大革命的狂热时期，罗伯斯庇尔也已篡得最高权位，人们所思所想就是摧毁这个国家所有的文明和科学印记。在他被投入监狱时，这些实验还没有做完。尽管他曾请求缓期一些时间执行死刑，以期能把实验结果写成一个说明文件，但却被野蛮拒绝，因此他没有留下任何记述。但是，他做这些实验的助手塞金有幸逃过那段恐怖统治的残酷时期，并在后来将这些结果写成了一份报告，这才使得化学家和生理学家还能够看到它们。

塞金常常就是实验的对象。拿一个漆过的、严格密封的丝质袋子，塞金就被包裹在里面，只留口部的一个缝隙可供呼吸。袋子口部的缝合处四周用一种松节油和沥青的混合物准确粘合。因此，除了从肺部呼吸出来的气体，身体的所有散发物都留在了袋子里。实验开始时先将自己在一个精密的天平上称重，人在袋子里呆了一段时间后再次称重，如此经呼吸失去的物质的量就可加以确定。在没有袋子包裹时，先将自己称重，经过与前同样的时间后再次称重，如此一来他就确定了呼吸和发汗同时作用下的失重。这第二次实验的失重减去第一次实验测得的失重就是因皮肤毛孔发汗所致的失重量。以下是实验得到的结果：

1）每分钟发汗量最大为26.25金衡制格令，最小为9格令，相应的均值为每分钟17.63格令，或每24小时52.89盎司。

2）喝水会促进出汗，而吃固体食物不会。

3）就餐后发汗量处于最小值，而在消化时处于最大值。

以上这些就是对拉瓦锡化学研究的一个简要叙述。如果我们考虑到，如此大量的实验以及众多的学术论文都是在短短的二十年里完成或写成，我们就能体会到这位杰出的科学家充满了多么令人难以置信的活力，了解他对于自己独特观点的那种固守和坚持，也看到他在自己的所有论文中都有意保持的那种良好的学术心态。在自己的观点不仅不被支持而在实际上是招致了当时所有化学家的一致反对的情形下，他的这种心态或许是他能采取的最明智的办法。与氢的释出以及吸收相关的那些问题是燃素说学者的最后堡垒。但卡文迪什博士的发现（水是氢和氧的化合物）是对斯特尔学说的致命一击。这一发现马上就被确立，并且在1785年，贝托莱宣布他是拉瓦锡理论的信徒。贝托莱是科学院院士，他很快就获得了日后的显赫地位。很快，佛克罗伊也紧随其后。他也是科学院院士，并且继马凯之后成为皇家植物园的化学教授。

佛克罗伊完全感觉到了当时的爱国主义激情，那时法国科学界几乎每个人都受到这种爱国主义的激发，爱国主义也成为新观点畅行无阻的通行证。他将拉瓦锡的理论命名为“法国化学”。拉瓦锡对这个名称不大满意，因为在他看来，这剥夺了他应享的功绩。但是，至少在法国，再没有其他什么能够像这个名称这样能使这些新观点畅行无阻。马上，拉瓦锡的观点成为举国的焦点，那些依旧坚持旧观点的人受到斥责，并被诬蔑为法国荣耀的敌人。依旧坚持燃素说的杰出人士中包括居顿·德莫沃，他是勃艮第地区的一位贵族，作为一名律师受过良好教育，在第戎议会也是一个显赫的人物。他充满热情地推进化学的发展，并且当时是《方法论百科全书》化学部分的主编。在这本百科全书化学部分的前半卷，他充满热情并且巧妙地支持燃素说,反对拉瓦锡的学说。如此看来,说服德莫沃让他认为自己的观点是不对的,并且让他皈依反燃素说的意义非同小可,因为他的反对倒像是一个政治谋略而不是一个哲学质疑。

因此,德莫沃受邀到了巴黎,拉瓦锡轻易就成功说服德莫沃接受了他的理论。我们不知道他用了什么方法,无非是友好的交谈以及重复一些必要的实验。对像德莫沃这样谙熟这个课题并且思维灵活多变的人,这些也就足够了。因此,在百科全书化学部分的后半部分,德莫沃就宣布改变观点并给出了如此做的理由。

当时使用的化学术语来源于医药化学家,使用非常不便并且词义不明,甚至显得荒唐。在化学发展的早期,化学家还能安于使用这些术语。但在后来,当新物质被大量发现,旧名称不极尽调整就不适用于新的物质,而且,当时使用的化学术语非常缺乏系统性,这对一个人的记忆力是一个非常大的考验。人们普遍认识到了这些令人棘手的拦路虎,并做了各种尝试以期消除它们。例如,贝格曼就采用拉丁语构造了一套主要用于盐的新术语。布莱克博士也做了同样的工作,他的术语优雅简洁,并且在某些方面优于最终采用的那些术语。但是由于他的懒散和淡薄名誉,他只是满足于将这些术语列在表中并将其在课堂上展示。德莫沃也构造了盐的新术语并在1783年发表,贝格曼似乎看过并认可这套术语。

旧的化学术语就其词义所及与燃素理论完全相适应,以致当拉瓦锡应用这些术语阐释他的观点时都感觉难以说得清楚。确实,如果他不发明并采用一些新的名词的话,他就难以向读者传达他的观点。有鉴于此,并且意识到配上一种新的语言对于宣传自己的观点也是一种优势,因此拉瓦锡自然也就接受了德莫沃的劝说,并与他一起构造日后被反燃素学家(这是他们的自称)独家使用的一套新术语。为了达到这一目的,他们还联合了贝托莱和佛克罗伊。我们不知道他们每个人在此项重要工作中的分工,但确定无疑的是,那些普通名词,以及用于简单物质的名称,只要是新的就是拉瓦锡编制的,因为在这套新术语集编制出来前,它们就在拉瓦锡的著述中被大量使用了。从命名的方式显而易见,那些与盐有关的名词出自德莫沃,因为它们与他四年发表的盐的术语鲜少差别。

1787年,拉瓦锡和他的合作者发表了这套新术语集,自此以后,他们就将其用于自己的所有著述中。他们感到非常有必要出版一本定期出版物,以便在上面记录并宣传他们的观点,于是创办了《化学年刊》,以与《物理学杂志》相抗衡,该杂志的主编德曼瑞终其一生都是燃素说的忠实信徒。尽管人们对这套新术语有偏见甚至反对意见,但它很快就传遍整个欧洲,并成为化学家的通用语言。在它出现9年后也即1796年，当我在爱丁堡大学上化学课时，不仅学生普遍使用这套新术语，化学教授布莱克博士也使用它。我很确定的是，他在几年前就把它引入到了他的讲座中。这种新的化学语言能被如此快地使用，无疑应归因于两个客观因素。首先，旧化学命名法存在语义模糊、文辞粗俗的缺点，但自拉瓦锡以来，化学已取得长足的进步，以致就像斯特尔命名法已不适用一样，连拉瓦锡自己的命名法也几乎是词不达意。而较之旧命名法，新命名法一出现就显出很大优越性，因此立即被一部分科学研究者认可。正是这些研究者最有可能摆脱偏见，并在若干年里成为化学研究队伍中的多数群体。第二个客观因素是拉瓦锡的理论优于斯特尔的理论。虽然随后科学的进步也否定了拉瓦锡观点中许多站不住脚的论点，但较之斯特尔的学说，他的学说的优越性显而易见。他引入的研究自然的模式堪称典范，且对推动化学进步是如此适宜，因此，任何不持偏见，并且在这两种学说间摇摆不定的人都会毫不犹豫选择拉瓦锡的理论。故此，各国的所有年轻化学家都普遍接受了他的理论，与此同时，他们也开始偏好新命名法，因为只有新命名法才能解释清楚这种新的理论。

当新命名法出版之时，欧洲只有三个国家被认为是一流的化学培育地：法国、德国和大不列颠。由于瑞典刚刚失去两位伟大的化学家——贝格曼和舍勒，因此瑞典不得不退出此列。在法国，新化学成为一时的潮流，几乎举国都倒向了这一边。终生坚信燃素说的马凯此时已经过世。莫内也接近其多产学术生涯的终点。鲍默仍固守老观念但已是风烛残年，并且，他的化学技术从来就不精确，较之拉瓦锡和他的朋友们的更为细致的研究黯然失色。德曼瑞一直秉持燃素说，他有一定能力并且非常坦诚和正直，还是《物理学杂志》的主编，该刊在当时是一本流行并且普及的科学刊物。但他的脾气秉性与他的同胞格格不入，或者说与同时代的人大相径庭。结果，他被巴黎的学术圈排除在外，不论他如何极力地甚至是言辞激烈地表达他的观点都没人理会。确实，虽然一般说来他的观点并不正确，并且他在表达时也没有顾及任何体面，但这非但没有伤及他的对手，反倒是帮了对手的大忙。拉瓦锡和他的朋友们似乎也看出了这一点，因为他们从未回应他的攻击，甚至都懒得看。因此，在新的命名法出版后，法国可以说都站在了反燃素说一边。

然而，德国的情形却很不相同。出于民族偏见，德国人自然站在了他们的同胞斯特尔一边，要是他的理论错了那么他的名声就会受到实质性的伤害。这也就是几位德国化学家充满热情支持燃素说的理由，而且在若干年里，在德国，秉持斯特尔学说的老化学家和接受拉瓦锡理论的年轻化学家之间还有过一段争论。当时，格伦是一个化学杂志的主编，他极其受人看重，并且作为化学家享有盛名。他发现，很难为斯特尔最初建立的理论进行辩护，因此引入了一个修正的燃素说新版本，试图以此维护燃素说，并反对反燃素说。随着格伦和威格雷普(燃素说的盟主)的去世，反燃素说的障碍消除了，并迅速占领了德国所有的大学和科学期刊。克拉普罗特是德国最杰出的化学家，或许也是当时欧洲最杰出的化学家。他是柏林的化学教授，对于分析化学的影响无人能比。在1792年，作为柏林科学院的院士，他向科学院建议，由他在院士们面前重复所有必要的实验，以便由院士们来确定这两个理论孰对孰错。这一建议得到了采纳。所有的基础实验都由克拉普罗特重做，并以最大的细心保证实验精度。结果是，克拉普罗特和科学院都彻底相信拉瓦锡的理论是正确的理论。因此，1792年，柏林科学院也站在了反燃素说一边，并且，由于柏林通常是德国化学的中心，因此该学术团体的决定，必然对这个新理论，在这个幅员广阔的国家的传播起到强力的加速作用。

在大不列颠，人们已对新理论中有关气态物质的部分进行了研究。布莱克博士开始的研究被卡文迪什先生以无人能比的精度完成了，普利斯特里也已报道了许多新的气态物质(但这并未受到化学家的注意)。较之其他国家的化学家，英国化学家在揭示拉瓦锡理论赖以建立的那些事实方面贡献最多，有鉴于此，他们自然也应该更快地接受这个新理论，但事实并非完全如此。确实，布莱克博士以他特有的公正态度马上接受了新理论，甚至采用了新的命名法。但是，卡文迪什先生重构了燃素说并发表了一篇在当时是无法反驳的抗辩文章。法国化学家对此倒是大度，并没有针锋相对。自此以后，卡文迪什先生彻底放弃了化学研究，并且从来也不承认自己信奉新的学说。

普利斯特里后来一直热心倡导燃素说，并在约19世纪初发表了他所称的反驳反燃素理论的论文。但是，尽管普利斯特里作为一个发现者和天才人物成就非凡，但他从未能做出一项化学分析工作，故严格说来他不是一名化学家。例如，在他著名的水分解实验中，他制得一种蓝色液体，他不得不求助于凯尔先生以确定其性质，是凯尔先生告诉他这是铜的硝酸盐。此外，虽然普利斯特里为人诚实正直，但他下结论时过于草率，对一个问题不加深思就形成观点，因此他的化学理论几乎都是错误的，有时甚至是荒诞的。

柯万因其《矿物学》一书以及盐类组成实验而大名鼎鼎，他当仁不让地出来反驳反燃素理论，并就此出版了《论燃素和酸的组成》书。在该书中，他所持的观点是一直被当时许多杰出化学家普遍接受的观点，即燃素就是我们现在所说的氢，在他那时称为轻质不可燃气体。自然，柯万要证明每种可燃物质和金属都含有氢组分，在每一燃烧和煅烧过程中，氢都会逸出。另一方面，金属灰被还原为金属态时，氢就被吸收。该书分为13个章节，第一章依据当时已有的最佳数据论述了气体，第二章有关酸的组成和水的组成与分解，第三章有关硫酸，第四章硝酸，第五章盐酸，第六章王水，第七章磷酸，第八章草酸，第九章煅烧和还原以及固定气的形成，第十章金属的溶解，第十一章金属的相互沉淀，第十二章铁和钢的性质，第十三章以做结论的方式总结了全文的论证。

在该书中，柯万先生承认拉瓦锡理论在下述方面的真理性：在燃烧和煅烧中，氧与燃烧或煅烧中的物质发生结合；水是氧和氢的化合物。作为一个正直的人，柯万先生自然会有这样的认同，但是这也使得他的整个论证——氢和燃素的同一性以及氢存在于所有燃烧物质中——失去了说服力。柯万的书成了法国化学家的把柄，给了他们表明新观点优于旧观念的绝好机会。柯万在这方面的观点也是贝格曼和舍勒秉持的观点，而且确实是还在固守燃素说的那部分杰出化学家的观点。因此，能将柯万的观点驳倒是对燃素说的致命一击，惟此，反燃素理论才能从此立于不可动摇的基础之上。

于是，柯万关于燃素的著作被翻译成法语在巴黎出版。在该书每个章节的末尾都附有某位法国化学家对他的论证的评论和反驳意见，这些人现在已联合起来支持反燃素理论。拉瓦锡评论和反驳了该书的引言和第二、三、十一章，贝托莱负责第四、五和六章，德莫沃负责第七和第十三章，佛克罗伊针对第八、九和十章，蒙热则批驳了有关铁和钢的第十二章。这些反驳举止文雅但却非常有力，完全收到了预期的效果。柯万先生出于正直和大度(可惜这种例子并不多见)摒弃了自己的观点和燃素说，并接受了对手的反燃素学说。但是，因为年事已高，并且他所习惯的那套实验研究模式也发生了变化，于是他彻底退出了实验科学研究，转而把暮年的精力放在了形而上学、逻辑及道德研究方面。

因此，在1790年之后未久，英国的化学界处在一个过渡时期。几乎所有的英国老化学家都已放弃了化学研究，或是被对手更为优越的方法逐出了这个领域。奥斯汀博士和皮尔森博士也许属于例外。他们确实对化学的进步做出过一些贡献，但他们站在了反燃素说的一边。克劳福德博士在热学方面贡献很大，但这个时候他因投资的一所房子破产而处于绝望的境地。这种绝境吞噬着他生来就病态敏感的心灵，并将这位受人称赞和杰出的人物引向了他人生的终点。希金斯博士已经是一个有名望的实验家和教师，但他曾与普利斯特里有过学术争论，并且声索一些本不属于他的发现,因而退出了化学领域。布莱克博士疾病缠身,卡文迪什先生放弃了化学研究,普利斯特里在神学和政治的强力打压下被迫逃亡他国。他到了美国以后,在实验方面做得很少。假如他还待在英国,这对他也只有坏处而不会有什么好处。尽管普利斯特里自己最终没有建立一个能够像牛顿理论那样颠扑不破的持久的理论框架,而只是建立了一个需要经不断检验才能不断坚实和稳固的理论框架,但是他将作为一位开拓者受到人们的称赞,也因如此,他对化学所经历的变革的贡献比任何人都大。伯明翰的凯尔有着雄辩的口才及一个燃素说信徒应有的所有化学知识。1789年,他试图出版一本化学词典来遏制这股新学说潮流,他要在书中充分讨论所有有争议的观点,并对反燃素理论进行考察和反驳。这本书只出版了第一部分,薄薄的只有208页(四开本,一卷),并且只述及了与酸相关的内容。因为发现这本书的销量不如人意,或许也已料到驳倒反燃素说殊非易事,甚至是无望之举,于是他选择放弃,并彻底退出了化学研究。

以下,有必要介绍一些拥护并帮助拉瓦锡建立他的学说的杰出的法国化学家。

贝托莱1748年12月9日出生于萨瓦的塔了若,此地位于安纳西附近。他在尚贝里完成了中小学教育,随后在都灵大学学习。该大学久负盛名,曾有许多杰出的科学家在此学习。他在这所大学攻读医学,在获得学位后他到了巴黎,这里注定会成为他实现梦想和追求的地方。

在巴黎,他举目无亲,身上连一封推荐信也没有。但他知道,当时非常有名的执业医生特朗琴先生在巴黎,他是他日内瓦的亲戚,他觉得特朗琴会把他当同乡来看待。怀着这一丝线索他前去拜见特朗琴,令人惊奇的是两人一见如故,并且迅速结下了深厚的友谊。特朗琴对这个年轻的"门徒"很看重,并马上举荐他做了奥尔良公爵的常规药剂师。这位公爵的父亲在法国大革命时曾是一位大名鼎鼎的人物,几乎成了自由的代名词。在这样的条件下,贝托莱致力于化学研究,并很快因其化学论文而成名。

1781年,他被选为巴黎科学院的院士,他的竞争者之一是佛克罗伊。无疑,贝托莱是因为奥尔良公爵的影响而赢得了评选。1784年,他又与佛克罗伊先生竞争皇家植物园的化学教授职位,以弥补马凯去世留下的空缺。这一职位的任命权掌握在蒲丰手中,据说,支持贝托莱的奥尔良公爵没有给足蒲丰面子,蒲丰觉得虚荣心受了伤害,于是把这一职位给了佛克罗伊先生。这是一个值得庆幸的决定,因为佛克罗伊生性非常活泼,演讲雄辩快捷,这非常适合巴黎的听众。很快,皇家植物园的化学课堂就出了名,吸引了大批慕名前来的听众。

但是，凭借奥尔良公爵的影响力，贝托莱完全可以得到马凯曾任的另一个职位，那就是印染工艺政府代表兼总监。贝托莱正是在这个职位上自然转向了印染领域，这也促成他后来出版了一本关于印染的书。在当时，该书是这方面的一部杰作，较之此前已有的其他著述，该书中给出了一种更好的印染理论，并更为系统完整地记述了这门技艺的实践部分。自贝托莱的书出版以来，印染和棉布印花技艺得到了大大改进。如果除去班克罗夫特关于永久印染的著作，那么可以说自那以后，在这方面就再没有什么重要的著述出版。当今我们对一部好的印染著作的渴求与贝托莱那个时代是一样的。

1785年，贝托莱在科学院的一次会议上宣布他是拉瓦锡反燃素学说的信徒。但有一点他表示不认同，这个不同后来也一直没有消除：贝托莱不认为氧是酸性原质，相反，他认为酸根本就不含氧。他举了硫化氢的例子：它具有酸的性质，可使植物的绿色变红，能和碱结合并使其中和，但它是一种硫和氢的化合物，根本不含氧。现代化学证明贝托莱是对的，氧本身不是酸性原质。

在法国大革命爆发、影响遍及世界的时期，贝托莱并未中断他的研究，并获得了极高的声誉。在此，相关的历史细节不属本书讨论的范围，只是需要注意的是，那时所有欧洲的大国都联合起来进攻法国，并且有集结在科布伦茨的法国移民组成的勇猛军队助阵。奥地利和普鲁士的军队从陆地围攻，英国舰队从海上包围，法国和其他国家的所有联系因此被切断了，法国一时陷入需要自力更生的境地。以前，法国的硝石、铁及其他战争物资都靠进口，但现在供应中断了。如此一来，法国失去了所有的物资来源，因而可能会屈从于敌手强加的任何条款。当此之时，国家寻求科学家的帮助并很快得到回应。贝托莱和蒙热尤其活跃，他们的努力、智慧和热情使法国免于被摧垮。贝托莱走遍了法国，提出了从土壤中萃取并提纯硝石的方法。法国各地迅速建立了硝石工厂，硝石制造的火药生产量极大，其火力也非同寻常。他甚至还尝试制造比这种旧火药有更大威力的新火药，但发现用苛性钾的氯化盐取代硝石所制造的火药的威力太过强大，难以安全生产。

国家也急需炮弹、步枪和军刀等武器，但同样供不应求，于是建立了一个由贝托莱和蒙热领导的由科学家组成的委员会。他们提出的熔炼铁并将其转化为钢的方法迅速传播开来，无数生产这些不可或缺军用品的制造厂如雨后春笋般在法国各地建立了起来。

这是贝托莱一生中最重要的时期。正是凭借他的热情、活力、睿智和忠诚，法国政府才免于被外国军队推翻。然而，贝托莱的道德品质也并不比他的其他品质逊色。在恐怖统治时期，在热月9日前不久，为了制造借口以铲除那些憎恶罗伯斯庇尔和他的同伙的人们，当局要实施一项策划好的密谋。有一次，公共安全委员在开会时收到一份紧急通知，说是刚发现了一个针对士兵的阴谋，要在他们交战前就要分发的白兰地酒中下毒。据说医院里的病人们尝了这种白兰地酒后全都中毒身亡。当局立即签发命令，逮捕了先前已上了死刑名单的那些人。有一些这种白兰地酒也被送到了贝托莱那里进行检测，同时他也被告知，罗伯斯庇尔想要实施一个秘密计划，任何与他为敌的人都必有一死。贝托莱分析完毕后，写了一份结果报告，其中还以书面形式附上了他的解释性意见。他以最平直的语言陈述道，白兰地酒中没有混入任何物质，只是在兑水稀释时带入了水中悬浮的石质小颗粒，这种杂物可经过滤去除。这份报告打乱了公共安全委员会的计划。他们把贝托莱找来，让他相信是分析有误，还劝说他更改结果。当看到贝托莱不为所动，罗伯斯庇尔吼道："什么，先生，你敢说这浑酒里没毒？"贝托莱随即在他面前过滤了一杯白兰地酒并将其喝下。"够胆大，先生，敢喝下这杯酒。"凶狠的委员会主席大叫道。"当我在那份报告上签下自己的名字时，胆子比这还要大。"贝托莱回应道。毫无疑问，他会为他无畏的正直受到惩罚甚至付出生命代价，但幸运的是，公共安全委员会在当时还用得着他。

1792年，贝托莱被任命为造币厂的专员之一，对该厂的工艺做了重大改进。1794年，他被委任为农艺委员会的委员，并在同一年担任了工艺专科学校以及师范学校的化学教授。但是他的思维习惯不太适合当一位公众教师。他过于看重听众知识的广博程度，因而也就不注意充分讲解基本细节。在面对全新的课题时，他的学生无法理解他那形而上学式的专题讨论，因此，他不是在激发学生对化学的热爱，而是在带给他们疲倦和厌学。

1795年，学会计划组织一次在全法国招贤纳士的活动，贝托莱起了主要的带头作用。从学院的记录中可以看到大量证据，表明他为了此事可谓不辞劳苦，坚定不移，一丝不苟。在所有学术论文原稿上列出的委员中，他作为第一作者的次数比其他人要多，每份工作报告上的签名他也总是排在第一位。

1796年，拿破仑征服意大利后，贝托莱和蒙热受五人执政团委派去意大利挑选可以入藏并装点卢浮宫的科学和艺术作品。在意大利履行这项职责的时候，他们与这位常胜将军结识。拿破仑自然清楚这种交往的重要性，倒也用心经营。后来，他高兴地带着他俩以及近百位科学家一道进行了著名的埃及远征，无疑是期待在这科学荣光的环绕下取得赫赫战功，推进他未来的伟大事业。拿破仑在1798年发起的这次远征意在增进法兰西民族的利益，对大不列颠商业帝国给以重创。这次远征中还有一群法国最为杰出和值得夸耀的科学家随行，可能是为了有效地相互交流合作，这些先生们自发成立了一个学会，名为“埃及学会”，其建制同法国国家研究所一样。他们在果月6日（1798年8月24日）召开了第一次会议，之后也一直定期召开会议。在这类会议上，去过埃及的有关成员宣读的论文论及该国的气候、居民、自然和人工产品等。这些学术论文于1800年在巴黎以单册出版，名为《埃及学会学术论文集》。

居维叶的《埃及学会史》堪称有趣，值得在此一说。拿破仑在意大利碰巧和贝托莱有一次交谈，他非常喜欢贝托莱朴实的举止。相处不久，他发现这位化学家还具有思想深刻的特点。当他重返巴黎并度过了几个月比较清闲的时光后，他下决心利用业余时间跟着贝托莱学习化学。正是在这段时间，这位出色的学生将他远征埃及的计划告诉了贝托莱老师，但要求他在发起远征的准备一切就绪之前，不能对外透露一丝风声，而且他还请求他不要只是自己与军队随行，而是再挑选一些他认为有才干和经验的人，这些人到了埃及应能发挥一技之长、不虚此行。要邀请一个人参加一次冒险远征而又不能透露此行的目的是一件相当棘手的事情，但贝托莱接受了这个任务。他只是简单地告诉他们，他会和他们一起去，但就是出于对他的绝对尊重，对他为人诚信和正直的绝对相信，所有的科学家都没有犹豫，马上同意和他一起踏上征途，而他将和他们一路风雨同舟。如果没有贝托莱在这位总司令和科学家之间架起桥梁，二者也不可能联合在一起，并借着这个机会，使知识的进步和法国军队的推进齐头并进。

整个远征期间，贝托莱和蒙热建立了深厚的友谊，他们互相鼓励，勇敢地面对任何一个普通士兵都会遇到的危险。事实上，他们间的关系亲密到让军队中的许多人认为他俩简直就是一个人。这两位科学家和拿破仑间的关系也不一般，以致士兵们听说正是在他俩的建议下他们才被带到了这个他们厌恶的国家，因而对这个双重一体的名人感到讨厌。有一次在船上发生了一件事，贝托莱和其他一些人正沿尼罗河溯流而上，遭到一股马穆鲁克队伍的攻击，子弹从岸边不停射过来。在这样危险的行进中，贝托莱异常冷静地捡起石头往自己的口袋里装，当有人问他这样做的动机时，他说：“如果我被射中，我希望我的身体会很快沉到河底，以免受到这些野蛮人的侮辱。”

在如此紧急关头，贝托莱表现出了罕见的勇气。法国军队爆发了瘟疫，加之他们早先经历了各种疲劳以及饱受折磨的疾病，这些状况使人担心它们会引发暴动，或者使军队的士气低迷。拿破仑和他的军队徒然围困大片田地数周,但仍旧束手无策,拿破仑刻意要隐瞒这个灾难性的情报,不让他的部队知道。当有人在顾问会议上询问贝托莱的看法时,他立刻直言相告,说出了不受欢迎的事实。随即他遭到了最为激烈的指斥,但他说,"一周后,我说的就会不幸言中。"果不其然,远征埃及的残兵败将只有匆忙撤退才得以保住性命,贝托莱的马车也被受伤的军官们夺去使用。因此他只能徒步行走,毫无畏惧地横穿沙漠二十里格。

当拿破仑放弃了埃及的军队,乘坐一只船横穿一半地中海时,贝托莱也和他在一起。当他成为法国政府元首后,他的权力之大不是哪个现代欧洲当权者能够想象的,但他从未忘记这位同事。拿破仑总是就各种化学发现听取他的解释,让这位化学家烦恼不迭。当他对某个科学问题的答案不满意时,他总是会说:"好吧,我应该问一下贝托莱。"他对贝托莱的敬重还不止表现在这些事情上。当他得知贝托莱因一心追求科学而经济拮据时,他把贝托莱叫来,以一种同情加责备的口吻对他说:"贝托莱先生,我通常存着十万克朗以备朋友之需。"事实上,这笔钱很快就被送给了贝托莱。

从埃及返回后,贝托莱就被第一执政官任命为参议员,之后获得军官勋位的荣誉军团勋章,团结勋位的大十字勋章,蒙彼利埃名誉参议员。而且,经皇帝授权,他被封为法国贵族,获得伯爵的头衔。贝托莱的处事方式没有因为荣升到这些职位而有所改变。这其中一个突出的例证是,他采用的家徽图案(在当时,其他人都热衷于借此夸耀某种丰功伟绩)标记就是他那只忠诚可爱的狗的图样,直白而又不加雕饰。在获得这些荣誉之前,贝托莱就不是一个阿谀奉承之人,在这之后,他依旧保持朴实的作风,毫不装腔作势,并且对科学的投入也一如既往。

在贝托莱的后期生活中,他仍旧对科学怀着和年轻时一样的热情,同时和年轻时一样有着慷慨大度、仁慈和善的内心,这体现在他为数众多的亲密持久的友谊中,只是岁月使得这些友谊更加醇厚。在此期间,拉普拉斯生活在距巴黎约三英里的小村阿尔克伊。处于彼此的相互尊重,拉普拉斯和贝托莱间曾有过一段深厚的友谊。为了能够和这位杰出人士离得近一些,他在村里买了一间乡间别墅,并在那里建立了一个设施完备的实验室,用以开展自然哲学各分支的所有门类的实验。在此,他招揽了许多出众的年轻人,他们清楚,在贝托莱的实验室,他们的科学激情马上会获得新的活力,并得到他的示范和引导。他把这些年轻的科学家组成了一个学会,并给它起名阿尔克伊学会。贝托莱自任会长,其他负责成员还有拉普拉斯、比奥、盖·吕萨克、泰纳尔、科莱·德科提尔、德堪多、洪保德和A. B.贝托莱。该学会出版了三卷很有价值的学术论文集。不幸的是，一起麻烦的事件使该学会陷入瘫痪，也使这位和蔼可亲的人在后来的日子里饱受痛苦。可以说，他在他唯一的儿子A. B.贝托莱身上寄托了所有的快乐，但他不幸地患有精神抑郁，以致到了完全失去生存意愿的地步。他退回到一个小屋子里，将门反锁，把每个裂口和缝隙堵上以免空气进入，又把一些写作用纸放在桌上，并在其上放了一块秒表，然后他坐在了桌前。此时他开始精确计时并点燃了身旁的木炭火盆。他不间断地记下了此后他经受的一系列感觉，包括精神错乱开始以及迅速发展的过程细节。最后，随着时间流逝，他写下的言辞开始变得错乱和难以辨认，最终这位年轻的受害者倒毙于地。

经此不幸，贝托莱的精神状态再也没有恢复过来。偶尔的，如果某项发现对他所热爱的化学有所拓展，这会使他暂时得以分心，但是这样的分心时刻稀少而又短暂。波旁家族的复辟以及他的朋友和赞助人拿破仑的垮台阻断了他的经济来源，也让他从富足变得相对拮据，这加重了他的痛苦。此时他已是暮年，正走向生命的终点。1822年，他感染了低烧，这诱发了大量的疖子，旋即又演变成了大块的坏疽溃疡。在这种处境下，他以惊人的毅力硬挺了几个月。作为一个医生，贝托莱清楚自己病情的危险程度，也知道这种疾病必然的结局，但他平静地面对死亡的一步步逼近。最终，贝托莱在经历了冗长的痛苦折磨（在此期间他一直处于镇定状态）后，于11月6日去世，其时74岁。

贝托莱的论文数量众多，内容庞杂，总计超过80篇。早期那些论文刊印在《科学院学术论文集》的各卷上。他也向《化学年鉴》和《物理学杂志》投了许多论文，同时也向《阿尔克伊学会会刊》频繁投稿，因为在该会刊的不同卷期上也可看到他的学术论文。他还是两部著述的作者，每部都由八开本的两卷组成。他的《印染技艺》于1791年首次出版，只有一卷，而后1814年的新扩展版为两卷，他的《化学静力学》约在本世纪初出版。

贝托莱早期论及亚硫酸、挥发性碱和硝石分解的学术论文深受他那时信奉的燃素说的影响，但他后来收回了他就这些专题所持的这些最初的观点。他关于肥皂的论文表明，肥皂是一种油（起酸的作用）和一种强碱的化合物，并证明肥皂中含有磷酸成分（这是盖恩和舍勒很久前就阐明的事实），除了这篇论文外，他在变成反燃素学说拥护者前发表的其他论文都不值得一提。

1785年，他阐明了氨中组分的性质和比例。普利斯特里曾不惮劳烦地收集气态氨，并表明，当使电火花通过给定体积的这种气体一段时间后，其体积膨胀约为两倍。贝托莱只是重复了普利斯特里的实验,并采用电流作用分析了释出的新气体。他发现,该气体为三体积氢气和一体积氮气的混合物,因此显然,氨气为三体积氢气和一体积氮气的化合物,两者结合后缩成两体积。奥斯丁博士也同时得到这个发现,并将其发表在《哲学汇刊》上。这两组实验是在互不知情的情况下进行的,但无论如何必须承认,就时间论,贝托莱有优先权。

大约在同时,他发表了第一篇关于氯的论文。他发现,当水中的氯达到饱和时,如水暴露在太阳光下,水会褪去颜色,同时释出一定量的氧气。此时对水进行检测会发现,水不再含氯,只含痕量盐酸。这个确定无疑的实验使他得出结论:氯遇光分解,其两种组分为盐酸和氧气。据此推论,盐酸的主要成分能与不同剂量的氧气结合,形成不同的酸,其中之一就是氯。因此之故,法国化学家们称其为氧化盐酸,出于方便考虑柯万将该名称简化为氧盐酸。

贝托莱观察到,氯气气流通过苛性钾碳酸盐溶液时会发生泡腾,原因在于碳酸气被解离了出来。不久之后,有细丝般的晶体沉积下来,它和可燃物相混具有爆炸性,但比硝石的火力更强。贝托莱检测了这些晶体,并表明这些晶体是苛性钾与一种酸的混合物,该酸所含氧远比氧盐酸多。他认为,该酸的主要成分为盐酸,并为其取名超氧盐酸。

直到1810年,这些认识中的错误才被揭示出来。盖·吕萨克和泰纳尔试图从氯中提取氧,但这是徒劳的。他们表明:检测不出一丁点氧。第二年,戴维就此开展了研究并得出结论:氯是一种简单物质,盐酸是氯和氢的化合物,超氧盐酸是氯和氧的化合物。盖·吕萨克分离出了该酸,并为其取名氯酸,这也就是现在公知的氯酸。

舍勒最早关于氯气的实验已经表明,氯具有破坏植物颜色的性质。贝托莱就此作了细致研究后发现,氯的脱色性质异常显著,足以替代阳光并用于漂白。贝托莱即使不做别的,他的这一发现也足以使他青史留名,因为该发现对大不列颠那些制造业巨头的影响几乎不亚于蒸汽机的发明。在贝托莱提出这一论点时,瓦特先生碰巧也在巴黎。贝托莱不仅和瓦特进行了交流,并向他说明该过程是多么简单:只要将一块需要漂白的布浸泡在氯水中。瓦特一回到英国就制备了一些氯水并将其送给他的岳父马基高先生,他的岳父在格拉斯哥附近经营一家漂白工厂。马基高成功将其用于漂白,从而成为在英国应用这种漂白新工艺的第一人。氯气刺鼻的气味是一个大问题。多年以来,兰开夏郡和格拉斯哥附近的漂白工厂一直在改进这种工艺。尝试过的解决办法是在溶入氯之前先在水中加入苛性钾,但这会大大降低氯气的漂白能力。另一种方法是，先在水中混入生石灰，然后通入氯气气流，此时生石灰溶解，如此制得的液体效果非常好。最后一种改进方法是使氯气与干燥的石灰结合。开始是两原子石灰与一原子氯结合，后来用的是一原子石灰与一原子氯的化合物。这种氯化物易溶于水，待漂白布料也易于浸渍其中。漂白业界应该感谢格拉斯哥的诺克斯、特南特和麦金托什为他们带来的所有这些改进，正是通过他们的不懈努力，氯漂白法才得以大大简化和完善，石灰氯化物的制备方法才达到了最佳的状态。

贝托莱关于普鲁士酸和氰化物的实验也值得一提，因为它有助于澄清当时化学家所持的一些观念，并且对增进有关这个化学研究中最为困难问题之一的知识有益。基于他关于硫化氢组成和性质的实验，他已经得出结论，硫化氢是一种不含氧的酸，正因如此，他也已经不再赞同拉瓦锡的氧是酸化原质的假说。舍勒通过他著名的关于普鲁士酸的实验已经阐明，该酸的组分是碳和氮，但他因未能对其做严格的化学分析，故此才说氧不是该酸的组分。贝托莱对普鲁士酸也进行了研究，尽管他的化学分析也不完备，但他对自己的研究结果很满意，并认为最有可能的是，普鲁士酸仅含碳、氮和氢组分，氧不是该酸的组分。这再次表明，氧是酸化原质的说法是错误的。至此就有了两种可以中和碱的酸，即硫化氢和普鲁士酸，但这两者中都不含有氧。他发现，普鲁士酸与氯接触后其性质发生改变，散发出不一样的气味，也无铁蓝沉淀，而是绿色沉淀。根据贝托莱对氯的性质的认识（也即氯是盐酸和氧的化合物），他自然得出结论认为，上述过程中氧加成到了旧有的组分上，因而形成了一种新的普鲁士酸。因此，他将这种新的物质称为氧化普鲁士酸。盖·吕萨克的近期实验证明，贝托莱的新酸是氰（脱除了氢的普鲁士酸）和氯的化合物，也即现今所称的氯氰酸，其性质正是贝托莱所述的那些，也即它是无氧酸的一个新的例子。贝托莱是制得苛性钾氰化盐规整晶体的第一人。这种盐早已为人所知，但通常是以溶液状态使用。

贝托莱发现了雷暴银，并提出利用乙醇制备纯态水合苛性钾和苏打的方法，这些也值得一提。其中，后一过程对分析化学相当重要，在他将其发表前，这些纯态物质并不为人所知。

我认为没有必要细述他关于硫化氢、水合硫化物和硫化物的实验。它们从本质上澄清了与这些物质有关的一些模糊的化学概念，但他并没有完全成功，直到戴维的发现对强碱的性质给予解释后，人们才完全理解了这些物质的性质。

我认为在此需要提到的贝托莱的唯一一个其他著述，是他1803年出版的《化学静力学》一书。在此之前，他曾就此专题写过一些有趣的论文，并将其发表在了《科学院学术论文集》上。人们公认，化学亲和力是化学研究的基础，但它却几乎被拉瓦锡完全忽视，在此方面，他只是基于极不可靠的数据拟定了一些亲和力表。德莫沃在他刊印于《方法论百科全书》化学部分的论文《亲和力》中，曾尝试就此专题进行更为深入的考察。他的目的是仿照先于他做过这项考察的蒲丰，证明化学亲和力只是重力引力的一种。但是，就现有的知识而言，我们还无法确定物质的原子间相互吸引力的大小。牛顿清楚这一点，贝格曼也然，他们仅满足于将其视为一种吸引力，并未试图确定引力的数量。但牛顿以其特有的洞察力，考虑到光现象，倾向于认为亲和引力远较重力引力强大，或者至少是增大速度极快，随着相吸引粒子间距离增大该引力逐渐消失。

贝格曼在这方面花费了很大心思。他认为，亲和力是某种有限的吸引力，源于不同物质的原子间的相互吸引。这种引力的强度在不同的物质之间有变化，但在每一对之间恒定不变，所以这类强度可用数目表征。因此，假定有物质m，其他物质的六种对m具有亲和力的原子为a，b，c，d，e和f，它们相互之间的引力可用数目x，x+1，x+2，x+3，x+4和x+5表示，故每一对之间的引力表示如下：

m & a = x

m & b = x+1

m & c = x+2

m & d = x+3

m & e = x+4

m & f = x+5

假定有化合物m a，加入原子b后，因为m与a间的引力为x，而m & b间的引力为x+1，故b会取代a与m结合；同理，c会取代b，d会取代c，如此等等。基于这种考虑，贝格曼认为亲和力是一种选择性吸引力，其强度通常可通过分解作用进行估算。较之被取代的物质，可从第三种物质中取代另一种物质的那种物质具有更大的亲和力。如果b取代了化合物a m中的a，那么b对m的亲和力大于a对m的亲和力。

化学家对贝格曼的这个论点未加考察就普遍接受了，贝托莱的《化学静力学》旨在反驳他的观点。贝托莱认为，如果亲和力是一种引力，那它显然不能促成分解。设a和b对m都具有吸引力，且b m间的亲和力大于a m间的亲和力。令b与化合物a m的溶液混合，此时b会与a m结合并形成三组分化合物a m b，也即a和

b即刻与m结合。这就无法解释为何a会从m中分离，而b取代其位置。贝托莱承认，事实上这类分解过程常常发生，他对此的解释不是基于物质亲和力的相对大小而是其他理由。假设有苏打硫酸盐水溶液，该盐为硫酸和苏打的化合物，二者间存在着很强的亲和力，因此只要两者相遇就会结合。假设有另一种水溶液，其中溶解了一定量的重晶石，其用量足以使苏打硫酸盐中的硫酸饱和。上述两种溶液混合后，重晶石会与硫酸结合并生成重晶石硫酸盐沉淀物，此时水溶液中只剩下苏打。在此情形下，重晶石夺去了所有硫酸并取代了苏打。贝托莱认为，这其中的原因不在于重晶石对硫酸的亲和力比苏打更强，而是重晶石硫酸盐不溶于水，因此它沉淀下来，随之硫酸也就被从苏打那里夺去了。然而，如果加入的是苛性钾硫酸盐溶液[①]，并且其用量与饱和所有硫酸所需苏打[②]的用量相同，则不会有前述分解过程发生（至少目前没有证据表明会这样）。在此情形下，这两种碱均与酸结合，并生成组分为苛性钾、硫酸和苏打的三元化合物。此时，若将该溶液蒸发浓缩，则苛性钾硫酸盐晶体会沉积下来。这是因为，苛性钾硫酸盐的溶解性略低于苏打硫酸盐，也因如此，它分离出来的原因不是因为硫酸对它的亲和力大于对苏打的亲和力，而是它的溶解度低于苏打硫酸盐。

贝托莱的论证方式看上去有理，但并不令人信服，或者说仅仅只是因不明就里而给出的论证。我们能够证明的只是，盐相互分离所致的分解，并且，只能利用溶解度的差别做到这一点。但是我们也发现，存在不是因为沉积而是其他现象导致分解的情形。例如，铜的硝酸盐呈蓝色，铜的盐酸盐显绿色。如在铜的硝酸盐溶液中加入铜的盐酸盐，无沉淀生成，但溶液由蓝色变成绿色。试问：这是否表明盐酸取代了硝酸，溶液中的盐不是铜的硝酸盐（因其排序靠前）而是铜的盐酸盐？

对于因加入第三种物质所致的所有分解现象，贝托莱或是用不溶解性或是用流体的弹性加以解释。例如，当硫酸加入氨的碳酸盐溶液中时，碳酸气散失是因其弹性，而硫酸取代其位置与氨结合。我坦率地说，这种对碳酸气散失原因的解释非常不靠谱。氨和碳酸的结合力足以克服碳酸的弹性，因而碳酸不会表现出逸出的倾向。那么加入硫酸时为何这种酸的弹性会导致它逸出？除非是它与氨结合的亲和力受到削弱，否则不会如此。这就是贝格曼信奉的关键论点。在后续章节，当述及标志本世纪第一个辉煌十年的电化学时，我会再次讨论这个问题。

贝托莱在《化学静力学》中所持的另一个观点是，可以以量克服力，换言之，如

---

① 原文为“苏打硫酸盐溶液”。——译者注

② 原文为“苛性钾”。——译者注

将大量亲和力弱的物质和少量亲和力强的物质混合,前者可以取代后者与第三种物质结合。就此他给出了大量例子,其中特别的一个是,大量苛性钾与少量重晶石硫酸盐混合,则前者可夺去后者所含的部分硫酸。他用这种方式还解释了普通盐在埃及碱湖的石灰碳酸盐作用下的分解,以及舍勒曾提到过的普通盐在铁作用下的分解。

我必须承认,我对贝托莱在这个问题上的论证不大满意。无疑,如果一种物质中的两原子具有弱的亲和力,另一物质中的一个原子具有强的亲和力,当将二者置于与第三种物质的一个原子同等距离的位置,则那两个原子可能会取代这一个原子。这种情况可能偶尔会出现,但这种距离的平衡只能是稀少和偶然的情况。我只能说,贝托莱引证的所有事例确实复杂,但由它们引出的解释的有效性并不取决于事例数目的多寡。无论如何,数目不是取胜之道。化学分解现象的本质非常复杂,我们是否有足够的数据因而能准确分析这个过程,这是大可存疑的事情。

贝托莱在著作中提出的另一个观点令人吃惊,并导致他与蒲鲁斯特发生争论,这场激烈争论持续了多年,不过双方都彬彬有礼且举止得体。贝托莱坚信,物质间可以任何可能的比例相互结合,世上根本不存在有限化合物这种东西——除非这种物质是在偶然条件(如不溶性、挥发性等)下生成的。因此,每种金属都能够与任何可能剂量的氧结合,故此,每种金属不是只有一种或两种金属氧化物,而是有无限多种金属氧化物。蒲鲁斯特坚信,所有化合物都是有限的。他说道,铁与氧只能以两种配比结合,一种为3.5份铁与1份氧的化合物,另一种为3.5份铁和1.5份氧的化合物。前一种形成铁的黑色氧化物,后一种为铁的红色氧化物,除此而外没有其他。现在人所周知,蒲鲁斯特对此的看法是正确的,贝托莱的观点是错误的。在后续章节,我会有机会就此问题给出更满意的解释,或者至少说明我们现在具有的相关知识到了何种程度。

贝托莱在该书中指出了中和给定重量酸所需的碱的用量,他认为该用量与亲和力的大小成反比。贝托莱写作该书时,在所有已知的碱中,氨所能中和的酸量最大,因而他认为氨对酸的亲和力较其他任何碱都大。相反,重晶石中和的酸量最少,故其对酸的亲和力最弱。因此,其他所有的碱均可将氨从酸中分离出来,但没有哪一种碱可将重晶石从酸中分离出来。令人诧异的是,如此颠三倒四的事实也没能阻拦住他得出一个如此成问题的结论。柯万先生已经指明,中和给定重量酸所需的碱的用量与亲和力的大小成正比。如果我们形而上学地看,贝托莱的观点就是最有道理的,因为不言而喻,具有最强亲和力的物质其作用也最大。既然我们使酸失去了酸性或者是通过加入碱使其中和，那我们就必然会认为，对于那种具有最大作用的碱而言，即使其用量极微，它也能起到作用。这就是贝托莱的思路。但是，如果我们考虑一种碱取代另一种碱的能力的话，就会发现这种能力几乎与它中和给定重量酸所需的重量成正比，因此柯万的观点更符合分解的规律。这两种对立的观点清楚表明，贝托莱和柯万都没有起码的原子理论的概念。正因如此，希金斯先生1789年出版的关于燃素的书阐明了原子理论的断言缺乏可靠的依据。贝托莱有没有看过这本书我们不得而知，但能确定的是，柯万曾研读过它。但柯万没有从中学到起码的原子理论的概念。倘若他吸取了这类概念，他就不会认为化学亲和力可通过测定中和给定重量酸所需的碱的用量加以度量。

贝托莱不仅很有影响力，而且有自由倾向，待人和善，但他对待克莱门特先生却是唯一一个例外。克莱门特与德索美先生已经测定过普利斯特里的碳氧化物，并且像克鲁克山克在他们之前曾做过的那样，表明它是碳和氧的化合物，根本不含氢。贝托莱也测定过这种气体并发表了一篇论文，表明它是碳、氧和氢的三元化合物。这就引起了一场争议，化学家最后决定支持克莱门特与德索美的观点。贝托莱在讨论中对待对手并不总是表现出他惯有的好脾气和自由倾向，并且从此以后，他反对克莱门特成为科学院院士的所有动议。除了因为在碳氧化物组成上观点不同外，贝托莱这种做法是否还有其他原因我不得而知。但在没有搞清楚所有事情的准确缘由的情况下，我没有权利责备贝托莱的做法。

安东尼·弗朗柯斯·佛克罗伊1755年6月15日出生于巴黎。他的家人长期定居在这个首都城市，他的几个先辈曾在律师界地位显赫。但到了他这一辈，家族已逐渐陷入贫困。因为欠着奥尔良公爵家族的捐税，他的父亲以药剂师身份在巴黎从事贸易。当时药剂师行业普遍受到各种各样的捐税的压榨，所以这位父亲佛克罗伊被迫放弃了他的生活方式，他的儿子也是在巴黎特权阶层的垄断所带来的贫穷中长大的。因为他生性极为敏感，他强烈地感受到这种贫困的处境。七岁那年他失去了母亲，他恨不得自己进坟墓去陪伴她。他的姐姐艰难地照顾着他，直到他到了通常该上大学的年龄。但在学校里他不幸遇到一位残酷的老师，那位老师讨厌他并且粗暴地对待他，因为这个原因他变得厌学，并在14岁（不清楚为何这比他到校的年龄偏小）时退学。

此时，他已贫穷到不得不靠教人写作来努力养活自己的程度。他甚至曾想过继续演艺职业，但又打消了这个念头，因为他看到他的一个朋友当初因鲁莽进入这个危险的职业，得到的却是观众们发出的嘘声和毫不留情的对待。当他正处于迷茫，不知道下一步该做什么的时候，维克·德安泽尔的建议促使他开始了医学研究。

维克·德安泽尔是一位伟大的解剖学家，也是佛克罗伊父亲的熟人。对于佛克罗伊破落的外表以及与不幸命运抗争的勇气，他既感到吃惊也生发出对他的同情，他答应指导他的学习，甚至在此过程中要给予他帮助。医学学习对于佛克罗伊这样处境的人而言殊非易事。他被迫寄宿在阁楼，阁楼的屋檐很低，他在房间的中部才能直立。除了他之外，阁楼上还住了十二个挑水工小孩。佛克罗伊在这个大家庭里充当了医师的角色，孩子们提供给他充足的水作为报答。他设法通过为其他学生开课、协助富有的作家搞研究，以及翻译书稿后卖给书商来养活自己。但对这些书稿书商只给了一半报酬，当他的债权人后来成为公共教育局总干事，这位书商本着良心又支付了三十年以弥补亏欠。

佛克罗伊以高昂的学习热情很快就掌握了医学知识。但仅凭这些还是不够的，他还需要获得博士学位，当时所需学费的总数为250里弗尔。年老的医师迪耶斯特博士身后留给医学院一笔基金，每两年资助一位优秀的贫困学生免费攻读学位和获得执照。佛克罗伊是当时巴黎最杰出的学生，倘若不是处在倒霉的处境下，他本可以获得该慈善机构的资助。当时，碰巧负责医学教育的教师和授予学位的教师之间发生了争执，并且政府新近成立了一个促进医学技艺的学会。争执持续了很长一段时间，并引起了巴黎所有那些好事和无聊之徒的关注。维克·德安泽尔是学会的秘书，自然首当其冲且非常活跃，因此巴黎的医学院对他特别反感。不幸的是，佛克罗伊正是这位著名解剖学家的门徒，这足以使医学院拒绝给他免费学位。倘若不是学会出于对此的愤怒，和对团体精神的坚定维护，因而捐款筹措了必要的费用的话，那么他就会因医学院的拒绝而无缘进入执业医生的领域。

如此一来，佛克罗伊就可以支付学费，医学院也就不可能再拒绝他攻读博士学位。但除此简单的博士学位外，在它上面还有一级学位称作“署理医师”，该学位的获得完全取决于医学院的投票，而佛克罗伊被一致否决。这导致他后来不能成为医学院的老师，而不能把这位巴黎最为著名的教授变为成员也带给这所医学院一种忧郁的满足。医学院这种粗暴和不公的做法在佛克罗伊心里留下了很深刻的印象，并在很大程度上促成了这个强大学术机构的衰落。

佛克罗伊就这样取得了在巴黎执业的资格，他的成功完全依赖于他一步步建立的好名声。为此他全身心投入与医学有关的事务中，因为这是他达到目标的最短也最坚实的道路。他的第一部著作并没有表现出对哪个学科特别的偏爱。他的著述包括《化学》《解剖学》和《自然史》。他出版了《昆虫史文摘》和《肌腱黏液囊的黏液》。这最后一部著述取得了极大的成功,因为在1785年,他作为解剖学家因该著作被科学院接纳为院士。然而,当时有着极高声誉的布奎特逐渐引领他转向了化学,此后直到晚年他都一直偏爱化学。

布奎特当时是巴黎医学院的化学教授,凭借出众的口才和优雅的言辞而声名卓著、广受追捧。佛克罗伊开始是他的学生,后来成了他特别的朋友。某天,布奎特因突发疾病不能像往常那样去讲课,他恳求佛克罗伊替他去。这位年轻的化学家刚开始拒绝了,坚称自己不知道如何在公开场合演讲。但经不住布奎特的力劝,他同意了。虽然这是他的初次尝试,但他有条不紊、流利地讲了两个小时,令全体听众都感到满意。佛克罗伊很快就接替了布奎特的位置,佛克罗伊正是在他的实验室和教室里第一次接触并熟悉化学。由于一桩有利的婚姻,他可以在布奎特去世后买下他的仪器和橱柜。并且,虽然医学院不会允许他接替布奎特的教授职位,但并不能阻止他继承布奎特的声誉。

皇家植物园有一所大学性质的学校,当时由蒲丰负责管理,马凯担任化学教授。1784年马凯去世时,贝托莱和佛克罗伊同时成为这个空缺职位的候选人。尽管他的竞争对手非同一般并且有政治影响力,但民众的呼声倾向于佛克罗伊,因此他得到了这个职位。他在此任上25年,口才出众名声也越来越大。不论男女,听众蜂拥而至,以致演讲厅需要扩大为原来的两倍。

在大革命取得了一些进展后,在值得纪念的1793年的秋天,他被任命为国民议会的一员。当时正值恐怖统治时期,议会和整个法国都处在史上最残暴独裁者之一的绝对统治下,对议会的委员们而言,保持沉默或者是在议会事务中过于活跃都是同样危险的事情。在罗伯斯庇尔死前,佛克罗伊在议会从不发言,但他充分发挥自己的影响力挽救了一些杰出人士的生命,这些人当中就包括达尔塞,过了很久之后他才得悉佛克罗伊的救命之恩。最终,佛克罗伊自己的生命也受到了威胁,此时,他的影响力当然已不复存在。

在那段不幸和耻辱的时期,许多杰出人士失去了生命,其中包括拉瓦锡。佛克罗伊被指与这位伟大化学家的死有干系,但居维叶为佛克罗伊洗清了这个无端的指控,他确信,佛克罗伊遭此诬陷只是因为有人忌妒他随后的升迁。居维叶在他写的佛克罗伊的悼词中说:“在做过的严格的调查中,我们找不出哪怕是丝毫能够证明这种令人发指恶行的证据,因此,没有人会在这篇悼词中,或在这神殿之内对此信口胡诌,神殿之为神圣关乎荣誉胜于才能。”

佛克罗伊在热月9日后就开始受到重视,其时,举国对这场大破坏感到厌烦,人们努力恢复那些科学纪念碑，重建公共教育机构，这些在大革命的动荡和愚昧中都惨遭摧毁。佛克罗伊积极参与到了这场重建中，法国的青少年教育学校的建立应主要归功于他。国民议会已经摧毁了法国所有的大专院校和科学机构。这种荒谬的废除举措不久就产生了显而易见的后果：军队急需外科和内科医生，但没有受过这方面教育的人可以填补这些空缺的职位。为此成立了三所新的学校，用于培养医务人员，这些学校也都得到高规格的配备。“医学学校”这个名称被指过于贵族气，因此改成了一个可笑的名称——“卫生学校”。之后又创建了理工专科学校，它属一种预备学校，用于培养实用军事人才。年轻人在这里学习数学和自然哲学，为进入炮兵、工兵和水兵学校做好准备。另一个新建机构是中央学校，它的建立应归功于佛克罗伊的努力。建立这种学校的用意很好，但并没有得到很好的贯彻。这是一种设有各种系别的大学，年轻人在散布于各个系里的门类齐全的下属学校里学习。令人遗憾的是，这些下属学校或是从未建立起来，或是得到的资助不足，甚至中央学校自身都缺乏师资。的确，一下子配备大量教师是不可能的。鉴于这种情况，在巴黎建立了一所“师范学校”，该校旨在培养足量的教师以补充各中央学校急需的师资。

弗朗索既是国民议会的议员，也是元老院议员，因此在上述机构的筹划和建设中都起到了积极作用。他也同样关心科学院和自然史博物馆的建设。博物馆的馆藏非常丰富，佛克罗伊是这里的首批教授之一，他也同时担任医学学校和理工专科学校的教授。他还关心大学的重建工作，这项工作是拿破仑统治时期最为有益的事情之一。

佛克罗伊在诸多职位上兢兢业业，投入了很大的精力，他的体质因此而渐渐受到损害。他预感到死亡的临近，并告知他的朋友他已不久人世。1809年12月16日，在签署完一些急件后，他突然哭喊道：“我要死了”，然后倒地而亡。

佛克罗伊有两段婚姻：第一段是和贝廷格小姐并和她生了一子一女两个孩子。第二段婚姻是和韦利的遗孀贝尔维尔夫人，他们没有子女。他身后仅留下一小笔财产，和他一起生活的两个未婚的妹妹后来靠他的朋友沃克兰接济维生。

虽然佛克罗伊发表了大量的论文，但必须承认并且无疑的是，他一生名声显赫的原因更多在于他的口才，而不在于他作为化学家有多么杰出，虽然他并不是一个平凡的化学家。他富有非凡的写作才能，连续出版了五个版本的《化学系统》，每个版本的容量和质量都不断增加。第一版为两卷，最后一版有十卷。他用了六个月时间写出了这最后一版，其中包含了大量有价值的信息，它无疑在很大程度上也促进了化学知识的广泛传播。它的写作风格散漫,特点是试图以令人生厌的长篇大论从个别的、通常不大可靠的事实扩展到一般。也许,在他的著作中最好的一部是《化学哲学》,其显著特点是简洁明了,内容安排齐整。

除了发表这些著作外,佛克罗伊还担任《非凡的医师》期刊的主编,并以他的名义发表了超过一百六十篇化学论文。这些论文刊印在《科学院学术论文集》和《学会学术论文集》上,以及《化学年鉴》或是《自然史博物馆年鉴》上。他是最后这个期刊的创始人。在这些论文中,有许多是关于动物、植物和矿物的分析,有很大的价值。在这其中,绝大多数论文的共同作者都是沃克兰,总的看来,所有实验都是沃克兰做的,而论文的撰写是由佛克罗伊完成。

逐一列出这些论文会是一个长长的清单,但这样做没有多大用处,这是因为,虽然它们对化学的进步有实质贡献,但只是发挥过大的启发作用,使人看到化学的多个侧面,但其中鲜有惊人的发现。以下我仅介绍一些我认为是最好的论文。

1. 佛克罗伊阐明,最常见的胆结石是由一种类似于鲸蜡的物质构成。后来他在巴黎无辜者公墓处置尸体(也即将这些尸体转化成脂肪性物质)过程中有过一项发现,因此他称这种物质为尸蜡。后来它一直被称作胆固醇(cholestine),其性质也与尸蜡和鲸油不同。

2. 佛克罗伊首次阐明,镁盐和氨结合在一起形成复盐。

3. 他关于汞的硫酸盐的论文中包含一些有价值的观测资料,关于氨对汞的硫酸盐、硝酸盐和盐酸盐的作用的论文也然。他首次描述了它们所形成的复盐。

4. 沃拉斯顿博士发表在《哲学汇刊》上的论文几乎预示了所有关于尿液的事实。倘若没有这篇论文,那么佛克罗伊关于尿液分析的论文会很有价值。但是,我们感谢佛克罗伊对增进我们关于尿液的知识所作的贡献,因为他的工作是自舍勒最先发表相关论文以来最为全面的。

5. 佛克罗伊和沃克兰制备天然重晶石的一个好方法是将重晶石硝酸盐加热到红热状态。他们发现,骨头中存在镁的磷酸盐,鱼的精液和人脑中含有磷,洋葱的球茎中富含大量的糖类物质,经过自发的发酵过程后它们可转化为甘露。

对于以上这些以及其他许多的发现,我们不能确定哪些应归功于佛克罗伊,哪些应归功于沃克兰,但这并不重要。不过佛克罗伊有一个不可否认的突出优点是,他培养和提携了沃克兰,并且一如既往地使沃克兰成为他最可靠、最勤奋的助手。这是对他品德的最好颂词,倘若不是佛克罗伊个人具有专一的美德,这份友谊不会在经历了法国大革命的各种恐怖后还会保留下来。

拉瓦锡的友人路易斯·贝尔纳德·居顿·德莫沃于1737年1月4日出生在第戎。他的父亲安东尼·盖顿是第戎大学民法学教授,出生在一个古老和受人尊敬的家庭。7岁的时候,德莫沃突然罕见地对力学产生了兴趣。当时他和他的父亲在第戎附近的一个小村庄碰巧遇到一个公职人员外出卖东西回来,他带回来一个因坏了而未售出的时钟。在德莫沃的恳求下,他的父亲花了六个法郎将其买下。小德莫沃将时钟的零件拆下并做了清理,还补齐了缺失的零件,然后在没有任何帮助的情况下重新将其组装了起来。1799年,这个特别的时钟以很高的价位被再次售出,一同售出的还有最初放置该表的房子,一直以来它都走时非常准确。8岁那年,他把他母亲的手表拆开并清理后,再次重新组装,得到了众人的夸赞。

结束了在父亲家中的初等教育后,德莫沃进入大学,并在十六岁完成学业。大约在这时,他跟着米歇尔学习植物学。米歇尔是他父亲的朋友,同时也是一位知名的自然学家。这时,德莫沃还是第戎大学法律系的学生,经过三年不懈的申请,他获得了去往巴黎实习法律的机会。

在巴黎期间,他不仅主修法学,同时辅修了高雅文学的几个分科。1756年,他拜访了在费尔奈的伏尔泰。这似乎激发了他对诗歌的热爱,尤其是描述和讽刺类诗歌。大约一年之后,在他年仅20岁的时候,他创作了一首名为《破坏偶像的老鼠或曰被咬的耶稣会士》的诗歌。该诗试图对当时一则众所周知的趣闻进行嘲讽,而且,当时耶稣会士的可憎体制已激起人们的怒火,面临被摧毁的危险,此诗也意在火上浇油。诗中描述的历险记如下:一些修女们非常热爱一位耶稣会士,他是她们的精神导师。这天,她们按习俗正忙于圣诞节活动,制作一个宗教神迹的模型,其中装饰了几个表示相关的神圣人物的小雕像,也包括那位听忏悔的神父的雕像;但是,为了表明她们的偏爱,这位神父的雕像是以方块糖制作的。看来第二天注定会是这位耶稣会士的胜利之日,可是在此期间,一只老鼠已经吃光了那个宝贵的糖人。这首诗歌的创作模仿了著名诗歌《沃沃特》的轻松风格。

德莫沃在24岁时就已经在法庭上为几个重要案例作过辩护。这年,第戎议会的辅助法官一职登报出售。那时,所有公众职位不论是否重要均竞价出售。他的父亲清楚这个职位适合他的儿子,于是以4000法郎的价格将其买下。以这位年轻律师的名声和对工作的投入程度论,这倒是一桩便宜买卖。

1764年德莫沃成为第戎科学、艺术和文学院的荣誉院士。两个月后,他向勃艮第议会的司法委员会递交了一篇学术论文,其中论及公共教育并细述了其原则,还附了一份大学教育规划。这个报告受到当时每个公开出版杂志的好评,他也收到许多赞扬的信件,这也表明该报告确实有价值。在此文中他试图证明,人是善是恶取决于他所受到的教育。这和狄德罗的信条相反,狄德罗在他的短文《塞内卡族的生活》中坚信,自然造就了人性本恶,纵使是最好的学府也不能使人类向善。但德莫沃在给一位匿名友人的信件中成功地反驳了这一有害的观点。

德莫沃在大学受教育那段期间,精确科学教育是如此的贫乏,第戎对发展科学是如此的不重视,以至于当他进入科学院后,他对力学和自然哲学上的认识也非常贫乏和不准确。查登农博士常常阅读化学方面的学术论文,有一次,德莫沃认为有必要斗胆做出一些之前未被这位博士认可的评论,查登农轻蔑地对他说,你既然在文学上已有成就,那你最好还是安分守己做文学,至于化学还是留给懂得更多的人做吧。

德莫沃被查登农的尖刻评论激怒,决心为自己的名誉雪耻。于是他开始研读《马凯的理论和实践化学》和博姆不久前发表的《化学手册》。他还给博姆发了一张长长的采购单,其中列出了各种化学试剂和器具,他希望能够在办公室旁搭建一个小型的实验室。开始时,他重复了博姆的许多实验,后来,虽仍属生手,他开始尝试一些原创性的研究。不久,他觉得自己有能力反击查登农了。这位博士刚刚宣读完一篇关于不同种类油的分析的论文,德莫沃就对他的一些论点进行了反驳,其熟练和洞见让在场的每个人都感到惊讶。这次会议后,查登农博士写信给他说:“你是位天生的化学家,如此丰富的知识只有天才加坚韧才能达到。愿你能继续你的追求,如果在探究中遇到困难,欢迎和我进行交流。”

但是,他的这个新追求并没有阻碍他继续从事文学并取得成功。他写了《法兰西查理五世(绰号智者)的悼词》,这是一篇应科学院发布的专题悬赏而写成的作品。几个月之后,在议会的开幕式上,他做了关于法学所处现状的演讲;三年后,他就此撰写了一份更为详尽的报告。当时,法国的法规亟待变革,他比任何人都更清楚地意识到了这种变革的必要性。

大约在这时,第戎有个年轻绅士的家里来了一位行家,这位行家许诺,只要向他提供必要的材料,他就能批量生产出黄金;但是,在经过六个月的高消费和繁琐的操作(在这期间,这个冒牌的骗子背着他蒸馏了大量的油为自己谋利),这位绅士开始怀疑这个行家并解雇了他,然后将他所有设备和材料廉价卖给了德莫沃。

不久后,德莫沃到了巴黎,他参观了这个大都会的科研机构,并购买了试剂和仪器设备,他仍然希望能够继续努力开展他喜欢的化学研究。为此,他拜访了当时是法国最著名化学家之一的博姆。有感于他的热情,博姆问他学过什么化学课程,

“没有”,德莫沃回答。“那么你是怎么学会做实验的?最重要的是,你是如何做到熟练的?”这位年轻的化学家答道:“实践是我的老师,熔化的坩埚和破碎的曲颈瓶是我的导师。”博姆说道:“那么你不是学成的,而是发明出来的。”

大约在这个时候,查登农博士在第戎科学院宣读了一篇关于焙烧中金属重量增加的论文。他反驳了之前提出的不同解释,并进而说明,增重或许可以用燃素的“萃取”加以解释。这引起了德莫沃对这个专题的关注,随后他花几个月的时间做了一组实验,并宣读了一篇《空气燃烧现象》的论文。不久,他又做了关于不同物质吸热和放热速率的一组实验。这些实验如果按照正确的方向做下去,他本可以发现比热。但这对德莫沃而言恐怕是件勉为其难的事情。

1772年,他出版了一部科学论文集,名为《学术知识随笔》。该书中论及燃素、结晶和溶解的论文值得特别关注,它们说明德莫沃较同时的绝大多数化学家都站得更高。

在这段时期,还发生了一件值得一提的事。按常规,第戎当地的大量尸体都是在一所教堂埋葬的。从尸体中散发的有传染性的气体引发了可怕的灾难,第戎的居民受到瘟疫蔓延的威胁。为了结束传染病扩散,人们尝试了各种办法但都失败了,但德莫沃的如下方法取得了彻底成功:将盐与硫酸混合物置于一个敞口的容器中,再将容器放置在位于教堂不同角落的火锅的上方;然后关好门窗,保持这种状态24小时后再打开,并移走火锅及上方的混合物。如此一来,所有难闻的味道都被除去,教堂重新恢复到非常干净和未被感染的状态。不久之后,第戎的监狱也尝试了同样的方法并取得了成功。后来用盐酸气体取代氯气,发现效果更佳。现今的实践是使用石灰的或苏打的氯化物,用以熏蒸受感染的场所,该法相比德莫沃最先采用的盐酸气体更为有效。卡迈克尔·史密斯博士提出的硝酸烟雾同样也有效,但是相比于非常廉价的石灰的氯化物,其使用问题更多,价格也高得多。

1774年,德莫沃想到,如果在当地开设一个化学讲座课程是件有益的事情。于是他向有关当局提出申请并获得许可,还得到一笔建立一个实验室所必要的资金。讲座于1776年4月29日正式开始,并且似乎取得了极大成功。他的讲述非常清楚,实验例证也非常充分,一时声名鹊起,欧洲各地科学界的人士都知道他的大名,因此他也开始体验到几乎所有杰出人士都有的命运——遭受怀有恶意和嫉妒的攻击。有几个医学人士开始批评他确定碳酸气性质的实验,他们坚信这种气体只不过是一种特殊状态的硫酸。德莫沃出版了两个小册子回答他们的批判,并完全驳倒了他们。

大约在这个时候，德莫沃在第戎科学院的房子里竖立了一些金属导体。由于这个原因，他遭到了强烈抨击，认为这是对上帝的不尊重。一群狂热信徒聚集起来推倒了那些导体。倘若不是秘书马雷先生出面讲话并向他们保证，这些东西之所以令人惊奇是因为镀了金箔，而金箔是教皇派人从罗马送来的，否则，这些人会制造更大的破坏。多少令人惊讶的是，这事发生后不到二十年，法国的人民群众不仅放弃了基督教和教皇的精神统治，而且还宣称自己是无神论者！

1777年，德莫沃发表了化学课程的第一卷，接下来又出了另外三卷，取名为《第戎科学院化学原理》。这本书受到了人们的广泛认可，且在很大程度上提升了它的讲座的价值。确实，教科书是讲座课程的一个成功要素。该书使学生在学习中遇到疑难时，有能力理解讲座的内容并借此摆脱困境。可以肯定，一本好的课本可使一门化学讲座课程如虎添翼，因为学生可以靠他们自己的努力去诠释和领悟讲座的内容。

不久后，他受委派去建立一个大规模的硝石生产厂。为此，法国国王的财政部部长内克尔先生向他致函感谢。后来，库尔图瓦先生接手该厂，他的儿子现在还在运营该厂，并得此之便而发现了碘，也一举成名。

德莫沃的下一项工作是收集矿物，以使自己熟悉矿物学。没用多长的时间他就完成了这项工作。1777年，他受命检查勃艮第的板岩矿厂和煤矿，为此他在该省内进行了一次矿物学考察。1779年，他在勃艮第发现了一座铅矿，几年后，当受瑞典化学家影响人们开始关注重晶石的硫酸盐及其碱时，他也在勃艮第寻找重晶石的硫酸盐，并在杜德兰发现了大量的这种矿石。他写了一份这种矿石的说明书，其中确定重晶石的碱的特性，并为其取名为burote，后改称重晶石(barytes)。相关的论文发表在《第戎科学院学术论文集》第三卷上，文中描述了重晶石硫酸盐的分解方法，也即现在仍常常沿用的将其和木炭混合加热的方法。

1779年，德莫沃受潘库克之请，专心于潘库克计划出版的一部大作《方法论百科全书》，他负责这部巨大词典中的化学文章。他答应此事是因为蒲丰写信相求，他也找不到托词拒绝。1780年9月他们签署了一个合约。这部化学百科全书的前半卷直到1786年才问世，在此期间德莫沃肯定如约做了必要的研究和考察。确实，从许多文章可以看出他花费了大量的时间进行实验研究。

那个时期的化学术语既粗俗且贫乏。他发现自己在想要表达时，总是要搜肠刮肚地寻找词汇。他决心要改变这种状态，于是在1782年，他发表了关于新化学术语的第一篇短论。此文刊发未久就遭到了来自巴黎的几乎所有化学家的反对，其中反应最激烈的是科学院的那些化学院士。他没有在反对者强烈的质疑下退却,他坚信自己的观点是正确的,改革也是必要的。于是他直接前往巴黎,当面回应那些反对的声音。他不仅成功地说服他的反对者们相信改革的必要性,而且几年后还使科学院那些最杰出的化学家——拉瓦锡·贝托莱和佛克罗伊诚心与他联合,让这项改革更为彻底和成功。他撰写了一篇专题论文,给出了一个系统的化学命名法的计划,并在1787年的一次科学院会议上宣读。因此,如果除去拉瓦锡已经用过的一些术语,德莫沃实际上是这套新化学命名法的作者。即使他在化学上除此而外什么也不做,他也会因此而千古留名。这套新命名法对于推动化学后续的快速发展的作用不可估量。

在参加了拉瓦锡和他的两个助手主持的两次会议后,德莫沃信服了拉瓦锡新学说的正确性,他也因此而摒弃了燃素说。我们不清楚是什么促成了他思想的改变,但可以确定的是,推理和实验都必不可少。

大约在这一时期,德莫沃出版了《贝格曼选集》的法语译本。在他的鼓励下,他的一帮朋友翻译了舍勒的化学学术论文和多篇重要的外文书籍,使得这些文献在法国科学界广为人知。

1783年,由于马凯的一份支持报告,德莫沃获得许可,建立了一所苏打碳酸盐生产厂,这在法国是有史以来的第一家。同年,他结集出版了他在法庭上的辩护状,其中包括他在第戎议会开幕式上的演讲《论友善》,这次讲话标志他自此离开了他的地方法官同僚们,放弃了政府机关的职位,并决意退出了法学界。

1784年4月25日,德莫沃陪同沃尔利会长乘坐气球从第戎升空。这个气球是由德莫沃搭建的,接下来的6月12日他又重复升空一次,以期通过自己发明的装置来确定操纵这类航空器的可行性。气球的容量达10498074法国立方英尺。两位当地最杰出的人物着手实现这项大胆的设想,其效果自是不待言表。气球载人升空是一项全新的尝试,看上去也着实令人生畏。尽管德莫沃操纵这类航空器的尝试以失败告终,但他的方法无疑是极富独创性和合理性的。

1786年,第戎科学院的秘书马雷博士身罹长期难以治愈的传染病,于是德莫沃被任命为该机构的永久秘书和部长。此后不久,《方法论百科全书》化学部分的前半卷就问世了,并且引起了所有对化学感兴趣的人们的关注。迄今为止,还没有出现其他的化学专著能与这本书相提并论。其中关于酸的那篇论文占了相当大的篇幅,内容确实令人赞叹。若论其历史资料的详细,记述的完整,实验描述的精确,或是写作风格的优雅,该文堪称同类著述的典范。可能我对它有偏爱,因为对我而言，这是一本化学启蒙书，我也从未读到过比它更令人愉悦的书籍。而且，当我将它与同时期德国、法国或是英国的那些最好的化学书籍做了比较之后，我发现这本书更加显得突出。

在《钢》一文中，德莫沃阐述了钢的性质，并且得到与贝托莱、蒙热和范德蒙几乎一样的结论。后三人关于这个专题的论文刚发表在《科学院学术论文集》上。但是，在他们的论文出现在《论文集》上之前，德莫沃的论文就已经打印好了，只是没有发表。为此，他给贝托莱发去了一封说明信，该信很快就发表在了《物理学杂志》上。

1787年9月，德莫沃迎接了拉瓦锡、贝托莱、佛克罗伊、蒙热和范德蒙的一次到访。贝多斯博士当时正游历法国，并且碰巧在第戎，因此也参加了这场聚会。聚会的目的是讨论能够解释新学说的几个实验。1789年，人们尝试举荐德莫沃成为科学院院士，但尽管有贝托莱等化学界朋友的鼎力相助，此事还是没有成功。

这时爆发了法国大革命，其起因是在国家的需求和牧师及贵族的坚定决心两方之间，无法就公共负担的分配达成共识。在这次革命的前期，德莫沃没有参与任何政治活动。1790年，当法国被划分为不同派别，他被任命为国民议会之下的一个委员会的委员，该委员会是为成立黄金海岸[①]这个部门而设的。1791年8月25日，德莫沃获年度出版的最实用作品奖，得了科学院的一笔2000法郎的年金。该奖颁发给他是因《方法论百科全书》中他写的《化学词典》。德莫沃清楚国家的紧迫需要，也想借此机会表达为国家效力的爱国愿望，于是将这笔奖金全部捐了出去。

当第二次制宪会议选举开始时，德莫沃被他所在部门的选举团推选为委员。几个月前，在一次省长的有确定继承权的人的选举中，他的名字就已出现在议会提名的委员名单中。所有这些事务活动，加之他最近刚升迁到司法部副检察长的高位，都不允许他在第戎继续他已经免费开设15次课的化学讲座，于是他辞去该讲席，并将其传给了后来成为巴黎医学院著名教授的乔希尔博士，他自己告别家乡，去了巴黎。

在永远值得记住的1793年1月16日这天，德莫沃和大多数代表一同投了票，他也因这一票而成为一个弑君者。同一年，他将自己的2000法郎的退休金和该退休金的拖欠款全部贡献了出来，将其用于支持共和政体。

1794年，他几次受政府委派，参加法国军队在低地国家的战斗。他的任务是操控一架用于战争的大型航天器。在法国的那次战斗中，在他指挥下，他和约尔当

---

① 加纳的旧称。——译者注。

将军一同起飞升空，这个航天器对那天法国军队的成功做出了实质性的贡献。在他完成这些委派任务归来后，他收到执行政府三个委员会的邀请，请他和几个饱学之士合作指导中央学校的建设，他还被聘为土木工程中心学校的化学教授，该学校更为人熟知的名称是理工专科学校。

1795年，经萨尔特和维莱纳的选举团推选，他重新当选为五百人议事会的委员。当时的执政当局颁布法令要建立国家研究所，他被政府挑选并被任命为48名院士中的一员，成为这个学术团体的核心人物之一。

1797年，德莫沃辞退了所有公众职位，再次专心从事科研和建立公立学校。1798年，他接替当时在埃及的蒙热的职位，被任命为理工专科学校的临时校长。他在此任上18个月，学校的老师和学生对他的工作都十分满意。德莫沃为人非常机敏，公正无私，他拒绝了2000法郎的校长年薪，因为他认为这笔钱应该属于那位不在其位的真正校长。

1799年，拿破仑任命德莫沃担任造币厂总管中的一员。一年后，他担任理工专科学校的临时校长。1803年，他获得设立不久的法国荣誉军团十字勋章；1805年，他被任命为同等级的军官。这些荣誉意在奖励他第一个提出的无机酸熏蒸消毒法所带来的益处。1811年，他受封为法兰西帝国的男爵。

在巴黎理工大学任教16年后，德莫沃向有关当局申请并获准退休，回到了个人生活的状态，伴随他的是岁月，荣誉，以及曾经在他提携下走进科学殿堂的无数学生的祝福。在这种状态下他生活了三年，其间见证了拿破仑的垮台和波旁家族的复辟。1815年12月21日，他突感全身精力枯竭，病了仅三天后，他死在了他悲伤的妻子和他的几个忠诚友人的怀抱中，走完了他近八十年的生命历程。1816年1月3日，研究所的委员以及其他许多杰出人士将他的遗体安葬于墓地。他的同事贝托莱为他这位离世的朋友宣读了简短和深刻的悼词。

德莫沃与第戎科学院一位院士的遗孀皮卡迪特太太结婚，这位院士以翻译瑞典语、德语和英语科技著述而闻名。他们先同居后结婚，二人没有孩子。德莫沃发表了大量的化学著述，他对化学进步的贡献不亚于同时代的任何其他化学家，但由于他没有做出过惊人的化学发现，因此没有必要将那些散见于《第戎学术论文集》《物理学杂志》及《化学年鉴》上的他的许多论文再一一列出。

第四章　分析化学的进展

化学分析，或曰确定每种化合物所由以构成的组分的技艺，是化学的本质，因此，化学一旦要成为一个体系，就必须发展分析方法。开始，这种尝试取得的成功微不足道，但随着知识的不断普及，化学家变得更加专业，像常规分析这样的事物就开始出现。于是，勃兰特说明了白矾是硫酸和锌氧化物的化合物，马格雷夫证实了透石膏(selenite)是硫酸和石灰的化合物。布莱克博士至少是为了确定镁盐组分的性质，从而分析了几种这类盐。在这门技艺的早期阶段，几乎没人试图确定相关组分的含量。贝格曼是尝试为矿物的常规分析建立规则，并将其用于实践的开拓者，这体现在他1777年到1780年间发表的论文(《矿物水分研究》《矿物宝石研究》和《矿物电气石研究》)中。

分析一种矿物或将其分离为组分的首要前提，是能将其溶于酸中。贝格曼表明，如将矿物研磨成细粉并加热到红热状态，或将其与碱性碳酸盐融和，绝大多数矿物能溶于盐酸。在用上述方法得到溶液后，他提出了将不同组分相互分离，并确定各自的相对含量的方法。与碱性碳酸盐融和需要强力的加热条件。此时不能使用瓦器坩埚，因为它在融合温度下会被碱性碳酸盐腐蚀，从而会在待检测的矿物中引入一定量的杂质。贝格曼使用了一个铁坩埚，这样就有效地避免了任何杂质的混入。但在红热以及所加入强碱的作用下，铁坩埚本身容易被腐蚀，因而使待检测矿质受到一定量金属铁的污染。这种铁或许容易用已知的方法再次分离出来，因此，假若我们确定矿物中不含铁，则其对结果的影响相对较小。但当矿物含铁(这是常见的)时，我们就不能避免它带来的误差。克拉普罗特对化学分析技艺所做的一个巨大改进是，用银材质的坩埚替代了贝格曼使用的铁坩埚。唯一不足的地方是银坩埚容易熔化，使用的时候要十分注意温度的控制。大约在本世纪初，沃拉斯顿博士引入铂坩埚。我们可将这个时间视为精确分析化学的开始。

贝格曼的那些方法被认为是简陋和不完善的，这并不意外。是克拉普罗特首次使化学分析系统化，并将这门技艺带入了一个新的状态，使得他人仿照他的方法可以得到相同的结果，为分析方法的精确性提供了保证。

马丁·亨利·克拉普罗特于1743年12月1日生于韦尼格罗德，他对化学做出了广泛和深远的贡献。1751年7月30日，他的父亲因一场火灾而变得一无所有，因此对孩子们的教育无能为力。克拉普罗特在三兄弟中排行老二，老大成为了一名牧师，老三成了战时的私人秘书和柏林内阁的档案管理员，克拉普罗特比两个兄弟都活得长。他从韦尼格罗德中学学到的拉丁文少得可怜，并且，他不得不加入教堂唱诗班来赚取微薄的学费。卡拉普罗特最初想学神学，但他在学校遭受的不公平待遇让他放弃了这个想法，于是在16岁的时候，他决定学习药剂贸易。他被迫当了五年学徒，又在奎德林堡公开实验室当了两年的助理，这让他学到了一些科学知识，以及对最常见药物制剂有一定的动手制备能力。

克拉普罗特通常认为，他在汉诺威市公开实验室的那两年——从1766年的复活节到1768年的复活节——是他自己科学教育的重要时期。在那里，他第一次遇到了一些有价值的化学书籍，特别是斯皮尔曼和卡修瑟所写的书，使他深深感受到一种高贵的科学精神。此时，通过阅读波特、汉高、罗塞和马格雷夫的著作，他对柏林已经非常了解，他急于去到那里。大约在1768年的复活节，他幸运地获得一个担任文德兰实验室助理的机会。该实验室位于摩尔街有金色天使标志的那个地方。在此，作为助理他全心尽职尽责，并利用剩余的时间完成了科学教育。克拉普罗特认为，他在韦尼格罗德中学接受的古代语言教育还不够，为了完成完整的科学教育，他必须对古代语言有更加深透的掌握。于是，他以极大的热情投入到希腊和拉丁语的学习中，在学习中他还得到当时的传教士波潘布恩先生的帮助。

大约在1770年的米迦勒节，克拉普罗特前往但泽担任公共实验室的助手，但第二年的三月，他返回柏林，在当时最杰出的化学家之一老瓦伦丁·罗塞的实验室当助手。1771年罗塞去世，因此这段关系没有持续多久。死前他在病榻上要求克拉普罗特接管他的实验室。克拉普罗特不仅忠心、尽职尽责地管理实验室达九年，而且还像父亲一样负责罗塞的两个儿子的教育。小儿子在快成年的时候去世，大儿子和他成为了亲密的朋友，并且是他所有科研工作的助手。罗塞去世后的数年中（至1808年），他们一起工作，除非实验经过罗塞重复，否则克拉普罗特对实验结果就不会满意。

1780年，克拉普罗特以骄人的成绩通过了药剂师执业考试。1782年，他的论文《磷和蒸馏水研究》在《柏林杂录》上发表。不久后，克拉普罗特收购了此前在施潘道街的弗莱明实验室，并与索菲娅·克里斯蒂安娜·里克曼结婚。他们一同度过了快乐的时光，直到她1803年去世。他们有三个女儿和一个儿子，他们的寿命均长过其父。克拉普罗特一直拥有该实验室。他还在此给自己安排了一小间工作室，直到1800年，他购买了科学院化学家协会的房子，他才有了一处条件更好、更宽敞的工作室。该工作室的日常费用由研究院支付，用于他收集矿物和化学品，以及举办讲座。

现在他有了一个在自己监督和管理之下的实验室，其运作井井有条，堪称实验室的典范，他的管理也尽职尽责。在初步安排妥当上述事务之后，他马上就在期刊上发表了内容涉及多方面的德文论文，包括《克雷尔化学年鉴》《自然知识促进会文集》《自然科学和医学舍勒文献集》及《科勒期刊》等。很快，如此众多的论文就引起了化学家们的关注，这些论文论及诸如柯巴脂、弹性石头、蒲鲁斯特的珠剂(sel perlee)、塔斯的绿色铅硫酸盐矿、氨水的最优制备方法、重晶石碳酸盐、康沃尔的钨锰铁矿、木锡矿、紫黑电气石、著名的气体金、磷灰石等。克拉普罗特因这些1788年前发表的论文，成为了一个著名的化学家，也是在这一年他被选为柏林皇家科学院物理科的普通院士，此前一年他已被选为皇家艺术科学院院士。从此以后，除了其他一些定期刊物上的论文之外，《科学院学术论文集》的每一卷上都会刊载这位杰出化学家的大量论文，其中，每篇论文都使我们对自然或艺术的某一方面有更加确切的认识。他纠正错误的观点，拓展先前不完备的认识，抑或揭示物质的组成成分和混合物的构成，因此使我们熟悉许多新的基元物质。我们难以作出判断，应该将所有这些研究工作最为恰当地归功于如下的哪个因素：一种能够轻易洞穿隐藏在事物后面重要性的幸运天赋才能，一种能发现达到目标最佳手段的敏锐性，一种不懈的努力以及不断提高的精确性，抑或是一种科学精神，他在践行这种精神并最大可能地远离了自私、贪婪和不良的企图。

1795年，克拉普罗特开始将散见于众多定期出版物上的他的著述搜集起来，以《矿物化学知识文集》为名结集出版。它包括六卷，最后一卷约在作者去世的前一年(1815年)出版。文集中包括多达207篇学术论文，这些是他在化学和矿物学方面所作的最有价值的工作。遗憾的是，因销量因素该著作没有出版第七卷。该卷本来应该收入他的其他论文(包括他自己没有收集到的论文)，因此可提供他所有工作的完整索引，这对实验化学家是有重要参考价值的。前五卷确实附有一个索引，但其内容单薄且存在缺陷，仅仅包含他曾实验研究过的那些物质的名称。

除了研究，他从事的其他一些工作也值得关注。他主编了新版的《格伦化学手册》，较之他对此书所作的增补，他的删节和纠错工作更为出色。他参与编写的《沃尔夫化学辞典》是一项非常重要的工作。沃尔夫教授负责每个特定专题论文的撰写，但在其印行前克拉普罗特负责审查每一篇重要论文，并以他丰富的经验和学识，尽其所能地协助这位主编工作。在费舍尔翻译贝托莱的《亲和力》和《化学静力学》时，他也给予了有益的帮助。

他的这些无私奉献，以及他因人格和科学发现而为国争光，自然得到德国君主的赏识。1782年，他成为新成立的医学和卫生最高法院的助理法官。此前不长的一段时间，他在医学和卫生高等法院也有相同的头衔。1810年，当最高法院被推翻时，他成为附属卫生委员会医学代表团的委员。他也是永久医学法庭委员会的委员。他的讲座使他获得了几个市政职位。当公众了解了他的伟大化学成就后，他就被允许每年开两门单独的化学讲座课程：一门面向皇家炮兵队的军官，另一门面向军队以外的官员。这些人为了能够就业希望充实自己。这两门讲座课程后来都成为具有市政府性质的课程。他因前一门课程被聘为位于坦普霍夫的炮兵科学院的教授，在炮兵科学院解散后又成为皇家战争学校的教授。另一门课程使他成为皇家矿业学院的化学教授。矿业大学成立后，他的讲座也成为该大学的讲座，他也被聘为常任化学教授，同时也是大学学术评议会的委员。从1797到1810年间，他也是一个小规模科学社团的活跃成员，该组织每年都会召开为期几周的研讨会，探究一些科学上的谜题。在1811年，在他已有荣誉之外，普鲁士国王又加授他一枚三等红鹰勋章。

克拉普罗特倾其一生都在积极和认真地履行他在每个职位上的职责，同时从不间断地开展实验研究。他1817年1月1日于柏林去世，享年70岁。

克拉普罗特最为显著的品德是：对他认为是真实、美好和完善的所有事物都秉持敬重之心；对科学充满真爱，没有夹杂任何自私、野心和贪婪；对他人罕见的谦虚，不带哪怕是一丝虚荣或是吹嘘的成分。他善待所有的人，对于比他职位低的人他也从不会说出一句轻视的话来；当不得不责备他人时，他会一笔带过而不伤人，因为他的责备总是对事不对人。他的友谊从不是自私的算计，而是建立在这个人是否可交的基础上。他一生中遇到许多不顺心的事情，但不论事情大小，他都能安之若素。平常，他讨人喜欢，处事沉稳，但爱开玩笑。另外，他的宗教意识很强，这在当时从事科学的人士中非常罕见。他的宗教并不是体现在言辞和形式上，抑或绝对的信条上，更不在教会的仪式上。然而，尽管他相信上述这些都是必要的，也是可敬的，但他的宗教体现在一个人的恪尽职守上。也就是说，不仅要恪尽那些人的法律所规定的职守，而且要遵从来自且仅仅来自上帝的指示，恪尽那些本源于爱和慈悲的神圣职守，否则，即使是最有学识的人也会“像空响的锣，或是叮叮当当的铙钹”。他的这种宗教意识很早就表现在对瓦伦丁·罗塞孩子的悉心教育上。当他在后期成为他的学徒和助手后，他对他的关怀一如往常，给予他指导，对他的成功也投入了极大的心血。他喜欢做善事，怀着热情去做每一件他认为有益的事。他没有像同龄人那样陷入迷信或失去信仰，而是——不是挂在嘴上，而是根植在心底——坚守宗教原则，继而外化为实际行动，令他的个体存在和行为透射出高贵的光芒。

至于说到克拉普罗特在化学上的贡献，我们不应过分强调他发现的那些新基元物质（虽然这也不应被忘记），更应把关注的重点放在他引入的那些新分析方法上，关注他在进行这些分析时的精度、程序和规律性，以及他充满自信叙述每一项发现时所表现出的一丝不苟。

1.通常的情况是，对一种待分析的矿物，无论我们如何小心收集所有组分，并分毫不漏地称量其重量，所得总重量总会略少于矿物原本的重量。因此，取100格令矿物进行分析，全部组分的重量相加，鲜少能达到100格令，一般都会有所减少，可能只有99格令，甚至是98格令。但在有些情形下，也会发生100格令的矿物经分析后其组分相加后的重量会超过100格令，可能达到105，甚至在极少数情下达到110。贝格曼及其同时代的分析家倾向于认为，这种亏欠或盈余是由于分析误差造成的，因此在做分析说明时对此都闭口不谈，只是说，经计算组分的重量精确地达到100格令。克拉普罗特对此却是如实地记述。他的所有分析均是先给出待测矿物的重量，然后是提取出的每种组分的重量。如将这些重量累加起来通常都会有一个亏量，其变化范围介于0.5%~2%。乍一看，他的这种做法微不足道，但我相信，后来在分析化学中引入的绝大多数改进都应归功于此。如果亏量很大，那么显然，或是分析没做成功，或是矿物中哪个组分被遗漏了因而没有被检测出来。因此，他就需要重新分析。此时如果仍存在亏量，他自然会检查是否有什么组分在分析中没能检测出来。运用这种方法，他发现矿物中存在苛性钾。后来，肯尼迪博士遵循他的分析方法，发现苏打也是矿物的一个组分。同样按这种方法，人们发现水、磷酸、亚砷酸、氟酸、硼酸等都作为组分存在于各种矿物中，然而，是克拉普罗特引入了这种精确的计量模式，这一点却被人们忽略和遗忘了。

2.当克拉普罗特刚开始分析矿物时，他发现矿物极难溶于酸，矿物达不到溶解状态就难以对其做出精确分析。金刚砂、刚玉、风信子石、红锆石的溶解困惑了他相当长的时间，这引发他思考金刚砂的特殊性质。他的解决办法是，将这种矿物研磨成极其细小的粉末，与苛性钾溶液一同煮解，直到水全部散尽为止，然后再升温使全部混合物熔化，熔化必须在银坩埚中进行，这种新方法对于金刚砂，以及那些与碱性碳酸盐熔化后仍旧不能溶解的其他矿物均有效。这一尝试具有相当重要的启发作用，所有这些矿物石中硅土的含量都比较显著，但与两倍量的苏打碳酸盐一同在火焰上保持一段时间后，一般都变得可溶解了。在这样的温度下，矿物中的硅土与苏打结合，碳酸被脱除。但是，如硅土含量很少或是完全没有，与苏打碳酸盐混合加热并不能达到理想效果。对于上述矿石，取代苛性钾或苏打是有利的，如果不用上述试剂，其中有些矿石根本无法分析。纯态的金刚砂和金绿玉中都不含硅土，我曾成功地分析过这两种矿石，方法是将其研磨成细粉后于苏打碳酸盐一同加热，但是，矿物需研磨成极其细小的粉末，否则难以成功。

3. 当克拉普罗特在符山石及其他矿物中发现苛性钾时，此时一个显见的问题是，通过将矿物同苛性钾或碱性碳酸盐混合加热，从而使得矿物能够溶于酸，这种老方法仅可用来确定矿物中所含硅土的量以及金属氧化物的量，但无法确定其中苛性钾的量。鉴此，他选用重晶石碳酸盐替代苛性钾、苏打或它们的碳酸盐。他在已确定了硅土和金属氧化物的含量之后，继而最后确定其中苛性钾含量的方法如下：取一部分矿物研磨成细粉，与重量为其4倍或5倍的重晶石碳酸盐混合，在铂坩埚中高温加热一段时间。经如此过程所得产物能全部溶于盐酸。通过加入氨的碳酸盐，可从盐酸溶液中脱除矿物所含的硅土、重晶石及所有的金属氧化物。所得液体除了含碱之外无它，碱受盐酸和沉淀剂氨的作用被保持在溶液中。将该溶液在铂坩埚中蒸干，再将所得干燥物小心加热，直到氨性盐全部释出，此时所剩之物只有和盐酸结合的苛性钾或苏打。加入铂的盐酸盐可检验出剩余碱是苛性钾还是苏打：如为苛性钾则出现黄色沉淀，如为苏打则无沉淀。

人们都把这种分析矿物中所含苛性钾或苏打的方法归功于罗塞。费舍尔在克拉普罗特的悼词中告诉我们，克拉普罗特不止一次和他说，他自己也不确定他和罗塞到底是谁对完善这种方法贡献最大。他曾回忆，克拉普罗特讲述过类似的分析方法。据此我认为，最初的想法不可能是罗塞提出，是克拉普罗特最先将这种方法付诸实验的。

这种分析方法的最大问题是重晶石碳酸盐的价格昂贵。一种解决办法是将重晶石以碳酸盐形态回收。一般说来，这是能做到的，从而尽量减少损失。贝尔蒂埃曾提议用铅的氧化物代替重晶石碳酸盐。如铅的氧化物预先与少量铅硝酸盐混合，从而将其中可能含有的任何金属态铅粒氧化，则铅的氧化物的效果非常好，且其非常便宜，也不会损坏坩埚。因而就经济性而言，贝尔蒂埃的方法优于克拉普罗特的方法，但在有效性和精确性方面两者相当。较之上述这两种方法，我更倾向于一些其他同样简便的分析方法，这些方法较采用重晶石碳酸盐和铅氧化物的成本更低。戴维的方法中采用硼酸，该法颇受非议，因为再次完全分离出硼酸是件相当困难的事。

4.贝格曼采用的分离铁和锰的方法存在严重不足，因而其实验结果根本难以取信于人。沃克兰提出的方法有所改进，但仍旧存在缺陷。克拉普罗特采用的方法是否有很高的精确性有待商榷。(我们猜测)他是把铁锰混合物溶入盐酸后再令两者相互分离。第一步是将铁从低氧化物(如果存在的话)转化为过氧化物。为此，在铁锰溶液中加入少量硝酸并加热一段时间，此时溶液最大程度地呈中性。继而尽可能脱除溶液中过量的酸，使溶液提浓。然后加入极少量的稀氨使液体完全中和，直至再加入也不致产生沉淀。以如此方式令溶液中和，则析出的沉淀物就只是氨的琥珀酸盐或安息香酸盐。也因如此，所有铁的过氧化都与琥珀酸或安息香酸结合并沉淀下来，而所有锰仍留存于溶液中。将铁的苯甲酸盐从溶液中滤除后，(如溶液中没有其他的物质)则向溶液加入碱性碳酸盐就可使锰沉淀下来。如果溶液中含有氧化镁，或者其他金属氧化物，则可加入硫化氢氨或者是漂白粉。

这种方法本是盖伦首创，但是克拉普罗特使其广为人知，他后来也一直将其用于自己的分析中。盖伦使用氨的琥珀酸盐，希生格尔后来表明，用安息香酸盐替代氨的琥珀酸盐不会降低分离的精确性，在德国前者更为便宜，因而更为实用。

5.虽然克拉普罗特提出了许多重要的新分析方法，但他对分析方法的改进并不仅止于此，他对仪器也做了改进，这对他成功开展实验同样必不可少。当面对硬度很大的矿物时，他使用燧石研钵，而不是玛瑙研钵。首先，他会对研钵进行分析以准确确定其组分的性质，然后再进行称量。当在这样的研钵中捣碎硬度很大的矿物时，部分研钵表面会被磨损下来并与矿物混合。捣碎过程终了时他会再次称量研钵的重量，据此确定磨损量，这也就是混入矿物中的被磨损的研钵量。

硬度高的石头如在玛瑙研钵中研磨，那么磨损量肯定不会少。研磨的最好方法是在(事前用金刚石研钵研磨)的粗糙粉末中掺入一点水，这既有利于研碎，也可防止飞尘。而且，一次研磨的矿物不要超过两格令。但是由于显见的原因，研磨中还是会有少量矿物流失。研磨结束后，所有粉末都要倒入铂坩埚中加热到红热状态并称重。假定研磨过程中没有流失，则称得的重量应该为研磨后的矿物外加一部分研钵磨损量。但是，实际称得的重量常常低于前一重量。假定初始(未研磨)的矿物重量为a，研钵磨损量为l；如研磨中没有流失，那么称重后的重量应该为a+

l,但是实际称量只有b,少于a+l。为了确定粉末中所含研钵的磨损量,我们有a+l:b=l:x,则研钵的磨损量为x=b/(a+l)。在做这样的分析时,克拉普罗特先得到了硅土的磨损量然后将其减去了。这种减法初看上去是多余的,但实际上是必要的一步。在分析蓝宝石、金绿玉及其他一些硬度大的矿物时,从研钵上磨耗下来的硅土量有时会达到矿物总重量的5%,如果不考虑粉末中掺入的硅土,则会对所分析矿物的组成做出错误的判断。迄今为止,已发表的有关金绿玉的分析均报道其中含大量硅土组分。即使分析化学家真的发现事实如此,这些硅土也肯定是源自研钵,因为金绿玉根本不含硅土,而是由铍、氧化铝和氧化铁组成的混合物。

当克拉普罗特需要用火操作时,他会遵循一定的原则选用容器,材质为陶瓷、玻璃、石墨、铁、银或是铂。较之其他化学家,他对不同容器对结果的影响有着更清醒的认识。他在制备试剂时也非常精心,以确保其纯度。为了制备几种最佳的试剂,他还发明了相应的有效方法。正是由于他非常细心地选择待分析的矿物,保证试剂的纯度,并选用合宜的容器,因此在很大程度上保证了分析结果的高精度。他的实验操作技艺必定非常娴熟,因为当他需要准确确定某个预设的论点时,一般总能如愿得到和真相接近的结果。我注意到这样一个例子:他在分析重晶石硫酸盐时,绝对误差在1.5%以内。考虑到当时的化学家都不得不采用非常分散的数据,这么小的误差确实令人吃惊。贝采里乌斯的数据精度较好,并且也具有娴熟的实验技艺和先进的仪器,但他在许多年后分析这种盐时的分析误差是0.5%。

克拉普罗特一生勤奋,全身心致力于分析化学,并彻底改变了矿物学的面貌。当他开始研究生涯时,化学家对单一矿物的组成并不了解。他分析了200种以上的矿物,绝大多数分析结果都具有极高的精确性,以致他的后继者们在多数情形下都是在证实他的这些结果。在他的分析中,最不精确的是对同时含石灰和镁氧化物矿物的分析,因为他将这两者相互分离的方法尚不完善。我不能确定的是,他是否总是可以成功地将硅土与镁氧化物完全相互分离。首次确切阐明这类分析的人是特伦奇先生。

6.事实上,分析化学体系是克拉普罗特建立的。他做过的分析数量众多,内容多样。正是通过研究他的分析,化学家才学到了这门非常必要但有难度的技艺。而且,通过获取较他更为精确的数据,化学家也使分析化学变得更为完善。但是我们必须铭记,克拉普罗特是分析化学的奠基人,因此分析化学的进步在绝大程度上应归功于他。

指出他的那些最不精确的分析,可能不是一个公允的做法。或许,这种不精确应该归咎于选用试样时运气不好，而不是操作不精心或技艺不熟练。他在分析过程中还发现许多新的基元物质，对此有必要列举说明如下。

1789年，他测定了一种名为沥青铀矿的矿物，并在其中发现了一种新金属的氧化物，他将它命名为铀。他确定了铀氧化物的性质，并在将其还原成金属态后确定了这种金属的性质。后来，里希特、布霍尔茨、阿尔费德松和贝采里乌斯也对铀氧化物做过测定。

在同一年，也即1789年，他发表了关于锆石分析的论文。他表明，它由硅土和一种新的金属氧化物构成，他将该氧化物命名为锆土。他确定了该氧化物的性质，并指明了如何将其与其他物质分离并纯化。后经查明，该物质为一种金属氧化物，其金属基质是现在得名为锆的物质。1795年他表明，风信子石和锆石含相同的组分，这二者其实是相同的物种。莫维恩重复了这个分析结论，这也被现代分析化学家所不断证实。

1795年，他分析了当时被称作红色电气石（现称钛铁矿）的物质。他表明，该物质为一种新金属的氧化物，他将该金属命名为钛。他描述了其性质并指明了其突出性质。但需要指出的是，他未能成功获得纯态的钛氧化物（现称钛酸）。这是因为，钛氧化物与铁氧化物结合后呈红色，他未能将铁氧化物分离出来。罗塞首次获得了纯态的钛氧化物。他是克拉普罗特的学生兼朋友的儿子，参与了克拉普罗特的多数研究工作。

几年前，沃拉斯顿博士就发现了金属态的钛，它存在于威尔士的梅瑟蒂德菲尔地区炼铁炉底部的炉渣中。它呈黄色，易碎但质地坚硬，看上去非常漂亮，但在当时没有任何用途。

1797年，克拉普罗特测定了钛铁砂。这是一种来自康沃尔的黑色沙子，1791年格雷戈里曾对其做过化学分析，并从中提取出一种后被柯万命名为menachine的新金属物质。克拉普罗特阐明，格雷戈里发现的金属与他自己发现的钛的性质极其相似，钛铁砂是一种钛酸和铁氧化物的化合物。因此，格雷戈里先生的工作已经预示了克拉普罗特对钛的发现，但他当时并不知道这个情况，他是两年后发表实验结果时才知道的。

1793年，克拉普罗特发表了重晶石碳酸盐和菱锶矿碳酸盐性质的对比实验，并表明它们的主要成分是两种不同的金属氧化物，这在当时的德国是一种普遍的认识。这是欧陆发表的第一篇关于菱锶矿的研究论文，克拉普罗特似乎不知道大不列颠就此已经研究过什么，至少他在论文中未提及这回事，但是，如果他知道的话，他是绝不会略过其他化学家的工作的。克劳福德博士最先提出菱锶矿是一种特别的金属氧化物，这个说法见于他1790年发表的关于重晶石盐酸盐药用性质的论文中。他告诉我们，他得出这个观点所采信的实验，是克鲁克山恩克斯先生做的。1793年，奥普博士曾在爱丁堡皇家学会就这个专题宣读过一篇论文，但是他们的实验从1791年就开始进行了。在该文中，奥普博士确定了菱锶矿的特性，并精确地描述了菱锶矿盐的性质。因此，克拉普罗特关于菱锶矿的实验再次落后，但他肯定是事后才知道的，因为他的实验结果在奥普之前发表。

1798年1月25日，克拉普罗特在柏林科学院的一次会议上宣读了他研究特兰西瓦尼亚金矿石的论文。在对这些矿石的分析中，他检测到一种白色的新金属并将其命名为碲。他阐述了金属碲的属性，并指出了其突出的性质。

1782年，赖兴斯坦的穆勒曾测定过这类矿石，并从中萃取出一种金属，他认为这种物质有别于其他。出于对自己技术的不自信，他将这种新金属的试样送到贝格曼那里，希望他分析一下这种金属，然后告知他对其性质的看法。贝格曼所能做到的只是表明他所拿到的这种金属物质不是锑，但在所有已知的金属中，它仅与锑最为相似。据此推断，穆勒的金属是一种新物质。随之这个课题淡出了人们的视线，直到1802年克拉普罗特发表了他的实验，它才又重新引起了化学家的关注。克拉普罗特确实是以非常公正的态度介绍了穆勒的所有工作。

1804年，他发表了有关一种红色矿石的分析结果。这种矿石出自瑞典的巴斯塔，曾被混同为钨，但尔互亚特兄弟已经表明它不含钨。克拉普罗特表明，它含有一种新物质组分，并且认为，这种组分为一种新的金属氧化物。因其遇酸形成带颜色的盐，故称其为电气石(ochroita)。两年后，贝采里乌斯和希生格尔也发表了这种物质的分析结果。他们认为，矿物中含有的这种新物质为一种金属氧化物，因其为一种未知的金属性碱，他们将其命名为铈，化学家们为了纪念克拉普罗特一直采用这个名称。贝采里乌斯和希生格尔给出了铈氧化物的特性，它们在本质上与克拉普罗特对电气石的描述一致。当然，克拉普罗特当之无愧是这种新物质的发现者。现今，人们知道难还原氧化物和金属氧化物间的区别只是臆想出来的东西。所有之前统称为难以还原的氧化物实际上就是金属氧化物。

除了这些通过自己的实验发现的新物质外，克拉普罗特还重复他人的分析实验，确证和扩展他们的发现。当沃克兰在翡翠和水苍玉中发现了新金属铍的氧化物时，克拉普罗特对此也重新做了分析，证实了沃克兰的发现，并对铍的性质进行了更加详细的阐述。加多林在一种叫做硅铍钇矿的矿物中发现了另一种新金属氧化物。这个发现被埃克伯格的分析所证实,埃克伯格将其命名为钇氧化物。克拉普罗特立即对硅铍钇矿进行了分析,进一步证实了埃克伯格的分析结果,并考察和描述了钇氧化物的性质。

肯尼迪博士在玄武岩中发现了苏打,克拉普罗特对此也再次进行了分析,证实了这位爱丁堡化学分析家的结果。

如果我一一列举克拉普罗特的重复分析工作,那将需要很大篇幅。如果是有谁不惮其烦去翻检他的各个文集的话,他还会发现其他一些引人注目或有用的重复分析工作。

克拉普罗特对德国矿物学所作的贡献与沃克兰在法国所作的贡献相当。在法国,罗姆·德里斯乐的辛勤工作与阿比·豪伊所作的数学研究,使得对晶体结构的考察扩展到了整个矿物王国,也使得矿物学的进步走上正轨,并在一定程度上成为现在的常态。豪伊认为每种矿物是由相同比例、相同的相互结合的组分构成,他将此视为矿物学的第一原理。因此,他认为这是矿物学的主要目标,应以此为依据对每种矿物进行精确的化学分析。迄今为止,法国分析化学家还没有对矿物做过精确分析。萨热是科学院的化学矿物学家,但仅局限于阐明矿物组分的性质,并没有进一步确定其比例。但不久后,沃克兰就向世人展示了一种化学分析模式以及应用仪器的熟练技艺,这与克拉普罗特相比并不逊色。

关于沃克兰的历史,我收集到的生平事迹并不多,故对此只能给出一个不全面的记述。沃克兰是诺曼底一位农民的孩子,佛克罗伊与他偶然结识。沃克兰做事明快投入,待人诚实正直,深受佛克罗伊的喜爱。他将沃克兰带往巴黎,并让他管理自己的实验室。他很快就掌握了化学知识和熟练的实验技能。情况似乎是,他完成了佛克罗伊发表的所有分析实验。因发表的论文和所作的发现,他很快为人所知。罗伯斯庇尔死后,一些科学机构或被恢复或是被建立起来,沃克兰成为了科学院的院士和矿山学校的化学家。他是造币厂的总分析师。沃克兰还担任巴黎的化学教授,因此也开设私人讲座,召学徒进实验室。他的实验室很大,他常常制备药品和化学试剂并出售。法国化学家们需要的磷等试剂主要由沃克兰提供,因为单纯用于科研的实验室没有制备的条件。

沃克兰的勤奋在法国化学家中屈指而数,他发表的论文的数量也无人能比,内容涉及矿物、植物和动物的分析。当他负责矿山学校的实验室时,豪伊还是会习惯性地把他要分析的各种矿物的样品交由他分析。沃克兰的分析技术纯熟,分析方法的许多改进都应归功于他,但论贡献他不及克拉普罗特,因为他有一个有利条件,也即利用克拉普罗特的很多分析实验作为指导。但在法国,他的角色属前无古人。他使用的仪器和试剂都是自己发明和制备的。我有时会怀疑他所用试剂的纯度,但我相信,之所以他的许多分析都难以令人满意,主要是因为他选用的试样不好。从沃克兰的论文可以明显看出,他不是一个矿物学家,因为他从来无意描述他所分析的矿物,仅限于分析豪伊提供给他的试样。当试样是纯态的,例如翡翠和水苍玉,他就会分析得很好。但一旦试样不纯或是选择得不好,那么他就无法分析出正确的矿物组分。从他自己橱柜中的矿物试样看,我有理由认为,他的许多矿物试样没有经过精心挑选。因此,他发表的大量分析结果并非如其所是他所指称的那些组分,或者至少而言,并非与后来化学家分析出的比例相同。这倒不是因为分析误差,相反,他的分析非常细致并且非常注重精度要求,而是因为豪伊及其他人提供给他的试样本身就选择不当。因此,除非他的分析结果经过他人的重复和验证,否则我们对他的分析就难以取信,这实在令人为之惋惜。

沃克兰不仅改进了分析方法,使这门技艺大为简化和精确,而且还发现了一些新的基元物质。

因其美丽的外观,化学家早就注意到了西伯利亚的红铅矿石,并尝试了多种对其进行分析的方法,1789年,马夸特先生从西伯利亚带回了红铅矿石,于是沃克兰就此施展了他的分析技艺。但在当时,他并没有成功确定其中与铅氧化物结合的酸的性质。1797年他又再次对红铅矿石进行了测定,成功从这种色彩艳丽的盐中分离出了一种酸,并将其命名为铬酸。他确定了该酸的性质,表明该酸的主要成分为一种新的金属,并将其命名为铬。之后,他成功获得了分离态的这种金属,并表明其低氧化物为一种极其漂亮的绿色粉末。这一发现对该国制造业的不同领域都产生了重要的作用。这种绿色氧化物被广泛用于在陶瓷上涂覆绿色。它成为一种非常漂亮的着色持久、易于涂覆的绿色颜料。这种铬酸可与铅氧化物结合,在棉布上形成着色持久、色彩艳丽的黄色或橘色图样。花布印染厂普遍采用这种方法。在格拉斯哥、兰开夏郡以及其他地方,人们大量采用苛性钾重铬酸盐晶体。

沃克兰应豪伊之请对绿宝石进行过分析。这是一种漂亮的浅绿色矿石,其晶体为六棱体,偶见于尤其是西伯利亚的花岗岩中。他发现,它的主要成分为硅土。硅土和矾土及另一种金属氧化物结合,这种氧化物的性质与矾土大多相似但也有不同。他将这种新氧化物命名为铍,因为这种氧化物的盐具有甜味。但这个名称不大合适,因为矾土、硅铍钇矿、铅、铬的低氧化物甚至铁的低氧化物形成的盐同样有甜味。沃克兰因发现铍而受人称颂,因为这充分说明沃克兰分析的严谨性。粗心的实验者很容易将铍和矾土混淆。沃克兰能将这两者区分开来的方法是：在两者的硫酸溶液中加入苛性钾硫酸盐，如果溶液中的氧化物为矾土，则很快会析出明矾晶体，如该物质是铍，则没有晶体析出，这是因为，矾土是明矾的主要成分，对铍则不然。他还表明，铍极易溶于氨的碳酸盐溶液，在这种溶液中矾土不易被检出。

1829年，沃克兰以高龄去世。他是一个大好人，做事堪称典范。他从不参与政治，在大革命的血腥时期也一直洁身自好，没有沾染一丝恶行或是暴力，他一直都受到人们的尊敬和爱戴。

特伦奇先生是一位分析化学的促进者，在此值得一提。他是爱尔兰人，恐怖时期碰巧在巴黎，他被送进监狱，和一些法国化学家们关在一起，这些人一起讨论的都是化学问题。受此熏陶，他出狱后就开始潜心研究化学并取得了成功，不久后成为一位杰出的分析化学家。

他分析过刚玉和蓝宝石，并测定了氧化镁和硅土间的亲和力，这些研究都具有很大的价值，极大地促进了化学分析方法。他还分析过砷酸铜，虽然他指出了其中存在的几种不同的组分，但这个结果不大可靠，因为他所采用的分离砷酸和估算其重量的方法并不完善。这个化学分析的疑难问题直到后来才得到充分的解释。

在几年里，特伦奇都是一个勤奋和多产的实验化学家。很遗憾的是，因在钯的实验中出现的错误，他被迫放弃化学研究。钯最先为世人所知是伦敦散发的一份不知名的传单，其中宣传说，钯（或称新银子）在福斯特夫人店内有售，并且描述了其性质。由于这项发现的这种非同寻常的宣传方式，特伦奇自然认为这是欺骗民众的一种手段。他去到福斯特夫人店里，买下了她所有的钯，然后着手对它进行测定，并且认为这不过是两种已知金属的合金而已。在做了一组繁复的实验之后，他确信它是钯和汞的化合物，或是按照他所述方法特制的铂汞合金。他的论文由皇家学会秘书沃拉斯顿博士在该学会的一次会议上宣读，并将其发表在了学会的《汇刊》上。该文发表后不久，又有不知名的传单散播出来，说是愿以高价全部收购用特伦奇或其他什么方法生产的钯，但并没有人出来挣这笔钱。大约一年后，在皇家学会宣读的论文中，沃拉斯顿承认他自己是钯的发现者，同时还描述了他是如何将天然的白金溶解到王水溶液中获得钯的。自此以后可以确定的是，钯是一种特殊的金属，特伦奇在实验中犯了一个错误，一时疏忽用了钯溶液而不是钯汞合金溶液，因此将溶液的性质张冠李戴了。令人非常遗憾的是，沃拉斯顿博士没有在第一时间告诉他钯的历史真相，而是同意发表特伦奇的论文。我认为，如果他清楚这会带来什么不良后果，清楚这甚至会使特伦奇最终离开科学界，他不会如此行事。我不止一次和沃拉斯顿谈论过这个问题，他告诉我，除了坦白他的秘密，他尽其所能做了他该做的事情，以期阻止特伦奇发表他的论文。他还拜访过特伦奇并告诉他，他试图重复特伦奇的过程但是没有成功，他陷入一个错误而不自知。虽然有这些警告，但特伦奇仍旧坚持他自己实验的正确性，因此也并不奇怪，沃拉斯顿还是允许他把论文发表了。我相信，如果沃拉斯顿充分意识到此时的后果，他是不会这么做的。问题是，沃拉斯顿博士是否告诉了他全部的秘密，即使是，特伦奇先生又是否会被说服呢？

另一位化学家斯乔迈尔博士对矿物分析做出过很大贡献。他是哥廷根大学的化学和药剂学教授，他原本是植物学家，在受聘为哥廷根大学化学教授职位后，才将研究转向化学。之后，他前往巴黎，在沃克兰的实验室用了几年时间学习应用化学。他主要致力矿物分析，并且于1821年将分析结果结为一卷出版了名为《关于矿物混合物及其他相关物质的调查》（以下简称《调查》）的著作，其中包含了30种分析，其分析技艺和精准均堪称典范。在《克拉普罗特文集》之后，没有哪一本书比斯乔迈尔的这本《调查》更值得分析化学家研究。

该书第一篇论文为霰石的分析。此前，化学家们不能区分霰石和方解石在化学组成上的不同，认为二者都是石灰为3.5，碳酸为2.75的混合物，但它们在硬度、比重和晶体形态上存在区别。针对这种性质上的区别，人们尝试过多种解释，但无定论。霍姆先生表明，霰石中存在1%的水，但方解石中无水；霰石受热可碎成粉末，方解石却不能。但难以理解的是，这额外的1%的水是如何使得方解石的密度和硬度增加，并改变了晶体结构的形态。斯乔迈尔对霰石进行了大量非常细致的实验，结果表明，巴斯塔（位于兰德斯行政区的达克斯附近）的霰石和莫利纳（位于阿拉贡）的霰石均含96%石灰碳酸盐和4%菱锶矿碳酸盐，这相当于35个石灰碳酸盐原子和1个菱锶矿碳酸盐原子。既然菱锶矿碳酸盐的硬度和密度都大于石灰碳酸盐，那么就可以解释为何霰石比方解石重量和硬度大。后来，他对霰石的不同变种做了更多的研究，因此阐明了这种矿物存在含不同比例菱锶矿碳酸盐的变种，有的仅含有2%，或1%，或0.75%，甚至是0.5%，但在他所分析的许多种霰石中没有发现不含菱锶矿碳酸盐的。确实，沃克兰后来所测定的几种霰石变种根本不含菱锶矿，但由于沃克兰非常欠缺矿物学知识，所以不清楚他所分析的矿物是真的霰石，还是仅是一些不同品种的方解石。

斯乔迈尔教授凭借他的洞见和娴熟的分析技艺发现了一种新的金属——镉。他担任汉诺威王国的药剂师总监，工作在希尔德斯海姆。在履行公务之时，1817

年他发现可以用氧化锌代替锌碳酸盐，此法被收入《汉诺威药典》。萨尔茨基特的生产厂出产锌碳酸盐。在一次调查中，他从管理这家生产厂的约斯特先生那里得知，因为氧化锌呈黄色没有销路，因此该厂被迫用锌碳酸盐替代锌氧化物。在测定了这种氧化物后，斯乔迈尔发现，该氧化物之所以呈黄色是由于一种新金属的氧化物掺杂在了里面。他将这种金属氧化物从中分离出来，再将其还原，并做了测定。因该金属通常与锌结合一同出现，故将其命名为镉。他能从这种锌氧化物中提取出的镉的量少得可怜，然而，一个幸运的机会给他提供了额外的镉，使他可以对其做更多的测定。在一次药剂师的视察中，他们在马格德堡的几家药店发现来自西里西亚的锌试剂（舍纳贝克的赫尔曼实验室制备），因为这种锌溶液遇硫化氢生成一种黄色沉淀，所以被认为是雌黄，故而这种试剂被怀疑其中含有砒霜，就被没收了。赫尔曼对此很重视，因为它关乎实验室的信誉。特别是支持这次视察工作的医药顾问洛夫，他起草了一份没收起因的情况说明，并将其发表在了《霍夫兰德医学杂志》上。赫尔曼仔细分析了这种可疑的氧化物，但并没有在里面发现砒霜。他还请洛夫重复他的实验。洛夫做了以后，这才搞清楚他先前认为沉淀物是雌黄不对，出现沉淀物原因在于存在另一种金属氧化物，它不同于砒霜，可能是一种新物质。这种锌氧化物及黄色沉淀物的试样被送到了斯乔迈尔那里进行测定，他立即分析出其中含镉，并从这些试样中提取出大量的镉。

至此，距离斯乔迈尔出版《调查》第一卷已经过了九个年头。所有有志于分析化学的研究者都在急切期待这本杰作的续集。在这九年里，他肯定已经积累了再出一卷的丰富素材，而这无疑会在他已经实至名归的崇高声誉上再锦上添花。

较之同期在世的化学家，若论所作分析的数量或精确性，贝采里乌斯对分析化学的贡献无人可以比肩。

雅克比·贝采里乌斯在乌普萨拉大学接受教育，其时，贝格曼的外甥阿夫塞柳斯担任化学教授一职，埃克伯格是无薪化学讲师。阿夫塞柳斯因其关于重晶石碳酸盐的论文具有很大价值，在化学上初出茅庐便一举成名。但是据说，他身体状况不久后就出现了问题并每况愈下，因此失去了活力，整日无精打采。

1767年1月16日，安德鲁·古斯塔夫·埃克伯格出生在斯德哥尔摩，他的父亲是瑞典的一位海军上尉。他在卡尔马接受教育，1784年到了乌普萨拉大学，在此他花费精力主要学习数学并于1788年获得学位，学位论文题为《油酸脂研究》。1789年他去往柏林，在他1790年返回之时，他出版了名为《歌颂瑞典和俄罗斯间的和平》的诗歌，展现了他的诗歌天赋。之后，他的兴趣转向了化学，1794年成为无薪化学讲师。他在这个职位上一直工作到1813年,也正是这年的2月11日他去世了。在去世前的一段时间里,他的身体状况已经非常糟糕,难以胜任所处的职位。他发表的论文不多,并且这些论文也并不全与分析化学相关。

埃克伯格的第一个研究是关于石灰磷酸盐的,随后又发表一篇关于黄玉的分析论文,旨在解释克拉普罗特的溶解坚硬石头的方法。

随后,他分析了硅铍钇矿,并确定了氧化钇的化学性质。在这些实验中,他发现了一种新金属并将其命名为钽,沃拉斯顿后来证明埃克伯格的钽与哈契特先生的钶是同一种物质。他还发表过分析锌类晶石(automalite)、钛矿石以及蒙戴夫矿物水的论文。矿物水的分析是在贝采里乌斯的协助下完成的,后者当时在化学界还籍籍无名。

贝采里乌斯较在乌普萨拉的同时代化学家更为勤奋。他第一次出版的著作是两卷本的动物化学,分别在1806年和1808年出版。除了第二卷的引述部分即血液分析实验是他自己的工作外,该书主要是一个汇集。1806年,他和希生格尔创办了一个名为《矿物化学和物理研究》的定期出版物,它共出了六卷,直到1818年结束。这个出版物刊载了贝采里乌斯的47篇论文,其中一部分论文是长篇的大作,这将在后面述及。但这部分论文中最重要的一篇是有关矿物分析的,也就是希生格尔和贝采里乌斯对铈所作的分析,以及对两种铈氧化物化学性质的描述。在第四卷中,他给出了矿物的一种新的化学排序,它基于如下假设:矿物是具有确定比例的化合物。史密森先生已经摒弃了硅土是酸这种观点,但贝采里乌斯采纳了这个观点,并且通过确定性实验表明,硅土能以确定的比例与绝大多数碱结合。借助这个有利的论点他表明,大多数石质矿物都是硅土与某些金属氧化物的确定化合物。他在第一次将该结论公开后,又对其做过几次修正。但我认为,他1824年在《斯德哥尔摩科学院学术论文集》上的一篇论文中发表的最后一次修正结论,未必比他于1815年第一次发表的结论好。第一次排序基于碱排列,最后一次排序基于可与碱结合的酸排列。贝采里乌斯根据米切里希的类质同晶学说,修正了他的排序方法。这些修正体现在对辉石、角闪石、石榴子石和其他一些矿物组成的解释上,但我以为,这类解释本来不必大费周章地诉诸类质同象学说。而该学说就像贝托莱的无限结合假说,即使没有推翻化学的整体原理,也与我们对于化学结合的认识鲜少相符之处。

从同一卷上的一篇论文中,我们可以看到关于钶的一组实验,还原成金属态后钶的特性,以及对截至1815年所有已知含钶矿物的分析。

此外我们还可以看到一种测定氧化钇性质的新方法，对多种含铈和氧化钇矿物的分析结果，以及一种用苛性钾将这两者相互分离的方法。

在第六卷的一篇论文中，我们可以看到他如何发现硒，以及对于硒酸及其生成的不同化合物的描述。

从1818年开始，他的论文均发表在《斯德哥尔摩学院学术论文集》上，但他也留意将这些论文翻译后刊载在《波根斯道夫年鉴》和《化学和物理年鉴》上。

在1819年的《学术论文集》上，贝采里乌斯发表了银星石的分析结果，他表明，这种矿物是一种含水的矾土磷酸盐。福斯已经做过与此同样的分析和发现，并在1818年发表了他的结果。但贝采里乌斯可能没有读过该论文，至少是没有注意到。在同一卷上，他还发表了对蓝柱石、锌硅酸盐的分析结果，另有一篇关于铁氰化物的论文。

在1820年的《学术论文集》上，我们可看到他的4篇论文，其中一篇研究镍矿石的分析方法。在1821年的《论文集》上的一篇论文中，他论述了碱的硫化物，并报道了关于白碧玺的分析结果。他所选的分析试样可能不纯，因为在我的实验室，林特上校连续对白碧玺做了两次分析，但所得组分比例和结构式的结果，均与贝采里乌斯所发现的大相径庭。

在1822年的《论文集》上，他发表了卡尔斯巴德矿物水的分析结果。在1823年，他发表了关于铀的实验结果，阿尔费德松先前已对其做过测定，贝采里乌斯的实验是对阿尔费德松已有工作的验证和扩展。同年，他还发表了关于氟酸及其化合物的实验结果，在他对分析化学所作的无数贡献中，该项工作是最有趣和最重要的工作之一。1824年，他发表了对挪威的氧化钇磷酸盐的分析结果。他还发表了对克里斯蒂安尼亚附近发现的铌铈钇矿的分析结果，这是存在于当地锆石正长岩中的一种矿物，其显著性质是其中含多种与钛酸结合的碱，即氧化锆、铁氧化物、石灰、锰氧化物、铈氧化物和氧化钇。另外他还发表了对取自巴西和康沃尔的铁砷酸盐，以及西班牙耶劳岛的菱沸石的分析结果。在后一项工作中，他提到了取自苏格兰的菱沸石，认为它含苏打而不是石灰。但就我所知，苏格兰的菱沸石仅见于格拉斯哥附近，我从未在其中发现苏打。但我发现在爱尔兰北部的菱沸石中存在苏打而不是石灰，这种矿物通常为结晶态，并被豪伊命名为三棱石(Trirhomboidale)。因而我认为，贝采里乌斯引述的阿尔费德松所分析的菱沸石，应该是取自爱尔兰，而不是苏格兰。我还不确定的是，这种通常含苏打而不是石灰的结晶态物质是否为一种新物种。

1826年,贝采里乌斯发表一篇关于硫化物盐的非常细致且有价值的论文。他在文中表明,硫磺可与不同物质结合,其方式和氧气相同,它也可将可酸化的碱转化为酸,将可碱化的物质转化为碱。硫酸和碱结合形成一类新的盐类物质,他将其命名为硫化盐。自此以后,罗塞大大推进了这个课题的研究,并对化学家们解释一些迄今为止难解的矿物给予极大启发。据此,所谓的银硫其实是一种镍的硫化盐,得到的酸为硫和砷的化合物,得到的碱为硫和镍的化合物。因此,银硫的组成为:

1原子的砷二硫化物

1原子的镍二硫化物

同理,辉钴矿的组成为:

1原子的砷二硫化物

1原子的镍二硫化物

辉锑铅矿的组分为:

3原子的锑硫化物

1原子的铅硫化物

脆硫锑铅矿的组成为:

2.5原子的锑硫化物

1原子的铅硫化物

锑羽矿(此前与硫化锑混同)的组成为:

5原子的锑硫化物

3原子的铅硫化物

灰铜矿(此前似乎很难被还原为有规整结构的物质)的组成为:

1原子的锑硫化物或砷硫化物

2原子的铜硫化物或银硫化物

深红银矿的组成为:

1原子的锑硫化物

1原子的银硫化物

浅红银矿的组成为:

2原子的砷倍半硫化物

3原子的银硫化物

这些试样充分表明硫化盐学说在矿物界的重要作用。

1828年,贝采里乌斯发表了关于钯、铑、锇、铱的性质及其化合物的实验研究结果，以及关于不同铂矿石的分析方法的实验研究结果。

贝采里乌斯对分析化学的最大改进之一是，他提出了一种分离下述物质的方法，也即，从与氧结合生成碱的物质（如铜、铅、银等）中分离出与氧结合生成酸的物质（如硫、硒、砷等）。他的做法是，将合金或是矿石装入玻璃管中，然后通入氯气气流，使用照明灯加热管中的粉末。可酸化的物质具有挥发性，挥发后流过管子并进入用于接收的水容器，而可碱化的物质仍留在管中。罗塞对该方法进行了很大的改进，并利用该法的优点分析了灰铜矿和其他类似的化合物。

贝采里乌斯对分析化学的贡献不仅表现在他自己所做的研究上，也体现在他的实验室培养出的那些学生的工作上：本斯道夫、诺登舍尔德、C. G. 甘末林、罗塞、沃勒、阿尔费德松等都曾在分析化学研究中取得出色的成果。

本斯道夫是埃博大学的教授，这所大学被烧毁后，他迁往一处俄国政府的新垦区。他对一种结晶后具有闪石结构的矿石的分析，无论是分析结果的精准，还是不同组分的分离和定量方法，对于年轻的分析化学家而言都是值得学习的范例。他在分析红银矿时，首次阐明其中所含金属并非以氧化态的形式存在。继贝采里乌斯关于硫化盐的论文之后，罗塞首次对盐的结合本质做出了最详尽的解释。本斯道夫关于几种氯酸性质的论文，对贝采里乌斯最早提出的不同盐类的观点做了很大的补充和完善。

尼尔斯·诺登舍尔德是芬兰矿产的负责人，1820年，他发表了论文《芬兰矿物及岩石学知识导论》，其中包含对十四种拉普兰矿物的描述和分析结果，这些矿物均有价值且其中的几种为新发现矿物。这些分析是在贝采里乌斯的实验室中进行的，都是出色的分析工作。1827年，他依据化学性质发表了一个矿物物种一览表，其中给出了晶体的形状、硬度、比重以及化学组成结构式。

C. G. 甘末林是图宾根大学的化学教授，一生致力于分析化学的研究，发表了大量出色的化学论文，特别是刊载在《施韦格尔杂志》上的那些论文。他分析日光榴石与电气石的论文具有很大的价值。他阐明电气石中存在硼酸。海德尔堡大学的化学教授里欧波得·甘末林也是一位杰出的分析化学家。他的《化学体系》至今仍再版，堪称出自德国的最好的化学著作。

亨利·罗塞是M. 罗塞的儿子，M. 罗塞的老师为克拉普罗特，后来两人成了亲密的朋友以及研究上的合作伙伴。亨利·罗塞以不倦的热情从事分析化学研究，他做过的分析数目众多，方法新颖，技艺令人叹服，也使人受益匪浅。他分析了辉石、钛矿石、灰铜矿、辉银矿、红银矿、辉锑银矿和硫锑铜银矿等，每一个分析都是可效法的范例。1829年,他出版了一部单卷本的分析化学著作,这是迄今所见的最完整和最有价值的同类著作,值得所有想要掌握分析化合物这门困难和不可或缺技艺的学者细心研读。[①]

沃勒是柏林理工专科学校的化学教授,看上去他的主要研究方向并不是分析化学,而是对不同简单物质间如何相互结合形成化合物更感兴趣。值得一提的是他发现了氰酸。他还年轻并且充满活力,我们对他抱有很大的期望。

奥古斯图斯·阿尔费德松因在透锂长石和锂辉石中发现新的固定碱和氧化锂而知名。后来莫斯科的赫尔曼对此做了阐明,贝采里乌斯也做了重复实验,并且他证实,较之阿尔费德松发现的氧化锂,他的氧化锂要轻得多,其原子重量仅为1.75。阿尔费德松关于铀及铀的氧化物以及金属硫化物中氢的作用的实验是重要的工作。同样,他非常细致地分析了大量的矿物,但在后期,他似乎失去了研究活力。他分析过金绿玉,但结果的精确性不如其他分析。由于疏忽,他曾把一种铍和氧化铝的化合物视为硅土。

值得一提的是,瑞典化学家沃尔莫斯塔特和乔利·瓦克梅斯特因其重要论文推动了分析化学的发展。前者关于贵橄榄石的学术论文及后者关于石榴子石的学术论文均具有特殊价值。因本书篇幅所限,在此不可能逐一例述每一位做出过贡献的分析化学家,因此,我恳请读者谅解,我略去了如下化学家:布霍尔茨、盖伦、福斯、杜米斯尼尔、德贝赖纳、库普弗和其他一些有成就的化学家,他们对完善矿物的化学分析做出了很大的贡献。但是这里不得不提到的是米切里希先生。他是柏林大学的化学教授,贝采里乌斯的学生。他发表的同晶物质、各类盐的结晶形态及各种矿物的人工合成方法等方面的论文使他名留青史,也使他当之无愧成为柏林化学教授职位的杰出继任者。一个多世纪以来,在这座城市里,一流的化学家层出不穷,从不间断,并且现在在普鲁士政府的支持下,其数量也是空前的。

法国当下最杰出的分析化学家是洛吉耶和贝尔蒂埃。前者是佛克罗伊的外甥和继任者,并任皇家植物园化学教授;后者一直担任矿物学校实验室主任。洛吉耶发表的分析化学论文并不多,但付诸发表的那些分析结果都堪称精准,非常值得关注。贝尔蒂埃非常活跃,不仅发表了大量论文,而且对分析过程做了多种重要的改进。他提出的分离砒酸的方法以及确定的砒酸重量,已经得到了普遍的应用。据我的经验,我可以说,他将矿物和铅氧化物一同熔融,从而检测出碱,这种方法既准

---

① 格里芬(Griffin)先生刚出版了该书的一个出色的英文译本,其中包括了作者添加的一些重要补充。

确且简便。贝尔蒂埃还年轻，充满活力与热情，我期待他在将来取得更大的成就。

迄今为止，英国的化学家们在分析化学领域并未取得显著的成就。我认为，这和英国遵循的教育体制有关。英国直到近几年都还没有地方教授应用化学。结果是，化学家只能单打独斗地从事研究，靠长时间实践换取必要的分析技能。约在本世纪初，爱丁堡的肯尼迪博士是一个既充满热情又老练的分析化学家，但不幸的是，他英年早逝，只留下少量但出色的分析结果给世人。大约在同一时期，查理斯·哈契特先生也是位活跃的化学家，发表了不少非常出色的分析结果，但可惜的是，这位受人称颂、成就卓著的化学家已远离化学25年多了。因专注于有利可图的多种贸易和财富的有害作用，他断了追求科学的念头。康沃尔的格雷戈里先生是个一丝不苟的人，一心从事分析化学研究，他做过的分析数量不多，但均属出色的工作。他也英年早逝，这不啻是科学的一个损失。爱德华·霍华德先生的情形和格雷戈里一样，他对陨石的分析开启了这个化学分支的新纪元。他不仅技术娴熟，而且坚持不懈，具备一个伟大的应用化学家的特质。在英国现代分析化学家中，理查德·菲利浦先生无疑是第一人，他以娴熟的化学技能完成了一些非常精准的分析，但他的贡献不止于此。可惜的是，在后期他所做的工作甚少，这是因为，为了支撑一个大家庭的生计，他被迫退出了科学界，转向了贸易和制造业。亨利博士的情形和菲利浦一样，他对气体的研究增进了我们在这方面的知识，如果他把他的分析技艺全用到科学研究上的话，那么他就会作为一个发现者赢得更高的声名。亨利博士是一位生产商式的化学家，虽然如此，他理应享有很高的声誉。在近来开始从事分析研究的年轻的化学家中，伦敦大学的特纳博士最受人瞩目。在对锰矿石所作的分析中，他的分析技艺及准确性都令人钦佩，堪称典范。并且，他的分析完全阐明了矿物学的这个分支，而在此之前以及海丁格尔对此的描述出现之前，这个领域一直处于不可知的黑暗中。

若论化学技艺和心智能力，英国没有人比史密森·特南特先生更适合成为一个伟大的分析化学家，但他生来体格羸弱，因此变得和布莱克博士一样处于一种懒散的状态，这在一定程度上限定了他能达到的高度。他发现了锇和铱，并分析了金刚砂和镁质灰岩，单看这些工作就可以了解，如果身体条件允许他尽力的话，他的成就会有多大。他关于金刚石的实验首次阐明，这是一种纯碳物质。他发现的石灰磷化物成为化学讲座上一个最炫目、美丽的展示品，被教师用来吸引学生们的关注。

史密森·特南特是牧师格沃特·特南特唯一的孩子，他的父亲是塞尔比的教堂牧师,是一个受人尊敬的家庭的幼子,其家族位于约克郡里士满附近的温斯利代尔。他于1761年11月30日出生,九岁那年不幸失去了父亲,在他就要成年时,他又因一次不幸的事故失去了母亲。当他母亲和他一起骑马的时候,他的母亲被马甩下,当场死亡。在他父亲去世后,他的教育变得断断续续,显然没有受到重视。他被陆续送往位于约克郡斯科特、塔德卡斯特和贝弗利等地的不同学校。有许多迹象表明,他年轻时偏爱化学和自然哲学,阅读了他能得到的这方面的所有书籍,并模仿书中的介绍做过一些小实验。他的第一个实验是在九岁的时候做的,当时他按一本科技书中的说明,制备了一些制作烟火的火药。

在职业的选择上,他自然倾向于医学,因为这与他的哲学追求更为相关。约在1781年,他前往爱丁堡,在布莱克博士的指导下打下了他的化学知识基础。1782年,他成为剑桥大学基督学院的教员,并定居下来。他在进入学院的初期曾领取助学金,但因厌倦学院生活的清规戒律,于是他改为自费研究人员,从这些条条框框的束缚中解脱了出来。在定居剑桥期间,他主要致力于化学和植物学,但他也学习了数学基础知识,并掌握了牛顿《原理》的最重要部分。

1784年,特南特游历了丹麦和瑞典,因对舍勒慕名已久,他此行的目的就是与舍勒结识。特南特十分高兴能够遇到这位杰出人士,也惊讶于他那些曾做出过伟大实验的仪器竟是如此简单。重返英国后,他向剑桥的朋友们展示了舍勒送给他的各种矿石样品,并且演示了他从那位伟大化学家那里学到的几个有趣的实验。一两年后,他前往法国,并与法国那些最杰出的化学家建立了友谊。之后,他又去往荷兰,当时荷兰正处于反约瑟夫二世的暴动中。

1786年,特南特跟随赫尔曼教授离开基督学院,并一同到了伊曼努尔学院。1788年,他获得物理学学士学位,不久就离开剑桥并定居伦敦。1791年,他进行了那个著名的碳酸分析实验,它完全证实了拉瓦锡先前关于这种物质组成的说法。他的方法是,使磷通过红热状态的石灰碳酸盐,则磷被酸化,木炭沉积下来。也是在这些实验过程中,他发现了石灰磷化物。

1792年,特南特再次前往巴黎,但鉴于当时暴乱一触即发的情况,他幸运地在那个值得纪念的8月10日前离开了巴黎。他一路横穿意大利,并经过德国部分地区,于1793年初,又重新回到巴黎。此时的巴黎在恐怖体制的笼罩下弥漫着黑暗荒凉的气息。一次,他登门拜访德拉米希尔先生,他对这位先生的朴实和谦和非常赞赏,到了那里他发现门窗紧闭,似乎是主人不在家的样子。在费了些时间才被让进屋内后,他发现他的这位朋友坐在里屋,中午时分百叶窗就被合上了,屋内点着烛光。二人经过一番匆忙而忧心忡忡的交谈后，特南特起身离开，他的朋友恳求他不要再来了，否则他如被人发觉还在这里，对他们两人都会带来严重的后果。德拉米希尔的光荣事迹在此值得一说：即使面对大革命时期的审讯，他也保护了他的朋友特南特先生托付他保管的巨额财产。

从欧陆返回后，他寄居在一个教堂里，并在那度过了余生。他仍旧进行医学研究，到医院出诊，但已不大有意从事这类实践活动。1796年，他获得剑桥博士学位。此时，他在经济上已经可以独立，他还觉得医学实践并不能给他带来幸福感，于是下定决心放弃所有实践的想法。他性格上的一个显著特征是情感细腻，他自己也非常清楚，因此他特别不适合从事医疗实践。我们从发生在这个时候的一件事情上看出他的慈爱之心。

特南特在故乡家中有个管家，他对这位管家充分信任，并且待他不薄。一次，这位管家把一件事弄得一团糟，因此特南特返回家乡听他如何解释。特南特为了出版他的书，本来给管家指定了时间和地点事宜，但现在却出了岔子。这位不幸的管家觉得自己把事情搞砸了，没法交代，在绝望中竟然结束了自己的生命。这个伤感的事件使特南特先生深受触动，他尽最大努力救济和保护管家身后的家人，不仅免除了他们的债务，同时提供给他们经济上的援助，后来也一直是他们的朋友和赞助人。

1796年，为了证实金刚石为纯碳物质，他将金刚石和硝石放入金管中加热。实验中，金刚石被转化为碳酸气，碳酸气与硝石中的苛性钾结合。由于金刚石的用量是给定的，所以通过释出的碳酸气的量可以估算碳的生成量。从这个实验中，我们可以看到特南特的一件轶事。沃拉斯顿博士是他的助手，他告诉过我当时的情况，我想他的说法是可信的。特南特先生习惯每天在固定的时间骑马出去溜达。一天，管中的金刚石和硝石正在加热，实验也进行到了关键的时候，特南特突然想起骑马的时间到了，于是他将剩下的实验工作交给了沃拉斯顿博士，自己像往常一样骑马走了。

1797年，他拜访了林肯郡的一位朋友，看到那里正在开展改进农业种植的活动，因此他动了在该郡买一块地皮并开始农业种植的念头。1799年，在切达村庄附近的索美塞特夏，他买下了一大块荒地，并在那里盖了一个小房子。此后他每年夏天都习惯在这里过几个月，偶尔也会在一年中的其他时间来此。或许是由于特南特的懒散和粗心习惯，他的这些农业投机生意并没有取得多大成功。然而他留下的论文中可以看出，他在农业上非常用心，阅读了这方面的优秀书籍，并在他游历英格兰各地时收集了各种事例。在这些考察过程中,他发现在英国米德兰县有两种为人所知的石灰岩,其中一种会产生对植物有害的石灰。1799年,他表明这后一种石灰岩品质不好的原因在于它含有镁碳酸盐,并且发现,在中部地区,这种含镁的石灰岩形成了一个广泛的地层,在原始地区它以名为白云岩的形式存在。

鉴于这种石灰岩在酸中的溶解缓慢,他推断,它是由石灰碳酸盐和镁碳酸盐以化学结合形成的一种复盐。他发现,在潮湿的镁碳酸盐中,谷物几乎不生长并很快死去,因此他得出结论,镁对植物有害。基于这一原理,他解释了含镁石灰岩当肥料使用时产生危害的原因。

1802年,他证实金刚砂仅是各种刚玉中的一种,或者是一种蓝宝石。

同年,他在用王水处理天然铂后得到一种粉末,随后他试图制备铅与这种粉末的合金,此时他观察到粉末的一些显著特性,同时也发现粉末中含有一种新金属。在他开展这项研究时,他已经注意到德科提尔提过的这种粉末,德科提尔已经发现,其中所含的金属可使铂的含氨沉淀物变为红色。不久后,沃克兰用碱处理这种粉末,得到一种挥发性的金属氧化物,他认为这其中的金属与德科提尔看到的金属相同。1804年,特南特证实这种粉末中含有两种新金属,并将其取名为锇和铱。

特南特先生的健康此时已每况愈下,上床睡觉时很少不发烧,常常被折磨得半夜起来,暴露在寒冷的空气中。他发现每天骑马能够得到充分锻炼,恢复和保持体质。他骑马时显得很笨拙,以至于有时会出现有点危险的情况。我不止一次听他讲,说不定哪天他会从马背上摔下来丧命。1809年,在布赖顿附近,他从马上摔了下来,导致锁骨骨折。

1812年他被说服举办了几次矿物学原理讲座,听众都是他的朋友,其中包括许多女士,以及许多科学界的人士。这些讲座十分成功,也使他在朋友圈中成为有极高声誉的良师。在矿物研究中,他特别推崇吹管实验。他也不止一次对我提到,他非常感谢最早从法伦的技术顾问约翰·哥特里布·盖恩那学到的如何使用这个宝贵仪器的知识。

1813年,剑桥大学化学教授一职空缺,特南特被举荐为候选人。他得到朋友倾尽全力的支持,反对意见都被驳回,1813年5月,他被聘为教授。

法国的情况安定下来后,1814年他前往该国南边的几个省,访问了里昂、尼斯莫斯、阿维尼翁、马赛和蒙彼利埃地区。他11月份返回巴黎,深感此次南行受益匪浅。他原打算年末返回英国,但后来逗留到来年2月后才启程。他2月15日到了加来,恰巧加来海港遭遇海风,于是在那停留了几天。等到了20号,他到了布伦,想抓个机会从那里出港。22号他搭乘了一艘船,但海上仍旧狂风大作,船只被迫返航。上岸后,特南特说道:“与自然对抗是徒劳的,我还没有活够呢。”他们于是决定,等到海风小一些时,当晚再试一次。在等待期间,特南特向他的同伴布洛男爵提议,他们可以雇几匹马骑上转转。他们骑马先沿着海边前行,后来在特南特的建议下,又到了拿破仑之柱旁,这个柱子高高矗立在离海岸3里格的高处。因为一天前他看到过这个柱子,此时他急于指给布洛男爵看。他们在从那里返回的途中,偏离原来的道路,因为他们想看一下柱子附近的一座小型要塞,其入口处就在二十英尺深的护城河上。在他们的旁边,有一座直通桥一直连接到一个可开闭的吊桥。吊桥靠一个支点转动,靠近要塞的一端被架在地面上;它通常是由一个螺栓固定,但螺栓约在两星期前被盗,此时还没有装上。桥梁太窄,不能供两个人并排前行,布洛男爵提议他自己先行,试着骑马过去。当察觉到桥在逐渐往下沉时,他一面试着要通过桥中间,一面大声叫喊以提醒他的同伴危险,但这已经太迟了,二人都掉进了河渠里。男爵虽然受到了惊吓,但很幸运没有受什么大伤,等他恢复意识,发现特南特躺在马上,已经奄奄一息。他被送往最近的地方医院进行抢救。一段时间之后,他好像恢复了一丝意识,想说话但却无法开口,不到一个小时就离开了人世。几天后,他的遗体被埋葬在了布伦的公共墓地,当地大多数英国居民都出席了他的下葬仪式。

我们将看到,有这样一个研究分支,它与分析化学密切相关,并且矿物学家和化学家利用自己的巨大优势促进了它的发展。我指的是吹管的应用,它采用干法对矿物进行小规模的分析,如此一来,至少能够确定待检测矿物的组分的性质。相对采用溶液法所作的严格分析,它可作为一种预备分析,因此具有许多优点。如果我们知道组分的性质,那就可以预先形成一个分析计划,在很多情况下,这样做可以避免同时进行两类独立分析研究的麻烦和繁复。反之,如果我们开始分析一种矿物时对其性质一无所知,那么就不可避免要同时进行两类独立的分析研究。检测矿物的第一步是确定其组分的性质。明白了这个道理,我们就能制定一个分析计划,据此顺次分离出矿物中的每一组分并估算各自的量。现今,应用吹管可以在几分钟之内准确地确定组分的性质,因此省去了预备分析的麻烦。

吹管为金匠焊接时用到一种管子。借助于吹管,他们可以迫使蜡烛或灯火的火焰聚焦到他们希望加热的特定点,这样就可以焊接各种小饰品,但又不影响不需要加热的其他部分。克隆斯特和英格斯特罗姆首次想到。可将这种小仪器应用于矿物的分析中。他们将待检测的一小片(甚至没有针头大)矿物放在一块木炭上,让吹管的火焰对准矿物,使矿物升温到白热化。然后他们观察矿物可能的变化,如是否烧爆、耗尽抑或熔化,无论如何,他们都能从中得出有关被检测矿物性质的结论。

贝格曼对这种仪器所起的重要作用感到惊异,于是想要彻底考察吹管对不同矿物的加热作用,这种作用或针对木炭本身,或是各种焊剂的混合物。他选用了三种不同的物质作为焊剂,依次为苏打碳酸盐、硼砂和苏打磷酸氢盐,最后这种焊剂也可以等效地选用氨化苏打磷酸盐或是当时从尿液中提取出来的苏打磷酸氢盐(磷酸氢钠氨)。该盐是由整粒的苏打磷酸盐和整粒的氨磷酸盐化合而成。它在吹管下加热会被熔化,其中的结晶水和氨都会逐渐释出,最后只剩下苏打磷酸氢盐。已经发现,这类焊剂与绝大多数矿物反应都会放出大量能量。苏打碳酸盐遇富含硅土的矿物非常易于熔化,而硼砂和苏打磷酸氢盐对碱性物质作用巨大,对硅土的作用不明显,硅土在熔融物中没有任何变化。如将硼砂和苏打磷酸盐的混合物置于木炭之上,只要掌握火焰的适宜应用方式,我们通常可以将金属氧化物还原为金属态。贝格曼雇了当时是他学生但实验技艺娴熟的盖恩来做这些必须的实验。贝格曼将这些实验结果写成一篇论文并在1777年寄给了布洛男爵,1779年他又在维也纳将其出版。这篇有价值的论文将吹管应用于矿物分析指明了方向,并且,对于书中每个有新意之处,贝格曼也要感谢盖恩完成实验之功。

约翰·哥特莱比·盖恩是贝格曼和舍勒的好友。他是一位非常有教养的人,也是我所有交往过的科学家中为人最为朴实和友善的一位。1812年,我和盖恩一起在法伦待了好几天,而这也是我生命中最愉快的时日之一。他具有非常广博的知识,举止朴实大方,面容慈善,透射着迷人的气质。1745年8月17日,他出生在南赫尔辛格兰的沃克森纳铁矿区。他的父亲汉斯·雅克比·盖恩是斯托拉·库珀伯格政府的财务主管。他告诉我,他的祖父或是曾祖父从苏格兰移民到了这里,他还提到几个有亲戚关系的苏格兰家族。在威斯特拉斯完成中学学业后,他于1760年前往乌普萨拉大学。在此前的学习中,他已显示出对化学、矿物学和自然哲学的偏爱。在瑞典几乎很难找到科学仪器制造商,因此他也像其他从事科研的人一样,熟练掌握了各种不同工具的使用方法,以便用这些工具自制科研所需的各种仪器。他在乌普萨拉度过了近10年,这期间他打下了非常扎实的化学知识基础,并做出了多项重要发现,但他生性谦和,淡泊名利,他人将这些发现据为己有他也不置可否。他令一块六棱形矿物落下,矿物很偶然地被摔碎了,他因而发现了其中石灰碳酸盐的长菱形晶核,这个发现成为豪伊结晶学说的基础。他与贝格曼交流了这个现象，贝格曼将其发表在自己《选集》一书的第二卷上，但书中并未提到盖恩的名字。

骨骼中的难还原氧化物被认为是一种特殊的简单氧化物，但盖恩通过分析阐明，它是一种磷酸和石灰的化合物。他将这一发现同舍勒做了交流，舍勒随后在1771年发表了一篇关于萤石的论文，在该文的第17节，他在描述磷酸对萤石的作用是说道："后来发现，骨骼或是角中的难还原氧化物是和磷酸结合的石灰质氧化物。"舍勒在这个评述中并未提到盖恩的名字，因此很长一段时间以来，人们都认为舍勒不是盖恩做出了这项伟大发现。

同一时期，盖恩还阐明了锰的金属性质并测定了其性质。当时，贝格曼宣布这一发现是盖恩的发现，在盖恩所阐明的无数新事实中，这差不多是唯一一个被归于他名下的发现。

盖恩的父亲去世后，他的生活陷入窘困中，他不得不转向矿业和冶金研究。为了掌握矿业实践知识，他像普通矿工一样同他们一起劳作，一直到他学到了通过实践所能学到的所有实用技艺和知识为止。1770年他受矿业大学委派，创设了一门实验课程，旨在改进法伦的铜冶炼技术。这项研究促成了对整个冶炼系统的革新，从而节约了大量时间和燃料。

一段时间后，他在斯托拉·库珀伯格政府里担任一个主管职位，参与了一些繁重的工作。1770年他第一次定居法伦，并一直住到1785年。在此期间，他专心于改进当地及附近地区的化工厂，创建了硫磺、硫酸和铁丹生产厂。

1780年，皇家矿业学院为了褒奖盖恩对化学发展所做的贡献，授予了他一枚金质奖章。1782年收到了矿业大师的皇家特许证书。1784年，他被任命为皇家矿业学院的技术顾问。出于公务需要，这个职位和他所担任的其他职位一样，使他可以长时间住在斯德哥尔摩。同年，他与安娜·玛丽亚·伯格斯土姆结婚，并育有一个儿子和两个女儿，他同她一起度过了31年平静的幸福生活。

1773年到1814年，盖恩一直是皇家矿业学院的化学薪金领取者。在这期间，学院几乎所有的疑难问题都要送到他这里处理和解决。1795年，他被选为指导王国一般事务的委员会的委员；1810年，成为维护穷人生计的委员会委员；1812年，被选为皇家农业科学院的预备院士；1816年，成为矿业协会筹备委员会委员；1818年，被选为造币厂委员会的委员，但不久后，在他的请求下，他退出了该委员会。

盖恩的妻子1815年去世，从那时起，他本来就不健壮的身体日渐虚弱。盖恩的健康偶有好转，但疾病反复发作，一次比一次厉害，到了1818年秋天，病情发展得更快也更为严重。他逐渐变得虚弱，1818年12月8日，他安详地离开了人世，没有一丝痛苦。

自从在贝格曼的要求下做了吹管实验后，盖恩的研究兴趣就转向了这个仪器，在他漫长的一生中，他对其做过许多改进，因此能够做到在几分钟内就确定几乎是任何一种矿物的组分。他几乎涉猎了整个矿物王国，并在吹管前考察了几乎是每种矿物的性质，不论这些矿物是单一的，还是与他发明的用于检测不同矿物组分的各种焊剂和试剂混合在一起的。但是，他没有将这些观测资料和实验结果记录成册或写成正规的学术论文，这是因为他没有这个意愿。如果不是贝采里乌斯给他一个助手职位，那么这些资料和结果很可能已经灭失了。他曾执笔写了一篇关于吹管的短论文，其中详细说明了他所发明的那些装置的使用方法，该文刊载于《贝采里乌斯化学》第二卷。贝采里乌斯和盖恩后来在吹管前考察了所有已知的矿物，或者至少是他们可以得到的矿物。所有这些实验的结果成了贝采里乌斯关于吹管的专题论文的素材，该文被译成了德语、法语和英语。可以说，该文包括了所有盖恩对吹管使用所做的改进，同时也包括了盖恩在吹管前观测并收集到的有关矿物行为的所有新事实。它是一本极其有用和有价值的书，每个分析化学家手边都应该备有这样一本书。

像盖恩一样，沃拉斯顿博士对吹管的作用也非常看重，并对其用途做了许多改进，因此也能够做到在几分钟内就确定任何一种矿物的组分。他对这样的实验乐此不疲，只要谁有一种新的矿石，他就会拿来分析并说出矿石的组分。如果伦敦还有矿物学家的话，那么他们肯定迫切希望有这么一个可以召之即来、从不爽约的人。

威廉·海德·沃拉斯顿博士是牧师沃拉斯顿博士的儿子，这位父亲是英格兰教会一位有地位的牧师，而且拥有足够的财富。他很有能力，是一个杰出的天文学家。他的祖父就是《自然宗教》划定的著名作家。威廉·海德·沃拉斯顿博士于1767年出生，他家有15个孩子，个个都活到成年。他的体质生来羸弱，但是，通过在生活中保持严格节制，并饮食有度，他使自己处于适合开展脑力劳动的状态。他在剑桥接受了教育，还曾是那里的研究人员。在伦敦，他通过到医院值班和听讲座，学习了医学并获得剑桥的博士学位。这之后，他定居圣埃德蒙特并在那里做了几年医师。之后他回到伦敦，成为了皇家医师学院的医师，并开始在这个大都市做执业医生。当得知圣乔治医院有个空缺职位时，他自荐补任该机构的这个医师职位。但是，另一个他认为知识和技术水平都不如他的人却占了先，于是他彻底放弃了医学,将余生奉献给了科学研究。对于他父亲这样一个大家庭而言,他的收入显得微薄。为了改善家庭境遇,他转而想到了制备铂这个主意,并取得了显著的成功,可以想见他靠这个肯定发了一笔大财。威廉·海德·沃拉斯顿博士首次将铂还原,并转化为纯态的铂锭,使其适合各种用途。它可以被用作化学实验容器,如此一来化学研究的精确性得以大大提高。在硫酸生产过程中,铂容器也被用来逐渐替代玻璃容器。

沃拉斯顿博士对发明科研仪器有着特殊的兴趣。他的反射测角仪对矿物学家们而言是一件宝物。就像我们最近看到的那样,借助这种装置,晶体学取得了长足的进步。他发明了一种简单仪器,用于测定不同物体反射光的能力。对不懂绘画的人而言,他发明的显相器提供了一种描绘自然物体的简便方法。他发明的潜望镜也有很大的用处,销量巨大。他还发明了一种计算化学当量的计算尺,可以马上算出分解给定量的一种物质所需的另一种物质的量。

沃拉斯顿博士的知识面广博,除了卡文迪什先生外,他爱好之广泛,不亚于同时期任何其他科学家。但是,他贡献最大的领域是光学和化学。他的第一篇化学论文研究了尿结石,该文大大增进了我们先前已有的这方面的知识。他首次指明了桑结石的组分,并表明它由石灰草酸盐和动物质组成;首次阐明三重磷酸盐、胆囊性氧化物及偶见于痛风患者关节处的痛风石的性质;首次证实流电和普通电流的同一性,并解释了二者产生不同现象的原因;发现了钯和铑并论述了这两种金属的性质;首次指出草酸和苛性钾按三种不同比例混合后,形成草酸盐、草酸氢盐和草酸二氢盐。他还首次阐述了其他许多化学事实,与此相关的众多论文散见于近四十卷的《哲学汇刊》。这其中一个有价值的工作是将原料铂还原金属并将其制成铂锭。

沃拉斯顿博士于1829年1月死于脑肿瘤。如果我没记错的话,是死于脑丘神经病变(thalami nervorum opticorum)。可能的情形是,肿瘤已长了一段时间。他的眼睛是我见过的最敏锐的眼睛:他可以用钻石在玻璃上刻下很小的字,凭肉眼无法看清,看上去只是一些凌乱的痕迹,但在显微镜下观察这些字迹,它们工整秀气,完全可以辨认。几乎到生命的最后一刻,他都保持着清晰的意识:当他躺在那里看上去毫无知觉的时候,他的朋友们十分担心他还是否清醒,他用手写的方式告诉他们,他的意识完好。很少有人像沃拉斯顿一样获得人们普遍的尊重和信任,或像他那样很少有敌人。当你和他接近,起初会认为他害羞、冷漠并且十分谨慎,但交往相熟之后,他会不知不觉地变得越来越招人喜欢,到最后,你会把他看成是最真挚的朋友,并收获最温暖和最亲密的友谊。

第五章 电化学

类似于化学,电学也是一门现代科学,其起源不会早于1725年。而在上世纪后半叶及当代,电学和化学在欧洲和美国科学家的推动下,都充满了朝气蓬勃的发展活力。多年来,人们并没有想过电学和化学间会有什么联系,但是,诸如云和雨的形成等的一些气象现象,就显然与化学相关,因此也可以说与电的作用有一定联系。

约在1790年,伽伐尼和伏特的一场争论使得人们认识到化学与电学的密切联系。这两人均为意大利科学家,他们在科学上做出的发现足以使他们名垂青史。伽伐尼是解剖学教授,当时正潜心思考和研究肌肉运动。他认为,人脑中会分泌一种特殊的液体,这种液体经神经被送往人体各个不同的部位。这种神经流体和电流的性质类似:神经流体可充盈于肌肉中,就像是给莱顿瓶充电。当累积的神经流体借助神经的自发功能释放时,就产生了肌肉运动。在一次实验中他偶然发现:在青蛙刚刚死后,取一段青蛙腿部神经,再取一块青蛙腿部肌肉,将一个锌片与神经接触,再将一个银片(或铜片)与肌肉接触,在这两块金属片互相接触后,肌肉产生剧烈的痉挛,死去的脚足开始运动。他认为,由于金属具有导电能力,因此肌肉中的神经能量得以释放并导致痉挛。

伏特重复了这些实验,并给出了不同的解释。他认为,痉挛是一股通过青蛙残腿的电流所致,只是因为生理反应,肌肉才处于痉挛状态。肌肉坏死后这种生理反应就会消失。故此,只有当生命原质还存在时痉挛才会发生。在他看来,每个金属导体自身都具有特定的电量,它可为正电,也可为负电,该电量极小,导体为金属态时,几乎难以被觉察。但是,如果一个处在绝缘状态的正电性金属与另一个负电性金属接触,则因电感应作用,这两者中的电荷量都会增加,此时如将两块金属分开,并将它们接到足够精密的静电计上,其电量就是明显可感的。故此,锌具有正电性,铜和银具有负电性。如果我们取铜盘和锌盘各一个,在每个盘子的中间都接上一个漆过的玻璃手柄,让这两者短暂接触一段时间后,利用玻璃手柄将二者分开,再将它们分别接到足够精密的静电计上,我们会看到锌带正电,银或铜带负电。当锌和银被分别置于青蛙腿的肌肉和神经上时，它们一经接触，因感应作用，锌变成了正极，银为负极。但是由于动物体本身为导体，前述状态不可能持续，这两种电流会流过肌肉和神经并相互中和。因此是电流导致了肌肉痉挛。

以上是伏特对青蛙腿流电实验中肌肉痉挛原因的简要解释。伽伐尼对此大为质疑，并且，针对伏特在论证中需要涉及两种金属这个前提，他表明，在特定的情形下一种金属也可使肌肉痉挛。伏特的实验表明，极小量的一种金属，如与另一种金属铸成合金或只是与其接触，就能够引致前述的两种电流。为了以无可辩驳的方式证明两种不同的金属接触后能够感应出两种电流，他做了如下实验：

他首先选了50块锌片，每片大约一个金币大小，其次选了同样多的铜片，最后选了同样数量和大小的卡片，卡片经盐水浸泡至湿润。将一块锌片放到桌上，在锌片上放置一块铜片，然后再加一块湿润的卡片。卡片的上方再放一块锌片、一块铜片，最后又是一块湿润的卡片。之后按照锌、铜、卡片的顺序将所有的材料叠放完成。因此，最下面的板为锌，最上面的为铜(最后一块卡片可能被略去了)。按上述方式，50对锌板和铜板相互接触，每对间由一块湿润的卡片隔开，卡片为导电体。现在将两手的各一个手指头用水浸湿，将一个湿手指按在最底下的锌板上，另一个按在最高的铜板上，那么手指头瞬间就会感觉到一股电流的冲击，其强度和堆中锌铜板的对数成正比。这就是人称的流电实验或更确切的说是伏特电堆。1800年，伏特在《哲学汇刊》上发表了一篇论文，从此伏特电堆广为人知。这个电堆后来不断得到改进，所用槽材料先是烤木，之后改用陶瓷，并且因为板对数太多，堆就被分成了许多腔室。板的尺寸增加了，且被裁成了正方形，并且还发现，只要用一个金属条把各个板自下而上沿着外围焊接在一起，就没有必要采用全接触的方式。如此焊接在一起的两块板就可以躲过分开两个腔室的隔板，因此锌板在一个腔室，铜板则在另一个腔室。需要注意的是，对的排列需要保持一致，一块铜板总是紧接着和一块锌板相对放置。腔室中浸满导电液体，用到的有盐水，或是盐的醋酸溶液，或是盐的稀盐酸、稀硫酸和稀硝酸溶液；其中稀硝酸效果最佳，电池的电量直接与硝酸的强度成正比。

尼克尔森先生和卡莱尔最早用这个仪器重新做了伏特的实验，并立刻受到全欧洲的关注。他们阐明，伏特电堆中，锌的一端为正电性，铜的一端为负电性。实验中碰巧有一滴水滴在了最上一层板上，并且落到了一根与底板相连的金线的末端，他们从金线上观察到了脱出的气泡。他们因此想到水可能被分解了。为了证实这一点，他们收集了一部分脱出的气体，发现它是氢气。随后，他们把一根金线接到锌的一端上,取来另一根接到铜的一端上,然后将这两根金线都插入一杯水中,但应注意避免两根金线直接接触。两根金线上都有气体产生,从锌板一端收集到的为氧气,铜板一端为氢气。释出的氢气的体积刚好为氧气体积的两倍。如将两种气体混合后通过电火花,它们会爆燃并完全转化成水。因此显然,水在电堆的作用下被分解,氧气从正极逸出,氢气从负极逸出。如传导用的线材为金或铂,情形的确如此。如使用铜、银、铁、铅、锡或锌,那么只有氢气从负极逸出。正极产生的气体很少,甚至没有,它很快就被氧化了。至此,化学分解与电流间的联系第一次得到了确立。

很快,亨利、霍尔丹、戴维和其他实验者就观察到,同水一样,其他化合物也可被电流分解,例如氨、硝酸和各种盐。1803年,贝采里乌斯和希生格尔发表了一组重要的实验。他们借助电流的作用分解了11种不同的盐。这些盐都被溶于水中,从堆的两极引出的铁线或银线插在溶液中。分解过程中,酸聚集在正极周围,碱性盐聚集在负极周围。在对氨进行流电分解实验时,正极产生氮气,负极产生氢气。

戴维第一个完全阐明了流电所致化学电解的作用,首次阐述了分解现象背后的化学机理,并将流电机理用作分解各种化合物的利器,但在此前,任凭化学家如何努力,都难以将这些化合物分解为相应的基质组分。对于化学的这个最为蒙昧的分支而言,这些发现不啻为一线曙光,也足以使这位发现者青史留名。

做出这些伟大发现的是汉弗莱·戴维。他于1778年出生在康沃尔的彭赞斯。还在幼年时期,他就显露出一种探究的精神,并且想象力超人,以致在此小小年纪,他就会和人论辩他将来会是一个什么样的人。当他很年轻的时候,他给当地镇上的一个药剂师做学徒。即使是在此期间,他在科学方面取得的成果,就已引起了戴维斯·吉尔伯特先生对他的关注,后者是在任的著名的皇家学会会长。在他的建议下,汉弗莱·戴维决心从事化学研究,因为这对他是最好的成名之道。大约在这个时候,格雷戈里·瓦特先生——那位著名的蒸汽机改良者的幼子——恰巧也在彭赞斯,他与青年戴维会面后高兴地发现,戴维具有非凡的学识,超人的想象力,即使是在非常不利的条件下从事科学研究,但心灵手巧,充满工作热情。这些情况给瓦特留下了深刻的印象,也促使他举荐戴维为最佳人选,进入布里斯托尔学会主管气体药用效果的检测。

自普利斯特利发现了那些不同的气体,并考察了它们的性质之后,化学家们似乎都同时想到,如果这类气体与呼吸的空气(而不是普通空气)一同使用,它可能具有治愈疾病的强大功效,它可以是某种气体,也可以是几种气体的混合物。当时,牛津大学化学教授的贝多斯博士是这种观点的最热心支持者之一。伯明翰的瓦特先生和韦奇伍德先生也持有相同的观点。约在本世纪初,有人捐了一大笔经费用于对这种观点进行实验考察。并且,因为贝多斯作为一名医师定居在布里斯托尔,因此达成协议,实验考察在布里斯托尔进行。但是,贝多斯博士无法胜任学会的管理,学会需要一位充满热情和有才干的青年,这个青年应该能够在仪器会出现问题且管理也不善的情形下,知难而上,以充分的热忱进行这项研究。韦奇伍德先生和瓦特先生捐赠了最大一笔研究经费,当然他们在推荐一个合适的负责人上影响力最大。格雷戈里·瓦特对戴维十分赞赏,大力推荐他来管理这项科研课题。戴维斯·吉尔伯特先生同样也推荐戴维,他对戴维的科研成果和才能很是了解。最终戴维成功得到了这个职位。在布里斯托尔,他在此任上一年,期间他研究了呼吸作用中不同气体的作用。但他没有局限于只研究气体,同时还考察和确定了硝酸、氨、氮的低氧化物和氮重水的性质及其组成。1800年,他将这些研究成果结集出版了一卷名为《关于含氮氧化物,或是去燃素含氮气体及其在呼吸中的作用的化学和哲学研究》的著作。作为化学家,戴维因该书一举成名,考虑到当时的特定情况,该书的确是一本出色的著作。在发现吸入氮的低氧化物(含氮氧化物)会引发中毒后,他在大量受试者身上测试了这种毒性作用。对于戴维的声名而言,较之他随后的成功,以及在其他研究中所作的显著贡献,这项幸运的发现贡献最大,甚至对人类而言,这也是戴维所作贡献最大的一部分。

几年前,由伦福德伯爵赞助,伦敦成立了一所哲学研究机构,并起名为皇家学会。该学会举办化学和自然哲学方面的讲座,建立了一个实验室和一个图书馆,加内特博士出任该机构的第一位教授,但因为他和伦福特伯爵意见不合,于是辞去了这个职位。当时这个职位有众多的候选人,但因戴维研究成果和声名均显著,抑或是因他发现了含氮氧化物的毒性作用,人们认为选他担任此职,既是该机构的幸事,也是英格兰的一个荣光。1801年,戴维顺理成章地担任化学教授一职,托马斯·杨博士担任自然哲学教授。戴维因其研究课题偏向大众实用,或是他具备出众的演讲能力,不久后就成了一位广受欢迎的演说家,他的讲座经常人满为患。然而,尽管杨博士的演说内容深刻,条理清楚,可听众总是寥寥无几。戴维在此兢兢业业从事研究长达十一年,他因所作发现成为欧洲最声名卓著的化学家。

1811年,他被授予骑士荣誉,并在不久后与寡妇阿普丽斯夫人结婚。她是科尔先生的女儿,科尔先生曾是罗德尼男爵的秘书,在西印度群岛赚过大钱。戴维不久被加封为准男爵。大约在此时,他辞去了皇家学会化学教授一职,去了欧洲大陆,并在法国和意大利待了许多年。1821年,约瑟夫·班克斯爵士去世,很多同仁投票推选沃拉斯顿博士,但是他拒绝成为会长职位的候选人。汉弗莱·戴维爵士急于想获得这个显赫的职位,并在1821年11月30日以绝大多数票选为会长。他在此任上共7年,后因身体健康日渐下降,不得已在1828年辞去该职,去了意大利。他在那里待到1829年,此时他感到自己的身体已一天不如一天,该是落叶归根的时候了,于是启程返回故乡,但是到了日内瓦的时候,他病情加重,已无法再继续前行,只能卧病在床,最后于1829年5月29日在此离世。

1807年,戴维那篇刊登在《哲学汇刊》上的著名论文——《论电的一些化学功能》当之无愧是他的成名之作。我认为,该文不仅是他所有著述的代表作,也是他所在那个年代最为优秀和完备的归纳推理范本。人们已经观测到,将从伏特电堆的两极引出的两根铂线各自插入一个水容器中,两容器间由湿石棉或是其他任何导电物质连接,则在正极附近出现一种酸,在负极周围是一种碱。有些人将这种碱称作苏打,有些人称其为氨。而酸则被描述成是硝酸、盐酸,甚或是氯。戴维通过确定性实验表明,在所有情形下,生成的酸和碱均出自水中所含盐或是盛水容器所含盐的分解。最常见的情形是,分解的盐是普通盐,因为这种盐存在于水、玛瑙、玄武岩和其他石质材料中,而他用的容器正是由这些材料制成。当一个玛瑙杯在实验中被连续多次使用时,它释出的酸和碱的量每次都会减少,直到最后根本不能被检出。如果使用玻璃容器,苏打就会从玻璃中溶出,并在其上留下可见的剥蚀痕迹。如电极插入纯水中,并且盛水容器不含丝毫碱性物质,那么电极附近不会生成酸或碱,而仅仅是水的组分,也就是说,只有氧气和氢气释出。正极一端生成氧气,负极一端生成氢气。

如将正极导线插入一个盛有盐溶液的容器里,负极导线插入一个盛有纯水的容器里,用湿润的石棉条连接两个容器,则正极导线周围出现这种盐的酸,并且,考虑到两容器的中间过渡因素,在一段时间后,也可在负极导线周围检测出碱的存在。但是,如果这个中间过渡是一个这样的容器,其中盛有的物质对碱有很强的亲和力,将该容器放在前述两个容器之间,且同样用湿润的石棉条相互整体连通,此时,大部分甚至于全部的碱都会聚集在这个中间容器里。故此,如盐为重晶石硝酸盐,中间容器中加入的是硫酸,则在中间容器中会生成大量的重晶石硫酸盐沉淀,在负极导线周围极少甚至没有重晶石出现。戴维就此专题进行的一系列实验非常细致,内容广泛,结果也令人信服,使得人们对这些事实确信无疑。

他从这些实验中所得的结论是,所有物质都具有相互的化学亲和力并处于不同的电状态,亲和力的强度与这种相反状态的强度成正比。当一种化合物同原电池的两极接触时,阳极吸引负电性组分,排斥正电性组分;相反,阴极吸引正电性组分,排斥负电性组分。电池的电能越大,吸引和排斥作用也就越强。因此,通过充分地增大电池的电能,就能够使任一种化合物分解,并将负电性组分吸引到阳极,正电性组分吸引到阴极。氧气、氯气、溴、碘、氰和酸为负电性物质,故聚集在电池的阳极。而氢、氮、碳、硒、金属、碱和金属氧化物等会沉积在阴极,故为正电性物质。

根据以上观点,化学亲和力只是物质在不同电状态下表现的一种吸引力。伏特首次提出如下说法:每种物质都自然带电。戴维在此基础上进一步得出结论:不同物质的原子间存在的吸引力是由于物质处于不同电状态而引起的。该论点的事实依据是,一种化合物如处于足够强大的电极之下,其组分会分离,其中一个会到达阳极,另一个则到阴极。处于一种电激发态的物质,会吸引处于相反态的那些物质。

如果电流被认为是由两种不同的流体组成,二者间存在的相互吸引力与距离的平方成反比,并且流体的粒子间相互排斥的力的变化也遵守相同的规律,那么得到的肯定结论就是,每种物质的原子表面或多或少会覆盖有一层电流体。氧和其他助燃物质的表面包裹着负电层,而氢、碳和金属的表面带包覆着正电层。至于电为何会粘附于原子之上,我们不得而知。它不是类似万有引力那样的吸引力,因为电从不会渗透到物质的内部,而是绕着物质的表面通过,表面上积累的电量与物质的重量无关,而是与其表面积成正比。但无论什么原因,电的粘附作用足够强,似乎无法被克服。设想有一原子的物质(例如氧),它未与其他物质结合但表面被电所覆盖,显然,氧表面覆盖的负电层会在吸引正电并与其结合中逐渐呈电中性。但是,设想一原子氧和一原子氢结合,显然,一种原子的正电层会有力地吸引另一种原子的负电层,反之亦然。再者,如果两类电层与各自的原子不能分离,则两类原子间就会紧密结合,相反的电强度也多少会相互平衡从而呈电中性,如此一来,这种电中性就不受任何其他来源的电性的影响。但是,如果带相反电性的电流通过这种化合物,那么它会中和原子各自的电性,从而导致该物分解。

戴维为解释电分解作用,首次提出了亲和力的电理论,以上即是对该理论的一个粗略介绍。这一理论已被化学家普遍接受,在解释不同的实验现象方面还取得一些进展。本书不打算就此展开更深的讨论,若有读者对此感兴趣,并想得到更多信息,可以参阅《贝采里乌斯化学论文集》第一卷,仲马《应用化学技艺论文集》的引言部分,以及我的《化学系统》(此书正在付印中)的引言部分。

戴维在有了这个能将化合物中相互结合的组分分离的利器后,马上就将其用于苏打和苛性钾的分解。这两种物质均被认为是化合物,但迄今为止的各种分析尝试都以失败告终。戴维取得了成功。从一个大功率电池的负极引出的铂线接到一小块轻度润湿的苛性钾上,苛性钾放置于铂托盘上,而托盘与电池的正极相连接,很快,白色金属小球就出现在电极末端。他立刻证明这种白色金属是苛性钾的基质组分,并将其命名为钾。不久后证明,苛性钾由五份重量的钾和一份重量的氧组成,因此它是一种金属氧化物。随后他也很快证明,苏打是氧和另外一种白色金属的化合物,并将这种金属命名为钠。石灰是氧和钙的混合物,氧化镁为氧和镁的化合物,重晶石组分为钡和氧,氧化锶组分为锶和氧。简言之,固定碱和碱性的难还原氧化物均为金属氧化物。阿尔费德松不久后发现了氧化锂,戴维也成功地利用原电池将其分解,并分析出其组分为氧和一种他称之为锂的白色金属。

在用原电池分解矾土、铍、钇氧和锆土时,戴维并不像前面那样成功:这些物质的导电性能不佳,但无法否认它们确实是金属氧化物。这些物质都经过长时间的分解,其基质组分是在氯和钾的联合作用下获得的,实验表明它们均为金属氧化物。由于戴维对原电池作用的原创性发现,因此如下问题得以澄清:先前分化出的四类物质——碱土,难还原的碱性氧化物,过渡性褐土氧化物(earths proper)以及金属氧化物——实际上是同一种物质,它们都是金属氧化物。

汉弗莱·戴维爵士的这些发现非常重要,也足以使他彪炳化学史册,但他的贡献还不止于此。他的氯气实验称得上有趣和重要,也有一定影响。在上一章中,我曾提到过贝托莱有关氯气的一组实验,他得出的结论是,它是一种氧和盐酸的化合物,因此它被称为氯酸。贝托莱的观点得到了化学家的普遍认可,并被视为是一个基本原理。直到盖·吕萨克和泰纳尔进一步的研究发现,氯气无法分解,或者说无法将氯气分解为盐酸和氧。他们以再清楚不过的方式表明,这种分解绝不可能,也没有任何直接证据让人想到氧会是氯的一个组分。他们的结论是,水为盐酸气的一个基质组分。借助这个假说,他们成功地解释了实验中观察到的所有不同现象。他们甚至做了一个实验,以便确定如此结合的水的量。他们将盐酸通过热的铅黄(铅的低氧化物),此时有铅的盐酸盐和大量的水生成,生成水被收集下来。虽然他们的意图并不是确定比例关系,但我们不难算出给定量的铅黄吸收已知量的盐酸气后生成水的量。假定有十四份的铅氧化物,若将其转化为铅的盐酸盐,需要4.625份(重量)盐酸,在生成铅的盐酸盐的过程中,可得到1.125份的水。从这个实验不难得出结论:以重量计,盐酸气中大约有四分之一为水。

1809年2月27日,盖·吕萨克和泰纳尔向学会报告了他们在研究氯气和盐酸气时发现的一些非常有趣和重要的实验现象,以及他们对此的解释,该研究的摘要发表在《阿尔克伊学会学术论文集》的第二卷中。毫无疑问,正是这两位法国化学家所作的这些有趣和重要的实验,使戴维将注意力重新转移到了盐酸气体的研究上。他在1808年就已经表明,钾在盐酸气体中加热时生成苛性钾盐酸盐,并有一定量的氢气释出,其量达到盐酸气体量的三分之一,并且他指出,无论在什么情况下都无法从氯制得盐酸,除非存在水或是其基质组分。这一结论得到了盖·吕萨克和泰纳尔的充分证实。1810年,戴维继续研究这个课题,同年6月在皇家学会宣读了一篇论文,其中证实氯为一种简单物质,盐酸是氯和氢的化合物。

戴维的这个研究给化学理论带来了一次变革,其性质和重要性堪比拉瓦锡提出关于燃烧和煅烧中氧气作用的学说。之前人们认为,硫、磷、木炭和金属均为化合物,它们均含一种被称为燃素的组分,所含的另一种组分就是燃烧和煅烧后剩下的酸或氧化物。拉瓦锡表明,硫、磷、木炭和金属均为简单物质,生成的酸或金属灰都是这种简单物质和氧的化合物。同样,戴维表明,氯不是盐酸和氧的化合物,它实际上是一种简单物质,盐酸是氯和氢的化合物。这一新观点立即推翻了拉瓦锡的氧是酸化原质的假说,改变了先前有关盐酸的所有观念。一直以来所谓的盐酸盐实际上是氯和易燃物体或是金属的化合物,与氧化物非常相像。因此,当盐酸气体通过加热的铅黄时,二者发生复分解反应,氯与铅结合,盐酸中的氢和铅黄中的氧结合并生成水。因此,我们知道了为何在此例中会有水生成,我们还知道了,人们一直说到的铅的盐酸盐其实就是一种氯和金属铅的化合物。因此,铅的盐酸盐应正名为铅的氯化物。

如不推翻旧观念的基础,戴维提出的新观点就不可能得到所有化学家的认可。但是,随之而来的争论可以说微乎其微,这形成了一个显著的对比,表明自拉瓦锡时期以来化学的进步是多么大,化学家在摆脱偏见方面是多么彻底。有些人认为,法国的化学家会极力反对认同这些观点,因为他们的直接倾向就是维护法国两名最杰出化学家——拉瓦锡和贝托莱的声誉。但事实并非如此:法国的化学家在这件事情上表现出了极大的公正和独立态度,这反倒有助于提高他们的声望。贝托莱压根就没有参与争论。盖·吕萨克和泰纳尔1811年在《物理化学研究》上发表论文,以非常得体的语气和公正的态度陈述他们支持旧学说而非新观点的理由,但不到一年之后,他们接受了戴维的新观点,即氯为一种简单物质,盐酸是氢和氯的化合物。

新学说的仅有反对者只剩爱丁堡的约翰·默里博士和斯德哥尔摩的贝采里乌斯教授。默里博士才干出众,非常热衷化学,但是他的身体一直处于不好的状况,致使他无法全身心投入实验研究。他唯一涉足的实验研究是有关矿物水的分析。他具有非凡的演讲能力,因此是一位极受欢迎的讲师。他在《尼克尔森杂志》上发表了反驳氯的新理论的论文,约翰·戴维博士对他的评论给予了答复。

约翰·戴维博士是汉弗莱·戴维爵士的兄弟,从他发表的关于氟酸和氯化物的论文可以看出,他与他的兄弟一样,具有娴熟的技艺和归纳推理能力,这正是他的兄弟之所以声名卓著的原因。他和默里博士的争论已有一段时间,双方都精神专注,充满智慧,并且因戴维发现光气或氯碳酸,这场争论对化学科学的发展也富有建设性。双方孰胜孰负已无关紧要。几年来,化学界已普遍接受了戴维的新理论,这也充分说明论辩双方能够相互尊重。贝采里乌斯支持氯具有化合物性质的这种旧观点,并在《哲学年鉴》上发表了一篇论文。除了汉弗莱·戴维爵士对他的一两个实验提出了几点质疑外,没有人认为他值得一驳。不久后,碘的发现,碘的性质与氯的性质的极大类同性,以及它所形成的化合物的明显易见性质,都使得化学家立刻欣然接受新观点,也是对贝采里乌斯反对意见的一个绝好的答复,我认为,至此英国或是法国化学家中没人再接受他的观点。我不能如此肯定的是,他的论文对德国和瑞典的化学家产生了什么影响。在几年里,贝采里乌斯都一直是戴维的新理论——氯是一种简单物质的激烈反对者。但他最终意识到反对是徒劳的,自己的论证也无法自圆其说。大约在1820年,他接受了戴维的理论,并成了这一理论最忠诚的捍卫者之一。此时,默里博士已经去世了好几年,贝采里乌斯也放弃了他的观点,不再认为盐酸是氧和一种未知的易燃物质的化合物。我认为我们可以公正地说,现今的化学界已全部接受了氯是一种简单的物质、盐酸是氯和氢的化合物这种观点。

近来对戴维理论有利的例子是,巴拉尔德发现了溴及其与氯的极大类似性,以及盖·吕萨克发现了氢氰酸。现今,我们(不用说是硫化的和碲化的氢气)熟悉了四种不含氧的酸,它们是氢和另一种负电性物质的化合物,也即:

盐酸,氯和氢。

氢碘酸,碘和氢。

氢溴酸,溴和氢。

氢氰酸,氰和氢。

即使我们在这里没有看到氢氯酸和氢硫酸等,我们也绝不会怀疑存在许多不含氧的酸。酸是负电性物质和碱的化合物,其中起主导作用的是电负性。

继汉弗莱·戴维之后,两名化学家——盖·吕萨克和泰纳尔也极大地促进了电化学的发展。约在1808年,因为汉弗莱·戴维爵士的那些辉煌发现,科学界的研究兴趣都转向了原电池。拿破仑是当时的法国皇帝,他拨出一大笔经费给当时理工学校校长瑟萨克伯爵,用于构建一个强大的原电池,而盖·吕萨克和泰纳尔受委派,用这个原电池做一些必要的实验。这真是一个最好的安排。他们完成了一次最为细致和昂贵的实验,其成果于1811年以八开本、两卷版出版,名为《物理化学研究:电池。苛性钾和苏打的制备及性质,硼酸、氟酸、盐酸及氧化盐酸的分解,光的化学效应,以及植物和动物的分析等》。无论是其中所含新事实的数量,还是所收集重要知识的充实程度,抑或是对化学发展的贡献,本书均属难得。

该书第一部分对原电池做了非常细致和有趣的分析,并论述了原电池能量所依赖的条件。他们测试了各种导电液体的作用,并改变酸的强度和盐溶液的强度。对应用电化学家而言,他们的这部分工作包含了非常有价值的信息,但讨论这方面的细节不在本书计划之内。

该书接续的部分论述了钾。迄今,戴维借助原电池对苛性钾的作用,仅制得微量的金属钾。盖·吕萨克和泰纳尔发明了可以大规模生产钾的化学分解工艺。他们的方法是,将一段外表覆盖粘土的弯曲枪管穿过火炉,然后与一些干净铁屑接通。枪管的一端接一个填充了一些苛性钾的管子。这个管子或是一端用塞子堵上,或是用玻璃管封住,然后插到水银中。枪管的另一端也用管子封住,并插到含有水银的容器里。此时,通过火炉将枪管加热到白热化状态,之后借助一个特殊的结构设计,苛性钾被熔化并缓慢滴流到白热的铁屑里。在该温度下,苛性钾发生分解,铁与氧结合,钾解离出来,并因其挥发性而堆积到管子较冷的一端,过程结束后,从此冷端收集钾。

应用上述方法,他们制备了大量的钾和钠,因此可以比戴维更为细致地考察其性质。但是,戴维做实验时既精心且不惮劳烦,所以值得继续考察的东西并不多。较之戴维,他们更为精确地确定了这两种金属的密度,考察了这两种金属对水的作用,并以更高的精度测得了释出的氢气的量。他们发现,钾和钠在氧气中加热时能与过量的氧结合,分别生成两者的过氧化物。这些过氧化物呈黄色,可释出过量的氧气,如被插入水中就会回复为苛性钾和苏打。他们还考察了钾对多种物质的作用,揭示了许多令人好奇和重要的事实,对人们认识这种金属物质的性质颇多启发。

他们在铜管中将无水硼酸和钾共同加热，成功地使硼酸分解，并且表明，硼酸是氧和一种类似于木炭的黑色物质的化合物。他们将这种黑色物质命名为硼，对其性质做了仔细测定，但无法精确确定它在硼酸中的比例。戴维随后的实验尽管算不上精确，但得到了与事实相近的结果。

他们关于氟酸的实验具有极大价值。他们第一次制得纯态的氟酸，并阐明了其性质。他们如同戴维一样做了多次将氟酸分解的尝试，但没有成功。随后，安培提出了一个观点，也即氟酸类似于盐酸，是氢和一种未知的助燃物质的化合物，并将该物质命名为氟。戴维对此表示赞同。虽然他的实验不能完全证明该观点的真理性，但至少赋予该观点很大的可能性。事实上，正是他的实验促使化学家广泛接受了这个观点。贝采里乌斯随后也就此开展研究，这些研究大大增进了我们对于氟酸及其化合物的知识，但其目的都在于证实这样一种观点，也即氟酸为一种氢酸，在性质上与其他氢酸类同。但是，为何迄今为止我们只看到氟同各种物质的结合，但不能得到纯态的氟呢？故此，这种观点的正确性仍有待决定性证据的支持。

我在本章的前面部分已经介绍了盖·吕萨克和泰纳尔关于氯和盐酸的实验，正是在这项实验中他们发现了氟酸气体，这对于安培关于氟酸性质的理论确实是极大的支持。

我在这里省略了该书中大量其他重要的新事实和观测资料，对每个立志成为化学家的人而言，它们也同样值得仔细研读。

除了写入《物理化学研究》中的大量发现外，盖·吕萨克还有两个不可忽视的重要发现。他表明，氰是氢氰酸中的一个组分。他还确定了氰的组分，表明它是两原子碳和一原子氮的化合物。氢氰酸是一原子氢和一原子氰的化合物。普拉特先生发现的硫氰酸为一原子硫和一原子氰的化合物；贝托莱发现的氯氢酸为一原子氯和一原子氰的化合物；沃勒发现的氰酸是一原子氧和一原子氰的化合物。我在此没有提到雷酸，这是因为，尽管盖·吕萨克的实验极具独创性，但他的论证似是而非，难以服人。此外，在后来就此专题发表的一篇论文中，他详细介绍了埃德蒙特·戴维先生的实验结果，并且他的观点也有一些改变。

盖·吕萨克的另一个发现是，他阐明了碘的特殊性质，并记述了碘酸、氢碘酸及其他许多含碘化合物。与盖·吕萨克同时，H·戴维爵士也在研究碘，但受限于个人的判断力和创造力，他在这方面没有多少建树。

下面这个重要事实的发现应归功于泰纳尔先生，也即水中的氢原子数是氧原子数的两倍,他还确定了所谓的重水(deutoxide of hydrogen)的特性。重水具有完美的漂白性质,我认为,氯之所以具有漂白性质,很有可能是因为氯对水产生了作用,从而有少量重水生成。

戴维一直对法拉第先生扶掖有加,法拉第接替了他在皇家学会的职位。法拉第先生和他一样勤奋,但判断力和创造力远在他之上。继哥本哈根的斯塔特教授演示了那个伟大的现象之后,他做出了电磁学中最为重要的发现,我这里指的是环绕磁铁的电线实验。他为我们揭示了如下事实性知识:通过加压和降温的共同作用,一些气体可以凝结为液体,这就去除了从蒸汽中分离出气体的障碍,也表明所有气体的弹性都出自同一原因。他揭示的另一重要事实是氯可与碳结合。这极大地推动了氯的研究进程,并为后来助燃物质的类比研究指明了方向。无疑,所有助燃物质均可与各种其他简单物质结合,形成各种化合物,这是因为,它们均为负电性物质,而其他简单物质较之它们无一例外呈正电性。因此,除非我们认识了各种简单物质同助燃物质结合生成的化合物,否则我们看到的化学历史就是不完整的。

第六章 原子理论

现在,我介绍化学中的一个最新进展,它使得化学实验的精度大大提高,以至达到了数学计算的精度。正因如此,我们对于化学结合的认识得以大大简化,生产者也可以将化学理论用于工艺的改进,精准地调配为达到既定目标所需的各种组分的相对用量。如此一来,物尽其用,也避免了浪费。化学品不仅在质量上更好,并且还更加容易获得和便宜。这里我指的是原子理论,虽然它还处于初期,可它带来的益处却不可小觑。原子理论将来注定会更加富有成效,使得化学在自然科学里变得更加有用和不可替代。

就像科学上许多其他的伟大进展一样,原子理论的发展也是渐进的。在这个过程中,几位老一代化学家阐明的一些事实的重要性如果能被意识到的话,那么这些事实所引出的结论会和现代人的结论类似。正是对于盐的分析使得我们认识到,物质可以按确定的比例相互结合。如果我们彻底理解了这些确定的比例,最终结果就会是原子学说。试问,为何6份苛性钾会被5份硫酸加6.75份硝酸所饱和?也即,在饱和苛性钾时,为何5份硫酸和6.75份硝酸相当?我们知道,化学结合是微观粒子的结合,故对此简单的解释是:硫酸的微观粒子为5,而硝酸的微观粒子为6.75。如果这样推理的话,本来应该直接得出原子理论。

化学的原子理论与数学的微积分学有许多相似之处。二者都给出了数量的比例关系,都对于非常难解甚至不可解考察的对象做了最大程度的简化。更有趣的是,二者都曾受到一些门外汉的嘲笑,这些人对此并没有下过研究功夫,因而也谈不到理解。贝克莱的《精确的哲学家》对待微积分的态度如做适当的变动的话,用在原子理论上也恰如其分,我也曾听到不少人用几乎同样的论调嘲笑原子理论。

可以说,第一批尝试分析盐的化学家为原子理论奠定了初步的基础,虽然他们自己并没有意识到结构的重要性,也没有意识到倘若他们的实验精度满足要求的话,那么就可以基于实验结果构建出结构。

贝格曼是第一个对盐进行规范分析的化学家。在采用溶液和沉淀法分析矿物水、石头和矿物的过程中,他首次尝试建立这些物质的规范结构式。因此,在他的结构式可以实用之前，就必须具备关于盐组分的知识。正是出于提供这些必要信息的目的，他做了盐的分析。他的结果长期以来被化学家视为准确，并被用于检验自己的分析结果。现在我们知道，贝格曼的实验结果很不准确，也没有什么价值，但是，我们之所以能这么说正是由于原子理论的发展。

文策尔第一个做了一组准确的盐分析实验，并将结果收入一本题为《物质的亲和力理论》的书中，在1777年出版。文策尔的分析远比贝格曼的精确，并且在多数情况下，与当今最好的分析精度不相上下。然而，该书在出版发行上几乎算得上是胎死腹中，因此文策尔的结果从来没有获得化学家的信任，他的著作也没有作为权威出处被人引用过。文策尔曾发现过一个现象，而且这个现象也被先前的化学家注意到了，但他们并没有从这个本应有益的现象中得到启示。这个现象是：当几种盐溶液相互混合在一起时，它们会发生分解，从而生成两种新的盐。比如，如果将铅硝酸盐溶液和苏打硫酸盐溶液混合，后一盐的硫酸会与前一盐的铅氧化物结合并生成铅硫酸盐，铅硫酸盐以粉体形态沉淀于底部，而先前与铅氧化物结合的硝酸会与先前与硫酸结合的苏打结合并生成苏打硝酸盐，该盐可溶解。因此，两种旧的盐（铅硝酸盐和苏打硫酸盐）转化为两种新的盐：铅硫酸盐和苏打硝酸盐。若两种盐按照一定的比例混合，则分解可进行完全。但若其中一种盐过量，则过量的盐会留在溶液中，对结果没有影响。假定两种盐均不含有水，完全分解所需要的比例如下：

苏打硫酸盐　9
铅硝酸盐　20.75
合计　29.75
生成的新盐的重量为
铅硫酸盐　19
苏打硝酸盐　10.75
合计　29.75

由上可见，两组盐的绝对重量相等，这里所发生的改变只是两种酸和两种碱交换了位置。现在，设若我们不按照先前的比例混合这两种盐，而是采用如下比例：

苏打硫酸盐　9
铅硝酸盐　25.75

也就是说，铅硝酸盐在完全分解基础上再过量5份重量，此时我们也会得到与之前完全一样的分解结果，只是过量的铅硝酸盐还是会在溶液中与苏打硝酸盐混在一起。因此沉淀量仍然为铅硫酸盐19。溶液中的混合物为苏打硝酸盐10.75，铅硝酸盐5。这一现象与先前毫无二致，过量加入的5份铅硝酸盐没有带来任何改变，分解过程就像没有加入过这些铅硝酸盐一样。

文策尔特别关注的现象的是，如果在混合之前，盐溶液是中性的，那么在混合过程中发生的分解就没有改变溶液的酸碱性[1]。所谓中性的盐，就是既不具有酸的性质也不具有碱的性质的盐，酸能使植物蓝变红，碱能使之变绿，中性的盐对植物兰没有任何作用。文策尔的这个观察非常重要。显然，在分解完成后，除非这两种盐的组分是处于这样的状态，也即每种盐中的碱都各自饱和了相应的酸，否则盐分解之后不会仍保持中性。这两种盐的组分如下：

9份苏打硫酸盐:5份硫酸，4份苏打

20.75份铅硝酸盐:6.75份硝酸，14份铅氧化物

现在很清楚的是，5份硫酸可被4份苏打和14份铅氧化物饱和，6.75份硝酸同样也可被4份苏打和14份铅氧化物饱和，因此在分解完成后，这些盐不可能仍保持中性。假设为了实现中和，4份苏打需要5.75份硝酸，或者14份氧化铅需要4份硫酸，那么，分解之后的溶液会含有过量的酸。但并不存在酸过量这种情况，故此显然，在中和同一种酸时，4份苏打恰好相当于14份氧化铅，在中和同一种碱时，5份硫酸与6.75份硝酸等效。

虽然文策尔这个极其重要并且明了的解释，得到那时最为精确的化学实验的验证和支持，但它几乎没有得到哪个同时代人的注意，可以说是默默无闻。从这件事凸显的令人惊异的一点是，即使是从事科学的人，他们的心智也会受到潮流和权威的专制，而那些敢于自我思考的人又是多么的少。在科学上，一个人生前遭此际遇，且在死后依然如此，这都同样不幸。例如，胡克对于燃烧所作的令人称道的解释，以及梅尔关于燃烧和呼吸作用的实验，就都被同时代的人忽视，身后也几乎没有获得什么荣誉。但还是同样的理论和同样的实验，一个世纪过后，经拉瓦锡和普利斯特里进一步发展后，科学界才做好了接受这些理论和实验的准备，将它们奉为至宝，因而带来一场化学革命。所以，一切都是机遇，不仅对国王和征服者的成功如此，对科学家取得的荣誉也然。

1792年，化学的这个分支迎来了另一个新人，他就是耶利米·本杰明·里希

---

① 此处也有例外的情形。如其中一种盐为磷酸盐或砷酸盐，则此说不确，这也就是为何这类盐难于分析的原因。

特。他是一名普鲁士化学家，关于他的历史，我只知道他曾在布雷斯劳发表和出版过一些著述，从中我猜测他是西里西亚的当地人，或至少是在那里定居。他自称是普鲁士皇家矿业和冶炼协会的顾问，以及柏林陶瓷制造商委员会的工艺大师。他1807年5月4日去世，正值壮年。1792年，他出版了一本题为《元素计量；或化学元素的数学》的著作，该书的第二版和第三版出版于1793年，第四版出版于1794年。这本书旨在对各种盐做严格的分析，其基础是前面提到过的这个事实：当两种盐相互分解时，分解后生成的盐与分解前的盐均为中性。他研究这个课题的方法与文策尔的方法几乎相同，但他大大推进了对该课题的研究。他致力于确定不同酸和碱的饱和能力并给这些能力赋以数值，据以表明相互中和时所需的用量。他的研究具有数学形式化的特点，并试图表明，表征不同物质饱和能力的数值间的关系与某些种类图案间的关系类同。我舍弃了他以神秘方式呈现的那部分研究内容，将他的研究结果列入下表，其中的数值表征基于他的实验得到的不同酸和碱的饱和能力。

1　酸		2　碱	
氟酸	427	铝土	525
碳酸	577	镁土	615
癸二酸	706	氨	672
盐酸	712	石灰	793
草酸	755	苏打	859
磷酸	979	菱锶矿	1329
蚁酸	988	苛性钾	1605
硫酸	1000	重晶石	2222
琥珀酸	1209		
硝酸	1405		
醋酸	1480		
柠檬酸	1683		
酒石酸	1694		

为了理解这张表，可做如下观察：在表左端一列中任取一个某种酸后的数量值，该数量值表示，为中和此酸所需的碱量就是表右端一列中每种碱对应的数量值。比如，1000份硫酸能被525份铝土，或615份镁土，或672份氨，或793份石灰

所饱和，如此等等。另一方面，表右端一列中任一种碱后的数量值表示，为中和此碱量所需的酸量就是表左端一列中每种酸对应的数量值。比如，793份的石灰能被427份氟酸、或577份碳酸，或706份癸二酸所饱和，如此等等。

继该书后，里希特又出版了一本定期著作，名为《化学的新课题》。该书始于1792年，连续出版了12期(或曰卷)①，直到他1807年去世才结束。

就像文策尔那样，里希特在这个重要领域的工作也没有获得关注。里希特去世时，盖伦在一个简短的悼词中称赞了他的观点并指出了其重要性。但就我所知，无论在德国还是在别国，在他生前，没有人接受他的观点，甚至也没有人意识到它们的重要性。但贝托莱除外，他在《化学静力学》一书中以称赞的语气提到了里希特的观点。里希特未受到重视可能是由于他的实验精度令人明显感到有很大差距。他在实验中物料的用量过大，这确实是那个时代的通病，最早对此进行校正的是沃拉斯顿博士。里希特在世时，燃素说和反燃素说之间的争论还没有完全停歇下来，化学家的注意力都被吸引到了这个领域。在某种程度上，里希特超前于他所生活的时代，如果不是本书为介绍原子理论而在此提到他的工作，那么他也将像胡克和梅尔那样被忘记，只能待到哪一天有了某个新科学发现后，化学家觉得有必要一般地估量一下他的工作的价值时，他的工作才会再次被评述一番。

道尔顿先生提出了人们易于接受且简单的理念，促成了原子理论的萌生。他对化学的改进和革新作出了卓越的贡献。

约翰·道尔顿出生于威斯特摩兰郡，并且信奉一个善良的小教派，该教派在该国名为贵格会。他从小在肯德尔与一位盲人哲学家高夫先生一起生活，他为他读书，并协助他做一些哲学研究。他所接受的绝大部分教育可能正是出自这里，尤其是对数学的偏爱，因为高夫先生非常热衷数学研究，并且还发表过几篇有关数学的论文。约在本世纪初，道尔顿从肯德尔搬到曼彻斯特，并开始从事基础数学的教学，学生是一些期待学到这个重要学科知识的年轻人。他一方面教数学，另外还开了几门化学讲座课程，偶尔到过伦敦的皇家学会、伯明翰以及曼彻斯特的学会，有一次还到爱丁堡和格拉斯哥的学会讲课，就这样，他在30多年间精心地维持着自己的生活，虽说不上富足，但至少可以完全独立。因他对于生活并无奢求，所以对收入并不计较，够用就行。在这样一个国家，有如此多的财富，有如此丰厚的年薪，因此使得像普利斯特里博士那样的人不必为支付家庭日常所需而烦扰和分心，从而专注于科学研究，倘若道尔顿先生也做了如此选择，至少在金钱上看，他的条件

① 我只读过其中的7期，最后读到的是1802年那一期，但我相信后来该书出全了12期。

会远超他人之上。但从他选择的生活道路看,他有一颗高贵的心灵,视财富如粪土,一如古代那些最为著名的圣贤,而且,即使是在曼彻斯特这个富裕的商业化小镇,他也受到朋友们的极大尊敬和爱戴,就好像他是这个国家最伟大、最有影响的人物之一。在上个世纪末,曼彻斯特建立了一个文学和科学社团,托马斯·亨利长期任主席,他是拉瓦锡著作的翻译者,并以推动在兰开夏郡引进新漂白方法而声名显赫。道尔顿因气象观测方面的工作(特别是他的报告《北极光》),很快就成为了社团的院士。1802年,道尔顿在该学会《学术论文集》的第五卷第二部分发表了6篇论文从而奠定了他日后的声誉。这些论文主要与气象学有关,其中最为重要的一篇名为《专题论文:(I)混合气体的组分以及(II)在托里切利真空及空气中、不同温度下水蒸汽产生的力》,另外一篇名为《专题论文:(I)蒸发以及(II)热作用下的气体膨胀》。

在上述第一篇专题论文中,道尔顿在对所有情形都做了仔细考察后,自信地推断,当两种弹性流体或者气体A和B混合时,它们的粒子之间没有相互排斥作用,也就是说,自身的粒子间相互排斥,而A的粒子不会排斥B的粒子。因而,作用于任一粒子的压强或总重量仅仅源于自身的粒子。这个理论令人觉得不可思议,也与先前被普遍接受的学说大相径庭,化学家们自然非常难以接受。但是也要承认,迄今为止,还没有人能完全驳倒它。认可这一观点显然意味着:这样我们就能解释一个长期为人所知但又没有得到很好说明的现象,也即,如果将气体储存在两个密闭容器中,在它们之间有一个小孔相连,并静置于一个保持恒温的地方,那么,一段时间过后我们再检测就会发现,两个容器都同样发生了等量扩散。如果我将氢气充满到一个小玻璃瓶,在另一个小玻璃瓶中充满空气或碳酸气,将两个瓶子用一根2英尺长的细管相连;而且,将含氢气的小玻璃瓶置于高处,含二氧化碳小玻璃瓶置于其正下方,此时,虽氢气最轻,但它不会继续保持在高处的瓶中,虽二氧化碳最重,但它也不会继续保持在低处的瓶中,因此我们发现两种气体发生了等量的扩散。

上述第二篇专题论文可说是最为重要的一篇。在该文中,他基于最为出人意料的证据确证了:水蒸发后会转变为弹性流体,在性质上与空气相似;并且,蒸发时水的温度越低,粒子间的距离越大;而温度越高,其蒸汽的弹性越大。在32华氏度时,它所能平衡的水银柱约为0.5英寸,而达到212度时为30英寸,或者说与大气压相等。他确定了从32°到212°间蒸汽的弹性,并指出了确定任意时刻空气中蒸汽量的方法,蒸汽量对空气体积的影响,以及确定该体积的方法。最后,他通过实验确定了32华氏度到212华氏度间通过水表面的蒸发速率。这些考察对化学家研究气体的比重用处极大,并且使得他们可以解决诸多有趣的问题,例如比重、蒸发、雨和呼吸作用等,倘若没有这篇专题论文给出的那些原理,这些问题会是令人无法措手的。

在最后一篇专题论文中,他表明,加入同样的热量,所有弹性流体的膨胀量相同,也即,对应华氏温度计的一度,膨胀量十分接近1/480份。盖·吕萨克也就此专题做了研究,并在道尔顿的论文发表后的半年后在《化学年鉴》上发表了一篇论文,其中表明,只要加热量相同,所有弹性流体的膨胀程度也相同。道尔顿先生的结论是所有弹性流体受热后的膨胀量相等。此后迪隆和佩蒂特的重要实验证实了这个观点,同时对该课题也有许多新的认识。

1804年8月26日,我在曼切斯特待了一两天,多数时间同道尔顿在一起。期间,他和我解释了他对物质组成的认识。我当时对他的观点做了记录,以下的记述完全是按照那天的日记摘抄下来的。

所有简单物质的基本粒子是不可再分的原子。这些原子为球状体(至少沿热气团方向看是如此),每个原子都具有特定的重量,后者可用数字表示。为了尽可能清楚起见,他用符号表示简单物质的原子。以下示例了道尔顿1804年用于四种简单物质的符号和相应的数字。

相对重量	
○ 氧	6.5
⊙ 氢	1
● 碳	5
○ 氮	5

以下符号表示(他认为是)这些原子结合形成的某些二元化合物,及每种化合物所含粒子的整体重量:

重量	
○⊙水	7.5
○○一氧化二氮	11.5
●⊙乙烯	6
○⊙氨	6
○●一氧化碳	11.5

他用以下符号表示某些三元化合物的组成:

重量

○●○碳酸　　18

○○○笑气　　16.5

●⊙●乙醚　　11

⊙●⊙矿坑气　　7

○○○硝酸　　18

四元化合物

○○○氧氮酸　　24.5

○

五元化合物

亚硝酸　　29.5

六元化合物

○●○乙醇　　23.5

⊙●⊙

对读者而言,这些符号有效地传达了道尔顿先生关于化合物性质的学说。从水的符号○⊙可以清楚看出它是由一原子氧和一原子氢的化合物,水的重量为7.5,这是一原子氧和一原子氢的重量之和。同样,一氧化碳由一原子氧和一原子炭的化合物,其符号为○●,重量11.5为一原子氧和一原子碳的的重量之和。碳酸是三元化合物,由三个原子结合而成,也就是两原子氧和一原子碳。它的符号为○●○,重量为18。读者只要看一眼表中的符号和重量就明了道尔顿先生关于每种物质组成的观点。

道尔顿先生使用符号表示物质的原子和组分,这种方法既令人易于接受也一目了然。我当时深受启发,并立即意识到了它的潜在重要性。道尔顿先生告诉我,他在研究当时还不完全理解的乙烯和矿坑气时受到启发,于是想到了原子理论,而这两种物质的组成是他自己第一次完全阐明。从他所作的实验清楚可见,二者的组分为氢和碳,不含其他物质。他进一步发现,如果将二者中的含碳量计为相同,则矿坑气中的氢含量为乙烯中的两倍。他因此确定了这些组分中原子的数目,认为乙烯是一原子碳和一原子氢的化合物,而矿坑气是一原子碳和两原子氢的化合物。这个构想也适用于一氧化碳、水和氨等,且适用于从最准确的化学分析中推算出的表示氧和氮等原子重量的数目。

读者们可能会认为这是一项简单的任务。当时,化学中甚至不存在一个算得上精确的分析。大量的事实已被阐明,这为进一步的研究奠定一个好的基础,但是,谈到重量以及计量,几乎就没有什么结果可以凭信。所以,道尔顿第一次确定的数字不准确也并不令人惊讶。就像他那样,为了得到与事实接近的结果,研究者需要无比的睿智并付出大量的劳动。试问,在无法精确得知任何一种气体比重的前提下,如何准确分析气体?虽然精确的结果仍有待时日,但前述道尔顿的研究,毕竟在这个重要的领域为精确的分析开辟了道路。

在我所著《化学体系》第三版(1807年出版)中,我简短介绍了道尔顿先生的理论,因此使其为化学界所知。同年,我有一篇关于草酸的论文发表在《哲学汇刊》上,我在该文中表明,草酸可以同锶以两种不同比例结合,分别形成草酸盐和草酸氢盐。假定两种盐中的锶含量相同,那么后者中草酸的量恰好为前者中的两倍。与此同时,沃拉斯顿博士表明,苛性钾重碳酸盐中的碳酸含量为苛性钾碳酸盐中的两倍,也即存在草酸盐、草酸次氢盐(inoxalate)、草酸氢盐(quadroxalate);每种盐中含有的酸含量以数目表示依次为1,2和4。这些事实渐渐引起化学家对道尔顿的观点的关注,然而一些著名的化学家们仍对原子理论非常敌视,其中最抵触的人是汉弗莱·戴维爵士。1807年的秋天,我同他在皇家学会做了长谈,但还是无法说服他认同该假设的真理性。几天后,我与他出席在皇家学会俱乐部海滨旅酒店皇冠和锚餐厅举办的一次宴会,沃拉斯顿博士也在场。宴会结束后,除了沃拉斯顿博士、戴维先生和我,其他人都离开了酒店,我当时站在后面喝茶。我们一起在那儿站了有一个半小时时间,所谈都是有关原子理论的。沃拉斯顿博士和我都相信原子理论,我们试着说服戴维他的观点不正确,结果非但事与愿违,反而使他对该理论更加抵触。不久,戴维遇到戴维斯·吉伯特先生,后者是在任的著名的皇家学会会长。戴维以搞笑的口吻向吉伯特描述了原子理论,他的嘲讽居然使吉伯特先生吃惊地感到,居然有这么多有科学头脑的人认同这么一个荒诞不经的东西。于是他拜访了沃拉斯顿博士(可能是想要知道是什么让这位明智和严谨的化学家接受了这个观点),但一般说来,他并没有像戴维向他描述的那样就该理论的荒谬与他争论。沃拉斯顿博士请吉伯特先生落了座,并请他听他接下来要陈述的一些事实。然后他例述了当时已知的关于盐的所有已知事实,提到了碱性碳酸盐和碳酸氢盐、草酸、草酸氢盐、苛性钾草酸氢盐、一氧化碳、碳酸、乙烯和矿坑气,而且肯定提到了其他许多相似的化合物,这些化合物中的某一组分的比例以固定的比值增加。吉伯特先生离开的时候已经相信了原子理论的正确性,并且他还成功地说服戴维,他之前对此的观点是错误的。吉伯特先生如何说服戴维我无从得知,但可以肯定的是，他的论证有说服力，因为戴维从此以后就成了一个原子理论的积极支持者。他对该理论所做的唯一变动是将道尔顿的术语——原子换成了比例。沃拉斯顿博士使用的替代词是当量。这些替换用意为了避免宣称任何理论上的预设。但在事实上，这些术语——比例和当量均没有原子一词用得方便；而且，除非我们采纳道尔顿提出的假说，也即物质的基本粒子为不可再分的原子，以及原子间的相互结合导致了化学结合，否则我们就失去了原子理论为化学带来的新视角，重新回到了贝格曼和贝托莱时期那种晦暗不明的老观念。

1808年，道尔顿出版了《化学哲学新体系》的第一卷。该卷的重要章节有两章，第一章论述热学，篇幅为140页。在该章中，他论述了各种热效应，也展现出他所有著述都特有的敏锐洞察力以及原创性。纵然他在某专题上的观点不准确，但他的论证总是独到和新颖。并且，他专意给出的新事实都非常重要，令人总是乐于接受并深受启发。在第二章中他论述了物质的组成，篇幅为70页。该章旨在反驳贝托莱先前提出的一种特别的弹性流体概念，爱丁堡的默里博士是这一观点的支持者。第三章论述化学合成，仅有不多的几页，其中给出了一个原子理论的纲要，也包括他自己所构想的理论。在该卷的末尾最后一页上，他给出了37种物质的符号和原子重量，其中的20种为简单物质，其余的17种为化合物。下表中示出了简单物质的原子重量，这是他从当时所作的最好的分析实验结果中得到的。

	原子重量		**原子重量**
氢	1	锶	46
氮	5	钡	68
碳	5	铁	38
氧	7	锌	56
磷	9	铜	56
硫	13	铅	95
镁	20	银	100
钙	23	铂	100
钠	28	金	140
钾	42	汞	167

因氢是所有物质中最轻的一种，故道尔顿选用氢的原子重量为1。他认为，所有其他物质的原子重量均为氢的倍数，所以均可以整数表示。在对水中的组分做了更为仔细的考察后，他将氧原子的重量从原先的6.5增加到7。戴维马上做了更

为精确的实验,并确定氧原子重量为7.5,而后普劳特博士更加细致地研究了氧和氢的相对比重,并表明,如果氢原子为1,那么氧原子应该为8。这些接续的研究都倾向表明,8为氧原子与氢原子的重量比的真值。

道尔顿在1810年出版了《化学哲学新体系》的第二卷。在该卷中,他主要考察了基本原质或曰简单物质,也即氧,氢,氮,碳,硫,磷和金属。还考察了包含两种原质的化合物,即氧和氢,氮,碳,硫,磷组成的化合物,以及氢和氮,碳,硫,磷组成的化合物。最后论述了固定碱和金属氧化物。他以无比敏锐的洞察力论述了所有这些化学结合,并努力确定了每一种不同基本物质的原子重量。他睿智的推理在此得到了最充分的展示,但可惜的是,当时存在的精确化学分析并不多,一个人的化学推理再睿智也不能弥补这种数据上的缺憾。正因如此,第二卷最后的原子重量表虽较第一卷的附表更加完整,但它仍存在很大的缺陷,事实上,其中没有一个数字可以被认为是完全准确的。

他的《化学哲学新体系》第三卷到1827年才出版,但该卷的大部分内容约在十年前就已印行。该卷论述金属氧化物、硫化物、磷化物、碳化物和合金。事实上,当书稿被交付出版之时,其中包含的大量事实还是新的,但在印刷和出版期间,这些新事实几乎就被预示了,而且这个研究课题也已取得了很大进展。因此,第三卷中称得上最重要的部分是附录,它的篇幅为90页,其中,他以其惯有的睿智讨论了各种与热量和蒸汽有关的课题。在第352页,他给出了一个新的原子重量表,相比于前两卷中的表,它不仅只是一个翻版,他在其中依据出版期间新出现的一些精确分析结果做了必要的校正。他仍旧坚持1:7为氢原子和氧原子的正确重量比率。这非常清楚地表明,他没有注意到该研究专题中的新事实。在过去的十二年间,一个人如果没有注意到这两种气体比重的新实验结果,那他不会承认这二者的比重为1:14;如果注意到了,那么即使他不认为1:16是精确的比值,那他也肯定会承认该比值无限趋近真值。

道尔顿因氢原子为最轻的物质将其重量表示为1。这个做法被皇家学会的化学家所遵循,包括菲利浦先生、亨利博士、特纳博士和其他许多我现在想不起名字的人。沃拉斯顿博士在其关于化学当量论文中将氧的原子重量表示为1,这是因为,较其他物质,氧所结合的物质的数量要多得多,这个方案得到了贝采里乌斯、我及众多化学家的认同。也许,沃拉斯顿博士将氧的原子重量表示为1这种做法的益处会最终消失,因为没有理由相信,别的助燃物质不会像氧一样与许多化合物结合。但从大气的组成看,很明显氧气所结合的化合物相比于其他化合物具有更大重要性，如此说来，将氧的原子重量表示为1会更为方便。考虑到原子理论当前的状态，我认为之所以这样做还有另一个很重要的原因。化学家对氢原子还有不同看法。有些人认为水是一原子氧和两原子氢的化合物，另一部分人则认为水中只有一个氧原子和一个氢原子。按照第一种观点，氢原子的重量只有氧原子的十六分之一，按第二种观点为八分之一。因此，如果将氢原子表示为1，那么就需要两个原子重量表，在一个表中所有物质的原子重量会是另一表中所有物质的原子重量的两倍；然而，如果以氧原子为1来定义，那么两张表就只有氢原子的重量不一样，一为0.125，另一个为0.0625。或者是，我们认为水由一个氧原子和一个或两个氢原子组成，并按贝采里乌斯的做法将氧原子表示为100，那么氢原子的取值就是12.5或是6.25。

1809年，盖·吕萨克在《阿尔克伊学术论文集》第二卷上发表了论气体物质间相互结合的论文。他在该文中表明，气体间是以最简的比例相互结合，如一体积甲气体可以与一体积、两体积或是半体积的乙气体结合。贝托莱在为我的《化学体系》的法文译本所写的引言中极力反对道尔顿的原子理论。贝托莱没有意识到，他的反驳如果成立，那么他在《化学静力学》中努力建立的所有观点和结论都会被推翻。盖·吕萨克的论文以一种新的视角，旨在证实并建立一种新的原子理论。他处理这个课题的方式充满创造性，所提供的支持证据也非常完备。那时已经证实，水由一体积的氧和两体积的氢构成。盖·吕萨克通过实验发现，一体积的氨气刚好使一体积的盐酸气体饱和，产物是卤砂。氟硼酸气体以两种不同比例与氨气结合：第一种化合物含一体积的氟硼酸气体与一体积的氨气，第二种含一体积的氟硼酸和两体积的氨。前者为中性盐，后者为碱性盐。他还表明，碳酸和氨气也可以两种不同的比例结合，即一体积碳酸和一体积或两体积的氨气结合。

阿曼德·贝托莱先生已经证实氨气是一体积氮和三体积氢的化合物。盖·吕萨克自己也已表明，硫酸由一体积亚硫酸气体和二分之一体积氧气的化合物。因此他进一步表明氮和氧化合物的组成如下：

	氮的体积	氧的体积
氮的低氧化物	1	1/2
氮的次氧化物（deutoxide of azote）	1	1
亚硝酸	1	2

他还表明，如两种气体结合后仍为气体状态，则减少的体积可能为0，1/2或

是1。

比例的这种恒常性无疑表明，所有气态物质的结合是确定的。道尔顿的理论对气体是极为适用的。考虑以一体积的气体代表一个原子，那么气体中甲气体的一个原子会与乙气体的一个、两个或三个原子结合，从不会与更多的原子结合。确实，在考虑水的组成时我们会遇到困难。如果水含一个氧原子和一个氢原子，那么结果自然是，一体积氧所含原子的数目为一体积氢气所含原子的两倍。因此，如以一体积的氢气代表一个原子，那么一半体积的氧气表示一个原子。

普劳特博士不久后表明，气体的原子重量与其比重间存在密切关联。这确实是再明显不过。我后来表明，气体的比重或等于原子重量与1.1111（氧气的比重）之积，或与0.5555（氧气比重之半）之积，或是与0.2777（氧气比重的四分之一）之积，其间的差别取决于气体组分结合是气体发生的相对凝聚程度。下表列出了这三组气体的原子和比重。

I. 比重=原子量×1.1111

	原子重量	比重
氧气	1	1.1111
氟硅酸	3.25	3.6111

II. 比重=原子量×0.5555

	原子重量	比重
氢	0.125	0.0694
氮	1.75	0.0722
氯	4.5	2.5
碳蒸	0.75	0.4166
磷蒸	2	1.1111
硫蒸	2	1.1111
碲蒸	4	2.2222
砷蒸	4.75	2.6388
硒蒸	5	2.7777
溴蒸	10	5.5555
碘蒸	15.75	8.75

水蒸	1.125	0.625
一氧化碳气体	1.75	0.9722
碳酸	2.75	1.5277
氮的低氧化物	2.75	1.5277
硝酸气体	6.75	3.75
亚硫酸	4	2.2222
硫酸蒸汽	5	2.7777
氰	3.25	1.8055
氟硼酸	4.25	2.3611
二硫化碳	4.75	2.6388
氯甲酸	6.25	3.4722

III. 比重=原子量×0.2777

	原子量	**比重**
氨气	2.125	0.59027
氢氰酸	3.375	0.9375
氮的次氧化物	3.75	1.0416
盐酸	4.625	1.28472
氢溴酸	10.125	2.8125
氢碘酸	15.875	4.40973

斯德哥尔摩的贝采里乌斯教授在构思其《论化学基础》一书(该书于1808年出版了第一卷)时,作为准备曾读了几本写作这类基础著述的作者一般不注意的化学著作。这其中他就读到了里希特的《化学计量学》,并且对书中给出的关于盐的组成及金属互沉淀的解释大为惊异。按里希特的研究思路,若我们有对某种盐的精确分析结果,那么就可利用这个结果精确算出所有其他盐的组成。贝采里乌斯很快做了一个以最大精度分析一系列盐的计划。在他将这个该计划付诸实施期间,戴维发现了碱金属和金属氧化物,道尔顿先生公开了原子理论,盖·吕萨克发表了体积理论。这些大大开阔了他的眼界,促使他在原先想法的基础上扩大范围。他的第一批分析结果并不令人满意,但通过进行重复实验并改进方法,他测出了误差,改善了过程,最终得到与理论计算十分接近的结果。这项劳烦的研究用去了他好几年时间。他的这些实验的概要见于1811年第77卷《化学年鉴》上的一篇通讯

文章中，这是一封贝采里乌斯写给贝托莱的信，其中记述了他的分析方法及47种化合物的组成。他表明，当低硫化物转化成硫酸盐时，该硫酸盐呈中性；一原子硫的重量为一原子氧的两倍；当重晶石亚硫酸盐转化为硫酸盐时，该硫酸盐为中性，不存在多余的酸或是碱。从这些以及其他一些重要事实他得到结论："在一个由两种氧化物结合生成化合物中，其中的一种(通过原电池分解得到的)氧化物吸附到正极(例如酸)，它可含两个，三个，四个，五个等更多的氧原子，而另一种氧化物吸附到负极(碱或金属氧化物)。"贝采里乌斯的原始专题论文于1810年已发表在他的《专题研究》第三卷上。该文很快由吉尔伯特翻译成德文，并发表在他的《物理学年鉴》上。但因我们这里的期刊主编都不太熟悉德语和其他北方语言，因此该文没有英文译本。1815年，贝采里乌斯将原子理论应用到矿物王国，并以其无比的洞察力表明，矿物是以确定的或原子的比例结合的化合物，并且绝大多数是酸和碱的化合物。同样他也将原子理论应用到了植物王国，分析了几种植物酸并表明了它们的原子组成。但是这里有一个以现有的知识还无法解决的难点。乙酸和琥珀酸含相同数目和种类的原子，其原子重量为6.25。这两种酸的组分为

	原子重量
2原子氢	0.25
4原子碳	3
3原子氧	3
总计	6.25

它们均含9个原子。既然两种酸含相同数目和种类的原子，那么人们会认为它们应该具有相同的性质，但实际上并非如此：乙酸具有强烈的芳香气味，琥珀酸无味。乙酸极易溶于水，很难处于晶体状态，因此无法分离得到无水乙酸，因为乙酸晶体为一原子酸和一原子水结合而成的化合物。然而，无水琥珀酸不仅很容易得到，而且它甚至不容易溶于水。因此，这两种酸形成的盐的性质、二者受热后的行为以及比重都非常不同。总而言之，两种酸的所有性质都迥然有别。那么我们该如何进行解释呢？毫无疑问，原因在于化合物中原子间的排布方式存在差异。如果原子间结合的电化学理论是正确的，那么我们可以将原子看作是两两结合的。例如乙酸，该物质中含有9个原子，那么它必然会具有非常复杂的性质。显然，9个原子间两两结合有非常多种的二元化合物，这些二元化合物间的组合方式无疑会对所形成的化合物的性质产生很大影响。因此，如果我们使用道尔顿先生表示氢、碳和氧原子的符号，假设组成乙酸和琥珀酸的9个原子间的排布方式

如下：

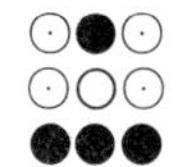

或者是：

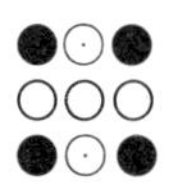

无疑，这两种排布方式将导致了化合物的性质有很大的改变。

与无机酸相比，植物酸在某些方面有很大不同，这不禁让人怀疑电化学理论是否能像它应用于其他酸上一样也适用植物酸。在碳酸、硫酸、磷酸和硒酸等酸中，我们发现一个正电性物质原子与一个、两个或三个负电性物质的原子结合，因此，我们对所形成的酸呈负电性并不感到奇怪。但是，在乙酸和琥珀酸中，我们发现每个氧原子与两个正电性原子结合，因此我们不禁疑惑：酸何以不仅保持它的负电性质，而且还具有强酸性。在安息香酸中，每个氧原子有不少于7个正电性原子。

贝采里乌斯再次对他那些分析实验进行重复，最终使他的结果接近真实。原子理论之所以取得巨大的进展主要应归功于他的努力。

1814年，沃拉斯顿博士在《哲学汇刊》上发表了一篇描述一种化学当量大致比例尺的论文。在该文中，他基于对前人分析实验结果的细致对比，给出了73种物质的当量或原子重量，这些数值非常接近真实。这些数值被以对数尺度列在了滑动的比例尺上，每一数值对应一种物质。利用这个比例尺，有关其上所包括的物质的许多重要问题就能得到解决。这对应用化学家而言是一个极大的便利。只要查看一下，它就能给出其上所包括的所有盐的组分、为了分解任一种盐所需的任一添加物的量以及由此形成的那些新组分的重量。因此，发明这样一个比例尺对于原子理论来说是一个重要的补充。它使得用到它的所有人都熟悉了原子理论。我相信，原子理论在英国的普及应主要归功于它，而且沃拉斯顿博士所提出的方法——将氧原子表示为1抑或为10（这差不多是一样的事情）得到流行也应主要归功于它。

除上述那些历史细节外，请读者允许我补充介绍一些我自己的工作，以便读者了解我是如何利用新的细致分析结果使原子理论更为准确的。尽管我为了确定气体比重所做的实验是精心完成的，费用也很高，并且所得实验结果的精度达到了现今化学仪器所能达到的最好水平，但我不准备讨论这些。1819年，就像文策尔那样，我开始采用复分解方法做了一系列实验，以期确定含不同基本物质的盐的准确组成,也希望如此一来,实验结果能更加接近真实,实验也能更容易进行。举例而言,我采用的方法是将一定量的重晶石盐酸盐溶解在蒸馏水中,然后通过反复的实验,摸索为了使所有的重晶石沉淀而又不使硫酸有丝毫残留的条件下,苏打硫酸盐的用量为多少。为此,我在表面皿中滴入了几滴含这两种盐溶液混合物的滤液,并向其中加入了一滴苏打硫酸盐溶液。如果溶液保持澄清,这就表明溶液中不含肉眼可见的重晶石。我还向表面皿中余下的其他液滴中加入了一滴重晶石盐酸盐溶液。此时如果没有沉淀,这就表明液体不含肉眼可感的硫酸。如果上述两次滴加溶液时任意一次出现沉淀,这就表明这种或那种盐是过量的。然后,我还将这两种盐在另一个比例下混合,然后以前述方式进行实验,直到我找出滴加混合后残余液体不含丝毫硫酸或不含丝毫重晶石所对应的两个用量。我认为这两个盐的重量就是盐的当量重量,或者是与每种盐的一个整体粒子成比例的重量。我没有继续尝试收集所形成的两种新盐,并对其分别称量。

1825年,我将我的大量实验结果整理成书出版,题为《通过实验建立化学第一定律的尝试》。这本书中最有价值的部分是有关盐的论述,我用了约300页讨论实用分析。书中写得最糟糕的部分是有关磷酸盐的,因为在有关磷酸盐的实验中,我有时被复分解误导了。开始我没有意识到,在某些情形下,这类盐中酸的比例有变化,我用的苏打磷酸盐对于磷酸的原子重量给出了错误的数值。

第七章　化学的现状

作为这部化学史的结尾，于此向读者描绘一下化学的现状是适宜的，这样读者就既可以判断出化学至今发展到了什么程度，也可以了解化学中还遗留下哪些尚未发掘的领域。

对于光、热和电的性质的认识，我们目前仅有一些猜测，如果舍此不论，我们熟悉的简单物质有53种，它们可自然地分为三种，即原质、可酸化基质和可碱化基质。

原质是氧、氯、溴、碘和氟。它们均呈负电性，因为在伏特电池的作用下化合物分解时，其中的原质会被吸附到正极。它们的性质是可与其他两类中的任一种物质结合。它们与可酸化基质按一定比例结合生成酸，与可碱化基质结合生成碱。在某些特定的比例下，它们可生成既不具酸性也不具碱性的中性物质。

可酸化基质有17种，也即氢、氮、碳、硼、硅、硫、硒、碲、磷、砷、锑、铬、铀、钼、钨、钛和钶。这些物质并不是都可以同原质结合生成酸，或者是不能以任意比例结合生成酸。但是它们是所有已知的酸的基质，形成了一个很庞大的化合物体系，其中的许多物质现今还未得到充分的研究，甚至可以认为是未知的。可酸化基质呈正电性，但电性的强弱相互差别很大，其中氢和碳电性最强，而钛和钶的最弱。就像原质一样，隶属可酸化基质的硫和硒等有时会呈负电性。因此，也类似原质所形成的酸一样，它们与其他可酸化基质结合生成一种新的酸，也即所谓的硫酸和硒酸等。硫和砷、锑、钼和钨生成酸，并且也毫无疑地问地，会与其他一些基质结合。为了区分这类酸和可碱化基质，我最近将用来表示硫和基质结合的旧词“硫化物”的词尾做了一个变动。因此，砷的硫化物是由硫和砷结合生成的一种酸，铜的硫化物是由硫和铜结合得到的一种碱性物质。sulphide一词具有酸的含义，sulphuret具有碱的含义。为了清楚地描述合成的新盐，这种命名方式是必要的。这种命名方式同样也适用于含硒的酸和碱性化合物。相应地，硒化物为一种酸性化合物，亚硒酸盐是一种碱性化合物，其中硒起到原质或是电负性物质的作用。只要有必要，这种命名方式也毫无疑地问地可以扩展用于所有其他类似的化合物。为了形成一套系统的命名法,酸和碱的所有旧名称都需要重新命名,此事之所以紧迫,是因为如果不这样做,酸和碱的名称会多得令人难以记忆。如今,我们将锰和氧结合形成的碱性物质表示为锰氧化物,锰和氧结合形成的酸性化合物称为锰酸。氧化物一词适用于各种基质和氧形成的化合物,而不论其为中性的还是碱性的。但当该化合物具有酸性,则需要在基质的名称中加音节符号“-ic”。只要化合物是由氧和基质结合形成的,这种命名法就是适用的;但是,既然我们认识的酸和碱的种类已扩展到了八到十种,可以和原质结合的基质或可酸化基质又是那么多,那么这种命名法中的缺陷有多么严重自不待言。对此,这里不再展开讨论。

可碱化基质有31种,也即钾、钠、锂、钡、锶、钙、镁、铝、铍、钇、铈、锆、钍、铁、锰、镍、钴、锌、镉、铅、锡、铋、铜、汞、银、金、铂、钯、铑、铱和锇。这些基质同氧和其他原质结合形成各种碱性基质或能够中和酸的物质。

一些可酸化基质如以一定的比例和氧结合并不形成酸,而是形成碱。因而,如绿色的铬氧化物和铀氧化物是碱,而锰和氧结合的化合物为酸。在此情形下,含氧少的化合物为碱,含氧多的为酸。

现今化学家们普遍认为,物质的基本粒子为原子,它不可再分,尺寸几乎无限小。可以证实,铅原子的尺寸不超过$1/10^{14}$①立方英寸。

尽管这些原子极其微小,但每种原子均具有特定的重量和体积,因此相互有别。我们无法确定原子的绝对重量,只能确定原子的相对重量,也即可以明确原子间结合后的相对比例。当两个原子只按一个比例结合,那么有理由推断,该化合物由一原子的甲物质和一原子的乙物质结合而成。故此,铋的氧化物是由一个氧原子和九个铋原子组成,并且,由于该物质仅以这一个比例结合,那么可以说一个铋原子的重量是氧原子重量的九倍。如此一来就可以对简单物质中的原子重量加以确定。下表示出了一些这种重量的数据(其中结合的氧设定为一原子),这些重量值都是从目前已有的最好的数据中导出的:

原子	原子重量	原子	原子重量
氧	1	钙	2.5
氟	2.25	镁	1.5
氯	4.5	铝	1.25

① 原书中此处印刷不清,此处译出的为估计值。——译者注。

溴	10	铍	2.25
碘	15.75	钇	4.25
氢	0.125	锆	5
氮	1.75	钍	7.5
碳	0.75	铁	3.5
硼	1	锰	3.5
硅	1	镍	3.25
磷	2	钴	3.25
硫	2	铈	6.25
硒	5	锌	4.25
碲	4	镉	7
砷	4.75	铅	13
锑	8	锡	7.25
铬	4	铋	9
铀	26	铜	4
钼	6	汞	12.5
钨	12.5	银	13.75
钛	3.25	金	12.5
钶	22.75	铂	12
钾	5	钯	6.75
钠	3	铑	6.75
锂	0.75	铱	12.25
钡	8.5	锇	12.5
锶	5.5		

这些物质的原子重量如除以比重就可以给出原子的相对尺寸。据此,下表示出了一些比重已知的原子的相对体积。

原子	体积	原子	体积
碳	1	铂 钯	2.6
镍 钴	1.75	锌	2.75
锰 铜 铁	2	铑 碲 铬	3
钼	3.25	金 银 锇	6
硅 钛	3.5	氧 氢 氮 氯	9.33
钙	3.75	铀	13.5
砷 磷 锑	4	钶 钠	14
钨 铋 汞	4.25	溴	15.75
锡 硫	4.66	碘	24
硒 铅	5.4	钾	27

没有数据可用来确定原子的形状。人们普遍认为,原子为球体状或是回转椭球体。我们还难以接受这种观点,并且以我们现有的知识,我们几乎也不可能一探究竟。

可能的情形是,各种原质至少以三种比例与所有的基质结合。但这类化合物有很大一部分仍属未知。关于氧化合物取得的进展最大,但也还许多有待研究。很大程度上是由于几种基质的稀缺性,化学家还未能对其开展充分的实验研究。对氯化合物已开展了大量的研究,但因发现溴和碘的时间并不长,化学家尚未来得及开展必要的实验,考察溴和碘如何与其他基质结合。

现今发现的酸的数量众多,其中对含氧酸的研究最多。这类酸有两类:氧和单一一个基质结合形成的,以及氧和两个或多个基质结合形成的。这后一种酸是从动物和植物中提取的,戴维的电化学理论似乎对其也不适用。它们的酸性肯定是源于某种未知的电性原质，因为从戴维的实验可以看出，它们同其他的酸一样也呈电负性。氧和单一一个基质结合形成的酸化合物大约有32种。它们的名称为：

连二次硝酸	硒酸
亚硝酸	亚砷酸
硝酸	砷酸
碳酸	亚锑酸
草酸	锑酸
硼酸	碲氧化物
硅酸	铬酸
次磷酸	铀酸
亚磷酸	钼酸
磷酸	钨酸
连二亚硫酸	钛酸
次亚硫酸(sub sulphurous acid)	铌酸
亚硫酸	锰酸
硫酸	氯酸
连二硫酸	溴酸
亚硒酸	碘酸

从动植物中提取的酸(不包括大量的硫酸同植物体或是动物体的结合形成的酸)大约有43种，因此目前我们已知的以氧为基本组分的酸将近有80种。

对另一种酸的研究还不完善。除了氧之外，氢可以和所有原质结合形成强酸。它们被称为氢酸，包括：

盐酸或氢氯酸

氢溴酸

氢碘酸

氢氟酸或氟酸

氢硫酸

氢硒酸

氢碲酸

这些酸(如果可以获得的话)在实用中是一些非常有用和强效的化学试剂。还有另一种化合而成的物质——氰,其性质和原质类似:它可以和氢、氯、氧、硫等结合形成各种酸,如氢氰酸、氯氰酸、氰酸、硫氰酸等。

我们也知道氟硅酸和氟硼酸,如果再加上雷酸及已研究过的各种含硫的酸,我们可以毫不夸张地说,现今化学家已知的与碱结合的酸已经超过了100种。

可碱化基质的数量可能没有那么多,但目前已超过了70种。但对化学家而言,这是一个备受争议的研究领域。目前,各种可碱化基质能够以至少三种可能的不同比例与酸结合[①],由此能够形成的盐超过21000种,其中,在可接受精度范围内得到研究的盐只有不到1000种。即使最粗心的读者也明白,这个令人瞩目的领域中还有多少研究的空白,如此众多的盐如用于医药、染色剂或化妆染料等方面还存在多少有待探究的问题,而这些有待开展的研究又可能会为人类增加多么巨大的资源。

面对动植物王国,我们甚至有更为新奇的研究领域。动物体和植物体可以划分为三类,即酸、碱和中性物质。无论是在艺术中或是食物调味上,酸类物质都有巨大的效用。从植物中提取出的碱性物质具有强大的药用价值。中性物质可以作为食物,同时还具有其他许多卓越的功用。所有这些物质(至少主要地)均由氢、碳、氧和氮组成,且容易大量获得。如果化学家在未来的研究中获取了更多的知识,以致能够廉价地从这些物质的基本组元制备出这些原始物质,那么这种发现对社会形态带来的惊人变化将会是显而易见的。在一定程度上,人类将独立于外部的环境,在地球的各处随意地生产。生活在不利环境的居民对热带居民专有的舒适、便利的环境将不再陌生。如果科学像在过去的五十年中那样以同等的速度发展,那么它对社会产生的影响将是以现在的速度看来所无法想象的。即使现在,这类影响就已经显露出来:从地球深处提取的气体已用于街道的照明。在去年那样一个不幸的季节中,格陵兰渔业的失败也不再令我们感到沮丧。看看蒸汽机船舶的使用在我国带来多么大的变化!想想如果蒸汽机火车和铁路逐渐取代了马车和普通的道路,那么它现在及将来所带来的改进又有多么巨大!距离将缩短为现在的一半,而且,航运速度的提高和费力程度的降低,实际上降低了制造商的准备金,使得我们在和同其他国家的竞争中有更大的胜算。

① 同一种类的酸和可碱化基质均可相互结合,例如,含硫的酸和硫基质结合,含氧酸同含氧可碱化基质结合,等等。

在结束对化学现状的不完整描述前，我必须简述一下化学在生理学方面的应用。在这个方面，化学的用武之地是解释生物体内消化、吸收和分泌功能和过程。支配神经系统的规律似乎同化学和力学很不相关，以我们现有的知识，它甚至是难以理解的。神经系统对消化，吸收和分泌过程有着重要和实质的影响。因此，即使我们对这些功能确实缺乏认识，但至少化学的应用给我们提供给了相关的数据，这些数据是重要的，不能略去不谈。

人类的食物包括固体和液体两种，每个人对这两种食物的摄取量都不同，因而无法得到一个平均量。在大多数情况下，我认为对液体的摄取量会超过对固体食物的摄取量，二者的比例约为4:3，固体食物所含有的水分不少于自重的十分之七。因此在实际上，胃中摄入的液体量与固体量比例会达到10:1。食物从口进入，通过牙齿咀嚼，然后与唾液混合成一种黏浆状物质。

为此，唾液分泌一种液体，其量在二十四小时内不少于十盎司：唾液几乎像水一样无色，稍显黏稠，无臭无味。唾液中的特殊物质约为其重量的千分之一，该物质透明，溶于水，它悬浮于黏液中，约为其重量的千分之十，其中千分之二十为氯化钠和碳酸钠，其余均为水。

食物经口入胃，在胃中转化成名为食糜的半流体消化物。食物经咀嚼后其性质还可加以区分，它一旦转化成食糜后就失去了原本的属性。这种转换的产生是由于第八对神经的作用，它们部分分布在胃里，因为如果切除第八条神经，这种转换过程停止，但是如有一个小伏特电池的电流通过胃的话，上述过程进行如常。因此显然，消化过程与电流的作用有关。神经电流似乎流过了胃中的食物，分解了和食物混在一起的普通盐，此时盐酸释放出来并溶解食物，这是因为食糜就是食物的盐酸溶液。

食糜穿过胃的幽门进入十二指肠，这是小肠的第一部分，于此食糜与两种液体混合，一种是肝脏分泌的胆汁，另一种为由胰腺分泌的胰液，这两种液体都排放到十二指肠中，帮助进一步消化食物。食糜通常呈酸性，但在与胆汁混合后其酸性消失。胆汁的特征组分是一种叫做胆汁酸（picromel）的苦味物质，它可与盐酸结合并形成一种不溶的化合物。胰液中也含一种特殊的物质，它与氯结合后呈红色。胆汁的作用仍属未知。

食糜在通过小肠的过程中逐渐分化为两种物质，一种是被乳糜管吸收的乳糜，一种是逐渐挤入大肠并最后排泄的粪便。在素食性动物体内，乳糜呈半透明状，无色无味。但在肉食性动物体内，它呈白色，略似粉色调的牛奶。它暴露在空气中时会像血液那样凝结，凝结物是纤维蛋白。它的液体部分含蛋白，以及血液中常见的盐类。因此，乳糜含血液中的两种组分，一种是可能在胃中形成的蛋白，另一种为在小肠中产生的纤维蛋白，它还含有血液中的第三种物质，即红血球。

乳糜从乳糜管通过胸导管，从那里进入左锁骨下静脉，从而被输送到心脏，再从心脏传递到肺部，据认为正是在这个循环过程中形成了红血球，但就此我们没有直接的证据。

肺是呼吸器官，呼吸对于热血动物的生存至关重要，该机能不可或停，甚至只是几分钟的停顿都会引发死亡。一般来说，一分钟内有二十次的吸气和同样多的呼气。在全面扩张的时候，一个正常人肺部容纳的空气量可达大约300 立方英寸，但在正常的吸气和呼气过程中，肺部实际上吸入和排出的气体量每次可达约16立方英寸。

通常情况下，吸气过程中气体体积改变不明显，但气体发生两种显著的变化。部分氧气转化成碳酸气，并且呼出的气体达到在98华氏度温度下的饱和湿度。因此，释放出的水分为7盎司（金衡），或是略少于半磅（常衡）。不同个体呼出的碳酸气的量不同，在一天的不同时刻也存在差异，中午十二点的排放量最大，午夜时分最小。呼吸的每100立方英寸的空气中有4立方英寸为碳酸，也许这个估计接近真实。也就是说，每六次呼吸作用会产生4立方英寸的碳酸，这相当于24小时内合计19200立方英寸。19200立方英寸的碳酸为18.98金衡盎司，其中碳含量超过5金衡盎司。

空气中的这些变化无疑与血液中的相应改变有关联，但我们对这些变化的具体性质仍不清楚。呼吸有两个作用，一个作用是我们可以认识的性质，还有一个作用只有解释了呼吸停止则生命结束的原因后才能知晓。呼吸作用可以为动物体供应维持生命必须的热量，它赋予血液激发心脏的功能，没有了热量则心脏停止收缩跳动，血液循环终止。这种激发性质与呼吸期间血液获得的鲜红色有关，鲜红色消失后血液就停止激发心脏。

在我国，人类健康状态下的体温为98华氏度，但于热带地区的人们体温稍高。我们几乎都是处在低于98华氏度的环境中，很显然，人体一直处于放热阶段，如果体内没有发热的功能，显然人体温度会马上下降，直到低至和外界环境一样。

现在人们一般认为，普通的燃烧只不过是氧气和燃烧物质的结合。常用的可燃物质主要由碳和氢组成。与可燃物质结合的氧气的量与释出的热量成正比。现已阐明，与碳或是氢结合的每3.5立方英寸的氧气会产生1华氏度的热量。

有理由相信，在肺中氧不仅与碳而且也与氢结合，因此其中既有碳酸也有水产生。最近杜普莱兹先生的实验清楚地表明，在给定时间内，热血动物释出的热量微略少于在那个时段肺部燃烧的同样重量的碳和氢所释出的热量。因此，肺部释出的热量是因为空气中的氧同血液中的碳、氢结合，这与燃烧过程非常类似。

动脉血的比热或多或少高于静脉血的比热，这就是为何肺部的温度不会因呼吸而升高，以及为何身体其他部位的温度通过血液循环保持稳定的原因。

血液似乎是在肾脏中完全成形的，血液中的基本组分为蛋白、血纤蛋白、红血球和大量的水。所有动物体液中都含有的某些盐也存在于血液溶液中。在循环过程中，血液供应体系的损耗，并且被产生出来并供应到各种不同的、满足身体各种机能需要的分泌物中。由于它的这些不同的用途，其性质自然会发生很大的变化，并且会很快变得对人体不宜，因此必然会有一个器官专门用来脱除血液中那些多余的东西并将其重新恢复到进、出肺部时的状态。具有这样功能的器官是肾脏，所有血液都要流经该器官，而且，血液在循环通过该器官时，尿液被分离出来并被完全排出体外。这个器官就像肺一样对于维持生命也是必须的，故此，一旦该器官出现了病变或丧失了功能，那么接踵而来的就是死亡。

一天内尿液的排放量各不相同，当然，这与饮入的液体量有密切的联系。排放的尿液大体和饮入的液体量相当。一个健康的人在二十四小时内排放的尿液通常多于2磅(常衡)。在动物王国，尿液是最为复杂的物质之一，其中所含的成分远比血液中的多。

每日排放的尿液中水的含量达到1.866磅。血液中除了含有少量的盐酸外，不含有其他的酸。经检测，尿液中发现了硫酸、磷酸和尿酸，有时会有硝酸和草酸，可能还含有其他的一些酸。每日产生的硫酸量可达48格令，其中含有19格令的硫；磷酸量大约为33格令，其中有大约14格令磷；尿酸量大约为14格令。这些酸可能结合的物质有苛性钾、苏打、氨或是极少量的石灰和镁土。尿液中每日排放的普通盐可达62格令。尿素是仅在尿液中发现的一种特殊物质，其量可达420格令。

以上事实似乎表明，肾脏可以将血液中存在的硫和磷转化成酸，同样可以形成其他的酸和尿素。

通过尿液和肺部排出人体系统的水量极少，和每天随食物带入的液体量相等。业已阐明，人体还具有另一个器官同样用于排放大量的水分，这就是皮肤，这个过程称为发汗。拉瓦锡和塞金的实验表明，皮肤每日散发的水分可达54.89盎司，加上肺部呼吸作用带出的水分和排出的尿液，人体排放的水量大大超过从食物中获取的水量。他们的实验也证实,肺部呼吸作用中不仅会形成碳酸,同时还会有水生成。

以上是关于同化学密切相关的生理学分支的一个不完整的概述。这部分内容的篇幅虽短,但即使对最粗心的研究者,这些内容也足以使其了解迄今这个研究领域取得的进展是如何之少,未来有待开拓的领域是多么广大。